Michael Meng
Kognitive Sprachverarbeitung

Michael Meng

Kognitive Sprachverarbeitung

Rekonstruktion syntaktischer Strukturen beim Lesen

Mit einem Geleitwort von Prof. Dr. Josef Bayer

 Springer Fachmedien Wiesbaden GmbH

Die Deutsche Bibliothek – CIP-Einheitsaufnahme

Meng, Michael:
Kognitive Sprachverarbeitung : Rekonstruktion syntaktischer Strukturen beim Lesen
Michael Meng. Mit einem Geleitw. von Josef Bayer. –
Wiesbaden : Dt. Univ.-Verl., 1998
 (DUV : Sprachwissenschaft)
 Zugl.: Jena, Univ., Diss., 1998

Alle Rechte vorbehalten
© Springer Fachmedien Wiesbaden 1998
Ursprünglich erschienen bei Deutscher Universitäts-Verlag 1998

Lektorat: Cornelia Reichenbach

Der Deutsche Universitäts-Verlag ist ein Unternehmen
der Bertelsmann Fachinformation GmbH.

Das Werk einschließlich aller seiner Teile ist urheberrechtlich
geschützt. Jede Verwertung außerhalb der engen Grenzen des
Urheberrechtsgesetzes ist ohne Zustimmung des Verlages unzulässig und strafbar. Das gilt insbesondere für Vervielfältigungen,
Übersetzungen, Mikroverfilmungen und die Einspeicherung und
Verarbeitung in elektronischen Systemen.

http://www.duv.de

Gedruckt auf säurefreiem Papier

ISBN 978-3-8244-4304-8   ISBN 978-3-663-08630-7 (eBook)
DOI 10.1007/978-3-663-08630-7

Geleitwort

Wie erstellen wir in Realzeit semantisch interpretierbare (oder interpretierte) syntaktische Strukturen? Diese Frage bewegt die moderne Psycholinguistik, seit Linguisten und Psychologen damit begonnen haben, die formalen Eigenschaften des sprachlichen Inputs mit Verhaltensdaten in Beziehung zu setzen. Die dabei erzielten Fortschritte sind beachtlich. Es gibt zur Zeit eine Anzahl von expliziten Parsingmodellen, die sich alle mehr oder weniger auf experimentelle Untersuchungen beziehen und hohe Prädiktionskraft besitzen. Das vorliegende Buch von Michael Meng führt zunächst in den Problemkreis des syntaktischen Verstehens ein und stellt die wesentlichen Modelle vor, um dann mit einer Anzahl origineller und neuartiger Experimente die Eigenschaften der syntaktischen Verarbeitung des Deutschen erkennbar zu machen. Michael Mengs Buch stellt eine Weiterentwicklung der sogenannten *Garden-Path*-Theorie dar, d.h. einer Theorie, die von einem seriellen Parser ausgeht, der - gewissen Einfachheitskriterien folgend - immer nur eine einzige syntaktische Struktur berechnet. Es läßt sich dabei zeigen, daß grammatische aber für den Parser „schwierige" Satzstrukturen analog zu ungrammatischen Strukturen verarbeitet werden. Die Grammatiktheorie kennt im wesentlichen nur die Opposition von grammatischen und ungrammatischen Sätzen (obwohl es bekanntlich in der Praxis neben * schon immer auch ?, ??, ?* etc. gegeben hat). Wie Michael Meng nachweisen kann, überträgt sich die grammatiktheoretisch begründete Dichotomie von „grammatisch" und „ungrammatisch" bei der zeitgebundenen syntaktischen Wahrnehmung eher auf *Grade* der (Un-)Grammatikalität. Das seit langem erkannte Phänomen der unterschiedlichen Stärke von Parsingproblemen (*Garden-Path*-Effekten) wird mit neuartiger experimenteller Evidenz aus der Verarbeitung ungrammatischer Sätze verbunden und so einer Erklärung zugeführt. Die Ungrammatikalität von Sätzen wird vom Parser nicht gleichförmig erkannt, sondern ruft Variationsmuster hervor, die denen der *Garden-Path*-Theorie verblüffend analog sind: Schwere *Garden-Path*-Effekte treten offenbar genau dann auf, wenn die Versuchsperson die Struktur als irreversibel ungrammatisch ablehnt, eine syntaktische Reanalyse also ausschließt. Ein reduziertes Erkennen von Ungrammatikalität tritt genau dann auf, wenn eine (grammatiktheoretisch begründbare) Reparaturstrategie den Input umzudeuten vermag.

Das vorliegende Buch wurde 1998 unter dem Titel *Grammatik und Sprachverarbeitung: Psycholinguistische Untersuchungen zur Berechnung syntaktischer Strukturen* von der Philosophischen Fakultät der Friedrich-Schiller-Universität Jena als Dissertation angenommen. Michael Meng hat sich in kurzer Zeit nicht nur erstaunlich tief in die theoretischen Fragen der Psycholinguistik eingearbeitet sondern gleichzeitig die dazu nötigen experimentellen Voraussetzungen entwickelt. Die Leserschaft erwartet ein anspruchsvolles Buch über eines der spannendsten Themen der kognitiven Linguistik. Es ist mir eine Freude, Michael Mengs Arbeit der linguistisch und psycholinguistisch interessierten Öffentlichkeit vorzustellen zu können.

Josef Bayer

Vorwort

Eine Vielzahl von Kollegen, Freunden und Verwandten hatte Anteil daran, daß diese Arbeit entstehen konnte. Ihnen allen sei an dieser Stelle herzlich gedankt.

An erster Stelle ergeht Dank an meine Frau, Kathrin Meng, an meine Eltern, Sabine und Wieland Meng, an meine Schwiegereltern, Irmlind und Martin Köhler, sowie an Frau Käte Seiffert. Ohne den Rückhalt, den ich bei ihnen gefunden habe, wäre die Anfertigung dieser Arbeit undenkbar gewesen.

Josef Bayer danke ich für hervorragende Betreuung und freundschaftliche Unterstützung weit über die Belange der Arbeit hinaus. Mein „inoffizieller" Betreuer war Markus Bader. Seine Verdienste um diese Arbeit in der gebotenen Kürze zu würdigen erscheint kaum möglich. Er hat mir als Lehrer, Kollege und Freund in jeder Phase zur Seite gestanden. Dafür sei ihm an dieser Stelle sehr herzlich gedankt. Danken möchte ich bei dieser Gelegenheit auch Peter Suchsland, der mich an die Linguistik herangeführt hat und mir insbesondere während meines Magisterstudiums Unterstützung und Förderung zuteil werden ließ. Für Diskussionen, Anregungen und Kommentare im Zusammenhang mit dieser Arbeit bedanke ich mich außerdem bei Gisbert Fanselow, Janet D. Fodor, Lyn Frazier, Paul Gorrell, Barbara Hemforth, Jens-Max Hopf, Edith Kaan, Lars Konieczny, Christoph Scheepers, Matthias Schlesewsky, Carson T. Schütze und Karsten Steinhauer. Besonderen Dank schulde ich Anette Dralle sowie Peter Staudacher, die sich der Mühe unterzogen haben, eine komplette Version der Arbeit zu lesen und zu kommentieren.

Schließlich sei all denen gedankt, die das Entstehen dieser Arbeit mit freundschaftlicher Anteilnahme begleitet haben. Nicht unerwähnt bleiben soll, daß die Anfertigung der Dissertation teilweise durch ein Stipendium des Graduiertenförderprogrammes des Freistaates Thüringen unterstützt wurde. Auch hierfür möchte ich mich bedanken.

Michael Meng

Inhaltsverzeichnis

Abbildungs- und Tabellenverzeichnis XV

1 Einleitung 1

   1.1 Der Rahmen: Sprachverarbeitung 1

   1.2 Syntaktische Verarbeitung 3

   1.3 Ambiguitäten 5

   1.4 Ambiguitäten bei der Verarbeitung von Ergänzungsfragen 10

   1.5 Überblick über die Arbeit 13

2 Ergänzungsfragen: Syntaktische Repräsentation und allgemeine Verarbeitungsannahmen 15

   2.1 Die syntaktische Repräsentation von Ergänzungsfragen 15

      2.1.1 GB-Theorie: Die Architektur der Grammatik 16

      2.1.2 Einige Grundannahmen 17

         2.1.2.1 Die Projektion von Phrasenstrukturen und die Grundstruktur des Satzes 17

         2.1.2.2 Thematische Relationen und syntaktische Funktionen 18

      2.1.3 Die syntaktische Analyse von Ergänzungsfragen und verwandten Konstruktionen 21

         2.1.3.1 Ergänzungsfragen (w-Fragen) 21

         2.1.3.2 Relativsätze und Topikalisierungen 23

         2.1.3.3 Scrambling und Passiv 25

      2.1.4 Beschränkungen für Bewege-α 29

      2.1.5 Zusammenfassung 31

   2.2 Die Verarbeitung von Ergänzungsfragen und das Problem der Ambiguität ... 32

      2.2.1 Grundannahmen: Das Füller-Lücken-Modell 32

      2.2.2 Füller-Lücken-Ambiguitäten 32

         2.2.2.1 Identifizierung von Füllern 33

         2.2.2.2 Identifizierung von Lückenpositionen 34

   2.3 Zusammenfassung 37

3 Die Architektur des Parsers 39

3.1 Der Aufbau phrasenstruktureller Repräsentationen 39

3.2 Syntaktische Ambiguität und Garden-Path-Effekte 41

    3.2.1 Wie reagiert der Parser auf eine strukturelle Ambiguität? 43
        3.2.1.1 Serielle Verarbeitung 43
        3.2.1.2 Parallele Verarbeitung 45
        3.2.1.3 Verzögerte Verarbeitung 46
    3.2.2 Was steuert die Auflösung von Ambiguitäten? 48
        3.2.2.1 Parsingstrategien 48
        3.2.2.2 Welche Information verwendet der Parser bei der Auflösung von Ambiguitäten? 50

3.3 Modelle des Parsers 54

    3.3.1 Das Garden-Path-Modell 54
        3.3.1.1 Präferenzen 54
        3.3.1.2 Reanalyse 55
    3.3.2 Gewichteter Parallelismus 63
    3.3.3 Beschränkungsbasierte Verarbeitung 66

3.4 Zusammenfassung 68

4 Füller-Lücken-Ambiguitäten: Ein Überblick 71

4.1 Experimentelle Daten 71

    4.1.1 Wann werden Füller-Lücken-Beziehungen postuliert? 71
        4.1.1.1 Subjektinversion im Italienischen 71
        4.1.1.2 Scrambling im Deutschen 73
    4.1.2 Die Suche nach einer Lückenposition: Objekt-Objekt-Ambiguitäten im Englischen 76
        4.1.2.1 Reaktivierungseffekte 76
        4.1.2.2 Spuren als First-Resort-Option: Der Filled-Gap-Effekt 77
        4.1.2.3 Die Rolle lexikalischer Information I: Transitivitätspräferenzen 80
        4.1.2.4 Die Rolle lexikalischer Information II: Füller-Lücken-Beziehungen und Aphasie 83
        4.1.2.5 Plausibilität 84
        4.1.2.6 Prädiktives Lückenfüllen 87
        4.1.2.7 Lücken in syntaktischen Inseln 88
    4.1.3 Zusammenfassung 92

4.2 Erklärungsansätze 92

    4.2.1 Keine Bewegung! Die *Superstrategy* und alternative Modelle 93

4.2.2 Strategien der Spurensuche 95
    4.2.2.1 Das Lexical-Expectation Model 95
    4.2.2.2 Die Active-Filler Strategy 98
4.2.3 Spurensuche: Alternative Modelle 101
    4.2.3.1 Immediate Association 101
    4.2.3.2 Thetagetriebene Verarbeitung 105
    4.2.3.3 Gewichteter Parallelismus 111
4.2.4 Lücken in syntaktischen Inseln 113

4.3 Zusammenfassung 115

5 Subjekt-Objekt-Ambiguitäten: Bisherige Ergebnisse und Erklärungsansätze 117

5.1 Bisherige Evidenz zur Verarbeitung von Subjekt-Objekt-Ambiguitäten 118
    5.1.1 Niederländisch 118
        5.1.1.1 Relativsätze 118
        5.1.1.2 Fragesätze und Topikalisierung 119
    5.1.2 Deutsch 121
        5.1.2.1 Relativsätze 121
        5.1.2.2 Topikalisierung 124
        5.1.2.3 Fragesätze 125
    5.1.3 Italienisch 127
    5.1.4 Englisch 128
    5.1.5 Zusammenfassung 129

5.2 Die Erklärung der Subjekt-Objekt-Präferenz 129
    5.2.1 Das *Lexical-Expectation Model* 129
    5.2.2 Die *Active-Filler Strategy* 130
    5.2.3 Gewichteter Parallelismus 132
    5.2.4 Immediate Association 134
    5.2.5 Thetagetriebene Verarbeitung 136

5.3 Zusammenfassung und Fragestellungen 138

6 Präferenzen bei der Verarbeitung lokal ambiger Ergänzungsfragen im Deutschen ... 139

6.1 Experiment 1: Präferenzen bei der Verarbeitung eingebetteter Fragesätze 139
    6.1.1 Zur *Speeded-Grammaticality-Judgements*-Methode 140
    6.1.2 Material und Hypothesen 141
    6.1.3 Prozedur 142
    6.1.4 Resultate 143
    6.1.5 Diskussion 147

6.2 Experiment 2: Präferenzen bei Extraktion aus V2-Sätzen 147
   6.2.1 Material.. 148
   6.2.2 Prozedur... 149
   6.2.3 Resultate... 149
   6.2.4 Diskussion.. 153

6.3 Experiment 3: W-Fragen im einfachen Satz 153
   6.3.1 Zur *Self-Paced-Reading*-Methode 154
   6.3.2 Material.. 156
   6.3.3 Hypothesen 157
   6.3.4 Prozedur... 159
   6.3.5 Resultate... 160
   6.3.6 Diskussion.. 165

6.4 Allgemeine Diskussion 166
   6.4.1 Präferenzen bei der Verarbeitung lokal ambiger w-Fragen im Deutschen... 166
      6.4.1.1 Zusammenfassung der Ergebnisse... 166
      6.4.1.2 Kompatibilität mit anderen Resultaten.. 167
      6.4.1.3 Implikationen für Modelle der Füller-Lücken-Verarbeitung...... 168
      6.4.1.4 Weitere Beobachtungen... 169
   6.4.2 Parsingstrategien und die Struktur des deutschen Satzes 171
      6.4.2.1 Der Status der IP im Deutschen und die Prinzipien der Kasuspräferenz.. 171
      6.4.2.2 Eine asymmetrische Analyse für w-Fragen und Structural Simplicity...... 176

6.5 Zusammenfassung 179

7 Disambiguierungseffekte I: Die Rolle von Kongruenz- und Kasusmerkmalen 181

7.1 Garden-Path-Effekte und die Art der Disambiguierung 182
   7.1.1 Mögliche Erklärungsversuche 182
      7.1.1.1 Die Rolle struktureller Revisionen... 183
      7.1.1.2 Die Rolle von Diagnoseprozessen... 187
   7.1.2 Kasus- und Numerusmerkmale im Reanalyseprozeß: Der *Mismatch-Effekt* 189
      7.1.2.1 Die Grundidee 189
      7.1.2.2 Erklärung des Mismatch-Effekts.. 192
      7.1.2.3 Alternative Erklärungen und weitere Evidenz............................. 196
      7.1.2.4 Zusammenfassung 200

7.2 Experiment 4: Nominale versus verbale Disambiguierung 201
   7.2.1 Material.. 202
   7.2.2 Prozedur... 203
   7.2.3 Resultate... 203
   7.2.4 Diskussion.. 210

7.3 Experiment 5: Garden-Path-Stärke und Ungrammatikalität	210
7.3.1 Material	212
7.3.1.1 Verb-Zweit	212
7.3.1.2 Verb-Letzt	212
7.3.2 Hypothesen	213
7.3.3 Prozedur	213
7.3.4 Resultate	214
7.3.4.1 Verb-Zweit	215
7.3.4.2 Verb-Letzt	218
7.3.5 Zusammenfassung	220
7.4 Allgemeine Diskussion	221
7.4.1 Zusammenfassung der Resultate	221
7.4.2 Theoretische Implikationen	222
7.4.3 Eine alternative Erklärung für den *Mismatch-Effekt*?	224
7.5 Zusammenfassung	226
8 Disambiguierungseffekte II: Der Dativ-Effekt	**227**
8.1 Der Dativ im Reanalyseprozeß	228
8.1.1 Objekt-Objekt-Ambiguitäten im Deutschen	228
8.1.2 Nominativ, Akkusativ und Dativ: Einige morphosyntaktische Eigenschaften	230
8.1.3 Konsequenzen für die Verarbeitung: Die *Lexical-Reaccess*-Hypothese	233
8.2 Experiment 6: Fragesätze und der Dativeffekt I	238
8.2.1 Material	238
8.2.2 Hypothesen	239
8.2.3 Prozedur	239
8.2.4 Resultate	240
8.2.5 Diskussion	241
8.3 Experiment 7: Fragesätze und der Dativ-Effekt II	242
8.3.1 Material	242
8.3.2 Hypothesen	243
8.3.3 Prozedur	243
8.3.4 Resultate	243
8.3.5 Diskussion	245
8.4 Experiment 8: Garden-Path-Sätze und ungrammatische Sätze	246
8.4.1 Material	246
8.4.2 Hypothesen	247
8.4.3 Prozedur	247
8.4.4 Resultate	248

8.4.5 Diskussion ... 250

8.5 Allgemeine Diskussion ... 251

8.5.1 Zusammenfassung der Resultate ... 251
8.5.2 Dativeffekte bei w-Fragen und die *Lexical-Reaccess*-Hypothese ... 251
8.5.3 Fragen und Probleme ... 253
  8.5.3.1 Einfluß von Verbinformation ... 254
  8.5.3.2 Komplexität der Struktur und lexikalische Reaktivierung ... 257

8.6 Zusammenfassung ... 258

9 Zusammenfassung und Schlußfolgerungen ... 259

9.1 Präferenzeffekte ... 256

9.2 Disambiguierungseffekte ... 261

10 Literaturverzeichnis ... 265

Abbildungs- und Tabellenverzeichnis

Abbildung 2.1: Die Architektur der Grammatik nach Chomsky (1981) 16

Abbildung 6.1: Prozentualer Anteil korrekter Antworten (Experiment 1) 144

Abbildung 6.2: Reaktionszeiten für korrekte Antworten (Experiment 1) 144

Abbildung 6.3: Prozentualer Anteil korrekter Antworten (Experiment 2) 151

Abbildung 6.4: Reaktionszeiten für korrekte Antworten (Experiment 2) 151

Abbildung 6.5: Korrigierte residuelle Lesezeiten für die ersten 7 Wortpositionen (Experiment 3) 162

Abbildung 7.1: Prozentualer Anteil korrekter Antworten für ambige, grammatische und ungrammatische Objekt-Subjekt-Sätze aus Experiment 1 (verbale Disambiguierung) sowie Experiment 2 (nominale Disambiguierung) 190

Abbildung 7.2: Korrigierte residuelle Lesezeiten für die ersten 8 Wortpositionen (Experiment 4) 205

Abbildung 7.3: Prozentualer Anteil korrekter Antworten (Experiment 5, Teilexperiment *Verb-Zweit*) 216

Abbildung 7.4: Reaktionszeiten für korrekte Antworten (Experiment 5, Teilexperiment *Verb-Zweit*) 216

Abbildung 7.5: Prozentualer Anteil korrekter Antworten (Experiment 5, Teilexperiment *Verb-Letzt*) 218

Abbildung 7.6: Reaktionszeiten für korrekte Antworten (Experiment 5, Teilexperiment *Verb-Letzt*) 218

Abbildung 8.1: Prozentualer Anteil korrekter Antworten (Experiment 6) 240

Abbildung 8.2: Reaktionszeiten für korrekte Antworten (Experiment 6) 241

Abbildung 8.3: Prozentualer Anteil korrekter Antworten (Experiment 7) 244

Abbildung 8.4: Reaktionszeiten für korrekte Antworten (Experiment 7) 244

Abbildung 8.5: Prozentualer Anteil korrekter Antworten (Experiment 8) 248

Abbildung 8.6: Reaktionszeiten für korrekte Antworten (Experiment 8) 249

Tabelle 6.1 Ein vollständiger Stimulussatz für Experiment 1 142

Tabelle 6.2 Prozentualer Anteil korrekter Antworten mit Reaktionszeiten (Experiment 1) ... 145

Tabelle 6.3 Ein vollständiger Stimulussatz für Experiment 2 149

Tabelle 6.4 Prozentualer Anteil korrekter Antworten mit Reaktionszeiten (Experiment 2) ... 151

Tabelle 6.5 Ein vollständiger Stimulussatz für Experiment 3 157

Tabelle 6.6 Auswertungspositionen für Experiment 3 162

Tabelle 6.7 Korrigierte residuelle Lesezeiten für das Auxiliar (Aux) 163

Tabelle 6.8 Korrigierte residuelle Lesezeiten für den Determinierer (Det2) 164

Tabelle 7.1 Ein vollständiger Stimulussatz für Experiment 4 203

Tabelle 7.2 Auswertungspositionen und kritische Regionen für Sätze der Bedingung
verbal bzw. *nominal* 204

Tabelle 7.3 Korrigierte residuelle Lesezeiten für das Auxiliar (Aux) 205

Tabelle 7.4 Korrigierte residuelle Lesezeiten für den Determinierer (Det2) 206

Tabelle 7.5 Korrigierte residuelle Lesezeiten für das Nomen (Nomen2) 207

Tabelle 7.6 Korrigierte residuelle Lesezeiten für das Adverb (Adverb) 207

Tabelle 7.7 F-Werte für die Wortpositionen 7 (Nomen2) und 8 (Adverb) 207

Tabelle 7.8 Korrigierte residuelle Lesezeiten für die Regionenanalyse 209

Tabelle 7.9 Ein vollständiger Stimulussatz für Experiment 5 (Teilexperiment *Verb-Zweit*) ... 214

Tabelle 7.10 Ein vollständiger Stimulussatz für Experiment 5 (Teilexperiment *Verb-Letzt*) .. 214

Tabelle 7.11 Prozentualer Anteil korrekter Antworten (Experiment 5,
Teilexperiment *Verb-Zweit*) 215

Tabelle 7.12 Reaktionszeiten für korrekte Antworten (Experiment 5,
Teilexperiment *Verb-Zweit*) 217

Tabelle 7.13 Prozentualer Anteil korrekter Antworten (Experiment 5,
Teilexperiment *Verb-Letzt*) 219

Tabelle 7.14 Reaktionszeiten für korrekte Antworten (Experiment 5,
Teilexperiment *Verb-Letzt*) 220

Tabelle 8.1 Flexionsparadigma für definite Artikel 231

Tabelle 8.2 Flexionsparadigma für definite Artikel (Zürich-Deutsch) 231

Tabelle 8.3 Ein vollständiger Stimulussatz für Experiment 6 239

Tabelle 8.4 Prozentualer Anteil korrekter Antworten mit Reaktionszeiten (Experiment 6) ... 240

Tabelle 8.5 Ein vollständiger Stimulussatz für Experiment 7 242

Tabelle 8.6 Prozentualer Anteil korrekter Antworten mit Reaktionszeiten (Experiment 7) ... 244

Tabelle 8.7 Ein vollständiger Stimulussatz für Experiment 8 247

Tabelle 8.8 Prozentualer Anteil korrekter Antworten (Experiment 8) 249

Tabelle 8.9 Reaktionszeiten für korrekte Antworten (Experiment 8) 250

1 Einleitung

1.1 Der Rahmen: Sprachverarbeitung

Die Fähigkeit, mittels Sprache zu kommunizieren, gehört zweifellos zu den hervorstechendsten Eigenschaften des Menschen. Bemerkenswert daran ist nicht nur, wie komplex die von uns verwendeten sprachlichen Systeme aufgebaut sind und wie zielsicher Kinder diese sprachlichen Systeme erwerben. Bemerkenswert ist vor allem, wie selbstverständlich wir unsere Sprachfähigkeit verwenden können, um Äußerungen schriftlicher oder mündlicher Art zu verstehen und zu produzieren. Zu ergründen, welche mentalen Mechanismen uns diesen effizienten Umgang mit Sprache ermöglichen, ist eines der Aufgabengebiete der Psycholinguistik, in deren Rahmen sich die vorliegende Arbeit bewegt.

Beschäftigen wird uns der Verstehensaspekt der Sprachverwendung. Um die Bedeutung eines Satzes verstehen zu können, müssen wir ihn *verarbeiten*, wobei eine Reihe verschiedener Verarbeitungsstufen durchlaufen wird. Betrachten wir dazu, was passiert, wenn wir einen einfachen Satz wie (1) hören.

(1)   Johann hat seinen Schlüssel vergessen.

In einem ersten Schritt wird das akustische Signal lautlich analysiert und damit in sprachliche Einheiten "übersetzt". Anschließend muß erschlossen werden, in welche Wortformen diese Lautkette zerfällt und mit welchen grammatischen und Bedeutungsmerkmalen diese Wortformen assoziiert sind. In einem weiteren Schritt gilt es, die syntaktischen Bezüge zwischen den einzelnen Wörtern zu rekonstruieren. Es muß z.B. erkannt werden, daß die Pronominalform *seinen* und das Nomen *Schlüssel* eine Konstituente bilden, die als Objekt des Prädikats *vergessen* fungiert, und der Eigenname *Johann* die grammatische Funktion des Subjekts erfüllt. Auf der Grundlage der syntaktischen Struktur schließlich wird die Bedeutung der einzelnen Wörter zu einer komplexen Satzbedeutung verknüpft. Ergebnis der lautlichen, lexikalischen, syntaktischen und semantischen Verarbeitung einer Äußerung wie (1) ist eine Repräsentation deren wörtlicher Bedeutung, die in etwa die in (2) angegebene Information enthalten muß.

(2)   a.   Eine Person mit Namen "Johann" wurde erwähnt.

   b.   Ein Schlüssel wurde erwähnt. Der Schlüssel gehört Johann.

   c.   Er hat ihn vergessen.

Natürlich ist die Verarbeitung einer Äußerung auf dieser Ebene noch nicht abgeschlossen. Die wörtliche Bedeutung eines Satzes spezifiziert lediglich dessen Wahrheitsbedingungen, sagt uns also, auf Situationen welchen Typs dieser Satz anwendbar ist. Von Interesse ist aber gewöhnlich, was der Satz in der konkreten Situation, in der er geäußert wurde, bedeutet. Ist also die wörtliche Bedeutung einer Äußerung wie in (1) erschlossen worden, beginnen diverse integrative Verarbeitungsprozesses, die die Ableitung der kontextuellen Bedeutung einer Äußerung und ihrer kommunikativen Funktion zum Ziel haben. Dies erfordert vom Hörer z.b. zu ermitteln, auf welche Person sich der Eigenname *Johann* und auf welchen konkreten Schlüssel sich die Nominalphrase *seinen Schlüssel* bezieht, und die in diesem Satz enthaltenen Information über "Johann" und "seinen Schlüssel" abzuspeichern, um bei eventuell nachfolgenden Äußerungen darauf zurückgreifen zu können. Nicht zuletzt gehört zu dieser Verarbeitungsphase auch, eventuelle konversationelle Implikaturen und den sprechakttheoretischen Status dieser Äußerung zu rekonstruieren, ob (1) z.b. als bloße Feststellung zu verstehen ist oder etwa als Aufforderung, eine bestimmte Handlung auszuführen, z.B. die Tür zu öffnen.

Jeder einzelne Teilprozeß sprachlicher Verarbeitung verlangt Zugriff auf gänzlich unterschiedliche Wissenssysteme. Die Extraktion von Lauten aus dem Inputsignal z.b. setzt die Kenntnis ihrer distinkten akustischen und artikulatorischen Parameter voraus. Nachfolgend muß lexikalisches Wissen aktiviert werden, grammatisches Wissen und Wissen bezüglich der Regeln, denen entsprechend die Verknüpfung der Bedeutung einzelner Wörter zu einer Satzbedeutung bewerkstelligt wird. Die sich anschließenden integrativen Verarbeitungsprozesse nehmen darüber hinaus Bezug auf diverse nichtsprachliche Wissenssysteme: Wissen über den bisherigen Diskursverlauf, Wissen, das sich aus der situativen Einbettung der Äußerung ergibt, relevante Ausschnitte unseres Weltwissens usw.

Trotz der Vielschichtigkeit dieser Prozesse und der Heterogenität der involvierten Wissenssysteme läuft Sprachverarbeitung außerordentlich schnell ab. Wir verarbeiten sprachlichen Input Wort für Wort und auf verschiedenen Analyseebenen gleichzeitig. Für die lautliche, lexikalische, syntaktische und semantische Analyse eines Satzes, oft genug aber auch für integrative Verarbeitungsprozesse, benötigen wir kaum mehr Zeit als notwendig ist, alle Wörter dieses Satzes aufzunehmen. Einen frühen und sehr eindrucksvollen experimentellen Beweis dafür, daß wir Sprache inkrementell und auf mehreren Analyseebenen quasi parallel verarbeiten, lieferte William Marslen-Wilson in einer Serie von Untersuchungen mit Hilfe der sogenannten *Speech Shadowing* Technik (Marslen-Wilson, 1973, 1975). Diese Technik verlangt von den Versuchspersonen, von einem Sprecher vorgetragene Äußerungen so schnell wie möglich simultan nachzusprechen. Gemessen wird, mit welcher zeitlichen Verzögerung (Latenz) Versuchspersonen eine Äußerung nachzusprechen in der Lage sind. Sollen lediglich einzelne Wörter nachgesprochen werden, beträgt die Latenz im Schnitt 150 - 200 ms. Doch auch beim Nachsprechen von Sätzen wie z.B. (3) ist es möglich, Latenzen von 250 ms und weniger zu erreichen.

(3)   It was beginning to be light enough so I could see ...

Bedenkt man, daß bei normalem Sprechtempo etwa vier Silben pro Sekunde produziert werden, dann heißt dies, daß einige Versuchspersonen den Abstand zum Sprecher auf ungefähr eine Silbe zu verkürzen imstande sind. Wichtig ist nun, daß sie dennoch in der Lage waren, Verständnisfragen zu den nachgesprochenen Äußerungen zu beantworten, was zeigt, daß sie das nachgesprochene Material nicht nur lautlich und lexikalisch, sondern auch syntaktisch und semantisch analysiert haben. Darauf deutet außerdem die Beobachtung hin, daß Fehler beim Nachsprechen die syntaktische und semantische Wohlgeformtheit der Äußerung in der Regel nicht zerstören. Versuchspersonen ließen zwar gelegentlich Wörter aus, veränderten sie oder fügten neue hinzu, produzierten aber beim Nachsprechen in jedem Falle syntaktisch und semantisch wohlgeformte Sätze. Sätze wie in (3) werden in diesem Experiment also nicht als eine Kette von Einzelwörtern, sondern als zusammenhängende Äußerung wahrgenommen und dementsprechend analysiert.

Resultate wie diese bestätigen eindrucksvoll, daß die Verarbeitung von Sprache auf lexikalischer, syntaktischer und semantischer Ebene extrem schnell und hochautomatisch bewerkstelligt wird. Sie legen überdies nahe, für die Rezeption von Sprache ein aufgabenspezifisches kognitives Modul verantwortlich zu machen.

1.2 Syntaktische Verarbeitung

In dieser Arbeit werden wir uns auf einen der Teilschritte konzentrieren, die im Verlaufe des Sprachverarbeitungsprozesses bewältigt werden müssen, und zwar auf die *syntaktische Analyse* des Inputs, das sogenannte *Parsing*. Dieser Verarbeitungsschritt sorgt dafür, daß die strukturellen Beziehungen zwischen den im Input linear geordneten Einzelwörtern rekonstruiert werden, was von entscheidender Bedeutung für die korrekte Interpretation des Satzes ist. Wesentlicher Bestandteil der syntaktischen Analyse eines Satzes ist die Berechnung der Konstituentenstruktur, auf der aufbauend die syntaktische Funktion einzelner Satzbestandteile bestimmt wird. In (4) z.B. muß erkannt werden, daß die Wortformen *der, alte* und *Mann* sowie *dem, kleinen* und *Jungen* jeweils eine Konstituente bilden, daß letztere Konstituente als Objekt des Prädikats *hilft* fungiert und mit ihm eine komplexe Konstituente bildet, auf die wiederum das Adverb *gern* zu beziehen ist, und schließlich, daß *der alte Mann* als Subjekt des Satzes zu analysieren ist. All diese Information muß in der syntaktischen Repräsentation von (4) enthalten sein.

(4) Der alte Mann hilft dem kleinen Jungen gern.

Welche Form die syntaktische Repräsentation eines Satzes wie (4) annehmen muß, wird durch die Kompetenzgrammatik definiert, die mentale Repräsentation syntaktischen Wissens. Forschung im Bereich der syntaktischen Verarbeitung hat das Ziel aufzuklären, in welchen Schritten für eine Kette von Wörtern auf der Grundlage unserer Kompetenzgrammatik eine syntaktische Repräsentation konstruiert wird.

Daß wir im Verlaufe des Verarbeitungsprozesses die syntaktische Struktur von Äußerungen berechnen, wird heutigentags kaum mehr ernsthaft bestritten, obschon einzelne Theorien syntaktischen Strukturen unterschiedliche Bedeutung für das erfolgreiche Verständnis sprachlicher Äußerungen beimessen. Immer wieder wurde darauf verwiesen, daß die Bedeutung einer Äußerung sehr oft allein aufgrund inhaltlicher und kontextueller Beschränkungen erschließbar ist und auf detaillierte syntaktische Repräsentationen daher weitgehend verzichtet werden kann (vgl. z.B. Herrmann, 1995, und die Diskussion semantikbasierter Strategien in Clark & Clark, 1977). Entscheidend aber ist, wie z.B. Frazier & Clifton (1996) bemerken, daß wir für einen Satz zwar Bedeutungen berechnen können, die wir für unplausibel halten oder die unseren kontextuellen Erwartungen zuwiderlaufen, nie aber Bedeutungen, die auf ungrammatischen syntaktischen Repräsentationen beruhen. So ist es z.B. völlig unmöglich, dem Satz in (5) eine Interpretation zuzuweisen, der zufolge sich die Temporalangabe *yesterday* auf das Prädikat des

Matrixsatzes (*claimed*) bezieht, die Lokalangabe *at the races* hingegen auf das Prädikat des eingebetteten Satzes (*will die*) (vgl. Frazier, 1983).

(5) John claimed the gangster will die yesterday at the races.

Eine solche Interpretation würde eine phrasenstrukturelle Repräsentation mit überkreuzenden Ästen erfordern, was in nahezu jeder Grammatiktheorie ausgeschlossen ist. Die Tatsache, daß wir diese Interpretation, obschon sie völlig plausibel wäre, nicht berechnen können, bliebe rätselhaft, würde auf die Annahme syntaktischer Strukturen in einem Verarbeitungsmodell verzichtet.

Sehr instruktiv sind in diesem Zusammenhang auch die Ergebnisse einer experimentellen Studie von Miller & Isard (1963), in der gezeigt wurde, daß eine Kette von Wörtern wie in (6a) leichter zu verarbeiten ist als (6b).

(6) a. Accidents carry honey between the house.

b. On trains hive elephants the simplify.

Keine dieser Wortketten erlaubt eine sinnvolle Interpretation. (6a) jedoch kann eine reguläre Satzstruktur zugewiesen werden, während (6b) syntaktisch nicht strukturierbar ist. Um den Verarbeitungsunterschied zwischen (6a) und (6b) erklären zu können, muß daher angenommen werden, daß (6a) mental nicht einfach als eine Kette von Wörtern, sondern als eine syntaktisch strukturierte Einheit repräsentiert wird und daher besser gespeichert werden kann.

Die syntaktische Analyse einer Äußerung erfordert, daß die Wörter der Inputkette lexikalisch verarbeitet worden sind, ihre Einträge im mentalen Lexikon aktiviert wurden. Das Produkt der syntaktischen Analyse dient wiederum als Basis für nachgeordnete interpretative Prozesse, in denen die Bedeutung einzelner Wörter entsprechend ihrer syntaktischen Funktion zu einer komplexen Satzbedeutung verknüpft und kontextuell-pragmatisch interpretiert wird. In Anlehnung an Forster (1979) gehen wir davon aus, daß die lexikalische, die syntaktische und die semantisch-interpretative Verarbeitung jeweils von eigenständigen, aufgabenspezifischen Prozessoren erledigt werden. Der für die syntaktische Analyse zuständige Prozessor wird als *Parser* bezeichnet. Der Parser ist dem *lexikalischen Prozessor* nach- und dem *semantischen Prozessor* vorgeordnet.

(7)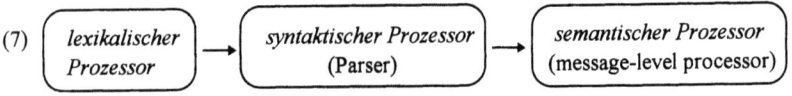

Diese Ordnung ist zunächst einmal eine rein logische. Sie widerspiegelt lediglich eine gewisse Arbeitsteilung innerhalb des menschlichen Sprachverarbeitungssystems. Das Schema in (7) soll jedoch keinesfalls implizieren, daß zunächst die lexikalische Verarbeitung einer Inputkette vollständig abgeschlossen wird, dann die syntaktische Analyse, und schließlich die semantische Interpretation. In der Tat wird heute - worauf wir bereits hingewiesen hatten - allgemein akzeptiert, daß die lexikalische Verarbeitung, die Berechnung syntaktischer Strukturen und die semantische Verarbeitung weitgehend inkrementell und parallel erfolgen.

1.3 Ambiguitäten

Da Verarbeitungsprozesse sehr schnell und zudem auf verschiedenen Ebenen parallel ablaufen, ist es alles andere als einfach, Effekte einzelner Teilprozesse zu isolieren, geschweige denn näher zu bestimmen, wie diese Teilprozesse intern organisiert sind. Besonderes Interesse bei der Untersuchung des Sprachverstehens kommt daher der Verarbeitung ambiger Strukturen zu.

Das Phänomen der Ambiguität kann alle Ebenen des Verarbeitungsprozesses betreffen, angefangen von der lautlichen bzw. graphemischen und lexikalischen Verarbeitung bis hin zur Ebene, auf der die kontextuelle Bedeutung einer Äußerung determiniert wird. Um nur einige Szenarien anzudeuten: Akustischer Input kann mit unterschiedlichen Wortformen kompatibel sein (8a, aus Pritchett, 1992a), ebenso eine unleserliche Handschrift; Wörter sind häufig mit sehr unterschiedlichen Bedeutungen assoziiert (*Bank*) und können zusätzlich noch unterschiedlichen grammatischen Kategorien angehören (*macht* versus *Macht*); die referentiellen Abhängigkeiten von Pronomina sind oft nicht eindeutig bestimmbar (8b) und schließlich kann eine Äußerung mit sehr unterschiedlichen illokutiven Potentialen verbunden sein, (8c) daher als Feststellung, aber auch als Handlungsaufforderung verstanden werden.

(8) a. The sun's rays meet / The sons raise meat

b. Johanna teilte Maria mit, daß *sie* soeben entlassen worden ist

c. Es zieht!

Im Bereich der syntaktischen Verarbeitung entstehen Ambiguitäten, wenn einer Kette von Wörtern unterschiedliche phrasenstrukturelle Repräsentationen zugewiesen werden können. Ambiguitäten dieser Art haben zur Folge, daß die syntaktische Funktion einer oder mehrerer Konstituenten nicht eindeutig festgelegt werden kann. In (9) beispielsweise entsteht eine syntaktische Ambiguität mit Einlesen der PP *mit dem Fernglas*. Der Parser kann diese PP auf zweierlei Weise in die phrasenstrukturelle Repräsentation einbinden und in Abhängigkeit davon deren syntaktische Funktion bestimmen.

(9) Johann hat den Mann mit dem Fernglas beobachtet.

a. ...[VP [NP den Mann [PP mit dem Fernglas]] beobachtet]

b. ...[VP [NP den Mann] [PP mit dem Fernglas] beobachtet]

Bilden die NP *den Mann* und die PP *mit dem Fernglas* eine gemeinsame Konstituente des Typs NP (9a), dann erfüllt die PP attributive Funktion, d.h. sie spezifiziert eine Eigenschaft des Mannes, der beobachtet wird. Bilden die NP und die PP hingegen zwei voneinander unabhängige Konstituenten innerhalb der Verbalphrase, dann fungiert die PP als präpositionale Ergänzung des Verbs *beobachten* und bezeichnet das Instrument dieser Aktivität (9b).[1]

---

[1] Ambiguitäten dieser Art (*PP-attachment* sowie *NP-attachment*) sind im Deutschen von Bader (1990), Scheepers, Hemforth & Konieczny (1994), Konieczny, Hemforth & Strube (1991) sowie Konieczny, Hemforth, Scheepers & Strube (1997) untersucht worden.

Da sich das Verb *beobachten* sowohl mit der phrasenstrukturellen Repräsentation in (9a) als auch mit der in (9b) verträgt, bleibt die Ambiguität bis zum Erreichen des Satzendes bestehen. Der Satz als Ganzes kann mit zwei unterschiedlichen syntaktischen Strukturen versehen werden. Da die syntaktischen Strukturen unterschiedliche semantische Interpretationen erzwingen, behält der Satz zwei Lesarten. Fälle wie diese werden als *globale Ambiguitäten* bezeichnet.

Sehr oft jedoch entstehen im Verlaufe der syntaktischen Verarbeitung nur *lokale Ambiguitäten*, d.h. Ambiguitäten, die noch vor Erreichen des Satzendes wieder aufgelöst werden. In diesen Fällen ist ein Teil der Inputkette mit zwei oder mehreren syntaktischen Repräsentationen kompatibel, von denen aber durch später im Input auftauchende Wörter alle Repräsentationen bis auf eine wieder ausgeschlossen werden. In (10) etwa können die Bestandteile der Sequenz *ihr Geld* als separate Konstituenten des Typs NP innerhalb der Verbalphrase (10a) analysiert oder aber zu einer komplexen NP zusammengefaßt werden (10a). In ersterem Falle fungiert das Pronomen *ihr* als Dativobjekt, in letzterem Falle hingegen als Possessivattribut zum Nomen *Geld*.

(10) daß Maria ihr Geld ...

   a. daß [Maria [$_{VP}$ [$_{NP}$ ihr] [$_{NP}$ Geld] ....]]

   b. daß [Maria [$_{VP}$ [$_{NP}$ ihr Geld] ....]]

Je nachdem, wie das Satzfragment fortgeführt wird, kann die mit Einlesen der Sequenz *ihr Geld* entstehende Ambiguität wieder verschwinden. Folgt auf diese Sequenz wie in (11a) ein Verb, das neben einem Akkusativ- auch ein Dativobjekt verlangt, kann nur die Struktur in (10a), nicht aber die Struktur in (10b) aufrechterhalten werden. Das gegenteilige Szenario wird in (11b) Realität: Ein Verb wie *verschenken* kann unmöglich mit zwei Objekten verbunden werden. Dies läßt sich mit Struktur (10b) vereinbaren, zwingt aber zur Aufgabe der Struktur in (10a).[2]

(11) a. Johanna überraschte doch sehr, daß Maria ihr Geld geschenkt hat.

   b. Johanna überraschte doch sehr, daß Maria ihr Geld verschenkt hat.

Ein näherer Blick darauf, wie wir mit syntaktischen Ambiguitäten umgehen, fördert einige interessante Beobachtungen zutage, die nahelegen, daß das Studium der Verarbeitung ambiger Strukturen wichtige Einsichten in die Arbeitsweise des Parsers vermitteln kann. Wenden wir uns zunächst wieder globalen Ambiguitäten zu. Sätzen, die eine globale Ambiguität enthalten, kann mehr als nur eine Interpretation zugewiesen werden. Typischerweise aber sind nicht alle möglichen Lesarten gleichermaßen zugänglich. Eine Lesart erweist sich in der Regel als dominant, während die alternativen Lesarten oft nur mit mehr oder weniger großem Aufwand nachvollzogen werden können. Für Strukturen wie (9) gibt es Hinweise darauf, daß sich bevorzugt diejenige Lesart einstellt, der zufolge die PP (*mit dem Fernglas*) als Attribut der NP (*den Mann*) fungiert. Deutlicher noch werden Unterschiede in der Zugänglichkeit alternativer Lesarten in Sätzen wie (12). In (12) entsteht eine syntaktische Ambiguität, weil es zwei verschiedene

---

[2] Für eine ausführliche Diskussion dieser Ambiguität vgl. Bader (1994, erscheint, b).

Möglichkeiten gibt, das Adverb *yesterday* in die phrasenstrukturelle Repräsentation zu integrieren: als Bestandteil des eingebetteten Satzes (12a) oder als Bestandteil des Matrixsatzes (12b).

(12)   John said that Mary came yesterday.

a.   John [$_{VP}$ said [$_{CP}$ that Mary [$_{VP}$ [$_{VP}$ came] yesterday]]]

b.   John [$_{VP}$ [$_{VP}$ said [$_{CP}$ that Mary [$_{VP}$ came]]] yesterday]

Wieder haben die phrasenstrukturellen Unterschiede unterschiedliche Interpretationen des Satzes zur Folge. (12a) erzwingt eine Lesart, gemäß der *yesterday* das Prädikat des eingebetteten Satzes modifiziert (*Mary came yesterday*), (12b) hingegen eine Lesart, nach der sich *yesterday* auf das Prädikat des Matrixsatzes bezieht (*John said X yesterday*). In Fällen wie diesen dominiert erstere Lesart sehr deutlich. Das Adverb wird präferiert innerhalb des eingebetteten Satzes interpretiert. Wenn sich nun bei globalen Ambiguitäten dominante Lesarten einstellen, kann man daraus schlußfolgern, daß der Parser offenbar eine Präferenz zugunsten der der dominanten Lesart zugrundeliegenden phrasenstrukturellen Repräsentation entwickelt hat. In (12) bevorzugt der Parser demnach die Struktur (12a), weshalb das Adverb *yesterday* präferiert auf den eingebetteten Satz bezogen wird, in (9) die Struktur (9a).

Präferenzen zugunsten bestimmter Strukturzuweisungen lassen sich auch in Sätzen mit lokaler Ambiguität beobachten. In (13) (aus Bader, 1994) entsteht eine Ambiguität mit Einlesen des Inputitems *zugunsten*. Wird *zugunsten* als Präposition behandelt, bildet es zusammen mit der nachfolgenden PP *von Maria* eine Konstituente (13a). Unter diesen Umständen wird das Fragment wie ein Aktivsatz analysiert. Wird *zugunsten* hingegen als Postposition behandelt, muß es mit dem vorhergehenden Inputitem *Fritz* zu einer Konstituente verbunden werden (13b), und das Fragment erhält die Struktur eines Passivsatzes.

(13)   ... daß Fritz zugunsten von Maria nichts unternommen ...

a.   ...daß [Fritz] [zugunsten von Maria] ....

b.   ...daß [Fritz zugunsten] [von Maria] ....

Beide Strukturierungsvarianten können in (13) bis zum Einlesen des Partizips *unternommen* aufrechterhalten werden. Die Ambiguität wird jedoch - wie in (14) gezeigt - durch das noch fehlende finite Verb zwangsläufig zugunsten der einen oder der anderen Variante aufgelöst. Das Auxiliar *hat* in (14a) ist nur mit einer Aktiv-Struktur wie in (13a) kompatibel, das Auxiliar *wurde* in (14b) erzwingt eine Passivstruktur analog zu (13b).

(14)   a. ... daß Fritz zugunsten von Maria nichts unternommen hat.

b. ¿... daß Fritz zugunsten von Maria nichts unternommen wurde.

Werden Sprecher des Deutschen mit lokalen Ambiguitäten wie in (14) konfrontiert, dann zeigt sich eine klare Asymmetrie: Während die Verarbeitung von (14a) keinerlei Schwierigkeiten bereitet, löst ein Satz wie (14b) am Punkte der Disambiguierung - also mit Einlesen des

Auxiliars - oft erhebliches Unbehagen aus.[3] Nicht selten wird dieser Satz spontan als ungrammatisch eingestuft und die korrekte Interpretation erst nach langem Suchen überhaupt bemerkt. Dies zeigt, daß die Disambiguierung in (14a) gewissermaßen erwartet wird, die Disambiguierung in (14b) dagegen überraschend kommt.

Eine vergleichbare Verarbeitungsasymmetrie exemplifiziert das klassische Beispielpaar in (15) (aus Bever, 1970). Beide Sätze enthalten eine ambige Sequenz (*the horse raced past the barn*), unterscheiden sich aber hinsichtlich des disambiguierenden Materials. Die ambige Sequenz *the horse raced past the barn* kann vom Parser auf zweierlei Weise phrasenstrukturell analysiert werden: als NP, die einen reduzierten Relativsatz enthält (im Sinne von *the horse that was raced past the barn*) oder als ein einfacher Hauptsatz (*the horse raced past the barn*). Die Disambiguierung in (15a) erzwingt die Hauptsatzstruktur, die Disambiguierung in (15b) die Struktur mit reduziertem Relativsatz. Wiederum zeigt sich, daß eine der Disambiguierungen, nämlich (15a), leicht zu verarbeiten ist, während die Disambiguierung (15b) zu beträchtlichen Verarbeitungsproblemen führt.

(15) a. The horse *raced past the barn* and fell.

b. ¿ The horse *raced past the barn* fell.

Verarbeitungsasymmetrien wie diese zeigen, daß der Parser auch bei der Analyse eines lokal ambigen Satzes Präferenzen für eine der möglichen Strukturzuweisungen entwickelt. Kann die präferierte Strukturzuweisung nach der Disambiguierung beibehalten werden, verläuft der Verarbeitungsprozeß ungestört. Erweist sich jedoch die präferierte Struktur am Punkte der Disambiguierung als inkorrekt, stellen sich Schwierigkeiten ein, sogenannte *Garden-Path-Effekte*.

Nicht immer kommt es zu ernsthaften Verarbeitungsproblemen, wenn lokale syntaktische Ambiguitäten zuungunsten der präferierten Strukturzuweisung aufgelöst werden. Kehren wir dazu noch einmal zu Beispiel (11) zurück, das weiter oben bereits diskutiert worden ist.

(11) a. Johanna überraschte doch sehr, daß Maria ihr Geld geschenkt hat.

b. Johanna überraschte doch sehr, daß Maria ihr Geld verschenkt hat.

Wie wir gesehen haben, kann das Pronomen *ihr* in (11) vom Parser entweder als Dativobjekt analysiert werden oder als possessives Attribut zu *Geld*. Wie Bader (erscheint, b) anhand von Ergebnissen einer Fragebogenstudie zeigen konnte, entwickelt der Parser auch in diesem Fall eine strukturelle Präferenz, und zwar zugunsten der Possessiv-Analyse. Es ist daher nicht verwunderlich, daß eine Disambiguierung wie in (11b), die die Possessiv-Analyse in der Tat erzwingt, problemlos verarbeitet werden kann. Interessanterweise aber führt die Disambiguierung zuungunsten der präferierten Struktur in (11a) keinesfalls zu Schwierigkeiten, die mit denen in (14b) oder (15b) vergleichbar wären.

Gleiches gilt für die Sätze in (16), in denen mit Einlesen der NP *the answer* eine strukturelle Ambiguität entsteht, die am Satzende wieder aufgelöst wird. (16a) erzwingt eine Struktur, der zufolge die NP *the answer* als Objekt des Verbs *knew* zu analysieren ist. In (16b) ist *knew*

---

[3] Dies soll durch das Zeichen „ ¿ " ausgedrückt werden.

mit einem sententialen Komplement verbunden, und die NP *the answer* fungiert als dessen Subjekt.

(16) a. John knew *the answer* immediately.
  b. John knew *the answer* was correct.

In Fällen wie (16) präferiert der Parser die Objekt-Analyse der NP *the answer*, weshalb die Disambiguierung in (16a) einfach ist. Aber auch (16b) führt keinesfalls zu ernsthaften Problemen. Ein Garden-Path-Effekt in (16b) kann zwar experimentell nachgewiesen werden (Frazier & Rayner, 1982; Ferreira & Henderson, 1990; Trueswell, Tanenhaus & Kello, 1993), ist aber nach übereinstimmenden Angaben in der Literatur nicht bewußt wahrnehmbar, in jedem Falle viel schwächer als in (14b) und (15b) (Gibson, 1991; Gorrell, 1995).

Fassen wir die bisherige Diskussion zusammen. Bei der Verarbeitung syntaktisch ambiger Strukturen entwickelt der Parser Präferenzen zugunsten einer der phrasenstrukturellen Repräsentationen, die der Inputkette zugewiesen werden können. Diese strukturellen Präferenzen führen im Falle globaler Ambiguitäten dazu, daß eine der möglichen Lesarten eines Satzes dominant ist, nämlich genau die Lesart, die vom semantischen Prozessor auf der Grundlage der präferierten Repräsentation berechnet wird. Im Falle lokaler Ambiguitäten können strukturelle Präferenzen zu Verarbeitungsschwierigkeiten (Garden-Path-Effekten) führen, die genau dann auftreten, wenn die Disambiguierung zuungunsten der präferierten Struktur erfolgt. Das Ausmaß der Verarbeitungsschwierigkeiten variiert jedoch sehr stark: Manchmal entstehen sehr schwere Garden-Path-Effekte ((14b) und (15b)), manchmal nur sehr leichte (16b) und manchmal scheinen Garden-Path-Effekte völlig auszubleiben (11b).

Diese Beobachtungen werfen zwei sehr grundlegende Fragen auf, die von einem adäquaten Modell des Parsers beantwortet werden müssen. Zum einen muß erklärt werden, weshalb bei der Verarbeitung syntaktischer Ambiguitäten überhaupt Präferenzen zugunsten einer der möglichen Repräsentationen entstehen. Diese Frage soll als *Präferenzproblem* bezeichnet werden (17).

(17) *Präferenzproblem*
  Warum wird bei der Verarbeitung von Ambiguitäten eine der möglichen Strukturzuweisungen präferiert?

Das Präferenzproblem erfordert zu erhellen, was genau passiert, wenn der Parser eine syntaktische Ambiguität entdeckt. Welche Aktionen führt der Parser an Punkten struktureller Ambiguität aus, und welche Faktoren nehmen Einfluß auf diese Aktionen? Das Präferenzproblem hat die psycholinguistisch orientierte Forschung zur syntaktischen Vearbeitung traditionell dominiert. Gerade in letzter Zeit aber ist auch die Beobachtung, daß Garden-Path-Effekte hinsichtlich ihrer Stärke variieren, verstärkt in den Mittelpunkt des Interesses gerückt. Wir wollen den mit dieser Beobachtung verknüpften Fragenkomplex hier als das *Disambiguierungsproblem* bezeichnen (18).

(18) *Disambiguierungsproblem*
  Warum führt Disambiguierung zuungunsten der präferierten Strukturzuweisung zu Schwierigkeiten unterschiedlichen Ausmaßes?

Es ist klar, daß eine Klärung dieser beiden Problemkreise zu sehr spezifischen Aussagen über die Organisation syntaktischer Verarbeitungsprozesse zwingt. Die Existenz von Garden-Path-Effekten hat daher die Untersuchung der Verarbeitung ambiger Strukturen bei der Erkundung der Arbeitsweise des Parsers und dessen Interaktion mit anderen Ebenen des Verarbeitungsprozesses zentrale Bedeutung erlangen lassen. Wie wir im Verlaufe der Arbeit sehen werden, geben unterschiedliche Parsermodelle sehr unterschiedliche Antworten auf das Präferenz- und das Disambiguierungsproblem. Ein Parsermodell kann nur dann als psychologisch adäquat gelten, wenn es empirisch beobachtbare Präferenzen und die Verteilung von Garden-Path-Effekten korrekt vorhersagt.

Präferenzen und Disambiguierungseffekte bei der Verarbeitung lokal ambiger Sätze und die Implikationen solcher Befunde für Modelle des menschlichen Parsers werden im Mittelpunkt dieser Arbeit stehen. Der Phänomenbereich, auf den wir uns im folgenden konzentrieren werden, sind die Verarbeitungsverhältnisse bei sogenannten Ergänzungsfragen, in der generativen Literatur gewöhnlich als w-Fragen bezeichnet.

1.4 Ambiguitäten bei der Verarbeitung von Ergänzungsfragen

Alle bislang diskutierten ambigen Konstruktionen enthielten Konstituenten, die auf unterschiedliche Weise in die phrasenstrukturelle Repräsentation integriert werden und die dementsprechend unterschiedliche syntaktische Funktionen erfüllen konnten. Da die phrasenstrukturelle Position einer Konstituente festlegt, ob sie als Subjekt oder Objekt, als präpositionales Argument oder als Attribut innerhalb des Satzes fungiert, determiniert die Entscheidung des Parsers, welche Anbindungsstelle für eine Konstituente gewählt wird, stets auch eine Entscheidung bezüglich der syntaktischen Funktion, die diese Konstituente zu erfüllen hat.

Die Verarbeitung von w-Fragen - und ebenso die Verarbeitung von syntaktisch verwandten Konstruktionen, z.B. Relativsätzen - führt nicht nur gelegentlich, sondern ganz systematisch zur Entstehung von syntaktischen Ambiguitäten. Die durch w-Fragen verursachten Ambiguitäten unterscheiden sich jedoch von den bislang besprochenen Fällen in einem wichtigen Punkt. W-Fragen enthalten eine Konstituente, nämlich die w-Phrase, deren phrasenstrukturelle Position eindeutig bestimmt werden kann. Im Englischen und Deutschen erscheinen w-Phrasen stets satzinitial. Obschon aber die Position der w-Phrase in der Phrasenstruktur unmittelbar feststeht, ist es nicht sofort möglich, die syntaktische Funktion der w-Phrase sicher zu bestimmen.

Betrachten wir dazu ein einfaches Beispiel. Nach Einlesen eines Fragments wie in (19) ist klar, daß die w-Phrase die initiale Position innerhalb des Phrasenstrukturbaums einnehmen muß. Unklar aber ist, welche syntaktische Funktion die w-Phrase übernehmen wird. Wie (20) zeigt, kann der Satz auf sehr verschiedene Weise fortgeführt werden. Abhängig von der konkreten Fortsetzung erfüllt die w-Phrase jedesmal höchst unterschiedliche syntaktische Funktionen. In (20a) z.B. fungiert sie als Objekt des Matrixsatzes, in (20b) als Subjekt des Matrixsatzes und in (20c) als Ergänzung eines eingebetteten Infinitivs.

(19)   Welche Frau ...

(20) a. Welche Frau sah der Mann?

b. Welche Frau sah den Mann?

c. Welche Frau sah der Mann ankommen?

Aber nicht nur, daß die w-Phrase unterschiedliche syntaktische Funktionen zu übernehmen in der Lage ist. Der Abstand zwischen der w-Phrase und dem Prädikat, auf das sich die w-Phrase bezieht, kann beliebig groß sein. In (20a) und (20b) etwa befinden sich w-Phrase und Prädikat innerhalb des gleichen Teilsatzes. W-Fragen involvieren jedoch nicht-lokale syntaktische Abhängigkeiten (*unbounded dependencies*), d.h. die Beziehung zwischen w-Phrase und Prädikat kann potentiell die Grenze beliebig vieler finiter Teilsätze überschreiten (21a).

(21) a. Welche Frau glaubte Fred [würde der Mann ansprechen]

b. Welche Frau glaubte Fred [denkt Peter [würde der Mann ansprechen]]

Die syntaktische Funktion einer w-Phrase bleibt also in jedem Falle zunächst ambig. Sie kann nur anhand des in der Inputkette nachfolgenden Materials bestimmt werden. In allen bisher betrachteten Fällen ist die Ambiguität lokaler Natur, denn nach Abschluß des Satzes steht die syntaktische Funktion der w-Phrase eindeutig fest. In (22a) und (22b) kann die w-Phrase temporär als Subjekt oder Objekt des Satzes analysiert werden. Die satzfinale NP löst die Ambiguität jedoch in beiden Fällen wieder auf: zugunsten der Subjektinterpretation in (22a) bzw. zugunsten der Objektinterpretation in (22b). Die Ambiguität kann aber auch globaler Natur sein, nämlich dann, wenn disambiguierende Information fehlt. In solchem Falle behält der Satz zwei verschiedenen Lesarten (22c): eine, in der die w-Phrase als Subjekt fungiert, und eine, in der sie als Objekt fungiert.

(22) a. Welche Frau sah den Mann?

b. Welche Frau sah der Mann?

c. Welche Frau sah das Mädchen?

Aufgrund der beiden für die w-Phrase in Frage kommenden Interpretationen werden Ambiguitäten wie in (22) als *Subjekt-Objekt-Ambiguitäten* bezeichnet. Die Verarbeitung lokal ambiger Subjekt-Objekt-Ambiguitäten im Deutschen wird in dieser Arbeit eine zentrale Rolle spielen. Ambiguitäten bei w-Fragen entstehen aber in sehr unterschiedlichen strukturellen Konfigurationen und sind darüber hinaus in vielen anderen Sprachen untersucht worden. Eine andere Konstellation, die insbesondere im Englischen von Relevanz ist, zeigt (23).

(23) a. My brother wanted to know who Ruth will bring home to us at Christmas.

b. My brother wanted to know who Ruth will bring us home to at Christmas.

In beiden Sätzen ist die syntaktische Funktion der w-Phrase ebenfalls temporär ambig. Das nachfolgende Material macht jedoch klar, daß die w-Phrase *who* in (23a) als direktes Objekt des Verbs *bring* fungiert und in (23b) als Objekt der Präposition *to*.

Angesichts der Tatsache, daß die Verarbeitung von w-Fragen zur systematischen Entstehung von syntaktischen Ambiguitäten führt, drängen sich mehrere Fragen auf. Die erste Frage ist natürlich, ob auch Ambiguitäten dieser Art zu Garden-Path-Effekten führen können, was darauf hindeuten würde, daß der Parser im Verlaufe des Verarbeitungsprozesses Präferenzen für die Zuordnung bestimmter syntaktischer Funktionen zu w-Phrasen entwickelt. Wie eine Vielzahl von Untersuchungen unterschiedlicher Typen von Ambiguitäten in w-Fragen in unterschiedlichen Sprachen gezeigt hat, ist diese Frage eindeutig zu bejahen. So hat Stowe (1986) z.B. für Sätze wie (3) nachweisen können, daß die Disambiguierung in (23a) einfach zu verarbeiten ist, während die Disambiguierung in (23b) zu Schwierigkeiten führt. Auch lokal ambige Subjekt-Objekt-Ambiguitäten wie in (22a) und (22b) wurden bereits experimentell untersucht, allerdings mit konfligierenden Ergebnissen. Farke (1994) zufolge führen Sätze, die zugunsten der Subjekt-Objekt-Abfolge disambiguiert werden, zu einem Garden-Path-Effekt. (22b) zeigt also die präferierte Struktur, während (22a) Farke zufolge schwierig zu verarbeiten ist. Vergleichbare Untersuchungen im Niederländischen haben zudem genau gegenteilige Präferenzen zutage gefördert (Frazier & Flores d'Arcais, 1989). Erstes erklärtes Ziel dieser Arbeit besteht deshalb darin, die Frage, welche Präferenzen bei der Verarbeitung lokal ambiger Subjekt-Objekt-Ambiguitäten wie in (22a) und (22b) beobachtet werden können, anhand eigener experimenteller Untersuchungen zu klären.

Wenn sich bei der Verarbeitung lokal ambiger w-Fragen Präferenzen einstellen, stellt sich auch für diesen Typ von Ambiguität das Präferenzproblem. Warum sind bestimmte Disambiguierungen einfach zu verarbeiten, während andere zu Schwierigkeiten führen? Entsprechend unseren Ausführungen im vorherigen Abschnitt muß zur Beantwortung dieser Frage u.a. geklärt werden, wie der Parser auf Ambiguitäten bei w-Fragen reagiert, warum also überhaupt Präferenzen entstehen, und welche Informationen die Entscheidung für oder gegen eine bestimmte Struktur beeinflussen. Zweites Ziel dieser Arbeit ist daher zu überprüfen, wie Präferenzen bei der Verarbeitung von Subjekt-Objekt-Ambiguitäten in Einklang mit bereits vorliegenden experimentellen Resultaten zur Verarbeitung von w-Fragen erklärt werden können.

Wie unsere Diskussion im vorherigen Abschnitt gezeigt hat, zeichnet Anbindungsambiguitäten nicht nur aus, daß sie zu Garden-Path-Effekten schlechthin führen. Vielmehr kann die Stärke des Garden-Path-Effektes erheblich variieren. Sehr schweren Garden-Path-Effekten stehen Ambiguitäten gegenüber, bei denen Garden-Path-Effekte - trotz nachweisbarer Präferenz - auszubleiben scheinen. Ist die Stärke von Garden-Path-Effekten bei der Verarbeitung von Ambiguitäten in w-Fragen vergleichbaren Schwankungen unterworfen? Die experimentelle Untersuchung dieser Frage am Beispiel lokal ambiger Subjekt-Objekt-Ambiguitäten im Deutschen ist das dritte Ziel dieser Arbeit. Wie wir zeigen werden, ist auch diese Frage positiv zu beantworten. Werden Subjekt-Objekt-Ambiguitäten zuungunsten der präferierten Struktur disambiguiert, entstehen Garden-Path-Effekte, die sich hinsichtlich ihrer Stärke systematisch unterscheiden. Damit stellt sich auch für Ambiguitäten dieser Art das Disambiguierungsproblem. Um Variation hinsichtlich der Garden-Path-Stärke erklären zu können, muß eine Theorie der Verarbeitung von w-Fragen Aussagen darüber treffen, welche Faktoren bestimmen, wann eine Disambiguierung zuungunsten der präferierten Struktur zu Schwierigkeiten führt und wann nicht. Dies ist das vierte Ziel dieser Arbeit. (24) und (25) faßt die wichtigsten Fragestellungen noch einmal zusammen.

(24) a. Welche Präferenzen lassen sich bei der Verarbeitung von Subjekt-Objekt-Ambiguitäten in w-Fragen beobachten?

b. Wie können die beobachteten Präferenzen theoretisch gefaßt und in Einklang mit anderen experimentellen Daten zur Verarbeitung von w-Fragen erklärt werden?

(25) a. Variieren Garden-Path-Effekte bei der Verarbeitung von Subjekt-Objekt-Ambiguitäten hinsichtlich ihrer Stärke?

b. Welche Faktoren sind gegebenenfalls für die unterschiedlich starken Garden-Path-Effekte verantwortlich?

1.5 Überblick über die Arbeit

Bevor wir uns der Frage zuwenden können, wie der Parser Ambiguitäten bei w-Fragen verarbeitet, muß geklärt werden, wie das Produkt der Berechnung aussehen soll. Welche phrasenstrukturelle Repräsentation weist der Parser Fragesätzen zu? Diesem Problem ist Kapitel 2 gewidmet. In Kapitel 2 werden alle notwendigen Annahmen zur Struktur deutscher und englischer Sätze eingeführt, die der folgenden Diskussion zugrundeliegen. Darauf aufbauend wenden wir uns der Frage zu, welche Faktoren bei der Verarbeitung von w-Fragen zur Entstehung von Ambiguitäten beitragen.

In Kapitel 3 werden grundlegende Fragestellungen aus dem Bereich der syntaktischen Verarbeitung vorgestellt. Im Anschluß daran diskutieren wir drei spezielle Modelle des Parsers, die - ausgehend von unterschiedlichen Annahmen bezüglich der Arbeitsweise des Parsers und seiner Stellung im Sprachverstehenssystem - zu sehr verschiedenen Antworten auf das Präferenz- und das Disambiguierungsproblem gelangen: das Garden-Path-Modell von Frazier (Frazier & Rayner, 1982; Frazier, 1987a), das Modell eingeschränkt paralleler Verarbeitung von Gibson (Gibson, 1991) sowie das beschränkungsbasierte Modell, wie es von MacDonald, Tanenhaus und anderen vertreten wird (MacDonald, Pearlmutter & Seidenberg, 1994; Trueswell & Tanenhaus, 1994). Kapitel 4 liefert eine kritische Diskussion bisheriger experimenteller Ergebnisse zur Verarbeitung von w-Fragen im Englischen und stellt - ausgehend von diesen Ergebnissen - die wichtigsten Modelle für die Verarbeitung von w-Fragen vor.

Mit Kapitel 5 beginnt die Diskussion von Subjekt-Objekt-Ambiguitäten. Wir lassen zunächst bisherige experimentelle Evidenz zur Verarbeitung von w-Fragen, Relativsätzen und Topikalisierungen im Deutschen, aber auch im Niederländischen, Italienischen und Englischen Revue passieren und arbeiten heraus, ob und wie die in Kapitel 4 eingeführten Verarbeitungsmodelle diese Befunde zu erklären vermögen. Kapitel 6 berichtet die Ergebnisse dreier experimenteller Untersuchungen, in denen Präferenzen bei der Verarbeitung von w-Fragen mit lokaler Subjekt-Objekt-Ambiguität untersucht wurden. Im Mittelpunkt der Kapitel 7 und 8 steht das Disambiguierungsproblem. Wir werden die Ergebnisse von fünf weiteren Experimenten vorstellen, deren Ziel es war, Faktoren zu isolieren, die Einfluß auf die Stärke von Garden-Path-Effekten bei der Verarbeitung von w-Fragen im Deutschen haben. Das abschließende Kapitel 9 faßt die wichtigsten Ergebnisse dieser Arbeit zusammen.

2 Ergänzungsfragen: Syntaktische Repräsentation und allgemeine Verarbeitungsannahmen

Wie im einleitenden Kapitel bereits betont wurde, gehen wir davon aus, daß die syntaktische Struktur, die der Parser einer Inputkette zuweist, der syntaktischen Struktur entspricht, die dieser Inputkette von der mentalen Grammatik eines Sprecher/Hörers zugewiesen wird. Als Modell der Kompetenzgrammatik legen wir die *Rektions- und Bindungstheorie* zugrunde (*Government-and-Binding Theory*, im folgenden GB-Theorie). Die GB-Theorie versteht sich als eine explizite Theorie sprachlichen Wissens. Sie charakterisiert sowohl allgemeine Eigenschaften sprachlichen Wissens, über die wir unabhängig von jeglicher Spracherfahrung verfügen und die daher als angeboren verstanden werden (die "Universalgrammatik"), wie auch die Struktur sprachlichen Wissens, nachdem eine bestimmte Sprache als Muttersprache erworben worden ist. Die GB-Theorie macht konkrete Aussagen über die interne Organisation sprachlichen Wissens und dessen Interaktion mit anderen Wissenssystemen: dem mentalen Lexikon, dem konzeptuell-interpretativen System und dem artikulatorisch-perzeptuellen System.

In diesem Kapitel soll zunächst die Analyse von Ergänzungsfragen (w-Fragen) und syntaktisch verwandten Konstruktionen im Rahmen der GB-Theorie dargelegt werden (Abschnitt 2.1). Anschließend erörtern wir, welche Annahmen für die syntaktische Verarbeitung unter diesen Voraussetzungen folgen (Abschnitt 2.2).

2.1 Die syntaktische Repräsentation von Ergänzungsfragen

Zugrundegelegt werden soll hier ein Stand der Theoriebildung, wie er in Chomsky (1981, 1986a, b) entwickelt und in allgemeinen Überblicksdarstellungen (Haegeman, 1994) sowie einschlägigen Lehrwerken aus dem deutschsprachigen Raum abgebildet worden ist (Stechow & Sternefeld, 1988; Grewendorf, 1988; Fanselow & Felix, 1987). Unsere Diskussion orientiert sich also nicht unbedingt an den allerneuesten Modellen, sondern eher an solchen Theorien, die zwischenzeitlich gut ausgearbeitet wurden und die sich in Analysen größerer Fragmente der deutschen Syntax bewährt haben.

Dennoch gilt auch für die hier verwendete „klassische" Version der GB-Theorie, daß im Grunde fast keine der im folgenden zu treffenden Aussagen unumstritten ist. Dies betrifft nicht nur die Analyse spezifischer Konstruktionstypen, sondern auch ganz grundlegende Problembereiche, z.B. die Satzstruktur des Deutschen. Wir haben uns daher zu folgendem Vorgehen entschlossen: Erörtert werden nur diejenigen repräsentationalen Annahmen, auf deren Grundlage die Diskussion experimenteller Resultate und spezifischer Verarbeitungsmodelle in den nachfolgenden Kapiteln geführt wird, ohne in jedem Falle näher auf alternative Vorschläge einzugehen. Eine Diskussion der Frage, inwieweit alternative syntaktische Analysen Einfluß auf die in dieser Arbeit diskutierten Verarbeitungsmodelle haben, verschieben wir auf Kapitel 6.

2.1.1 GB-Theorie: Die Architektur der Grammatik

Die GB-Theorie ist eine multistratale Grammatiktheorie. Jedem Satz wird eine phrasenstrukturelle Repräsentation auf mehreren Ebenen zugewiesen. Zu diesen Ebenen gehören die tiefenstrukturelle Repräsentation (D-Struktur, DS), die oberflächenstrukturelle Repräsentation (S-Struktur, SS), sowie Repräsentationen auf der Ebene der Logischen Form (LF) und der Phonetischen Form (PF). Die in der GB-Theorie angenommene Architektur der Grammatik und ihre Beziehung zu anderen Wissenssystemen skizziert Abbildung 2.1.

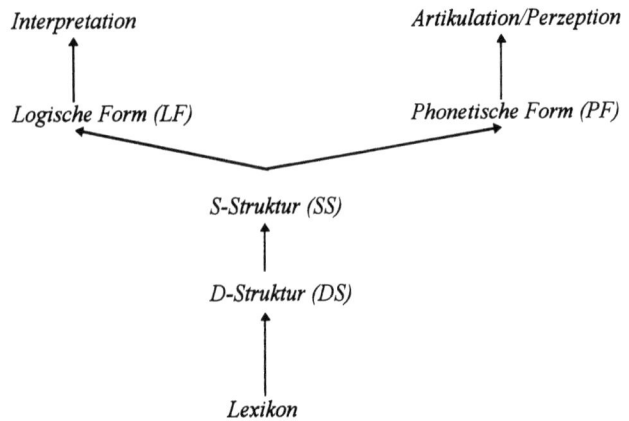

Abbildung 2.1: Die Architektur der Grammatik nach Chomsky (1981)

Auf jeder Repräsentationsebene werden unterschiedliche Bedingungen überprüft, die ein Satz erfüllen muß, damit er als grammatisch gelten kann. Diese Bedingungen werden von separaten, aber interagierenden Teiltheorien der Grammatik behandelt: der Kasustheorie etwa, die die Verteilung von Kasusmerkmalen beschreibt, der X-bar Theorie, die den Aufbau der Phrasenstruktur regelt, usw.

Die Ableitung der Strukturbeschreibung eines Satzes beginnt auf der DS-Ebene, die die Schnittstelle zum Lexikon darstellt. Die DS eines Satzes wird in die s-strukturelle Repräsentation überführt. Von der SS aus werden parallel zwei weitere Repräsentationen entwickelt, PF und LF, die die in jedem Satz gespeicherte Verknüpfung von Laut und Bedeutung widerspiegeln. LF repräsentiert den Bedeutungsaspekt und liefert den Input für nachfolgende interpretative Prozesse. PF repräsentiert die lautliche Seite einer Äußerung und ist damit Input für ein übergeordnetes System, das mit artikulatorischen und perzeptuellen Aufgaben beschäftigt ist.

Ein wesentliches Merkmal der GB-Theorie besteht darin, daß beim Übergang von der d-strukturellen zur s-strukturellen Repräsentation eines Satzes die Umstellung von Konstituenten möglich ist. Dies hat zur Folge, daß sich die Phrasenstrukturen eines Satzes auf der DS- und der SS-Ebene hinsichtlich hierarchischer und linearer Beziehungen zwischen den Konstituenten unterscheiden können. Während frühere Modelle der generativen Grammatik wie z.B. die Standard-Theorie (Chomsky, 1965) zu diesem Zweck eine Vielzahl sprach- und konstruktionsspezifischer Transformationsregeln definierten, die zum Beispiel Passivsätze aus Aktivsätzen erzeugten, kennt die GB-Theorie lediglich eine sehr allgemeine Umstellungsoperation: *Bewege-α*. Diese allgemeine Umstellungsoperation wird jedoch durch eine Reihe von Beschränkungen reguliert, die festlegen, von welcher Position aus Konstituenten umgestellt werden können, in welche neuen Positionen hinein Umstellungen erfolgen und wie groß die Entfernung zwischen Ausgangs- und Zielposition der Umstellung sein darf. Wichtig ist, daß die Beschränkungen für die Umstellungsoperation Bewege-α nicht mehr konstruktionsspezifischer Natur sind. Es gibt also in der GB-Theorie kein direktes Korrelat z.B. der Passivtransformation. Vielmehr ist die Interaktion der Beschränkungen verantwortlich dafür, daß trotz des allgemeinen Charakters von Bewege-α am Ende tatsächlich nur die Konstruktionen generiert werden, die in der jeweiligen Sprache wirklich vorkommen.

2.1.2 Einige Grundannahmen

2.1.2.1 *Die Projektion von Phrasenstrukturen und die Grundstruktur des Satzes*

Phrasenstrukturen kodieren die Konstituentenstruktur einer sprachlichen Äußerung. Sie bestehen aus Knoten (*nodes*), welche durch Äste (*branches*) miteinander verbunden sind. Die Phrasenstruktur eines Satzes spezifiziert (a) welche Wörter zu Konstituenten, und welche Konstituenten wiederum zu komplexeren Konstituenten zusammengefaßt werden können (die hierarchische Gliederung der Satzteile bzw. Dominanzrelationen zwischen Konstituenten), (b) die lineare Beziehung zwischen Konstituenten (Präzedenzrelation), und (c) Informationen bezüglich der grammatischen Kategorie einer Konstituente (V, N, P, A, u.a.) und deren Komplexität (X^0, X', XP) (Chomsky & Lasnik, 1993; Partee, ter Meulen & Wall, 1990). Phrasenstrukturen können mehr oder weniger rigide definiert werden. In der GB-Theorie legt man traditionell eine eher rigide Definition zugrunde. So darf z.B. ein Knoten nur von genau einem Knoten unmittelbar dominiert werden, was z.B. impliziert, daß Konstituenten einander nicht überlappen können. Verboten ist auch, daß sich Äste überkreuzen. Ausgeschlossen sind damit diskontinuierliche Konstituenten.[1]

Im Gegensatz zu früheren Versionen der generativen Grammatik werden Phrasenstrukturen in der GB-Theorie nicht mittels expliziter Regeln erzeugt, sondern aus den Elementen der Inputkette projiziert: Verben projizieren eine Verbalphrase, Nomen eine Nominalphrase usw. Auch grammatische Merkmale, die teils overt, etwa über gebundene Morpheme, oder abstrakt realisiert werden, projizieren Phrasen. Tempus- und Kongruenzmerkmale bilden die *Inflection*-Phrase (IP); Merkmale, die den Satzmodus festlegen, eine *Complementizer*-Phrase (CP).

Der Aufbau von Phrasen gehorcht einem allgemeinen Bauplan, der in der X-bar Theorie kodiert ist (Chomsky, 1970; Jackendoff, 1977).[2] Die X-bar Theorie definiert Wohlge-

---

[1] Diese Annahmen sind allerdings nicht unumstritten, unter anderem auch deshalb, weil die gängigen Tests für Konstituenz wie der Koordinationstest, die Weglaßprobe, die Ersetzungsprobe u.a., gelegentlich Resultate liefern, die für das Prinzip der starren Konstituenz problematisch sind. Manche Systeme erlauben sogar überlappende Konstituenten (z.B. die Kategorialgrammatik, Ades & Steedman, 1981; Pickering & Barry, 1993) oder überkreuzende Äste (McCawley, 1982). Für eine Diskussion dieser Problematik im Rahmen der GB-Theorie vgl. Pesetsky (1995) sowie Phillips (1996).
[2] In Kayne (1994) und Chomsky (1995) werden Möglichkeiten diskutiert, die X-bar Theorie auf grundlegendere Eigenschaften der Geometrie von Phrasenstrukturbäumen zu reduzieren.

formtheitsbedingungen für Phrasenstrukturen. Sie verbietet z.b., daß ein VP-Knoten einen N^0-Knoten unmittelbar dominiert, erlaubt aber, daß ein V'-Knoten einen PP oder NP oder CP-Knoten unmittelbar dominiert. Ob dies jedoch im konkreten Falle tatsächlich gestattet ist, hängt von anderen Mechanismen der Grammatik ab, insbesondere von den Selektionseigenschaften der Wörter, deren Phrasenstruktur berechnet wird. Die Selektionseigenschaften lexikalischer Items sind variabel: Transitive Verben z.b. verlangen, daß ihr V'-Knoten einen NP-Knoten dominiert, intransitive verbieten dies. Die Selektionseigenschaften funktionaler Köpfe hingegen gelten als invariabel (Abney, 1987; Felix, 1990). Dieser Auffassung zufolge selegiert der Kopf der CP-Projektion in jedem Falle eine Phrase der Kategorie IP, deren Kopf wiederum mit einer VP kombiniert werden muß. Die Repräsentation eines jeden Satzes enthält daher ein Grundgerüst bestehend aus CP, IP und VP.

Die X-bar Theorie kodiert ebenfalls keine Information bezüglich der linearen Abfolge von Spezifierern und X'-Knoten auf der einen Seite sowie Komplementen und X^0-Knoten auf der anderen Seite. Im Englischen und Deutschen geht der Spezifizierer dem X'-Knoten voraus, die Abfolge Komplement-X^0 ist jedoch in diesen Sprachen verschieden. Mit Blick auf die Verhältnisse innerhalb der Hauptprojektionen des Satzes CP, IP und VP gehen wir in dieser Arbeit von folgenden Annahmen aus: Im Englischen muß ein Komplement dem C^0-, I^0- oder V^0-Knoten grundsätzlich folgen. Im Deutschen gilt dies nur für die Beziehung zwischen C^0 und dem Komplement IP. Innerhalb von IP und VP gehen Komplemente dem I^0- bzw V^0-Knoten voraus. Das Grundgerüst eines Satzes im Deutschen zeigt (1a), das eines englischen Satzes (1b).

(1) a. *Deutsch:*   [$_{CP}$ ... [$_{C'}$ C^0 [$_{IP}$ ... [$_{I'}$ [$_{VP}$ ... V^0] I^0]]]]
    b. *Englisch:* [$_{CP}$ ... [$_{C'}$ C^0 [$_{IP}$ ... [$_{I'}$ I^0 [$_{VP}$ V^0 ...]]]]]

2.1.2.2 Thematische Relationen und syntaktische Funktionen

Eine zentrale Rolle in jeder Grammatiktheorie spielen lexikalische Dependenzen. Diese Dependenzen drücken aus, daß bestimmte lexikalische Items die Anwesenheit anderer Konstituenten eines bestimmten Typs erzwingen bzw. ausschließen. Lexikalisch bedingte Anforderungen dieser Art sind im Lexikon gespeichert. Lexikoneinträge enthalten Informationen über die Argumentstruktur eines Wortes. Diese Information wird auf zweierlei Weise realisiert: im *Subkategorisierungsrahmen* und im *thematischen Raster*. Das thematische Raster legt fest, mit welchen thematischen Rollen eine Argumentstelle belegt wird, determiniert somit die semantische Relation zwischen Argumenten und Verb. Der Subkategorisierungsrahmen bestimmt, wie ein Argument syntaktisch realisiert werden muß: ob es obligatorisch aufzutreten hat oder lediglich fakultativ, und welcher syntaktischen Kategorie eine Konstituente angehören muß, damit sie einer bestimmten Argumentstelle zugeordnet werden kann.

Die Verbindung von Konstituenten und Argumentstellen erfolgt auf der DS über die Zuweisung thematischer Rollen. Die thematischen Rollen signalisieren, welche NP-Konstituente mit welcher Argumentstelle des Verbs verknüpft ist. Die Zuweisung thematischer Rollen ist an designierte phrasenstrukturelle Positionen innerhalb des Satzes gebunden, sogenannte Argumentpositionen, zu denen traditionell SpecIP und die Schwesterposition des Verbs gerechnet werden. Regulierendes Prinzip ist das sogenannte *Theta-Kriterium* (Chomsky, 1981), dem zufolge jedem Argument genau eine thematische Rolle und jeder thematischen Rolle genau ein Argument zugeordnet werden muß.

Auf der SS wird unter anderem überprüft, ob alle Konstituenten syntaktisch lizenziert sind. Die syntaktische Lizenzierung bewirkt, daß sichtbar gemacht wird, welche Konstituente mit welcher Argumentstelle korrespondiert. Auf der SS wird also festgelegt, welche syntaktische Funktion eine Konstituente erfüllt. Die syntaktische Lizenzierung von NP-Argumenten erfolgt über die Zuweisung eines abstrakten Kasus. Die Zuweisung eines abstrakten Kasus ist strikten Lokalitätsanforderungen unterworfen und kann daher ebenfalls nur an designierte Positionen erfolgen. Der Nominativ wird von den im Kopf der IP-Projektion befindlichen Finitheitsmerkmalen eines Satzes an die SpecIP-Position zugewiesen.[3] Eine Konstituente in SpecIP fungiert demnach syntaktisch als Subjekt. SpecIP ist daher die *kanonische Subjektposition*.

Kanonische Positionen werden in der Regel auch für Objektergänzungen postuliert, obschon die genaue Definition dieser Positionen weniger klar ist. Verfügen Strukturen lediglich über ein Objekt, gehen wir im folgenden davon aus, daß dieses seine syntaktische Lizenz in der Komplementposition des Verbs erhält, dominiert von V'. Etwas komplizierter wird die Sachlage im Falle zweier interner Argumente. Für das Deutsche wollen wir in Anlehnung an Haider (1993) annehmen, daß im Falle von NP_NP-Strukturen beide Objekte von Projektionsstufen des Typs V' dominiert werden, jedoch das direkte Objekt verbnäher und zudem strukturell tiefer steht als das indirekte Objekt.[4] Die in dieser Arbeit zugrundegelegten kanonischen Positionen für direkte (NP_{IO}) und indirekte Objekte (NP_{DO}) im Deutschen zeigt (2).[5]

(2)   [$_{VP}$ [$_{V'}$ NP_{IO} [$_{V'}$ NP_{DO} V^0]]]

In einer solchen Struktur c-kommandiert[6] das indirekte Objekt das direkte Objekt. Es gibt eine Reihe von Daten, die eine solche strukturelle Unterscheidung beider Objektpositionen rechtfertigen. So weiß man z.B., daß negative Polaritätsitems wie *auch nur* oder *je* von einem negativen Quantor c-kommandiert werden müssen. Dies ist offenbar in (3a) der Fall, nicht aber in (3b), was die Ungrammatikalität dieses Satzes erklärt.

(3)   a. Maria beteuerte, daß sie niemandem auch nur ein Sterbenswörtchen verraten hätte.

      b. *Maria beteuerte, daß sie auch nur einem kein Sterbenswörtchen verraten hätte.

---

[3] In neueren Theorievarianten verfügen lexikalische Items bereits über abstrakte Kasusmerkmale, bevor sie in die syntaktische Repräsentation eingebaut werden. Kasus muß einer NP daher nicht erst auf der S-Struktur zugewiesen werden. Kasusmerkmale werden vielmehr *überprüft*. Der Kopf einer finiten IP würde also überprüfen, ob die NP in SpecIP das korrekte Kasusmerkmal trägt, nämlich Nominativ. Im folgenden ist diese Unterscheidung zwischen Kasuszuweisung und Kasusüberprüfung allerdings irrelevant.
[4] Dies gilt vermutlich nicht für alle ditransitiven Verben gleichermaßen. Wie z.B. Höhle (1982) und Haider (1993) betonen, gibt es einige Verben, in denen das indirekte Objekt dem Kopf der VP näher zu stehen scheint als das direkte Objekt, z.B. *aussetzen*.
[5] Eine ähnliche asymmetrische Beziehung setzen wir für NP_PP-Strukturen an, die allerdings in der Diskussion der nachfolgenden Kapitel keine Rolle spielen und daher hier nicht näher besprochen werden sollen.
[6] Wir legen folgende Definition von c-Kommando zugrunde (vgl. Haegeman, 1994:134):
Knoten α c-kommandiert Knoten β genau dann, wenn (i) keiner der beiden Knoten den anderen dominiert und (ii) der erste verzweigende Knoten, der α dominiert, auch β dominiert.

Im Englischen sind die Verhältnisse komplizierter. Für ditransitive Verben wie *give* oder *bring* ist die Annahme einer komplexeren VP-Struktur erforderlich. Wie (4) und viele anderen Daten nämlich zeigen, wird auch im Englischen das direkte Objekt vom indirekten Objekt c-kommandiert (Barss & Lasnik, 1986; Hoekstra, 1991; Larson, 1988, 1990). Das indirekte Objekt muß daher im Englischen - wie im Deutschen - strukturell höher stehen als das direkte Objekt Um Daten wie diesen gerecht werden zu können, werden wir für ditransitive Verben im Englischen Strukturen mit VP-Schale wie in (5) ansetzen. Kennzeichnend für diese Strukturen ist die Tatsache, daß sie aus zwei VP-Projektionen bestehen, wobei das Verb in der unteren VP-Projektion basisgeneriert wird (5a) und sich auf dem Wege zur S-Struktur in die obere VP-Projektion begibt (5b). Für einen Satz wie (4a) ergäbe sich daher die in (6) angegebene strukturelle Repräsentation.[7]

(4) a. John gave noone anything.

 b. *John gave anyone nothing.

(5) a. DS: $[_{VP} [_{V'} e [_{VP} NP_{IO} [_{V'} V^0 NP_{DO}]]]]$

 b SS: $[_{VP} [_{V'} V^0_i [_{VP} NP_{IO} [_{V'} t_i NP_{DO}]]]]$

(6) a. DS: $[_{VP} [_{V'} e [_{VP} \text{noone} [_{V'} \text{gave anything}]]]]$

 b. SS: $[_{VP} [_{V'} \text{gave}_i [_{VP} \text{noone} [_{V'} t_i \text{ anything}]]]]$

Zusammenfassend können wir festhalten, (i) daß thematische Relationen und syntaktische Funktionen separat definiert werden, und (ii) daß Konzepten wie *Subjekt* oder *Objekt* in der GB-Theorie nicht der Status eines theoretischen Primitivs zukommt, wie z.B. in der *Lexical-Functional Grammar* (Bresnan & Kaplan, 1982). Vielmehr werden sie konfigurational definiert, und zwar über die phrasenstrukturelle Position, an die der entsprechende abstrakte Kasus zugewiesen wird.

Während diese Annahmen in bezug auf das Englische als im wesentlichen akzeptiert gelten können[8], ist ein solcher Konsens in Hinblick auf die Satzstruktur des Deutschen noch nicht erreicht. Wie wir z.B. in Abschnitt 2.1.3.3 sehen werden, gibt es einige Hinweise darauf, daß der Nominativ im Deutschen nicht exklusiv an eine Position, die SpecIP-Position, zugewiesen

---

[7] Den Anstoß für die Einführung komplexer VP-Strukturen gab die Diskussion in Larson (1988, 1990). Mit Blick auf die Analyse von NP_NP-Strukturen im Englischen folgen wir jedoch Haider (1992), Hoekstra (1991) und anderen in der Annahme, daß diese direkt basisgeneriert und nicht derivationell aus NP_PP-Strukturen abgeleitet werden.

[8] Es soll zumindest auf zwei wichtige Entwicklungen hingewiesen werden, die in unserer Darstellung nicht berücksichtigt wurden, da sie in der psycholinguistischen Diskussion keine Rolle spielen (interessanterweise aber in jüngeren neurolinguistischen Kontroversen um das Phänomen des Agrammatismus, vgl. Grodzinsky, 1995; Hickok, Zurif & Canseco-Gonzalez, 1993; Mauner, Fromkin & Cornell, 1993). Zum einen gehen die meisten neueren Theorien davon aus, daß Subjekte innerhalb der VP basisgeneriert werden und erst auf dem Wege zur S-Struktur in die SpecIP-Position gelangen (Koopman & Sportiche, 1991). Wir werden darauf in Abschnitt 6.4.2 zurückkommen. Zum anderen legen viele Arbeiten ein weitaus differenzierteres Arsenal funktionaler Kategorien zugrunde, während wir uns hier mit der "klassischen" CP-IP Distinktion aus Chomsky (1986b) begnügen.

wird, sondern prinzipiell auch an Positionen innerhalb der VP vergeben werden kann. Zudem ist es alles andere als einfach, Evidenz für die Existenz einer separaten IP-Projektion neben der CP im Deutschen zu finden, worauf insbesondere Haider (1993) aufmerksam gemacht hat (vgl. auch Cooper, 1995). Haider (1993) hat dies veranlaßt, eine Theorie der deutschen Satzstruktur vorzuschlagen, in der oberhalb der VP nur noch eine funktionale Projektion Platz hat, auf die CP-IP Distinktion also verzichtet wird. Wir werden im folgenden die CP-IP Distinktion beibehalten. Eine nähere Diskussion der Haiderschen Theorie und ihrer Konsequenzen für die Modellierung von syntaktischen Verarbeitungsprozessen verschieben wir auf Abschnitt 6.4.2.1.

2.1.3 Die syntaktische Analyse von Ergänzungsfragen und verwandten Konstruktionen

Im folgenden soll die syntaktische Analyse derjenigen Konstruktionen diskutiert werden, deren Verarbeitung im Mittelpunkt dieser Arbeit steht. In Abschnitt 2.1.3.1 beschäftigen wir uns zunächst mit der Struktur von w-Fragen. Anschließend gehen wir kurz auf Relativsätze und Topikalisierungen ein, zwei Konstruktionen, die wie w-Fragen nicht-lokale syntaktische Abhängigkeiten involvieren und daher im Rahmen der GB-Theorie der gleichen grammatiktheoretischen Behandlung unterzogen werden (Abschnitt 2.1.3.2). Schließlich wenden wir uns in Abschnitt 2.1.3.3 der Analyse zweier weiterer Konstruktionen zu, die uns im Kontext der Diskussion von Verarbeitungsmodellen ebenfalls begegnen werden: dem Passiv sowie Sätzen mit Konstituentenumstellung im Mittelfeld.

2.1.3.1 Ergänzungsfragen (w-Fragen)

Beginnen wir mit der Analyse von w-Fragen. Wie in Abschnitt 1.4 bereits verdeutlicht wurde, erscheinen w-Phrasen stets satzinitial, obgleich sie innerhalb des Satzes sehr unterschiedliche syntaktische Funktionen übernehmen können. Im Fragesatz (7a) etwa erfüllt die w-Phrase *who* die Funktion des direkten Objekts von *meet*. In der phrasenstrukturellen Position, in der sich *who* befindet (SpecCP), kann es jedoch weder eine thematische Rolle noch einen abstrakten Kasus erhalten, der es als direktes Objekt von *meet* kenntlich machen würde. Die kanonische Objektposition, d.h. die phrasenstrukturelle Position, in der ein Objekt eine thematische Rolle sowie abstrakten Kasus als syntaktische Lizenz erhält, ist die Schwesterposition des Verbs, wie (7b) noch einmal verdeutlicht.

(7) a. He wonders [$_{CP}$ who [$_{IP}$ John [$_{VP}$ met]]]

   b. He believes [$_{CP}$ [$_{IP}$ John [$_{VP}$ met Mary]]]

Syntaktisch betrachtet führen w-Phrasen jedoch ein "Zwitterdasein": Zwar befinden sie sich nicht an der Position, an der wir sie gemäß ihrer syntaktischen Funktion eigentlich erwarten würden, doch verhalten sie sich in vielerlei Hinsicht syntaktisch genau so, als würden sie sich in ihrer kanonischen Satzgliedposition befinden.[9] In (8) z.B. fungiert die w-Phrase als Dativobjekt des Verbs *geben*. Die kanonische Position des Dativobjekts wird durch die Anwesenheit der w-Phrase blockiert und darf keinesfalls mit einer anderen Konstituente besetzt werden.

---

[9] Argumente wie die beiden folgenden werden z.B. in Grewendorf (1988) und Haegeman (1994) verwendet, um für eine Bewegungsanalyse von w-Fragen zu argumentieren.

(8) a. Peter wollte wissen, wem der Peter das Buch gegeben hat.

b. *Peter wollte wissen, wem der Peter *dem Fritz* das Buch gegeben hat.

Eine w-Phrase wie in (9) wird nicht nur als Subjekt des eingebetteten Satzes verstanden, sie ist - syntaktisch gesehen - auch im eingebetteten Satz anwesend. Sie steuert die Kongruenzflexion des finiten Verbs im eingebetteten Satz und kann dort einem anaphorischen Pronomen als Antezedens zur Verfügung stehen (9a), was Konstituenten, die sich nicht innerhalb des eingebetteten Satzes befinden, im Deutschen eigentlich verboten ist (9b).

(9) a. Wer, meinte Fred, müßte sich, mal wieder rasieren?

b. *Fred, meint, Maria müßte sich, mal wieder rasieren.

Die syntaktische Repräsentation von w-Fragen und vergleichbaren Konstruktionen muß also Informationen darüber kodieren, daß eine satzinitiale w-Phrase, die als Subjekt oder Objekt eines Prädikats fungiert, in der phrasenstrukturellen Position, an der sich Subjekt und Objekt dieses Prädikats normalerweise befinden, syntaktisch präsent ist, unabhängig davon, wie weit sie sich von dieser Position entfernt hat.

Um den Oberflächeneigenschaften eines Satzes wie (7b) gerecht zu werden, gleichzeitig aber die Korrespondenz zwischen *who* in (7b) bzw. *Mary* in (7a) auszudrücken, werden w-Fragen durch Applikation der Bewegungsregel Bewege-α hergeleitet. Auf der Ebene der DS wird die w-Phrase VP-intern in der Komplementposition des Verbs generiert, und damit in der kanonischen Position des direkten Objekts. An dieser Position wird der w-Phrase die entsprechende thematische Rolle vom Verb zugewiesen. Auf dem Wege zur SS wird *who* per Bewege-α an die Satzspitze transportiert, und zwar in die SpecCP-Position. Die d-strukturelle Position der w-Phrase wird auf der SS mit einer Spur kenntlich gemacht, mit der das Fragewort koindiziert ist. Bewegte Konstituente und Spur bilden ein syntaktisches Objekt, das als *Kette* bezeichnet wird. Die Kettenbeziehung erlaubt es, das Fragewort syntaktisch zu lizenzieren. Über die phrasenstrukturelle Position der Spur lassen sich die syntaktische Funktion des Fragewortes und die thematische Rolle, die es zu tragen hat, identifizieren. Eine vereinfachte Darstellung der DS- und der SS-Struktur findet sich in (10).[10]

(10) a. DS: He wonders [$_{CP}$ [$_{IP}$ John [$_{VP}$ met who]]]

b. SS: He wonders [$_{CP}$ who$_i$ [$_{IP}$ John [$_{VP}$ met t$_i$]]]

Diese Analyse englischer w-Fragen läßt sich einfach auf das Deutsche übertragen. Auch im Deutschen erscheinen w-Phrasen an der Oberfläche satzinitial in der SpecCP-Position. D-strukturell aber werden sie in genau der Position generiert, an der die jeweilige syntaktische

---

[10] Gelegentlich ist in der GB-Theorie (z.B. Chomsky, 1986b), vor allem aber im Rahmen alternativer Grammatiktheorien (z.B. GPSG, Gazdar, Pullum, Klein & Sag, 1985; Optimalitätstheorie, Grimshaw, 1997) dafür argumentiert worden, daß die Ableitung subjektinitialer w-Fragen keine Bewegung der w-Phrase im hier erläuterten Sinne nötig macht. Wie wir weiter unten sehen werden, umkreist die Analyse deklarativer Hauptsatzstrukturen des Deutschen eine ganz ähnliche Diskussion. Wir verschieben eine Diskussion dieses Vorschlags und seiner Implikationen für die Modellierung von Verarbeitungsprozessen auf Abschnitt 6.4.2.2.

Funktion kanonisch realisiert wird. Die Applikation von Bewege-α hinterläßt an der d-strukturellen Position der w-Phrase auf der SS eine Spur, mit der sie koindiziert ist und die die Zuweisung eines abstrakten Kasus an diese Konstituente ermöglicht.

(11) Peter verriet mir neulich,

   a. DS: ... [$_{CP}$ [$_{IP}$ die Maria [$_{VP}$ wen ins Kino eingeladen] hat]]

   b. SS: ... [$_{CP}$ wen$_i$ [$_{IP}$ die Maria [$_{VP}$ t$_i$ ins Kino eingeladen] hat]]

2.1.3.2 Relativsätze und Topikalisierungen

Relativsätze wie in (12) sind w-Fragen strukturell sehr ähnlich. Sie enthalten ein Relativpronomen, das sich wie Fragewörter in einer satzinitialen Position befindet, also in der SpecCP-Position. Auch Relativpronomen können sehr unterschiedliche syntaktische Funktionen erfüllen, z.B. als Subjekt (12a) oder als Objekt (12b) fungieren. Ebenso wie Ergänzungsfragen kreieren Relativsätze nicht-lokale syntaktische Abhängigkeiten. Relativpronomen müssen sich daher nicht unbedingt in dem Teilsatz befinden, in dem sie eine syntaktische Funktion übernehmen (12c).

(12) a. Maria zeigte mir die Frau, die den Jungen um etwas Geld gebeten hat.

   b. Dort sitzt der Mann, den Maria angesprochen hat.

   c.$^?$ Dort sitzt der Mann, den ich glaube, daß Maria angesprochen hat.

Auf Chomsky (1977) geht die Idee zurück, Relativsätze mittels der gleichen Mechanismen zu analysieren wie indirekte w-Fragen. Im Rahmen der GB-Theorie wird daher das Relativpronomen d-strukturell an der kanonischen Position des Subjekts oder Objekts generiert und erst auf dem Wege zur SS in die initiale Position des Relativsatzes verschoben. Per koindizierter Spur ist es mit der jeweiligen phrasenstrukturellen Position verbunden, die die syntaktische Funktion des Relativpronomens kenntlich macht. Die Darstellung der Ableitung eines Objektrelativsatzes wie in (12b) zeigt (13).

(13) a. DS: ... [$_{CP}$ [$_{IP}$ Maria [$_{VP}$ den angesprochen] hat]]

   b. SS: ... [$_{CP}$ den$_i$ [$_{IP}$ Maria [$_{VP}$ t$_i$ angesprochen] hat]]

Bislang haben wir uns ausschließlich mit Nebensatzstrukturen beschäftigt, Strukturen also, in denen im Deutschen das finite Verb in satzfinaler Position erscheint. Hauptsätze unterscheiden sich von Nebensatzstrukturen insbesondere durch die Tatsache, daß das finite Verb der satzinitialen Konstituente unmittelbar folgt. Deutsch gehört zur Gruppe der Verb-Zweit Sprachen.

(14) a. weil Peter das Auto in die Garage fuhr

   b. Peter fuhr das Auto in die Garage.

Welche Konstituente dem Verb im Hauptsatz vorangeht, unterliegt im Deutschen kaum syntaktischen Beschränkungen. Wie (15) illustriert, kann fast jede Konstituente, ganz gleich welcher Satzgliedfunktion, in die Position vor dem finiten Verb gebracht werden.

(15) a. Peter hat das Auto noch nie in die Garage gefahren.

b. Das Auto hat Peter noch nie in die Garage gefahren.

c. In die Garage hat Peter das Auto noch nie gefahren.

Auch muß die Konstituente vor dem finiten Verb nicht unbedingt syntaktischer Bestandteil des Matrixsatzes sein. Wie bei Frage- und Relativsätzen kann sie Funktionen in beliebig weit entfernten eingebetteten Strukturen übernehmen.

(16) a. Peter, glaubte der Johann, hätte das Auto in die Garage gefahren.

b. In die Garage, glaubte der Johann, hätte Peter gesagt, würde er das Auto fahren.

Diese Beispiele zeigen, daß es erhebliche Parallelen zwischen Ergänzungsfragen, Relativsätzen und deklarativen Hauptsätzen gibt. Satzinitial erscheint eine Phrase sehr unterschiedlicher Kategorie, die zudem sehr unterschiedliche Funktionen innerhalb des Satzes übernehmen kann. Hauptsätze werden daher in der GB-Theorie aus Nebensatzstrukturen wie folgt abgeleitet (den Besten, 1977/1983; vgl. Vikner, 1995 für eine detaillierte Diskussion): (i) Das finite Verb wird aus seiner d-strukturellen Position in die Kopfposition der CP bewegt. (ii) Eine weitere Konstituente wird auf dem Wege zur SS durch Bewege-α in die SpecCP-Position gebracht.[11] Das finite Verb wie auch die satzinitiale Konstituente sind mit ihren d-strukturellen Positionen per koindizierter Spur verbunden.[12]

(17) a. [$_{CP}$ Peter$_i$ fuhr [$_{IP}$ t$_i$ [$_{VP}$ das Auto in die Garage]]]

b. [$_{CP}$ Das Auto$_i$ fuhr [$_{IP}$ Peter [$_{VP}$ t$_i$ in die Garage]]]

c. [$_{CP}$ In die Garage$_i$ fuhr [$_{IP}$ Peter [$_{VP}$ das Auto t$_i$]]]

Der gerade beschriebenen Analyse zufolge weist jeder Hauptsatz prinzipiell die gleiche Struktur auf. Alle Hauptsätze werden als Topikalisierungen betrachtet, unabhängig davon, ob die initiale Konstituente zum Beispiel als Subjekt (17a) oder als Objekt (17b) fungiert (*symmetrische V2-Analyse*). Es ist jedoch umstritten, ob sich tatsächlich in jedem deklarativen Hauptsatz eine Konstituente aus dem Mittelfeld in die Spezifiziererposition der CP bewegen muß. Travis (1984, 1991) und andere Autoren (Zwart, 1993; Gorrell, 1996, erscheint, a) haben vorgeschlagen, daß zwar Sätze wie (17b) und (17c) auf die eben beschriebene Weise zu analy-

---

[11] Dies impliziert, daß die Landepositionen für w-Phrasen bei der Derivation von Ergänzungsfragen und für Topik-NPs bei der Derivation deklarativer Hauptsatzstrukturen identisch sind. Vgl. jedoch Müller & Sternefeld (1993) für Argumente, die die Annahme einer Topik-Phrase neben der CP, und damit die Annahme unterschiedlicher Positionen satzinitialer w-Phrasen und Topik-NPs rechtfertigen würden. Für die hier verfolgten Zwecke ist eine Entscheidung für oder gegen eine Repräsentation mit separater Topik-Phrase allerdings nicht notwendig.

[12] Aus Gründen der Übersichtlichkeit wird hier und im folgenden auf die Repräsentation von Spuren, die auf Verbbewegung zurückgehen, verzichtet.

sieren sind, nicht jedoch subjektinitiale Sätze wie in (17a). Die Analyse von Travis weicht in zwei Punkten von der Standardanalyse ab. Zum einen geht sie davon aus, daß die IP-Projektion auch im Deutschen eine rechtsverzweigende Struktur hat, sich der Kopf dieser Phrase also links von der VP befindet. Darauf aufbauend schlägt sie vor, daß in (17a) das finite Verb lediglich in die I⁰-Position bewegt werden muß und das Subjekt in seiner basisgenerierten Position in SpecIP verbleibt (vgl. (18)). Dieser Theorie zufolge hat also ein subjektinitialer deklarativer Hauptsatz wie (17a) eine einfachere Struktur als Hauptsätze wie in (17b), in denen Objekte oder andere Satzglieder die Position vor dem finiten Verb einnehmen (*asymmetrische V2-Analyse*).

(18) [$_{IP}$ Peter fuhr [$_{VP}$ das Auto in die Garage]]

Welche Analyse für subjektinitiale Hauptsätze die korrekte ist, wird auch heute noch kontrovers diskutiert. Für die von Travis vorgeschlagene asymmetrische Analyse scheint zu sprechen, daß schwachtonige Pronomen wie *es* in satzinitialer Position zwar die Funktion des Subjekts, nicht aber die des Objekts übernehmen können, ein Kontrast, der mit Rekurs auf die unterschiedliche phrasenstrukturelle Position von initialen Subjekten und Objekten erklärt werden könnte (19).

(19) a. Das Pferd ißt Gras. / Es ißt Gras.

b. Gras ißt das Pferd. / *Es ißt das Pferd.

Die asymmetrische Analyse von Deklarativsätzen wirft ihrerseits jedoch eine Reihe neuer Probleme auf (Schwartz & Vikner, 1996; Steinbach & Gärtner, 1995). Wir wollen die Details der Debatte an dieser Stelle nicht weiter ausbreiten. Wichtig ist, daß den Proponenten der asymmetrischen V2-Analyse zufolge die Struktur eines subjektinitialen Deklarativsatzes einfacher ist als die Struktur eines Deklarativsatzes, der von einem anderen Satzglied eingeleitet wird. Erstere verfügen - im Gegensatz zu letzteren - über keine CP-Projektion. Wir legen in der folgenden Diskussion die symmetrische V2-Analyse zugrunde. Auf Implikationen der asymmetrischen V2-Analyse werden wir jedoch in Abschnitt 6.4.2.2 zurückkommen.

2.1.3.3 Scrambling und Passiv

Im folgenden Abschnitt sollen zwei weitere Konstruktionen angesprochen werden, deren d-strukturelle Konstituentenabfolge auf dem Wege zur SS ebenfalls durch Bewege-α verändert wird: Umstellungen im Mittelfeld des Deutschen und das Passiv im Englischen. Wenden wir uns zunächst dem Mittelfeld des Deutschen zu. Die Diskussion der Struktur deutscher Hauptsätze im vorigen Abschnitt hat bereits verdeutlicht, daß die Anordnung von Subjekt, Objekt und anderen Satzgliedern im Deutschen - im Gegensatz zum Englischen - sehr variabel ist. Ein Grund ist darin zu sehen, daß in einem Hauptsatz Phrasen ganz unterschiedlicher Kategorien in das Vorfeld bewegt werden können. Aber nicht nur die großzügigen Regelungen bezüglich der Vorfeldbesetzung begründen die beträchtliche Freiheit der Konstituentenabfolge im Deutschen: Zusätzlich gibt es noch die Möglichkeit, Konstituenten im Mittelfeld hinsichtlich ihrer Abfolge zu variieren, wie das folgende Beispiel zeigt.

(20) a. Gerade hat die Maria den Bären gestreichelt.

b. Gerade hat den Bären die Maria gestreichelt.

Welche syntaktische Struktur ist diesen Sätzen zuzuordnen? In Abschnitt 2.1.2.2 haben wir darauf verwiesen, daß die kanonische Position des Subjekts die SpecIP-Position ist, die kanonische Position des direkten Objekts hingegen die Schwesterposition des Verbs. Dies impliziert, daß das Subjekt dem Objekt vorausgehen sollte. Die Möglichkeit, die Abfolge von Subjekt und Objekt im Mittelfeld zu variieren, scheint dieser Annahme jedoch zu widersprechen. Welche Gründe gibt es für die Annahme, daß der Satz in (20b) d-strukturell nicht die Abfolge Objekt - Subjekt, sondern die Standardabfolge Subjekt - Objekt aufweist; die oberflächliche Abfolge dieses Satzes also auf die Anwendung der Umstellungsoperation Bewege-α zurückzuführen ist?

Betrachtet man die Beispiele in (20) genauer, so fällt auf, daß eine der beiden Abfolgen unnatürlich oder markiert ist. Lenerz (1977) und Höhle (1982) haben gezeigt, daß diese Intuition damit zu tun hat, daß die beiden Abfolgen in (20) hinsichtlich ihrer Verwendbarkeit unterschiedlichen Beschränkungen unterliegen. Positioniert man den Satzakzent so wie in (21a) durch Großschreibung indiziert, kann (20a) als Antwort auf eine allgemeine Frage wie "Was ist passiert?" eingesetzt werden, in deren Kontext die Gesamtheit der Antwort fokussiert wird. (20b) wäre demgegenüber keine sehr passende Antwort auf diese Frage, egal, ob der Satzakzent auf *Maria* fällt, wie in (21b), oder auf ein anderes Wort, z.B. das Partizip.

(21) a. Was ist passiert?

a. Gerade hat die Maria den BÄREN gestreichelt.

b. # Gerade hat den Bären die MARIA gestreichelt.

Auch wenn nicht nach dem Sachverhalt als Ganzem gefragt und somit die gesamte Antwort fokussiert wird, sondern nach einzelnen Konstituenten, ergeben sich Unterschiede. Erfragt man das Subjekt des Satzes, kann sowohl die Abfolge Subjekt-Objekt als auch die Abfolge Objekt-Subjekt verwendet werden (22), wobei natürlich in beiden Fällen das Subjekt, nachdem ja gefragt wird, betont werden muß. Erfragt man das Objekt des Satzes, erweist sich die Subjekt-Objekt-Abfolge als möglich, die Objekt - Subjekt Abfolge hingegen in diesem Kontext als unangemessen (23).

(22) Wer hat den Bären gerade gestreichelt?

a. Gerade hat die MARIA den Bären gestreichelt.

b. Gerade hat den Bären die MARIA gestreichelt.

(23) Wen hat die Maria gerade gestreichelt?

a. Gerade hat die Maria den BÄREN gestreichelt.

b. # Gerade hat den BÄREN die Maria gestreichelt.

Die Objekt-Subjekt-Abfolge ist also hinsichtlich ihrer Verwendbarkeit gegenüber der Subjekt-Objekt-Abfolge deutlich eingeschränkt. Als unmarkierte oder Grundabfolge kann nun diejenige Abfolge angesehen werden, die den geringsten kontextuellen Beschränkungen unterliegt, die also das größte Fokuspotential hat. Dies veranlaßte viele Syntaktiker dazu, die Grundabfolge, und damit die Abfolge Subjekt - Objekt in unserem Beispiel, als basisgeneriert anzusehen, von der ausgehend durch Bewege-α andere Abfolgevarianten abgeleitet werden. Landeplatz einer solchen Konstituentenumstellung ist die IP-Projektion, an die das Objekt adjungiert wird. In (20b) wäre also eine DS-Repräsentation wie in (24a) und eine SS-Repräsentation wie in (24b) anzusetzen, wobei von der Struktur des Vorfeldes abgesehen werden soll.

(24) a. DS: [$_{CP}$ .... [$_{IP}$ die Maria [$_{VP}$ den Bären gestreichelt]]]

b. SS: [$_{CP}$ .... [$_{IP}$ den Bären$_i$ [$_{IP}$ die Maria [$_{VP}$ t$_i$ gestreichelt]]]

Konstituentenumstellungen dieser Art im Mittelfeld werden als *Scrambling* bezeichnet. Der theoretische Status von *Scrambling* ist jedoch alles andere als klar. Dies liegt vor allem daran, daß sich die syntaktischen Eigenschaften dieser Umstellungsoperation in mancherlei Hinsicht mit denen etwa der Bildung von w-Fragen decken, in anderen Punkten aber wesentlich unterscheiden. Umstellungen durch *Scrambling* steuern immer eine derivierte Adjunktposition an. Diese müssen, wie die SpecCP-Position, der Landeposition bei der Bildung von w-Fragen, *per definitionem* zu den Nicht-Argumentpositionen gerechnet werden. Im Gegensatz aber zur Bildung von Topikalisierung, Frage- und Relativsätzen kreiert *Scrambling* im Deutschen keine nicht-lokalen syntaktischen Abhängigkeiten. Im Deutschen können Konstituenten durch *Scrambling* eingebettete finite Sätze nicht verlassen (25).[13]

(25) a. Wen$_i$ hat Peter gedacht, daß die Maria t$_i$ heiraten wollte?

b. *Peter hat [seinen Onkel]$_i$ gedacht, daß die Maria t$_i$ heiraten wollte.

Dies hat nicht nur eine kontroverse Debatte darüber ausgelöst, welchem Bewegungstyp *Scrambling* zugeordnet werden muß (Fanselow, 1990; Webelhuth, 1992; Müller & Sternefeld, 1994; Haider, 1993), sondern auch ein erneutes Nachdenken über die Frage, ob Umstellungen dieser Art überhaupt Bewege-α involvieren, oder ob sie besser als basisgenerierte Varianten betrachtet werden sollten (Bayer & Kornfilt, 1994; Fanselow, 1993).

Wie bei *Scrambling* können auch über die Bildung des Passivs keine nicht-lokalen Abhängigkeiten entstehen. Im Gegensatz zu Konstruktionen mit *Scrambling* findet sich das Passiv sowohl im Englischen als auch im Deutschen. Hinsichtlich der syntaktischen Basis des Passivs unterscheiden sich beide Sprachen jedoch. Im Englischen wird das Passiv transformationell aus dem korrespondierenden Aktivsatz abgeleitet. Das syntaktische Subjekt des Passivs erscheint d-strukturell in der Position des direkten Objekts. In dieser Position erhält es seine thematische Rolle. Traditionell geht man nun davon aus, daß das Partizip eines transitiven Verbs, welches für die Passivbildung notwendig ist, in zweifacher Weise defektiv ist. Zum einen verliert es die Fähigkeit, seinem direkten Objekt einen abstrakten Kasus zuzuweisen. Zum anderen verliert es

---

[13] Vgl. Fanselow (1993:40) für die Diskussion einiger zumindest marginal akzeptabler Beispiele für „langes" Scrambling aus finiten Sätzen.

die Fähigkeit, die Subjektsposition thematisch zu markieren. Die Subjektsposition bleibt daher in der DS leer. Da das NP-Argument in der Position des direkten Objekts syntaktisch nicht lizenziert werden kann, wird es per Bewege-α in die Subjektsposition SpecIP transportiert, denn nur dort kann es einen abstrakten Kasus erhalten. Da Argumente in SpecIP den abstrakten Nominativ erhalten, wird das d-strukturelle Objekt also auf der SS zum syntaktischen Subjekt. Über eine koindizierte Spur bleibt es jedoch mit der Objektsposition verbunden. Eine schematische Darstellung der d-strukturellen und der s-strukturellen Repräsentation zeigt (26).

(26) a. DS: [$_{CP}$ [$_{IP}$ e was [$_{VP}$ read the book]

b. SS: [$_{CP}$ [$_{IP}$ the book$_i$ was [$_{VP}$ read t$_i$]

Die Defektivität des Partizips transitiver Verben ist nicht auf das Englische beschränkt, sondern gleichermaßen Eigenschaft des Deutschen. Auch im Deutschen absorbiert die Passivmorphologie diejenige thematische Rolle, die dem Subjekt im korrespondierenden Aktivsatz zugewiesen würde. Im Unterschied zum Englischen aber scheint das direkte Objekt in seiner d-strukturellen Position einen abstrakten Kasus erhalten zu können.

Einen deutlichen Hinweis auf den Verbleib des d-strukturellen Objekts innerhalb der VP liefert das Passiv dreistelliger Verben. Bei einem Verb wie *stehlen* z.B. bewirkt Passivierung, daß in der Grundabfolge das Dativobjekt der Nominativ-NP vorausgehen muß. Wie (27) zeigt, ist ein Satz nur mit dieser Konstituentenanordnung mögliche Antwort auf eine Frage, die die gesamte Äußerung in den Vordergrund rückt.

(27) Was ist passiert?

a. Dem Peter wurde das FAHRRAD gestohlen.

b.#Das Fahrrad wurde dem PETER gestohlen.

Das Verhältnis zwischen Subjekt und Dativobjekt im Passivsatz gleicht dem zwischen indirektem und direktem Objekt in korrespondierenden Aktivsätzen. Das Dativobjekt geht dem Akkusativobjekt im unmarkierten Fall voraus.

(28) Was ist passiert?

a. Fritz hat dem Peter das FAHRRAD gestohlen.

b #Fritz hat das Fahrrad dem PETER gestohlen.

Man sieht leicht, daß die Position des direkten Objekts in (28) der Position des Subjekts in (27) entspricht. Beim Passiv dreistelliger Verben wie *stehlen* scheint sich also die Serialisierung der Argumente nicht zu ändern. Zwar wird das Agens-Argument beim Passiv unterdrückt, die verbleibenden Argumente werden jedoch in unveränderter Reihenfolge realisiert. In (27) wie in (28) muß das Thema-Argument (*das Fahrrad*) dem Dativobjekt (*Peter*) nachgestellt werden. Wenn nun das Passiv dreistelliger Verben syntaktisch analog zum Englischen abgeleitet werden sollte, müßten wir davon ausgehen, daß das Thema-Argument innerhalb der VP basisgeneriert wird, dort seine thematische Rolle empfängt und dann zwecks Zuweisung des Nominativs in die SpecIP-Position bewegt werden muß. Dann aber wären wir auch zu der Annahme gezwungen, daß die unmarkierte Abfolge eine zusätzliche Bewegung des Dativobjekts erfordert, die für die markierte Abfolge nicht nötig ist. Die Ableitung der unmarkierten Abfolge wäre damit komplexer als die Ableitung der markierten Abfolge.

Natürlicher erscheint daher eine Analyse, der zufolge das Thema-Argument eines Passivsatzes in seiner d-strukturellen Position verbleibt und den Nominativ auf alternativem Wege erhält. Wie aber erhält das Thema-Argument innerhalb der VP den Nominativ? In der Literatur finden sich sehr verschiedenen Antworten auf diese Frage (Bayer & Kornfilt, 1994; Fanselow, 1987; Haider, 1993; Grewendorf, 1989). Wichtig ist an dieser Stelle lediglich die Feststellung, daß das Passiv im Deutschen möglicherweise basisgeneriert wird. Im Unterschied zum Englischen erfordert die Passivierung keine transformationelle Umstellung von Konstituenten während der Ableitung der SS und involviert daher auch keine Kettenbeziehung.

2.1.4 Beschränkungen für Bewege-α

Wie bereits herausgestellt worden ist, kennt die GB-Theorie keine konstruktionsspezifischen Umstellungsoperationen mehr. Jede Umstellung von Konstituenten ist Ergebnis der Applikation von Bewege-α. Bewege-α besagt soviel wie: "Bewege irgendeine Konstituente irgendwohin". Es ist klar, daß diese Umstellungsoperation einer Reihe von Beschränkungen unterworfen sein muß, die verhindern, daß Bewege-α ungrammatische Strukturen erzeugt.

Auch wenn es keine konstruktionsspezifischen Umstellungsoperationen mehr gibt, so lassen sich doch zwischen einzelnen Applikationen von Bewege-α systematische Gemeinsamkeiten und Unterschiede ausmachen, die es erlauben, Umstellungsoperationen anhand verschiedener Kriterien allgemeinen Klassen zuzuordnen. Zunächst einmal soll zwischen der Umstellung von Köpfen einer Phrase (X^0-Bewegung) und der Bewegung von Phrasen selbst (XP-Bewegung) unterschieden werden. XP-Bewegung kann wiederum zweigeteilt werden in NP-Bewegung und w-Bewegung. NP-Bewegung transportiert eine Konstituente aus einer Argumentposition in eine neue Argumentposition. Die Passivbildung im Englischen involviert deshalb NP-Bewegung. W-Bewegung zeichnet hingegen aus, daß Bewege-α eine Nicht-Argumentposition ansteuert, typischerweise SpecCP. Frage-, Relativ- und deklarative Hauptsätze des Deutschen werden also über w-Bewegung gebildet. Welchem dieser Bewegungstypen Umstellungen im Mittelfeld des Deutschen zuzuordnen sind, muß noch immer - wie schon betont - als ein offenes Problem angesehen werden.

Alle Bewegungsoperationen unterliegen der *Bindungsbeschränkung*. Die Bindungsbeschränkung bewirkt, daß eine von Bewege-α umgestellte Konstituente mit ihrer in der Ausgangsposition zurückgelassenen Spur koindiziert sein und die Spur zudem c-kommandieren muß. Die Bindungsbeschränkung schränkt damit mögliche Landeplätze für Bewegung erheblich ein. Ausgeschlossen ist z.B. Bewegung "nach unten", etwa einer Phrase aus einem Matrixsatz in einen eingebetteten Satz hinein.

Einen differenzierenden Einfluß auf die Lokalitätsbedingungen verschiedener Typen von Bewegung hat die Tatsache, daß durch Bewege-α geschaffene Strukturen den Prinzipien der *Bindungstheorie* unterliegen. Einschlägig sind in diesem Zusammenhang die Prinzipien A und C der Bindungstheorie. Spuren, die durch NP-Bewegung entstanden sind, werden wie Anaphern behandelt. Für sie gilt daher Prinzip A der Bindungstheorie, welches besagt, daß

Anaphern innerhalb ihrer Rektionsdomäne von einem Element in Argumentposition gebunden werden müssen. Als Kategorie, welche die Rektionsdomäne definiert, gilt in jedem Falle die IP-Projektion eines finiten Satzes. NP-bewegte Konstituenten dürfen gemäß Prinzip A der Bindungstheorie die für die Spur zuständige "regierende Kategorie" nicht passieren. Dies erklärt, weshalb NP-Bewegung zwar unter Umständen (z.B. im Falle von Hebungsverben wie *scheinen* oder *seem*) infinite Sätze, nie aber finite Sätze verlassen kann. NP-Bewegung operiert in diesem Sinne lokal. Spuren, die durch w-Bewegung entstanden sind, werden hingegen wie referentielle Ausdrücke behandelt und haben daher dem Prinzip C der Bindungstheorie zu genügen, d.h. sie dürfen nicht von Elementen gebunden werden, die eine Argumentposition okkupieren. Das Verlassen finiter Sätze ist daher per w-Bewegung prinzipiell möglich.

Die Wohlgeformtheit von w-Bewegung wird wesentlich von zwei Prinzipien reguliert, die im folgenden kurz angesprochen werden sollen: Das *Empty Category Principle* und die *Subjazenzbedingung*.

(29) *Empty Category Principle (ECP)*
Spuren müssen streng regiert sein

(30) *Strenge Rektion*[14]
α regiert β streng gdw. entweder a) oder b) erfüllt ist:
a.) α regiert β und weist β eine thematische Rolle zu
b.) α regiert β und ist mit β koindiziert

Es ist für die Diskussion in den nachfolgenden Kapiteln nicht notwendig, alle Facetten der Diskussion um das ECP darzulegen. Betont werden soll hier lediglich, daß das ECP einen prinzipiellen Unterschied macht zwischen Objektspuren auf der einen Seite, sowie Spuren von Subjekten und Ergänzungen, die nicht vom Verb abhängen, auf der anderen Seite. Objektspuren erfüllen das ECP automatisch, da sie vom Verb regiert werden und von ihm eine thematische Rolle erhalten. Subjekte hingegen werden nicht vom Verb (oder einem anderen lexikalischen Kopf) regiert, freie Ergänzungen wiederum erhalten vom Verb keine thematische Rolle. Spuren letzterer Art erfüllen daher das ECP nur unter bestimmten Umständen. Wird ein Subjekt oder eine freie Ergänzung umgestellt, dann kann das ECP nur erfüllt werden, wenn sich die Spur im Rektionsbereich der umgestellten Konstituente befindet. Das ECP erklärt daher bestimmte Asymmetrien zwischen der w-Bewegung von Subjekten und Objekten.

(31) a. Who$_i$ do you think that John met t$_i$?

a. *Who$_i$ do you think that t$_i$ left?

Aber auch die w-Bewegung von Objekten ist nicht unbeschränkt. Wie die folgenden Beispiele zeigen, ist es im Englischen unmöglich, per w-Bewegung einen Relativsatz (32a) oder einen eingebetteten Fragesatz zu verlassen (32b).

---

[14] Wir legen einen Rektionsbegriff zugrunde, wie er in Haegeman (1994:442) definiert wird. Da das Konzept der Rektion in der nachfolgenden Diskussion nicht weiter benötigt wird, verzichten wir an dieser Stelle auf eine detaillierte Definition.

(32) a. *Who do you believe the claim that John met?
    b. *Who do you wonder when John met?

Es muß daher weitere Prinzipien geben, die die Mächtigkeit von Bewege-α eingrenzen. Einschlägig für die Behandlung von (32) ist das Prinzip der Subjazenz.

(33) *Subjazenzbedingung*
    Bewegung darf nicht mehr als einen Grenzknoten überschreiten

Als Grenzknoten kommen maximale Projektionen in Betracht. Welche maximalen Knoten genau, ist einzelsprachlich verschieden. Für die Erklärung der Ungrammatikalität von (32) genügt es anzunehmen, daß IP und NP im Englischen als Grenzknoten fungieren. Die Strukturen in (34) lassen daher erkennen, daß in beiden Sätzen in (32) mehr als ein Grenzknoten passiert und damit das Subjazenzprinzip verletzt wurde.

(34) a. [$_{CP}$ Who$_i$ do [$_{IP}$ you believe [$_{NP}$ the claim [$_{CP}$ t$_i$ that [$_{IP}$ John met t$_i$]]]]
    b. [$_{CP}$ Who$_i$ do [$_{IP}$ you wonder [$_{CP}$ when [$_{IP}$ John met t$_i$]]]]

Nun scheint aber auch die Extraktion einer w-Phrase wie in (31a) plötzlich ausgeschlossen zu sein, denn auch in diesem Satz passiert die w-Bewegung sowohl den IP-Knoten des eingebetteten Satzes wie auch den IP-Knoten des Matrixsatzes. Zwischen (32b) und (31a) gibt es jedoch einen kleinen, aber entscheidenden Unterschied: Der eingebettete Satz in (31a) wird von einem Komplementierer (*that*) eingeleitet, der sich in der Kopfposition der CP befindet. Die Spezifikatorposition der CP (SpecCP) ist leer, und kann daher als Zwischenlandeplatz für w-Bewegung dienen. W-Bewegung in (31a) wird daher in zwei Teilschritten absolviert, die jeweils nur einen Grenzknoten überschreiten (35).

(35) [$_{CP}$ Who$_i$ do [$_{IP}$ you believe [$_{CP}$ t'$_i$ that [$_{IP}$ John met t$_i$]]]]

In (32b) hingegen wird das Satzkomplement von einer w-Phrase eingeleitet, von der wir bereits gezeigt haben, daß sie sich in SpecCP befindet. Die SpecCP-Position steht daher als Zwischenlandeplatz nicht zur Verfügung. Ein Verstoß gegen das Subjazenzprinzip kann somit nicht verhindert werden.

2.1.5 Zusammenfassung

In den vorhergehenden Abschnitten wurde dargelegt, daß w-Fragen und eine Reihe anderer Konstruktionen im Rahmen der GB-Theorie transformationell, d.h. per Applikation der Umstellungsoperation Bewege-α, hergeleitet werden. W-Fragen entstehen durch Verschiebung einer Konstituente aus dem Mittelfeld in die satzinitiale Position (w-Bewegung), bleiben jedoch über eine koindizierte Spur mit ihrer d-strukturellen Position verbunden. Konstituente und Spur bilden eine Kette. Relativsätze und Topikalisierungen sind w-Fragen syntaktisch sehr ähnlich. Wie w-Fragen können sie zur Entstehung nicht-lokaler syntaktischer Abhängigkeiten führen. Auch die Ableitung dieser Strukturen wird daher über den Mechanismus der w-Bewegung bewerkstelligt. Transformationell hergeleitet werden auch Konstituentenumstellungen im Mittelfeld (*Scrambling*) sowie das Passiv im Englischen. Diese Strukturen enthalten daher gleichfalls eine Kettenbeziehung: Die verschobene Konstituente ist durch eine Spur mit ihrer d-strukturellen Position verbunden. Die Anwendung von Bewege-α unterliegt bei diesen Konstruktionen jedoch anderen Beschränkungen. Im Gegensatz zu den Verhältnissen bei w-Fragen operiert Bewege-α bei *Scrambling* und beim Passiv stets satzintern. Im folgenden sollen die Implikationen dieser syntaktischen Annahmen für die Sprachverarbeitung dargelegt werden.

2.2 Die Verarbeitung von Ergänzungsfragen und das Problem der Ambiguität

2.2.1 Grundannahmen: Das Füller-Lücken-Modell

Wie eingangs von Kapitel 2 bemerkt wurde, gehen wir davon aus, daß die syntaktische Struktur, die der Parser für eine Kette von Wörtern berechnet, der syntaktischen Struktur entspricht, die dieser Kette von Wörtern durch die Kompetenzgrammatik zugewiesen wird. Ein Verarbeitungsmodell, das die GB-Theorie als Modell der Kompetenzgrammatik voraussetzt, wird deshalb naturgemäß davon ausgehen, daß der Parser Kettenbeziehungen berechnet. Um transformationell abgeleitete Strukturen erfolgreich verarbeiten zu können, muß der Parser prinzipiell in der Lage sein, Konstituenten, die per Bewege-α auf dem Wege zur s-strukturellen Repräsentation verschoben worden sind, mit ihrer d-strukturellen Position in Verbindung zu bringen. Die Verarbeitung transformationell abgeleiteter Strukturen involviert daher zwei Teilschritte: Erstens muß der Parser erkennen, daß sich eine Konstituente nicht in ihrer d-strukturellen Position befindet. Zweitens muß der Parser erkennen, wo innerhalb des Phrasenstrukturbaums sich die d-strukturelle Position dieser Konstituente befindet. An dieser Position muß eine Spur in die phrasenstrukturelle Repräsentation eingefügt und mit der verschobenen Konstituente koindiziert werden.

Für die Vorstellung, daß die Verarbeitung von w-Fragen und anderen transformationell hergeleiteten Strukturen die Rekonstruktion von Kettenbeziehungen mit einschließt, hat sich in der Literatur die Bezeichnung *Füller-Lücken-Modell* eingebürgert. Die transformationell bewegte Konstituente fungiert als *Füller* (engl. *filler*). Mit dem Füller korrespondiert innerhalb der phrasenstrukturellen Repäsentation eine *Lücke* (engl. *gap*). Die Lücke entsteht genau an der Stelle, an der sich die satzinitiale Konstituente befunden hätte, wäre sie nicht von Bewege-α verschoben worden. W-Fragen und andere transformationell hergeleitete Strukturen involvieren daher eine *Füller-Lücken-Beziehungen* (engl. *filler-gap dependency*), die es vom Parser zu rekonstruieren gilt. Begriffe wie *Füller* und *Lücke* werden wir im folgenden sehr häufig verwenden. Diese Terminologie gehört gewiß nicht zu den attraktivsten Wortschöpfungen, die die Psycholinguistik bis dato hervorgebracht hat. Zumindest aber die englischen Fachausdrücke haben sich in der Forschung mittlerweile fest etabliert. Wir werden daher bei der transparenten, wenn auch sicher gewöhnungsbedürftigen deutschen Übersetzung bleiben.

2.2.2 Füller-Lücken-Ambiguitäten

Jeder Teilschritt bei der Verarbeitung von Füller-Lücken-Beziehung verlangt vom Parser, bestimmte Entscheidungen bezüglich der Strukturierung des Inputs zu treffen. Mit dem ersten Teilschritt muß der Parser entscheiden, ob eine Füller-Lücken-Konstruktion vorliegt oder nicht, ob also die Suche nach einer Lückenposition überhaupt initiiert werden muß. Mit dem zweiten Teilschritt dieses Modells verbindet sich die Frage, wo die Lückenposition in die phrasenstrukturelle Repräsentation eingefügt werden soll. Jede dieser Entscheidungen birgt Unwägsamkeiten verschiedenster Art in sich und konstituiert somit eine potentielle Quelle für das Auftreten struktureller Ambiguität. Ambiguitäten, die bei der Berechnung von Füller-Lücken-Beziehungen entstehen, werden als *Füller-Lücken-Ambiguitäten* bezeichnet. Im folgenden sollen einige Faktoren angesprochen werden, die das Auftreten von Füller-Lücken-Ambiguitäten begünstigen.

2.2.2.1 Identifizierung von Füllern

Eine erste Quelle der Ambiguität betrifft die Identifizierung von Konstituenten, die als Füller fungieren. Dies ist relativ einfach zu bewerkstelligen im Falle von Frage- und Relativsätze sowie Topikalisierungen. W-Phrasen sind eindeutig lexikalisch markiert und ihre Identifizierung als Füllerelement bereits auf diesem Wege sichergestellt. Alle Konstruktionen dieser Gruppe involvieren überdies Konstituenten, die vom Parser auch strukturell eindeutig als Füllerelemente erkannt werden können. Bei der Verarbeitung von Frage- und Relativsätzen bzw. Konstruktionen mit Topikalisierung trifft der Parser zunächst auf eine Konstituente, die in die Spezifiziererposition der CP-Projektion gestellt werden muß. Da an diese phrasenstrukturelle Position weder eine thematische Rolle noch eine syntaktische Lizenz in Form abstrakten Kasus vergeben wird, kann über die Position also auch keine Auskunft bezüglich der syntaktischen Funktion der Konstituente gewonnen werden. Damit muß zunächst offenbleiben, welcher Argumentstelle diese Konstituente zuzuordnen ist.

Transformationell verschobene Konstituenten sind jedoch in manchen Konstruktionen nicht immer eindeutig zu erkennen. Dies hat zur Folge, daß der Parser einen Punkt erreicht, an dem nicht sicher entschieden werden kann, ob eine bestimmte Konstituente transformationell verschoben wurde und daher die Suche nach einer Lückenposition initiiert werden muß, oder ob diese Konstituente ihre d-strukturelle Position okkupiert. Füller-Lücken-Ambiguitäten entstehen, weil der Parser einer Inputkette alternativ eine Struktur zuweisen kann, die eine Füller-Lücken-Beziehung enthält, oder eine Struktur, in der die Berechnung einer Füller-Lücken-Beziehung nicht notwendig ist. Füller-Lücken-Ambiguitäten dieser Art sollen im folgenden als *inaktive Füller-Lücken-Ambiguitäten* bezeichnet werden.

Inaktive Füller-Lücken-Ambiguitäten treten im Deutschen beispielsweise bei der Verarbeitung von deklarativen Nebensätzen auf. Ambiguitäten in diesen Kontexten sind auf die Interaktion zweier Faktoren zurückzuführen: zum einen auf die Tatsache, daß viele Nominalphrasen aufgrund ihrer morphologischen Markierung nicht eindeutig für einen bestimmten Kasus ausgezeichnet sind, zum anderen darauf, daß die Abfolge von Konstituenten im Mittelfeld nicht strikt festgelegt ist, sondern durch *Scrambling* variiert werden kann. Betrachten wir dazu ein einfaches Beispiel. In (36) verfügt die Nominalphrase (*die Schülerin*) über keine eindeutige morphologische Kasuskennzeichnung. Sie ist sowohl mit der Zuweisung des Nominativs als auch des Akkusativs kompatibel. Der Parser kann dem Fragment in (36) zwei Strukturen zuweisen, abhängig davon, wie die NP in den Phrasenstrukturbaum integriert wird. Die erste Option, der zufolge die NP an die SpecIP-Position angebunden wird, und daher als Subjekt des Nebensatzes fungiert, zeigt (36a). Diese Strukturzuweisung macht den Aufbau einer Kettenbeziehung nicht erforderlich. Wie (36b) jedoch deutlich macht, kann die NP auch an die IP adjungiert und als transformationell verschobene Konstituente behandelt werden. Sie fungiert somit als Füller, und für diesen Füller muß eine passende Lückenposition innerhalb des Satzes gefunden werden.

(36) weil die Schülerin ...

a. [$_{CP}$ weil [$_{IP}$ die Schülerin [$_{VP}$ V]]

b. [$_{CP}$ weil [$_{IP}$ die Schülerin$_i$ [$_{IP}$ [$_{VP}$ t$_i$ V]]]]

In (36) führt die Füller-Lücken-Ambiguität also zu einer Subjekt-Objekt-Ambiguität. Entscheidet sich der Parser gegen den Aufbau einer Füller-Lücken-Beziehung, geht das Subjekt eventuellen Objekten voraus. Entscheidet sich der Parser hingegen für den Aufbau einer Füller-Lücken-Beziehung, ist klar, daß der Satz ein Objekt enthält und dieses Objekt dem Subjekt vorausgeht. Je nachdem, welches weitere Material im Input folgt, kann diese Ambiguität globalen oder lokalen Charakter annehmen. Eine globale Ambiguität resultiert in (37). Da auch die zweite NP (*die Lehrerin*) kasusmorphologisch nicht eindeutig als Nominativ oder Akkusativ ausgezeichnet ist, kann sie sowohl als direktes Objekt in eine Struktur wie (36a), oder alternativ als Subjekt in eine Struktur wie (36b) eingebaut werden.

(37) weil die Schülerin die Lehrerin angerufen hat

Auch in (38) ist die zweite NP mit beiden Strukturoptionen in (36) kompatibel. Das satzfinale Auxiliar erzwingt jedoch eine eindeutige Strukturfestlegung. Da Subjekt und finites Verb hinsichtlich ihrer Numerusmerkmale übereinstimmen müssen, ist (38a) nur mit einer Subjekt-Objekt-Struktur wie (36a) verträglich, während (38b) die Zuweisung einer Objekt-Subjekt-Struktur und damit die Annahme einer Füller-Lücken-Beziehung wie in (36a) notwendig macht.

(38) a. weil die Schülerin die Eltern angerufen <u>hat</u>

b. weil die Schülerin die Eltern angerufen <u>haben</u>

In (39) erfolgt die Disambiguierung bereits früher. Die NP *den Direktor* ist morphologisch eindeutig als Akkusativ gekennzeichnet. Für (39a) wird daher eine Struktur ohne Füller-Lücken-Beziehung benötigt, in der das Subjekt dem Objekt vorausgeht. In (39b) muß die Nominativ-NP *der Direktor* in die SpecIP-Position gestellt werden. Die satzinitiale NP *die Schülerin* kann sich daher nur in einer IP-Adjunktposition befinden. Die phrasenstrukturelle Repräsentation dieses Satzes enthält demnach eine Füller-Lücken-Beziehung, wie in (36b).

(39) a. weil die Schülerin <u>den Direktor</u> angerufen hat

b. weil die Schülerin <u>der Direktor</u> angerufen hat

2.2.2.2 Identifizierung von Lückenpositionen

Bei der Verarbeitung von w-Fragen, aber auch von verwandten Konstruktionen wie Relativsatz und Topikalisierung, kann der Parser sofort erkennen, daß er es mit einer transformationell abgeleiteten Struktur zu tun hat. W- und Topikphrasen sind eindeutig als Füller identifizierbar.

Ergänzungsfragen: Syntax und allgemeine Verarbeitungsannahmen 35

Erscheint eine solche Phrase im Input, steht fest, daß der Parser nach einer Lückenposition Ausschau halten muß, um die syntaktische Funktion der an die Satzspitze verschobenen Konstituente erschließen zu können. Herauszufinden, wo sich die Lückenposition befindet, ist jedoch alles andere als eine triviale Angelegenheit. Zum einen enthalten Füllerkonstituenten keine eindeutigen Hinweise auf die phrasenstrukturelle Position, mit der sie verknüpft werden müssen. Zum anderen enthält die nachfolgende Inputkette keine eindeutigen Hinweise auf die Lückenposition. Lückenpositionen werden nicht eindeutig durch akustische Parameter signalisiert, obschon sie - wie z.B. Nagel, Shapiro & Nawy (1994) betonen - durchaus zu charakteristischen akustischen Erscheinungen Anlaß geben, und sie finden keinen Niederschlag in der geschriebenen Sprache. In Absenz direkter Hinweise ist der Parser daher gezwungen, die Lückenposition für eine w- oder Topikphrase anhand indirekter Evidenz aus der Inputkette zu erschließen. Sehr oft aber sind zumindest Teile der Inputkette oder aber die Inputkette insgesamt mit unterschiedlichen Hypothesen bezüglich der Position der Lücke vereinbar. Dies hat zur Folge, daß die Inputkette auf unterschiedliche Weise strukturiert werden kann, in Abhängigkeit davon, wo der Parser die Lückenposition vermutet.

Füller-Lücken-Ambiguitäten, die aus Unsicherheiten bei der Bestimmung der d-strukturellen Position für eine bewegte Konstituente resultieren, werden wir hier als *aktive Füller-Lücken-Ambiguitäten* bezeichnen. Sie sollen im folgenden in zwei große Gruppen eingeteilt werden. Zum einen können Füller-Lücken-Ambiguitäten zur Entstehung von Subjekt-Objekt-Ambiguitäten Anlaß geben. Eine solche Ambiguität entsteht zum Beispiel bei Verarbeitung des Fragments in (40). Die w-Phrase ist kasusmorphologisch mit der Zuweisung des Nominativs bzw. des Akkusativs verträglich. (40a) und (40b) zeigen zwei Strukturen, die der Parser dementsprechend für diese Inputkette berechnen kann. Beide Strukturen enthalten eine Füller-Lücken-Beziehung, kodieren aber unterschiedliche Annahmen bezüglich der phrasenstrukturellen Position der Lücke. In (40a) ist die w-Phrase mit einer Spur in der SpecIP-Position verbunden und fungiert dieser Analyse zufolge also als Subjekt. In (40b) vermutet der Parser die Lückenposition VP-intern, in der Position des direkten Objekts. Ob die w-Phrase als Subjekt oder Objekt fungiert, kann an dieser Stelle noch nicht entschieden werden.

(40) Welche Kundin hat ...

    a. [$_{CP}$ Welche Kundin$_i$ hat [$_{IP}$ t$_i$ [$_{VP}$]]]

    b. [$_{CP}$ Welche Kundin$_i$ hat [$_{IP}$ [$_{VP}$ t$_i$]]]

Je nach Fortführung des Satzfragments kann sich die Ambiguität als lokal oder global erweisen. In (41) wird die Füller-Lücken-Ambiguität bis zum Erreichen des Satzendes nicht mehr aufgelöst. Der Satz kann daher eine Subjekt-Objekt- wie auch eine Objekt-Subjekt-Interpretation erhalten.

(41) Welche Kundin hat die Verkäuferin alarmiert?

In (42b) wird eine Objekt-Analyse der w-Phrase wie in (40b) erzwungen, da das finite Verb nicht mit der w-Phrase kongruieren kann. In (42a) muß die w-Phrase als Subjekt des Satzes fungieren. Da die zweite NP des Satzes das Merkmal *Plural* trägt, führt nur eine Füller-Lücken-Beziehung wie in (40a) zu einer grammatisch legalen Strukturzuweisung.

(42) a. Welche Kundin hat die Verkäuferinnen alarmiert?

b. Welche Kundin haben die Verkäuferinnen alarmiert?

Alternativ kann die Disambiguierung durch die eindeutige kasusmorphologische Auszeichnung der zweiten NP erfolgen, die diese als Subjekt oder Objekt des Satzes kenntlich macht.

(43) a. Welche Kundin hat den Verkäufer alarmiert?

b. Welche Kundin hat der Verkäufer alarmiert?

Auch im Englischen können unterschiedliche Optionen bei der Berechnung von Füller-Lücken-Beziehungen zu Subjekt-Objekt-Ambiguitäten Anlaß geben. Da das Englische nur noch über Reste eines morphologischen Kasussystems verfügt, bleibt quasi in jedem Falle zunächst einmal offen, ob eine w-Phrase mit einer Lücke in Subjekt- oder in Objektposition assoziiert werden muß. In der Regel werden Subjekt-Objekt-Ambiguitäten im Englischen aber sehr schnell wieder aufgelöst. Die Tatsache, daß dem Auxiliar in (44a) das Partizip folgt, zeigt an, daß keine Inversion von Subjekt und Auxiliar stattgefunden hat, und die w-Phrase demnach als Subjekt zu analysieren ist. In (44b) folgt dem Auxiliar eine NP. Da offenbar Subjekt-Auxiliar Inversion stattgefunden hat, kann sich die Lücke für die w-Phrase nur in Objektposition befinden.

(44) a. Which tenant has alarmed the janitor?

b. Which tenant has the janitor alarmed?

Subjekt-Objekt-Ambiguitäten resultieren aus der temporären Unsicherheit zu entscheiden, ob die transformationell bewegte Konstituente als Subjekt eines Satzes fungiert oder nicht. Aber selbst, wenn bereits sicher gesagt werden kann, daß die Subjektposition als Lückenposition nicht in Frage kommt, können oft noch weitere Ambiguitäten entstehen. Insbesondere im Englischen sind Füller-Lücken-Ambiguitäten diskutiert worden, die damit zusammenhängen, daß der Parser temporär nicht sicher entscheiden kann, ob die Füllerkonstituente als Objekt des Verbs oder als Betandteil einer präpositionalen Ergänzung fungiert. Ambiguitäten diesen Typs sollen hier als *Objekt-Objekt-Ambiguitäten* bezeichnet werden. Die für die Diskussion in den folgenden Kapiteln wichtigsten Konstellationen seien abschließend kurz angesprochen.

Wenden wir uns zunächst einem Beispiel zu, das uns bereits in Kapitel 1 begegnet ist. Das in (45) enthaltene Verb *bring* verfügt über zwei interne Argumentstellen, denen die thematischen Rollen *Thema* und *Ziel* zugeordnet, und die als Sequenz direktes Objekt - präpositionales Objekt syntaktisch realisiert werden können. In (45a) übernimmt die w-Phrase die Funktion des direkten Objekts. Da jedoch das Englische über die Option des *preposition stranding* verfügt, kann die w-Phrase ebenso Bestandteil des präpositionalen Arguments sein (45b).

(45) a. Who$_i$ did John bring t$_i$ home to Mom?

b. Who$_i$ did John bring us home to t$_i$?

Mit Einlesen des Verbs *bring* steht der Parser daher zunächst einmal vor der Entscheidung, ob die Position des direkten Objekts als Lückenposition für die w-Phrase reserviert werden soll oder nicht. Dem Fragment in (46) kann daher alternativ die Struktur (46a) oder (46b) zugewiesen werden.

(46)   Who$_i$ did John bring ...

   a.   [$_{CP}$ who$_i$ did [$_{IP}$ John [bring t$_i$]]]

   b.   [$_{CP}$ who did [$_{IP}$ John [bring NP]]]

Mit welcher der Optionen in (46) der Parser richtig liegt, wird bereits ein Wort später entschieden. Da dem Verb in (45a) keine NP folgt, muß die w-Phrase als das direkte Objekt fungieren. In (45b) hingegen folgt dem Verb eine pronominale NP (*us*) und damit ist klar, daß die Position des direkten Objekts als Lückenposition nicht zur Verfügung steht. Objekt-Objekt-Ambiguitäten vergleichbarer Art entstehen in (47). Im Gegensatz zu *bring* ist das Verb *read* nicht obligatorisch transitiv. Es muß, anders als *bring*, nicht zwangsläufig von einem direkten Objekt begleitet werden. Mit Erreichen des Verbs kann der Parser daher noch nicht wissen, ob er es mit einer transitiven oder einer intransitiven Variante von *read* zu tun hat. Dementsprechend kann nicht entschieden werden, ob die Position des direkten Objekts als Lückenposition für die w-Phrase zur Verfügung steht. Postuliert der Parser eine Spur in der Komplementposition des Verbs, ist dies mit einer Fortführung wie in (47a) verträglich. Eine solche Entscheidung erweist sich jedoch als unhaltbar, folgt dem Verb eine gestrandete Präposition wie in (47b).

(47)   a.   What$_i$ did John read t$_i$ yesterday?

   b.   What$_i$ did John read about t$_i$?

2.3 Zusammenfassung

In diesem Kapitel wurde erläutert, welche syntaktische Struktur w-Fragen im Rahmen der GB-Theorie zugeordnet wird und welche allgemeinen Verarbeitungsannahmen folgen, legt man die GB-Theorie als Modell der Kompetenzgrammatik zugrunde. W-Fragen werden in der GB-Theorie transformationell hergeleitet, d.h. die DS- und die SS-Position der w-Phrase unterscheiden sich. Auf dem Weg zur SS wird die w-Phrase per Bewege-α in die satzinitiale SpecCP-Position transportiert. Über eine koindizierte Spur bleibt die w-Phrase mit ihrer d-strukturellen Position verbunden. Mittels dieser Kettenbeziehung können thematische Rolle und syntaktische Funktion der w-Phrase identifiziert werden. Auf Umstellungsoperationen gleichen Typs geht die Bildung von Relativsätzen sowie deklarativen Hauptsatzstrukturen im Deutschen zurück.

Das Füller-Lücken-Modell ist eine direkte Implementation dieser syntaktischen Annahmen in eine Theorie der syntaktischen Verarbeitung. Die Verarbeitung von Füller-Lücken-Beziehungen stellt den Parser vor zwei Aufgaben: Der Parser muß Füller identifizieren können, d.h. in der Lage sein zu erkennen, daß die Suche nach einer Lückenposition aufzunehmen ist. Zum anderen muß der Parser Lückenpositionen aufspüren können, d.h. bestimmen, wo innerhalb der phrasenstrukturellen Repräsentation eine Spur für die transformationell verschobene Konstituente einzufügen ist. Beide Teilschritte begünstigen das Auftreten struktureller Ambiguitäten, sogenannter (aktiver oder inaktiver) Füller-Lücken-Ambiguitäten.

3 Die Architektur des Parsers

In diesem Kapitel sollen einige Fragestellungen erörtert werden, die gegenwärtig im Mittelpunkt der Forschung zur syntaktischen Verarbeitung stehen. Damit soll gleichzeitig der Rahmen für die detaillierte Diskussion der Verarbeitung von Füller-Lücken-Ambiguitäten in den nachfolgenden Kapiteln abgesteckt werden.

Wir skizzieren zunächst einige grundlegende Positionen bezüglich des Aufbaus phrasenstruktureller Repräsentationen (Abschnitt 3.1) und wenden uns im Anschluß daran dem Umgang des Parsers speziell mit syntaktisch ambigen Strukturen zu (Abschnitt 3.2). Wie bereits in Kapitel 1 dargelegt, werden uns insbesondere zwei Problemkreise beschäftigen: zum einen die Frage, weshalb sich bei der Verarbeitung syntaktisch ambiger Strukturen Präferenzeffekte beobachten lassen (Präferenzproblem), zum anderen die Frage, warum Verarbeitungsschwierigkeiten, die entstehen, wenn Ambiguitäten zuungunsten der präferierten Struktur aufgelöst werden, hinsichtlich ihrer Stärke variieren (Disambiguierungsproblem). Die Auseinandersetzung mit diesen beiden Problemkreisen hat in der Forschung zu sehr unterschiedlichen Annahmen bezüglich des Verarbeitungsmodus des Parsers und der Parserarchitektur geführt. Auf die diesbezüglich wichtigsten Vorschläge werden wir in den Abschnitten 3.2.1 und 3.2.2 näher eingehen. Den Abschluß dieses Kapitels bildet eine Diskussion dreier aktueller Modelle des Parsers, deren Herangehen an die Verarbeitung von Füller-Lücken-Ambiguitäten uns in den nachfolgenden Kapiteln intensiv beschäftigen wird (Abschnitt 3.3).

3.1 Der Aufbau phrasenstruktureller Repräsentationen

Aufgabe des Parsers ist es, einer Kette von Wörtern eine phrasenstrukturelle Repräsentation zuzuweisen. Wie eine wohlgeformte phrasenstrukturelle Repräsentation auszusehen hat, ist in der Grammatik einer Sprache verankert. Die Grammatik selbst spezifiziert aber nicht, in welchen einzelnen Schritten eine Phrasenstruktur für eine Wortkette berechnet wird. Diese einzelnen Verarbeitungsschritte werden von *Parsingalgorithmen* festgelegt. Generell lassen sich zwei grundlegende Parsingalgorithmen unterscheiden, denen der Parser bei der Lösung seiner Aufgabe folgen könnte: *Bottom-Up-* bzw. *Top-Down-Verarbeitung*. Wenden wir uns einem Beispiel zu.

(1)   that the man loves the woman

Eine Möglichkeit, die Inputkette (1) zu verarbeiten, besteht darin, zunächst die Konstituenten zu rekonstruieren, die in der Hierachie am niedrigsten stehen, Konstituenten also, die ausschließlich aus terminalen Elementen bestehen und selbst keine weiteren Konstituenten einbetten. Diese einfachen Konstituenten können dann Schritt für Schritt zu komplexen Konstituenten zusammengesetzt werden. Bezogen Beispiel (1) würde der Parser zunächst einmal die Konstituenten *the man* und *the woman* erkennen, *that* die Kategorie C und *loves* die Kategorie V zuordnen (2a). Anschließend verbände der Parser das terminale Element *loves* mit der NP *the woman* zu einer VP (2b), dann die NP *the man* und die VP zu einer IP-Konstituente (2c), und schließlich Komplementierer that und die IP zu einer CP (2d).

(2) a. [$_C$ that], [$_{NP}$ the man], [$_V$ loves], [$_{NP}$ the woman]

b. [$_C$ that], [$_{NP}$ the man], [$_{VP}$ [$_V$ loves] [$_{NP}$ the woman]]

c. [that], [$_{IP}$ [$_{NP}$ the man] [$_{VP}$ [$_V$ loves] [$_{NP}$ the woman]]]

d. [$_{CP}$ [$_C$ that] [$_{IP}$ [$_{NP}$ the man] [$_{VP}$ [$_V$ loves] [$_{NP}$ the woman]]]]

Diese Vorgehensweise wird als *Bottom-Up*-Verarbeitung bezeichnet. Kennzeichnend für diesen Parsingalgorithmus ist, daß eine Konstituente erst dann aufgebaut bzw. postuliert wird, wenn die interne Struktur dieser Konstituente bereits bekannt ist (*No-Incomplete-Nodes Principle*, Frazier & Fodor, 1978).

Gänzlich entgegengesetzt verhält sich ein Parser, der nach dem *Top-Down-Prinzip* arbeitet. Kennzeichnend für diese Verfahrensweise ist, daß jedes Element der Inputkette sofort, ohne Verzögerung, in den Phrasenstrukturbaum eingefügt wird. Ausgehend von einem Startsymbol, dem CP-Knoten, wird der Phrasenstrukturbaum immer solange erweitert, bis eine Anbindungsstelle für das nächste Inputitem gefunden wurde. Bezogen auf unser Beispiel heißt dies, daß der Parser zunächst einen C-Kopf postuliert, womit bereits die Anbindungsstelle für die satzeinleitende Konjunktion *that* gefunden wäre (3a). Anschließend muß der Parser eine IP konstruieren, in deren Spezifikatorposition sich eine NP befindet. Die NP wiederum kann einen Det- und einen N-Knoten expandieren. Mit Det wäre eine Anbindungsstelle für den Artikel *the* geschaffen (3b), mit N eine Anbindungsstelle für das Nomen *man* (3c). Auf diese Weise wird der Phrasenstrukturbaum sukzessive erweitert, bis alle Wörter der Inputkette in die Repräsentation integriert worden sind (3d-f).

(3) a. [$_{CP}$ [$_C$ that]], the, man, loves, the, woman

b. [$_{CP}$ [$_C$ that] [$_{IP}$ [$_{NP}$ the]]], man, loves, the, woman

c. [$_{CP}$ [$_C$ that] [$_{IP}$ [$_{NP}$ the man]]], loves, the, woman

d. [$_{CP}$ [$_C$ that] [$_{IP}$ [$_{NP}$ the man] [$_{VP}$ [$_V$ loves]]]], the, woman

e. [$_{CP}$ [$_C$ that] [$_{IP}$ [$_{NP}$ the man] [$_{VP}$ [$_V$ loves] [$_{NP}$ the]]]], woman

f. [$_{CP}$ [$_C$ that] [$_{IP}$ [$_{NP}$ the man] [$_{VP}$ [$_V$ loves] [$_{NP}$ the woman]]]]

Im Gegensatz zum *Bottom-Up*-Verfahren entstehen bei der *Top-Down*-Verarbeitung niemals Waisen, d.h. Knoten ohne Verbindung zu einem Mutterknoten (*No-Orphaned-Nodes Principle*, Frazier & Fodor, 1978), und es können Knoten postuliert werden, ohne daß deren Tochterknoten bereits alle bekannt sein müssen.

Top-Down-Verarbeitung ermöglicht eine inkrementelle Verarbeitung der Inputkette. Allerdings hat dieser Vorteil auch seinen Preis: Ein reiner *Top-Down*-Parser muß zwangsläufig viele Fehler machen. Der Hauptgrund für die extreme Fehleranfälligkeit dieser Verarbeitungsprozedur ist darin zu sehen, daß der Parser - um ein nachfolgendes Inputitem in die Repräsentation einbinden zu können - den Phrasenstrukturbaum solange erweitern muß, bis ein terminaler Knoten (X^0) erreicht worden ist. Er stellt gewissermaßen Hypothesen über die zu erwartende Struktur an, die anhand des in der Inputkette folgenden Items getestet werden. Damit wird vom Parser aber nichts geringeres verlangt, als die syntaktische Kategorie des nächsten Inputitems vorherzusagen. Dies ist aber in vielen - wenn nicht allen - Fällen unmöglich (vgl. Bader, 1994). So folgt etwa auf den Artikel der NP *the man* in (1) nicht zwangsläufig ein Nomen. Folgen kann z.b. ein Adjektiv (*the old man*) oder auch ein Adverb (*the very old man*). Um die Effizienz der Verarbeitungsprozedur zu erhöhen, haben Frazier & Fodor (1978) vorgeschlagen, Merkmale des *Top-Down-* und des *Bottom-Up*-Verfahrens zu kombinieren. Ihrem System nach berücksichtigt der Parser bei der Erweiterung des Phrasenstrukturbaums die Kategorie des zu integrierenden Inputitems. Der Parser kann daher, wenn er z.B. die Struktur in (3a) geschaffen hat, berücksichtigen, daß das nächste Wort der Kategorie N angehört. Auf diese Weise kann die Erweiterung des Phrasenstrukturbaums zielgerichtet vorgenommen werden.

Alle heutigentags diskutierten Modelle menschlicher Sprachverarbeitung inkorporieren Parsingalgorithmen, die *Top-Down-* und *Bottom-Up*-Elemente im eben dargestellten Sinne verbinden. Unterschiede gibt es jedoch hinsichtlich zweier Merkmale. Zum einen respektieren nicht alle Modelle das *No-Orphaned-Nodes Principle*, d.h. die Integration von Konstituenten in die phrasenstrukturelle Repräsentation kann sich verzögern. Dies betrifft Modelle, in denen Phrasen erst dann aufgebaut werden dürfen, wenn der Kopf der entsprechenden Phrase eingelesen worden ist (Abney, 1989; Pritchett, 1992a; MacDonald et al., 1994). Ohne Mutterknoten bleiben demnach genau solche Konstituenten, die sich linkerhand desjenigen Kopfes befinden, der den jeweiligen Mutterknoten zu projizieren gestattet.[1] Wesentliche Unterschiede gibt es zum anderen hinsichtlich der Frage, in welchem Ausmaße Struktur *top-down* vorhergesagt werden kann. In vielen Modellen wird angenommen, daß der Parser nach Einlesen des Verbs auf der Grundlage der Subkategorisierungsinformation explizite Hypothesen über zu erwartende Argumente, und damit über die interne Struktur der VP, anstellen kann (z.B. Frazier & Fodor, 1978; Crocker, 1992; Gibson, 1991). Während aber einige Systeme davon ausgehen, daß der Parser bereits von Beginn an eine CP-IP-VP-Struktur prädiziert (z.B. Crocker, 1992), legen andere Systeme dem Parser diesbezüglich starke Beschränkungen auf (z.B. Gibson, 1991).

3.2 Syntaktische Ambiguität und Garden-Path-Effekte

Im folgenden werden wir uns der Frage zuwenden, wie die Auflösung syntaktischer Ambiguitäten vom Parser bewerkstelligt werden kann. Strukturelle Ambiguitäten treten auf, wenn eine Inputkette mit mehr als nur einer phrasenstrukturellen Repräsentation kompatibel ist. Auf der Grundlage des im obigen Abschnitt Gesagten können wir dies weiter präzisieren: Bei der inkrementellen Verarbeitung der Inputkette erreicht der Parser einen Punkt, der die Erweiterung des Phrasenstrukturbaums auf mehr als nur eine Weise ermöglicht. In (4) zum Beispiel ist dies bei Erreichen des Verbs *raced* der Fall. Die Verbform *raced* kann Bestandteil des Hauptsatzes sein (4b) oder aber Bestandteil eines Relativsatzes (4a).[2] Auch in (5) entsteht

---
[1] Vgl. Bader (1994) für experimentelle Resultate, die eine solche Position in Schwierigkeiten bringen.
[2] *Op* in (4a) steht für einen abstrakten Operator, vgl. Gibson, Hickok & Schütze (1994:395).

eine strukturelle Ambiguität, und zwar mit Erreichen des Determinierers *the*. Der Determinierer *the* leitet eine NP ein. Diese NP kann als Objekt des Verbs *knew* analysiert werden oder aber alternativ als Subjekt eines eingebetteten Satzes (5a).

(4) The horse raced ...(past the barn ...)

   a. [$_{CP}$ [$_{IP}$ [$_{NP}$ the [$_{N'}$ [$_{N'}$ horse] [$_{CP}$ Op_i [$_{IP}$ [$_{VP}$ raced t$_i$]]]]]]]

   b. [$_{CP}$ [$_{IP}$ the horse [$_{VP}$ raced]]]

(5) John knew the ...(answer)

   a. [$_{CP}$ [$_{IP}$ John [$_{VP}$ knew [$_{CP}$ [$_{IP}$ [$_{NP}$ the N]]]]]]

   b. [$_{CP}$ [$_{IP}$ John [$_{VP}$ knew [$_{NP}$ the N]]]]

In den eben diskutierten Beispielen wird die Ambiguität noch vor Erreichen des Satzendes wieder aufgelöst. Die Ambiguität ist lokal. (6a/b) zeigt die mit den Strukturen in (4a/b) kompatiblen Disambiguierungen. Analog korrespondieren die Fortsetzungen (7a/b) mit den Strukturen in (5a/b).

(6) a. ¿The horse raced past the barn fell.

   b. The horse raced past the barn and fell.

(7) a. John knew the answer was correct.

   b. John knew the answer.

In manchen Fällen bleibt die Ambiguität auch nach Einlesen des letzten Wortes der Inputkette bestehen. Sätze wie (8) sind global ambig und erlauben daher mehr als nur eine Lesart.

(8) John said that Mary came yesterday.

In der Einleitung wurde auf zwei allgemeine Problemkreise hingewiesen, die sich um die Verarbeitung struktureller Ambiguitäten ranken: das Präferenzproblem und das Disambiguierungsproblem. Beide Problemkreise haben mit der Beobachtung zu tun, daß Ambiguitäten wie die obigen zu systematischen Verarbeitungsasymmetrien Anlaß geben. In (6a) und (7a) kommt es bei Auflösung der Ambiguität zu Verarbeitungsschwierigkeiten; in (6b) und (7b) hingegen nicht. Asymmetrien dieser Art zeigen sich auch bei globalen Ambiguitäten. Sätze wie (8) haben typischerweise eine dominante Lesart, während alternative Lesarten - beruhend auf alternativen phrasenstrukturellen Repräsentationen - oft nur schwer nachzuvollziehen sind. In (8) z.B. ist die Lesart dominant, der zufolge sich das Adverb *yesterday* auf den eingebetteten Satz bezieht. Die ebenfalls mögliche Interpretation mit Bezug des Adverbs auf den Hauptsatz wird oft nur bei bewußter Manipulation des Satzes deutlich. Parsermodelle müssen eine Antwort darauf geben können, weshalb es bei der Verarbeitung von lokalen oder globalen Ambiguitäten zu präferierten Lesarten und damit zu Verarbeitungsasymmetrien der hier beschriebenen Art kommt

(9) *Präferenzproblem*
Warum wird bei der Verarbeitung von Ambiguitäten eine der möglichen Strukturzuweisungen präferiert?

Die Beispiele in (6) und (7) verdeutlichen auch den zweiten Problemkreis, mit dem wir uns im Zusammenhang mit der Verarbeitung ambiger Strukturen beschäftigen wollen. Die Disambiguierung in (6a) und (7a) führt zu Verarbeitungsproblemen, was zeigt, daß der Parser Strukturzuweisungen wie in (6b) und (7b) offenbar präferiert. In der Literatur wird jedoch oft darauf hingewiesen, daß das Ausmaß der Verarbeitungsschwierigkeit in (6a) und (7a) sehr verschieden ist: (6a) führt zu außerordentlich großen, bewußt wahrnehmbaren Verarbeitungsschwierigkeiten. Sehr oft werden Sätze wie diese ohne einen expliziten Hinweis auf die korrekte Struktur überhaupt nicht verstanden. Im Gegensatz dazu ist der Garden-Path-Effekt bei Strukturen wie in (7a) weitaus schwächer. Die Disambiguierung in (7a) verursacht keine bewußt wahrnehmbaren Schwierigkeiten; ihr Nachweis bedarf des Einsatzes experimenteller Methoden. Mit diesem Unterschied hat der zweite Problemkreis, von dem hier die Rede sein soll, zu tun:

(10) *Disambiguierungsproblem*
Warum führt die Disambiguierung zuungunsten der präferierten Strukturzuweisung zu Schwierigkeiten unterschiedlichen Ausmaßes?

Beide Problemkreise, das Präferenzproblem und das Disambiguierungsproblem, werfen eine Reihe von Fragen bezüglich der Arbeitsweise des Parsers und seiner Architektur auf. Diese Fragestellungen sollen im folgenden entwickelt werden. Damit werden gleichermaßen die wichtigsten Problembereiche abgesteckt, zu denen die Diskussion der Verarbeitung von Füller-Lücken-Ambiguitäten beitragen soll.

Die erste Frage bezieht sich auf die Arbeitsweise des Parsers. Der Parser kann Ambiguitäten auf sehr unterschiedliche Weise begegnen, was in unterschiedlichen Kategorisierungen für *Verarbeitungsmodi* Niederschlag gefunden hat (z.B. Fodor, Bever & Garrett, 1974; Frazier, 1978; Inoue & Fodor, 1995; Kurtzman, 1985). Mit Blick auf ihr Verhalten gegenüber Ambiguitäten sollen Parser hier in *serielle, parallele* und *Verzögerungsparser* eingeteilt werden. In Abschnitt 3.2.1 erörtern wir zunächst, welche allgemeinen Lösungsmöglichkeiten sich im Rahmen dieser Parsermodelle für das Präferenz- und das Disambiguierungsproblem ergeben. In Abschnitt 3.2.2 wenden wir uns der Frage zu, welchen Strategien folgend der Parser die präferierte Strukturzuweisung auswählt. Wir berühren damit auch die Frage nach der Parserarchitektur, spezieller noch die Frage, ob die syntaktische Verarbeitung autonom oder interaktiv abläuft.

3.2.1 Wie reagiert der Parser auf eine strukturelle Ambiguität?

3.2.1.1 Serielle Verarbeitung

Serielle Parser zeichnet aus, daß sie sich bei Entstehen einer strukturellen Ambiguität sofort auf eine der möglichen Strukturfortsetzungen festlegen. Nur diese eine Strukturfortsetzung wird im folgenden weiterberechnet; alle Alternativen bleiben dagegen unberücksichtigt. Serielle Parser werden daher auch als *Committal Parser* bezeichnet (Inoue & Fodor, 1995). Diese Arbeitsweise erlaubt eine sehr einfache Erklärung des Präferenzproblems: Präferierte Lesarten bei Ambiguitäten entstehen, weil der Parser unmittelbar eine der alternativen Strukturzuweisungen auswählt. Ist im Falle einer lokalen Ambiguität die Disambiguierung mit der präferierten Strukturzuweisung kompatibel, kann die Verarbeitung des Satzes problemlos abgeschlossen werden. Widerspricht hingegen ein späterhin zu verarbeitendes Element der Inputkette der vom Parser aufgebauten Phrasenstruktur, wird also offenbar, daß sich der Parser für die falsche Strukturzuweisung entschieden hat, dann muß die phrasenstrukturelle Repräsentation umgebaut werden, und zwar auf eine Weise, die die syntaktisch legitime Integration des konfligierenden Inputitems erlaubt. Dieser nachträgliche Umbau der Phrasenstruktur wird als Reanalyse bezeichnet. Da Reanalyse mit zusätzlichen Operationen verbunden ist, die im Falle einer Disambiguierung zugunsten der präferierten Lesart nicht notwendig werden, wird auch verständlich, warum in solchen Fällen Garden-Path-Effekte entstehen.

Bezogen auf die im vorigen Abschnitt diskutierten lokalen Ambiguitäten bedeutet dies, daß ein serieller Parser für das Fragment in (11) lediglich die in (11b) angegebene Struktur berechnet, der zufolge das Verb *raced* als Bestandteil des Hauptsatzes fungiert. Diese Struktur ist also die bei dieser Ambiguität präferierte Struktur. Eine Disambiguierung, die mit dieser Analyse kompatibel ist, führt daher zu keinerlei Problemen (12b). Die alternative Struktur, die *raced* zum Prädikat eines Relativsatzes macht (11a), vernachlässigt der Parser jedoch. Erweist sich am Punkte der Disambiguierung die Relativsatzstruktur als korrekt, wie in der Fortführung (12a), wird Reanalyse notwendig, und es entsteht ein Garden-Path-Effekt.

(11) The horse raced ...

  a. [$_{CP}$ [$_{IP}$ [$_{NP}$ the [$_{N'}$ [$_{N}$ horse] [$_{CP}$ Op$_i$ [$_{IP}$ [$_{VP}$ raced t$_i$]]]]]]

  b. [$_{CP}$ [$_{IP}$ The horse [$_{VP}$ raced]]]

(12) a. The horse raced past the barn fell.

  b. The horse raced past the barn and fell.

Serielle Parser liefern also eine einfache Antwort auf die Frage, weshalb Garden-Path-Effekte überhaupt entstehen. In der Tat, die Existenz von Garden-Path-Effekten ist *die* Evidenz schlechthin für serielles Parsing. Als Evidenz für serielles Parsing kann weiterhin gelten, daß - wie zumindest viele neuere Studien gezeigt haben - der Verarbeitungsaufwand bei Entstehen einer Ambiguität wie auch innerhalb der ambigen Region nicht höher ist als bei der Verarbeitung nicht-ambiger Strukturen, die die Berechnung nur einer Strukturzuweisung erfordern (vgl. Mitchell, 1994).[3]

Da sich der Parser bei Entstehen einer Ambiguität in jedem Falle auf eine der alternativen Strukturfortsetzungen festlegt, kann prinzipiell jeder lokal ambige Satz auf eine Weise disam-

---

[3] Einige ältere Untersuchungen erzielten Ergebnisse, die nahelegen, daß in ambigen Regionen der Verarbeitungsaufwand in der Tat erhöht ist (vgl. die Diskussionen in Fodor, Bever & Garrett, 1974 und Gorrell, 1987). Mitchell (1994) weist jedoch darauf hin, daß diese früheren Befunde ob verschiedener methodischer Probleme mit Vorsicht interpretiert werden müssen.

biguiert werden, die der präferierten Strukturfortsetzung zuwiderläuft. Jeder lokal ambige Satz kann daher zu einem Garden-Path führen. Überraschend ist aus der Sicht serieller Verarbeitung daher die Tatsache, daß Garden-Path-Effekte, wie z.B. in Beispiel (7), auszubleiben scheinen. Die Annahme serieller Verarbeitung führt nicht automatisch zu einer Antwort auf das Disambiguierungsproblem. Es sind daher im Rahmen eines seriellen Modells bestimmte Zusatzannahmen nötig, die erklären, wann Disambiguierung zuungunsten der präferierten Struktur zu Schwierigkeiten führt und wann nicht, und wie der Parser letztlich die korrekte Struktur findet. Auf einige in diesem Zusammenhang relevante Vorschläge werden wir in Abschnitt 3.3.1.2 genauer eingehen.

3.2.1.2 Parallele Verarbeitung

Modelle paralleler Verarbeitung existieren in einer Vielzahl von Varianten, so daß im folgenden lediglich auf einige der wesentlichen Charakteristika dieses Verarbeitungsmodus eingegangen werden soll. Im Gegensatz zum seriellen Parser berechnet ein paralleler Parser bei Entstehen einer Ambiguität alle der möglichen Strukturzuweisungen.[4] Einem Fragment wie (11) weist der Parser daher sowohl die Struktur (11a) als auch die Struktur (11b) zu, ohne sich für eine dieser beiden Varianten zu entscheiden (*Non-Committal Parsing*, vgl. Inoue & Fodor, 1995). Die bloße Existenz von Garden-Path-Effekten schließt allerdings eine völlig unrestringierte parallele Verarbeitungsweise aus. Werden alle Strukturzuweisungen bis zum Punkte der Disambiguierung ohne jegliche Einschränkung weiterverfolgt, kann nicht erklärt werden, weshalb manche Disambiguierungen zu Verarbeitungsschwierigkeiten führen, andere hingegen nicht. Um eine Antwort auf das Präferenzproblem geben zu können, müssen daher spezielle Mechanismen angenommen werden, die das Ausmaß paralleler Verarbeitung einschränken.

Einige Modelle gehen davon aus, daß der Parser zwar für eine ambige Inputkette mehr als nur eine Strukturzuweisung berechnet, diese Alternativen jedoch anhand verschiedener Kriterien in eine bestimmte Rangfolge bringt (Gorrell, 1987). Die in der Rangfolge am höchsten stehende Struktur ist die vom Parser präferierte. Erfordert die Disambiguierung jedoch die Aktivierung einer Struktur, die in der Rangfolge niedriger steht, entstehen Verarbeitungsschwierigkeiten. Andere Modelle lösen das Präferenzproblem mit Rekurs auf die Annahme, daß nicht in jedem Falle wirklich alle mit einer Ambiguität kompatiblen Strukturzuweisungen bis zum Punkt der Disambiguierung weiterberechnet werden. Manche Strukturoptionen können sich als zu kostspielig erweisen, etwa weil sie zu viele Verarbeitungsressourcen beanspruchen (Just & Carpenter, 1992). Diese kostspieligen Strukturen werden vorzeitig aufgegeben. Aufgeben kann der Parser auch Strukturoptionen, die zwar mit dem Input kompatibel sind, jedoch durch nachgeordnete interpretative Prozesse ausgeschlossen werden (Crain & Steedman, 1985; Kurtzman, 1985). Parallele Parser können sich diesen Auffassungen zufolge zwar nicht - wie serielle Parser - für eine bestimmte Struktur entscheiden, wohl aber gegen eine bestimmte Struktur. Verarbeitungsschwierigkeiten entstehen, wenn die Disambiguierung zur Wiederaufnahme einer auf diese Weise fallengelassenen Struktur zwingt. Modelle wie diese werden gelegentlich auch als *hybrid* bezeichnet (Mitchell, 1994), denn sie kombinieren Aspekte

---

[4] Denkbar sind auch Parser, in denen alternative Strukturoptionen nicht sofort bei Entstehen der Ambiguität, sondern erst mit gewisser Verzögerung aufgebaut werden. Vgl. die Diskussion um *Delayed Parallel Analysis* in Kurtzman (1985:109f.)

paralleler und serieller Verarbeitung. Wird von zwei Strukturoptionen eine ausgeschlossen, arbeitet der Parser ja praktisch wieder seriell. Schließlich gibt es Modelle, die beide eben angesprochenen Mechanismen kombinieren: die Einrichtung von Rangfolgen für alternativ verfolgte Strukturen und die Möglichkeit, Strukturoptionen aufzugeben (Gibson, 1991).

Ähnlich wie serielle Modell haben Modelle restringierter paralleler Verarbeitung Probleme zu erklären, weshalb Garden-Path-Effekte in ihrer Stärke variieren. Warum sollte es einmal mehr, einmal weniger schwierig sein, eine in der Rangfolge niedrigerstehende Struktur zu aktivieren, bzw. eine fallengelassene Option neu zu berechnen? Es sind also auch bei Zugrundelegung eines parallelen Modus substantielle Zusatzannahmen nötig, um Abstufungen bei Garden-Path-Effekten erfassen zu können. In Abschnitt 3.3.2 werden wir näher darauf eingehen, wie dieses Problem in Gibson (1991) gelöst wird.

Parallele Parser der hier beschriebenen Art haben immer mit einem gewissen Legitimationsproblem zu kämpfen (vgl. Frazier, 1998). Warum sollte der Parser mehrere Strukturvarianten berechnen, dann aber doch Unterschiede zwischen ihnen machen? Hinzu kommt, daß die Verarbeitung ambiger Regionen offenbar keinen höheren Aufwand erfordert als die Verarbeitung korrespondierender nicht-ambiger Regionen, was ein parallel arbeitender Parser eigentlich erwarten ließe (Mitchell, 1994; vgl. aber auch MacDonald, Just & Carpenter, 1992 sowie Friederici, Steinhauer, Mecklinger & Meyer, 1998). Auf den ersten Blick scheint also ein serieller Parser die ökonomischere Antwort auf das Präferenzproblem abzugeben. Parallele Parser haben allerdings durchaus ihre Meriten. Zum Beispiel ermöglichen sie eine einfache Antwort auf die Frage, wie der Parser bei Disambiguierung zuungunsten der präferierten Struktur die korrekte Struktur letztendlich findet. Da neben der präferierten auch alle anderen Optionen weiterverfolgt werden, ist die korrekte Struktur quasi schon berechnet worden; sie muß bei entsprechender Disambiguierung lediglich aktiviert werden. Daneben gibt es experimentelle Hinweise darauf, daß bei Verarbeitung einer ambigen Region auch die nicht-präferierte Struktur prinzipiell zur Verfügung steht und daher experimentelle Effekte wie das *Syntaktische Priming* (Gorrell, 1987) oder *Reaktivierungseffekte* auslösen kann (Hickok, 1993; Nicol & Pickering, 1993). Befunde wie diese würden ein serielles Modell sicherlich in Schwierigkeiten bringen. Allerdings wurden gegen alle bisher vorgelegten Daten Einwände vorgetragen.[5] Evidenz aus diesem Bereich scheint parallele Verarbeitung keineswegs zu erzwingen.

3.2.1.3 Verzögerte Verarbeitung

Verzögerungsparser beruhen auf der Idee, daß die syntaktische Verarbeitung, wenn sie effizient verlaufen soll, ein deterministischer Prozeß sein muß. Der Aufbau syntaktischer Struktur unterliegt demnach einem Monotoniegebot. Der Parser kann der präliminaren phrasenstrukturellen Repräsentation an jedem Punkte der Verarbeitung neue Information hinzufügen. Hat sich der Parser jedoch einmal zu bestimmten Entscheidungen durchgerungen, dürfen diese auf keinen Fall wieder rückgängig gemacht werden, denn dies würde zusätzlichen Berechnungsaufwand erfordern. Geht man von Prämissen wie diesen aus, kann man erklären, weshalb der Prozeß der syntaktischen Verarbeitung in der Regel sehr effizient und schnell bewerkstelligt werden kann, manchmal aber auch - bei Garden-Path-Sätzen - zu Problemen führt. Schwierigkei-

---

[5] Vgl. z.B. Gorrell (1995) für eine kritische Evaluierung der Befunde aus Gorrell (1987).

ten sind immer dann zu erwarten, wenn Sätze nicht deterministisch, d.h. strukturbewahrend, verarbeitet werden können (vgl. Marcus, 1980:6).

(13) *Determinismushypothese*
All sentences which can be parsed without conscious difficulty can be parsed strictly deterministically.

Ein deterministisch arbeitender Parser muß - um Schwierigkeiten aus dem Wege zu gehen - auf alle Fälle vermeiden, falsche Annahmen zu treffen. Parser wie diese sind also ihrem Wesen nach ebenfalls *Non-Committal* Parser im Sinne von Inoue & Fodor (1995). Da der Parser insbesondere beim Auftreten einer strukturellen Ambiguität Gefahr läuft, sich falsch zu entscheiden, liegt es nahe, in solchem Falle die syntaktische Verarbeitung zunächst einmal auszusetzen oder bestimmte syntaktische Entscheidungen zu verzögern. Am sichersten wäre natürlich ein Verfahren, das syntaktische Verarbeitung so lange verzögert, bis disambiguierende Information eingetroffen ist, die eine sichere Entscheidung ermöglicht. Dann aber könnte nicht erklärt werden, weshalb überhaupt Garden-Path-Effekte auftreten. Die Möglichkeit, Entscheidungen zu verzögern, muß also ebenfalls ihre Grenzen haben

Eine Variante, Mechanismen der Verzögerung in den Parser zu inkorporieren, besteht darin, die strikt inkrementelle Verarbeitung an Punkten der Ambiguität auszusetzen. Dem Parser wird also die Möglichkeit eingeräumt, auf disambiguierende Information zu warten und Konstituenten zunächst einmal zwischenzuspeichern, ohne sie in die Phrasenstruktur einzufügen. Dieses Merkmal wird als *Look-Ahead* bezeichnet. Da aber unsere Kapazität zu Speicherung unstrukturierten Materials sehr begrenzt ist, kann auf disambiguierende Information nicht beliebig lange gewartet werden. Irgendwann muß sich der Parser entscheiden. Liegt er dann mit seiner Entscheidung falsch, resultiert ein Garden-Path-Effekt. Das bekannteste Modell dieser Art wurde in Marcus (1980) vorgestellt.[6]

Im Rahmen des *Minimal Commitment* Modells (Berwick & Weinberg, 1985; Weinberg, 1993, 1995) verzichtet man auf eine Vorrichtung, die *Look-Ahead* ermöglicht. Vielmehr geht man davon aus, daß der Parser nicht alle, sondern nur bestimmte syntaktische Entscheidungen verzögert. Bei der Verarbeitung einer ambigen Region legt sich der Parser im Modell von Berwick & Weinberg lediglich darauf fest, in welcher Dominanzrelation ein neu zu postulierender Knoten zu bereits existierenden Knoten steht. Festlegungen bezüglich der unmittelbaren Dominanz können hingegen offengelassen werden. Bei vielen Ambiguitäten sind die so getroffenen Entscheidungen bezüglich der Dominanzverhältnisse mit allen Disambiguierungen verträglich. Um das uns schon bekannte Fragment in (14) zu verarbeiten, würde sich der Parser lediglich darauf festlegen, daß die NP *the answer* von der VP des Matrixsatzes dominiert wird. Diese Festlegung kann beibehalten werden, egal, ob die Disambiguierung wie in (15a) oder (15b) erfolgt. In keinem der Fälle erwarten wir daher einen Garden-Path-Effekt.

---

[6] In die gleiche Richtung zielen auch Überlegungen in Kennedy, Murray, Jennings & Reid (1989).

(14) John [$_{VP}$ knew [$_{NP}$ the answer

(15) a. John [$_{VP}$ knew [$_{NP}$ the answer]]

  b. John [$_{VP}$ knew [$_{CP}$ [$_{IP}$ [$_{NP}$ the answer] was correct]]]

Anders in (16). Der Parser entscheidet bei Einlesen des Verbs *raced*, daß dieses Verb vom VP-Knoten des Matrixsatzes dominiert wird. Diese Entscheidung ist mit (17a), nicht aber mit (17b) kompatibel. Eine Disambiguierung wie in (17b) erzwingt also eine Änderung von Dominanzrelationen. Diese Struktur kann daher nicht deterministisch verarbeitet werden, und es ist ein starker Garden-Path-Effekt zu erwarten.

(16) The horse [$_{VP}$ raced ...(past the barn ...)

(17) a. The horse [$_{VP}$ raced past the barn] and fell

  b. The horse raced past the barn [$_{VP}$ fell]

Einen großen Vorteil von Theorien wie diesen sehen deren Verfechter darin, daß keine substantiellen Zusatzannahmen benötigt werden, um herzuleiten, wann Garden-Path-Effekte stark sind und wann sie ausbleiben bzw. schwach sind. Dies folgt aus der Architektur des Parsers, speziell seiner deterministischen Arbeitsweise, die unabhängig motiviert werden kann. Problematisch jedoch ist, daß eine Disambiguierung diesen Modellen zufolge entweder zu einem schweren Garden-Path-Effekt führt, oder aber überhaupt keinen Effekt haben sollte. Nun gibt es zwar - worauf wir schon hingewiesen haben - einen deutlichen Unterschied in bezug auf die durch (15b) und (17b) hervorgerufene Verarbeitungsschwierigkeit, aber auch (15b) ruft zumindest einen leichten Garden-Path-Effekt hervor. Die Asymmetrie in (15) kann aber mit Rekurs auf die deterministische Arbeitsweise des Parsers nicht erklärt werden. Es sind also auch im Rahmen der in diesem Abschnitt vorgestellten Modelle Zusatzannahmen nötig, um das Präferenz- und das Reanalyseproblem befriedigend lösen zu können.

3.2.2 Was steuert die Auflösung von Ambiguitäten?

3.2.2.1 *Parsingstrategien*

Als typisch für die oben betrachteten Verarbeitungsasymmetrien kann gelten, daß ihnen eine gewisse Systematik innewohnt. Bei der Beurteilung von lokal ambigen Sätzen wie in (17) gibt es keine sprecherübergreifende Varianz. Alle Sprecher des Englischen empfinden die Disambiguierung in (17b) schwieriger als in (17a). Der Parser präferiert offensichtlich nicht einmal die eine, einmal die andere Variante. Präferenzen zugunsten einer bestimmten Struktur sind ziemlich stabil. Man nimmt daher an, daß der Parser am Punkte der Ambiguität Präferenzen nicht willkürlich festlegt, sondern bestimmte Parsingstrategien einsetzt, mit deren Hilfe Ambiguitäten systematisch aufgelöst werden, und die ihn also in einer bestimmten Konstellation immer wieder in die gleiche Richtung drängen.

Parsingstrategien sind Bestandteil praktisch aller Verarbeitungsmodelle, unabhängig vom Verarbeitungsmodus. In seriellen Modellen erklären sie, welche strukturelle Alternative der

Parser weiterverfolgt. In parallelen Modellen erklären sie, welche Alternative in der Rangfolge aller möglichen Strukturzuweisungen am höchsten steht. Auch Verzögerungsmodelle kommen ohne Parsingstrategien nicht aus. Wesentlich für die Herleitung des starken Garden-Path-Effekts in (17b) war ja die Annahme, daß der Parser das Verb *raced* als Prädikat des Hauptsatzes ansieht, und nicht als Bestandteil eines Relativsatzes. Erklärt werden muß daher, warum sich der Parser für erstere Option entscheidet.

Die vielleicht bekannteste Parsingstrategie ist *Minimal Attachment* (Frazier, 1987a:562).

(18) *Minimal Attachment*
Do not postulate any potentially unnecessary nodes.

Mit Rekurs auf diese Parsingstrategie kann erklärt werden, weshalb der Parser für die Fragmente in (19) und (20) die Strukturzuweisungen in (19b) und (20b) den jeweiligen Optionen in (a) vorzieht. Um *raced* bzw. *the* in den Phrasenstrukturbaum zu inkorporieren, werden in den (b)-Varianten wesentlich weniger neue Knoten benötigt als in den (a)-Varianten. Bei der Berechnung der Struktur mit reduziertem Relativsatz läuft der Parser daher Gefahr, potentiell unnötige Knoten zu postulieren. Die (b)-Varianten werden daher nach *Minimal Attachment* präferiert.

(19) The horse raced ...(past the barn ...)
    a. [$_{CP}$ [$_{IP}$ [$_{NP}$ the [$_{N'}$ [$_{N'}$ horse] [$_{CP}$ Op$_i$ [$_{IP}$ [$_{VP}$ raced t$_i$]]]]]]]
    b. [$_{CP}$ [$_{IP}$ the horse [$_{VP}$ raced]]]

(20) John knew the ...(answer)
    a. [$_{CP}$ [$_{IP}$ John [$_{VP}$ knew [$_{CP}$ [$_{IP}$ [$_{NP}$ the N]]]]]]
    b. [$_{CP}$ [$_{IP}$ John [$_{VP}$ knew [$_{NP}$ the N]]]]

Parsingstrategien wie *Minimal Attachment* sind nicht als explizite Instruktionen konzipiert, die der Parser an Punkten struktureller Ambiguität konsultiert, bevor er seine Entscheidung fällt. Idealerweise können sie aus allgemeinen Eigenschaften des Verarbeitungsprozesses abgeleitet werden, sind also eher Epiphänomene grundlegenderer Arbeitsprinzipien des Parsers. *Minimal Attachment* folgt quasi automatisch, wenn man annimmt, (i) daß die Zeit, die für die Integration eines Inputitems in den Phrasenstrukturbaum benötigt wird, ansteigt in Abhängigkeit von der Anzahl neu zu postulierender Knoten, und (ii), daß der Parser an einer möglichst raschen Integration des Inputitems interessiert ist, weil ihm dies die möglichst schnelle Aufnahme neuen Inputs gestattet. Die weniger komplexe Struktur wird also nicht präferiert, weil sie weniger komplex ist, sondern weil ihre Berechnung schneller abgeschlossen und der Verarbeitungsprozeß daher schneller fortgesetzt werden kann (Frazier & Fodor, 1978; Frazier, 1987a; Frazier & Clifton, 1996).

Die Sicht auf Parsingstrategien kann sich allerdings ändern, wenn man dem Parser andere Prioritäten bei der Verarbeitung unterstellt. Vielfach wurde z.B. dafür argumentiert, daß der Parser nicht einfach schnell arbeiten will, sondern sich primär darum bemüht, Wohlgeformtheitsbedingungen der Grammatik zu genügen und/oder maximal interpretierbare Strukturen herzustellen, eine Forderung an den Parser, die sich in Form von Prinzipien wie *Principle of Incremental Interpretation* (Crocker, 1992); *Principle of Quick Interpretation* (Weinberg, 1993), *Immediate Semantic Integration* (Konieczny, 1996) u.ä. in der Literatur niedergeschlagen hat. Wenn der Parser nun vor allem daran interessiert ist, Wohlgeformtheitsbedingungen der Grammatik zu erfüllen, dann wird er z.b. die Variante (19b) nicht deshalb präferieren, weil sie einfacher ist als die konkurrierende Option (19a), sondern weil es in (19b) bereits möglich ist, dem Subjekt des Satzes eine thematische Rolle zuzuweisen.

Vorgeschlagen wurde ebenfalls, daß Parsingstrategien ein Reflex des Bemühens sind, Ambiguitäten zugunsten derjenigen Struktur aufzulösen, die in der Sprachverwendung häufiger anzutreffen ist. Ein solches Verfahren könnnte dadurch motiviert werden, daß auf diese Weise das Risiko falscher Entscheidungen minimiert wird. Diese Idee ist in der Literatur als *Tuning-Hypothese* bekannt geworden (Mitchell, 1994; Mitchell, Cuetos, Corley & Brysbaert, 1995). Die Asymmetrie in Beispiel (19) würde es unter dieser Annahme erfordern zu zeigen, daß satzinitiale NPs häufiger ohne statt mit reduziertem Relativsatz auftreten. Wenn NPs mit reduziertem Relativsatz seltener vorkommen als NPs ohne reduzierten Relativsatz, dann geht der Parser ein geringeres Risiko ein, wenn er sich für (19b) und damit die häufiger verwendete Struktur entscheidet.

Parsingstrategien verraten etwas über die fundamentale Organisation des Parsers, und jede Parsingstrategie ist daraufhin zu prüfen, ob sie aus allgemeineren Eigenschaften des Parsers abgeleitet werden kann. Je nachdem, auf welche allgemeinen Eigenschaften des Parsers Parsingstrategien reduziert werden können, ergeben sich aber auch unterschiedliche Vorhersagen bezüglich sprachübergreifender Variation von Parsingprinzipien. Wählt der Parser bei Entstehen einer Ambiguität eine bestimmte Struktur, weil diese weniger komplex und damit schneller zu berechnen ist, dann sollten die entsprechenden Parsingstrategien universal sein. Gleiche phrasenstrukturelle Repräsentationen vorausgesetzt, sollten sich damit auch Präferenzen zwischensprachlich nicht unterscheiden. Die Tuning-Hypothese, auf der anderen Seite, macht keine derart strikten Vorhersagen. Angenommen, einem ambigen Satz kann im Englischen Struktur A oder Struktur B zugewiesen werden, und A wird häufiger verwendet. Im Spanischen nun könnte der gleiche Satz mit phrasenstrukturell völlig identischen Strukturen A und B verknüpft werden, wobei B aber häufiger verwendet wird als A. Unter diesen Umständen würde ein Tuning-basierter Ansatz gegenläufige Präferenzen vorhersagen: Im Englischen wird A präferiert, im Spanischen B. Ein Ansatz, der Parsingstrategien auf Prinzipien der Verarbeitungsökonomie zurückführt, hätte dagegen Probleme, denn ihm zufolge sollte jeweils die gleiche Strategie applizieren und daher in beiden Sprachen die strukturell einfachere Variante präferiert werden: entweder A oder B, aber in beiden Sprachen gleichermaßen. Daten, die dieses Szenario testen, wurden in Cuetos & Mitchell (1988), Mitchell, Cuetos & Zagar (1990) und vielen nachfolgenden Arbeiten untersucht, mit Resultaten, die die Tuning-Hypothese als eine durchaus interessante Alternative zu herkömmlichen Theorien erscheinen lassen.

3.2.2.2 Welche Information verwendet der Parser bei der Auflösung von Ambiguitäten?

Eine Parsingstrategie wie *Minimal Attachment* zeichnet aus, daß bei der Auflösung einer Ambiguität nur Unterschiede in der phrasenstrukturellen Komplexität möglicher Strukturzuweisungen eine Rolle spielen. Der Parser wird gemäß *Minimal Attachment* immer die einfachste

Strukturzuweisung wählen. Wichtig ist, daß den Parser die Konsequenzen dieser Entscheidung für den weiteren Verarbeitungsverkauf nicht interessieren. Die einfachere, mit *Minimal Attachment* konforme Analyse wird der komplexeren Analyse vorgezogen, auch dann, wenn die einfache Analyse eine unplausible Interpretation zeitigt, die komplexe Analyse hingegen eine plausible Interpretation ermöglichen würde. *Minimal Attachment* zufolge wird also für die Auflösung syntaktischer Ambiguitäten ausschließlich syntaktische Information verwendet. Dies impliziert, daß der Aufbau einer phrasenstrukturellen Repräsentation ein im Sinne von Forster (1979) autonomer Prozeß ist, denn er wird durch *nachgeordnete* Verarbeitungsprozesse nicht beeinflußt. Dies heißt jedoch nicht, daß die Plausiblität einer Interpretation in einem solchen Modell gänzlich ohne Effekt bleibt. Sie kann z.B. dazu führen, daß eine aus strukturellen Gründen präferierte Analyse vom Parser bereitwilliger zugunsten einer anderen Analyse aufgegeben wird (vgl. Abschnitt 3.3.1.2).

Alternativ dazu könnte der Parser bei der Auflösung struktureller Ambiguitäten natürlich von vornherein berücksichtigen, ob die zur Auswahl stehenden Strukturzuweisungen plausible oder unplausible Interpretationen zur Folge haben oder welche der Strukturzuweisungen kontextuellen Beschränkungen besser gerecht wird. Ein derart organisierter Parser, der bei syntaktischen Entscheidungen die Konsquenzen dieser Entscheidungen für nachfolgende Verarbeitungsprozesse gleich mitbedenkt, arbeitet nicht autonom, sondern interaktiv.

Betrachten wir dazu die folgenden beiden Beispiele, die eine mit (19) vergleichbare Ambiguität aufweisen (vgl. Ferreira & Clifton, 1986).

(21) a. The defendant examined ... (by the lawyer turned out to be unreliable)

b. The evidence examined ... (by the lawyer turned out to be unreliable)

Ein Prinzip wie *Minimal Attachment* diktiert, daß der Parser in (21a) eine Analyse präferiert, der zufolge das Verb *examined* als Bestandteil des Matrixsatzes, und nicht als Bestandteil eines reduzierten Relativsatzes fungiert. Da die Disambiguierung im folgenden dieser Strukturzuweisung widerspricht, entsteht ein Garden-Path-Effekt. In (21b) hingegen erzwingt die mit *Minimal Attachment* konforme Analyse eine unplausible Lesart: Die unbelebte NP *the evidence* müßte als Agens-Argument des Handlungsverbs *examine* interpretiert werden. Die komplexere Struktur, die *examine* zum Prädikat eines Relativsatzes macht, gestattet hingegen eine völlig unproblematische Interpretation. Macht sich der Parser diese Information bei der Auflösung der Ambiguität in (21b) zunutze?

Ein autonom arbeitender Parser ließe erwarten, daß auch in (21b) ein Garden-Path-Effekt beobachtet werden kann, da den Parser bei der Auflösung der Ambiguität die Plausibilität der resultierenden Interpretation nicht interessiert. Einem interaktiven Parser zufolge sollte in (21b) ein Garden-Path-Effekt ausbleiben. Unglücklicherweise ist die Evidenz in diesem speziellen Falle wie auch in anderen Bereichen, in denen autonome und interaktive Parser unterschiedliche Vorhersagen machen, alles andere als eindeutig. Ferreira & Clifton (1986) haben in mehreren Experimenten gezeigt, daß auch Sätze wie (21b) zu einem Garden-Path-Effekt führen, was die Vorhersagen eines autonomen Parsers bestätigen würde. In anderen Studien jedoch blieb der Garden-Path-Effekt in (21b) tatsächlich aus (Trueswell, Tanenhaus & Garnsey, 1994).

Eine ähnliche Kontroverse, die oft in Zusammenhang mit der Autonomiedebatte gebracht wird, betrifft die Frage, welche Rolle die in den Inputitems enthaltene lexikalische Information - insbesondere Subkategorisierungsinformation - bei der Auflösung struktureller Information spielt. Es ist ziemlich klar, daß der Parser Subkategorisierungsinformation nicht ignorieren kann. Eine ganz andere Frage aber ist, ob Subkategorisierungsinformation den Aufbau von Struktur, und damit auch die Auflösung struktureller Ambiguitäten steuert (Ford, Bresnan & Kaplan, 1982; Ford, 1989), oder ob sie lediglich eingesetzt wird, unabhängig und auf der Basis rein struktureller Erwägungen getroffene Entscheidungen zu überprüfen (Mitchell, 1987, 1989). Eine kondensierte Form beider Standpunkte findet sich in den folgenden zwei Hypothesen (Frazier, 1987b:523):

(22) *Lexical Filter Hypothesis*
Item-specific lexical information is used to reject or confirm whatever analysis has been constructed on the basis of purely structural information.

(23) *Lexical Guidance Hypothesis*
Item-specific lexical information is used to determine the first syntactic analysis assigned to a phrase.

Betrachten wir kurz zwei Beispiele, in denen diese Hypothesen klar unterscheidbare Vorhersagen machen. In (24a) entsteht eine Ambiguität mit Einlesen der NP *the doctor*. Diese NP kann als Komplement des Verbs *visited* und damit als Bestandteil der präponierten Präpositionalphrase fungieren, oder aber als Subjekt des Matrixsatzes. Erstere Option wird vom Parser offenbar präferiert, was sich daran zeigt, daß ein Garden-Path-Effekt entsteht, wenn die Disambiguierung - so wie in der Fortführung von (24a) - dieser Analyse zuwiderläuft.

(24) a. After the child visited *the doctor* ...(prescribed a course of injections)

b. After the child sneezed *the doctor* ...(prescribed a course of injections)

In (24b) jedoch könnte der Parser sofort wissen, daß die von *Minimal Attachment* favorisierte Strukturzuweisung nicht korrekt sein kann. Das Verb *sneeze* ist strikt intransitiv und kann daher unter keinen Umständen - wie von *Minimal Attachment* gefordert - mit einem Komplement verbunden werden. Wird Subkategorisierungsinformation jedoch vom Parser zunächst ignoriert (*Lexical Filter Hypothesis*), dann wäre auch in (24b) ein Garden-Path-Effekt zu erwarten. Wird hingegen die Tatsache, daß *sneeze* ein intransitives Verb ist, bei der Entscheidung, wo die NP *the doctor* anzubinden sei, berücksichtigt, sollte in (24b) ein Garden-Path-Effekt ausbleiben (*Lexical Guidance Hypothesis*). In der Tat fand Mitchell (1987) in einem Experiment Anzeichen für einen Garden-Path-Effekt in (24b) (vgl. auch Mitchell, 1989). Seine Resultate unterstützen die *Lexical Filter Hypothesis*.

Auch die Sätze in (25) exemplifizieren eine Ambiguität, auf die in obigen Abschnitten bereits ausführlich eingegangen wurde. Die NP *the solution* kann als Komplement des Matrixverbs oder als Subjekt eines eingebetteten Satzes analysiert werden, wobei erstere Option die strukturell einfachere ist. In Fällen wie diesen muß sich der Parser also entscheiden, ob er den Verben des Matrixsatzes ein NP-Komplement oder ein CP-Komplement zuordnen will.

(25) a. The student forgot the solution ... (was in the back of the book)
  b. The student hoped the solution ... (was in the back of the book)

Forgot und *hoped* unterscheiden sich aber beträchtlich dahingehend, wie wahrscheinlich sie das Auftreten eines NP- oder eines CP-Komplements machen. *Forgot* wird präferiert mit einem NP-Komplement verbunden; *hoped* hingegen obligatorisch mit einem CP-Komplement. In (25b) gibt also Subkategorisierungsinformation einen gewichtigen Hinweis darauf, daß die mit *Minimal Attachment* konforme Analyse nicht korrekt ist. Nutzt der Parser diese Information bei der Auflösung der Ambiguität, dann sollte es in (25a), nicht aber in (25b) einen Garden-Path-Effekt geben (*Lexical Guidance Hypothesis*). Folgt der Parser hingegen nur strukturellen Gesichtspunkten, müßten sowohl (25a) wie auch (25b) einen Garden-Path-Effekt auslösen. Die Evidenz ist widersprüchlich. Ferreira & Henderson (1990) sowie Kennison (1996) berichten Daten, die die Vorhersagen der *Lexical Filter Hypothesis* stützen, Homes, Stowe & Cupples (1989), Trueswell, Tanenhaus & Kello (1993) sowie Osterhout, Holcomb & Swinney (1994) konnten jedoch, in Übereinstimmung mit der *Lexical Guidance Hypothesis*, keinen Garden-Path-Effekt in Sätzen wie (25b) feststellen. Diese Frage muß also auch weiterhin als offen angesehen werden. Wichtig ist aber zu erkennen, daß die Annahme eines autonom arbeitenden Parsers mit beiden möglichen Antworten kompatibel ist. Frazier & Clifton (1996) weisen darauf hin, daß Subkategorisierungsinformation eine Form grammatischer Information ist, die auch ein autonom arbeitender Parser sofort nutzen könnte.

Die Frage, ob der Parser autonom arbeitet oder nicht, hat Anlaß zu einer Reihe weiterer Kontroversen gegeben. Heftig diskutiert z.B. wurde und wird der Status von Diskursinformation im Verarbeitungsprozeß. Kann Diskursinformation bereits die initiale Auflösung von strukturellen Ambiguitäten steuern oder hilft sie "lediglich" dabei, Entscheidungen des Parser zu evaluieren? Zugunsten eines sehr frühen Einsatzes von Diskursionformation - und damit zugunsten eines interaktiv arbeitenden Parsers - argumentieren insbesondere Vertreter der *Referential Theory* (Crain & Steedman, 1985; Altmann & Steedman, 1988; vgl. aber auch Crain, Ni & Conway, 1994) Auch in diesem Bereich allerdings erlaubt die verfügbare experimentelle Evidenz sicher noch keine endgültige Antwort (Clifton & Ferreira, 1989; Konieczny, 1996; Mitchell, Corley & Garnham, 1992; Spivey-Knowlton & Sedivy, 1995). Fassen wir daher zusammen: Es gibt sehr konträre Standpunkte bezüglich der Problematik, welche Information der Parser bei der Auflösung struktureller Information verwendet. Zwei extreme Standpunkte können dabei eingenommen werden: (i) daß sich der Parser lediglich auf phrasenstrukturelle Information stützt und selbst verschiedene Formen grammatischer Information zunächst ignoriert, oder (ii), daß der Parser alle ihm zur Verfügung stehende Information sofort verwendet. Beide Standpunkte sind plausibel und verkörpern lediglich sehr unterschiedliche Auffassungen davon, was es heißt, effizient zu arbeiten. Wenn der Parser zunächst einen Großteil an Information unberücksichtigt läßt, dann kann er außerordentlich schnell arbeiten, läuft aber Gefahr, Fehler zu begehen, die sich bei Konsultation z.B. von Subkategorisierungsinformation hätten vermeiden lassen. Berücksichtigt der Parser immer gleich alle Arten potentiell relevanter Information, wird er sich seltener irren, arbeitet dafür aber möglicherweise oft sehr redundant.

3.3 Modelle des Parsers

Im folgenden Abschnitt soll etwas detaillierter auf drei Modelle syntaktischer Verarbeitung eingegangen werden, deren Herangehensweise an das Problem der Füller-Lücken-Ambiguität uns in Kapitel 5 näher beschäftigen wird. Zu diesen Modellen gehören: Das Garden-Path-Modell, das parallele Modell von Gibson, sowie das beschränkungsbasierte Modell. Das Garden-Path-Modell dient als Referenzpunkt, jetzt wie im folgenden, und soll daher in einiger Ausführlichkeit vorgestellt werden. Die Darstellung der anderen Modelle wird sich auf Aspekte beschränken, bezüglich derer sie vom Garden-Path-Modell abweichen.

3.3.1 Das Garden-Path-Modell

3.3.1.1 Präferenzen

Das Garden-Path-Modell kann als das wichtigste Satzverarbeitungsmodell der 80er Jahre angesehen werden, und zwar vor allem deshalb, weil es mit seinen zuweilen extrem anmutenden Positionen wesentliche Anstöße für die experimentelle Untersuchung des zeitlichen Verlaufs syntaktischer Verarbeitungsprozesse lieferte. Entwickelt wurde es - aufbauend auf der in Frazier & Fodor (1978) entworfenen *sausage machine* - in mehreren Aufsätzen von Frazier und Kollegen (Frazier & Rayner, 1982; Rayner, Carlson & Frazier, 1983; Frazier, 1987a, 1990). In seinen Grundannahmen ist es erst unlängst verteidigt worden (Frazier & Clifton, 1996).

Das Garden-Path-Modell ist ein Modell serieller Verarbeitung. Bei Entstehen einer strukturellen Ambiguität legt sich der Parser sofort auf eine der möglichen Strukturzuweisungen fest. Für diese Strukturzuweisung wird eine vollständig spezifizierte Struktur berechnet. Alle anderen Optionen werden vom Parser vernachlässigt. Auf diese Weise wird erklärlich, weshalb ambige Strukturen präferierte Lesarten aufweisen. Die Auswahl der Strukturzuweisung am Punkte einer Ambiguität wird im wesentlichen von zwei Parsingstrategien bestimmt: *Minimal Attachment* (hier wiederholt als (26)) und *Late Closure* (27) (Frazier, 1987a:562).

(26) *Minimal Attachment*
Do not postulate any potentially unnecessary nodes.

(27) *Late Closure*
If grammatically permissible, attach new items into the clause or phrase currently being processed (i.e. the clause or phrase postulated most recently).

Die Wirkungsweise von *Minimal Attachment* wurde bereits im Zusammenhang mit der Einführung des Begriffs Parsingstrategie verdeutlicht, so daß wir uns auf eine Demonstration der Konsequenzen von *Late Closure* beschränken können. In (28) entsteht eine Ambiguität mit Einlesen der NP *the socks*. Die an dieser Stelle möglichen Strukturzuweisungen sind in (28a, b) angegeben. In beiden Fällen muß der Parser zunächst einen topikalisierten Adverbialsatz aufbauen, der an die CP-Projektion des Matrixsatzes adjungiert wird. Da aber das Verb dieses Adverbialsatzes *mend* sowohl transitiv als auch intransitiv Verwendung findet, kann die NP *the socks* entweder als Bestandteil des Adverbialsatzes (28a) oder aber als Subjekt des Matrixsatzes (28b) analysiert werden.

(28) While Mary was mending the socks ...

a. [$_{CP}$ [$_{CP}$ while Mary was mending [$_{NP}$ the socks]] [$_{CP}$ [$_{IP}$]]

b. [$_{CP}$ [$_{CP}$ while Mary was mending] [$_{CP}$ [$_{IP}$ the socks]]]

Man beachte, daß sich beide Optionen hinsichtlich ihrer phrasenstrukturellen Komplexität nicht unterscheiden. Da der Parser aber beim Einlesen der NP *the socks* gerade mit dem Aufbau des topikalisierten Adverbialsatzes beschäftigt ist, sollte nach *Late Closure* die Struktur (28a) präferiert werden, die Struktur also, der zufolge die kritische NP Bestandteil der gerade in Verarbeitung befindlichen Phrase (der topikalisierten CP) ist. Eine Disambiguierung zugunsten der Struktur führt daher zu keinerlei Schwierigkeiten (29a). Eine Disambiguierung hingegen, die die Struktur (28b) erzwingt, führt wie erwartet zu einem Garden-Path-Effekt (29b).

(29) a. While Mary was mending the socks <u>the scissor</u> fell from the table.

b. ¿While Mary was mending the socks <u>fell</u> from the table.

Ebenfalls wie *Minimal Attachment* wird auch *Late Closure* nicht als explizite Parsinginstruktion betrachtet, sondern als Reflex der Tatsache, daß der Parser um möglichst rasche Integration eines Inputitems bemüht ist und deshalb allein diejenige Strukturzuweisung berücksichtigt, die am schnellsten berechnet werden kann. Da somit auch für die Existenz von *Late Closure* allgemeine kognitive Beschränkungen verantwortlich sind, wird für diese Parsingstrategie, wie für *Minimal Attachment*, zwangsläufig Universalität beansprucht.[7]

Typisch für das Garden-Path-Modell ist fernerhin die Annahme strikter Autonomie des Parsers. Bei der Integration eines neuen Inputitems verwendet der Parser nur eine minimale Menge an Informationen: Information bezüglich der syntaktischen Kategorie des neuen Inputitems sowie Phrasenstrukturregeln. Ambiguitäten werden nur mit Rekurs auf phrasenstrukturelle Gegebenheiten aufgelöst. Konsequenzen der syntaktischen Entscheidungen für nachfolgende Verarbeitungsprozesse, insbesondere interpretativer Art, werden zunächst nicht berücksichtigt. *Minimal Attachment* und *Late Closure* applizieren auch dann, wenn die durch diese Parsingstrategien jeweils ausgeschlossenen Strukturen letztendlich zu einer plausibleren Interpretation führen würden. Auch lexikalische Information, etwa bezüglich der Subkategorisierungseigenschaften eines Verbs, ignoriert der Parser bei der Integration neuen Inputs. Im Sinne der *Lexical Filter Hypothesis* kann sie aber benützt werden, um Entscheidungen des Parsers schnell zu korrigieren.

3.3.1.2 *Reanalyse*

Entsteht während der Verarbeitung einer Inputkette ein Fehler, d.h. erweist sich ein Inputitem mit der bislang berechneten Struktur als nicht kompatibel, dann setzt im Rahmen serieller Modelle ein Reanalyseprozeß ein. Ziel des Reanalyseprozesses ist es, eine phrasenstrukturelle Re-

---

[7] Die Frage, ob *Late Closure* eine universale Parsingstrategie ist oder nicht, wurde gerade in der jüngeren Literatur sehr intensiv diskutiert (Cuetos & Mitchell, 1988; Mitchell, Cuetos & Zagar, 1990; de Vincenzi & Job, 1993). Insbesondere Phrasen, die keinen Argumentstatus haben, scheinen nicht einheitlich der *Late Closure* Strategie unterworfen zu sein. Beobachtungen wie diese gaben den entscheidenden Anstoß für die Weiterentwicklung der Garden-Path-Theorie hin zum *Construal*-Modell (Frazier & Clifton, 1996).

präsentation zu finden, die den Einbau des neuen Inputitems auf grammatisch legale Weise ermöglicht. Der Parser muß also - ausgehend von der präferierten Strukturzuweisung - eine alternative Strukturzuweisung finden. Diesem Ansatz zufolge kann die Existenz von Garden-Path-Effekten gut erklärt werden: Reanalyse bedeutet immer einen gewissen Mehraufwand, der sich in Form von Verarbeitungsschwierigkeiten bemerkbar macht. Da aber Garden-Path-Effekte - wie wir schon des öfteren gesehen haben - von unterschiedlicher Schwere sein können, muß man im Rahmen serieller Modelle annehmen, daß auch Reanalyse einmal leichter, einmal schwieriger zu bewerkstelligen ist. Gefragt werden muß also, welche Faktoren es im einzelnen sind, die den Schweregrad einer Reanalyse beeinflussen.

Im Rahmen des Garden-Path-Modells geht man davon aus, daß Reanalyse durch einen Trigger ausgelöst werden muß, z.B. eine temporäre Ungrammatikalität. Die temporäre Ungrammatikalität ist ein Symptom dafür, daß die vom Parser berechnete Strukturzuweisung nicht korrekt ist.[8] Der Reanalyseprozeß selbst kann in zwei Teilkomponenten zerlegt werden (vgl. Fodor & Inoue, 1994). Zunächst einmal muß der Parser erkennen, an welchem Punkte im bisherigen Verarbeitungsverlauf eine falsche Entscheidung bezüglich der Strukturierung des Inputs getroffen worden ist, und welche Entscheidung an Stelle dieser notwendig wäre, um der Inputkette eine legitime syntaktische Repräsentation zuweisen zu können. Diese Komponente des Reanalyseprozesses wird als *Diagnose* bezeichnet. Hat der Parser diagnostiziert, welche syntaktische Entscheidung zur fehlerhaften Struktur geführt hat und wie diese Entscheidung zu korrigieren ist, muß die neue strukturelle Repräsentation aufgebaut werden. Diese zweite Komponente des Reanalyseprozesses wird im folgenden als *Revision* bezeichnet.

(30)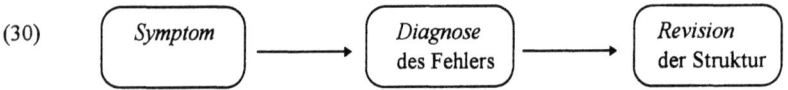

Sowohl Unterschiede bezüglich der Diagnose eines Fehlers als auch des Revisionsaufwandes sind in der Vergangenheit für die unterschiedliche Stärke von Garden-Path-Effekten verantwortlich gemacht worden. Schwere Garden-Path-Effekte resultieren, wenn Diagnose und/oder Revisionen großen Aufwand erfordern, leichte Garden-Path-Effekte hingegen, wenn Diagnose und/oder Revisionen problemlos zu bewerkstelligen sind. In welchem Sinne aber können Diagnose bzw. Revisionen einfach oder schwierig sein? Im folgenden sollen einige

---

[8] Reanalyse kann auch durch nicht-syntaktische Inkonsistenzen ausgelöst werden, z.B. allein dadurch, daß eine aus syntaktischen Gründen präferierte Struktur zu einer unplausiblen Interpretation führt und eine alternative Interpretation der Inputkette auf der Grundlage einer alternativen syntaktischen Struktur möglich ist. In (i) z.B. gibt es *Minimal Attachment* zufolge eine Präferenz für die syntaktisch einfachere Struktur, der zufolge die PP als präpositionales Argument des Verbs (mit der thematischen Rolle *Instrument*) fungiert. Eine dieser syntaktischen Struktur entsprechende Interpretation setzt sich in (ia) tatsächlich durch, führt aber in (ib) zu einer semantischen Anomalie, da die PP *with a revolver* kein geeignetes Instrument für den Akt des Sehens abgibt. In (ib) gewinnt vielmehr die Interpretation, welche auf der strukturell etwas komplexeren Anbindung der PP als Attribut innerhalb der NP *the man* beruht (vgl. Rayner, Carlson & Frazier, 1983 für experimentelle Evidenz zu Satzpaaren wie diesen).

(i) a. John saw the man <u>with binoculars</u>.
　　b. John saw the man <u>with a revolver</u>.

diesbezügliche Vorschläge angesprochen werden, wobei wir mit Aspekten der Revision von Struktur, der traditionell die größere Aufmerksamkeit zuteil wurde, beginnen werden.

Einfache und schwierige Revisionen

Jeder Reanalyseprozeß hat zur Folge, daß bestimmte syntaktische Entscheidungen revidiert werden müssen und neue syntaktische Entscheidungen zu treffen sind. Teile der bis zum Auftreten des Fehlers berechneten Phrasenstruktur müssen umstrukturiert werden; gelegentlich ist Phrasenstruktur neu zu schaffen. Eine Reihe von Autoren betonen, daß es unplausibel wäre, den Schweregrad einer Reanalyse davon abhängig zu machen, welche syntaktischen Änderungen im einzelnen erforderlich sind, um von der präferierten zur nicht präferierten Struktur zu kommen. Dies würde bedeuten, daß man die Operationen des Parsers in kostspielige und weniger kostspielige einteilen müßte: Macht Reanalyse den Einsatz kostspieliger Parsingoperationen erforderlich, entsteht ein schwerer Garden-Path-Effekt. Es scheint aber *a priori* keinen Grund zu geben, kostspielige von weniger kostspieligen Umbauoperationen zu trennen (Frazier & Clifton, 1996; Fodor & Inoue, 1994, Sturt & Crocker, 1996). In (31) z.B. muß der Parser bei Einlesen des disambiguierenden Wortes *was* - um von der präferierten Analyse in (31a) zur Analyse in (31b) zu gelangen - neue Struktur einfügen, und zwar eine CP und eine IP Projektion In (32) hingegen muß beim Übergang von der präferierten (32a) zur nicht-präferierten Repräsentation (32b) keine neue Struktur eingefügt werden. Notwendig ist lediglich, die NP *the socks* aus dem präponierten Adverbialsatz zu entfernen und in die Subjektposition des Matrixsatzes zu stellen. In beiden Fällen sind also verschiedene Umbauoperationen erforderlich, ohne daß daraus ersichtlich würde, weshalb Reanalyse im einen Falle schwieriger sein sollte als im anderen.[9] In der Tat aber ist der Garden-Path-Effekt, der in (32) entsteht, viel stärker als der, den (31) hervorruft.

(31)   John knew the answer ...(was correct)

   a.   [$_{CP}$ [$_{IP}$ [$_{NP}$ John] [$_{VP}$ knew [$_{NP}$ the answer]]]]

   b.   [$_{CP}$ [$_{IP}$ [$_{NP}$ John] [$_{VP}$ knew [$_{CP}$ [$_{IP}$ [$_{NP}$ the answer]]]]]]

(32)   While Mary was mending the socks ...(fell off the table).

   a.   [$_{CP}$ [$_{CP}$ while Mary was mending [$_{NP}$ the socks]] [$_{CP}$ [$_{IP}$]]]

   b.   [$_{CP}$ [$_{CP}$ while Mary was mending] [$_{CP}$ [$_{IP}$ the socks]]]

Syntaktische Revisionen können sich jedoch beträchtlich dahingehend unterscheiden, ob sie auch die Revision von Entscheidungen erforderlich machen, die nicht die Syntax selbst betreffen, Entscheidungen z.B., die auf der Grundlage der vom Parser erstellten phrasenstrukturellen Repräsentation getroffen wurden. So geht Frazier (1990) (vgl. auch Frazier & Clifton,

---

[9] Man beachte, daß der Garden-Path-Theorie zufolge vollständig spezifizierte Strukturen aufgebaut werden. Geht man z.B. mit Berwick & Weinberg (1985) davon aus, daß die vom Parser berechneten Strukturen unterspezifiziert sind und der Parser deterministisch arbeitet, dann lassen sich syntaktische Umbauoperationen - als Konsequenz der Verarbeitungsannahmen - auf natürliche Weise in *einfach* und *schwierig* einteilen.

erscheint) davon aus, daß syntaktische Entscheidungen, die durch nachfolgende Verarbeitungsprozesse bereits bestätigt oder akzeptiert worden sind, weniger bereitwillig aufgegeben werden als Entscheidungen, an denen nachfolgende Prozesse bereits gewisse Zweifel haben aufkommen lassen. Dies erklärt, weshalb Garden-Path-Effekte oft weniger schwer ausfallen, wenn die aus syntaktischen Gründen präferierte Struktur zu einer unplausiblen Interpretation führt. Anders als (33a) z.B. elizitiert (33b) keinen schweren Garden-Path-Effekt, eine Beobachtung, auf die schon Bever (1970) aufmerksam gemacht hat. Leichter ist die Verarbeitung von (33b) vermutlich deshalb, weil die von *Minimal Attachment* erzwungene Struktur eine unplausible Interpretation verursachen würde.

(33) a. ¿The horse raced past the barn fell.

b. The horse sent past the barn fell.

Frazier (1990:424) formuliert für Fälle wie diese das *Late-Revisions Principle*. Ähnliche Vorschläge firmieren unter den Bezeichnungen *Semantic Cost Principle* (Frazier & Clifton, erscheint) und *Commitment Principle* (Crocker, 1992).

(34) *Late-Revisions Principle*
Confirmed processing decisions take longer to revise than unconfirmed ones.

Auch Längeneffekte können durch das *Late-Revisions Principle* erklärt werden. Verschiedene Autoren berichten, daß längere ambige Regionen zu schwereren Garden-Path-Effekten führen. In einer Blickbewegungsstudie beobachteten Frazier & Rayner (1982), daß Sätze mit relativ komplexer ambiger NP (35b) im Vergleich zu Sätzen mit kurzer ambiger NP (35a) höhere Lesezeiten und vermehrte Regressionseffekte verursachten (vgl. Ferreira & Henderson, 1991a; Warner & Glass, 1987 für vergleichbare Befunde).

(35) a. Since Jay always jogs *a mile* seems like a short distance to him.

b. Since Jay always jogs *a mile and a half* seems like a short distance to him.

Wie wir bereits gesehen haben, wird die ambige NP in Sätzen wie diesen zunächst irrtümlich als Komplement des Verbs *jog* analysiert. Dementsprechend erhält die ambige NP von *jog* auch eine thematische Rolle. Geht man davon aus, daß einer NP eine thematische Rolle genau dann zugewiesen wird, wenn der Kopf dieser NP eingelesen worden ist (Ferreira & Henderson, 1991a, b), dann folgt, daß in (35a) die Disambiguierung durch das Verb *seems* bereits sofort nach Zuweisung der thematischen Rolle an die ambige NP erfolgt. In (35b) hingegen ist der Abstand zwischen dem Kopf der ambigen NP und dem disambiguierenden Verb größer. Offensichtlich hatte also die syntaktische Entscheidung des Parsers, die NP als Komplement von *jog* zu analysieren, in (35b) bereits größere Auswirkungen auf nachfolgende interpretative Prozesse als in (35a). In der Tat beobachteten Ferreira & Henderson (1991a), daß der Garden-Path-Effekt bei Erweiterung der ambigen NP durch *pränominales* Material nicht stärker wird. Pränominales Material vergrößert zwar ebenfalls die Länge der ambigen Region, nicht aber den Abstand zwischen dem Kopf der NP und dem Punkt der Disambiguierung.

Ferreira & Henderson (1991a, b) selbst schlagen eine etwas andere Erklärung für Kontraste wie in (35) vor. Ausgangspunkt für ihren Vorschlag ist die Überlegung, daß sich der Parser beim Übergang von der inkorrekten Analyse (ambige NP als Komplement von *jog*) zur korrekten Analyse (ambige NP als Subjekt des Matrixsatzes) auch vergewissern muß, ob das Verb *jog* statt transitiv auch intransitiv verwendet werden kann. Dies erfordert eine Reaktivierung von lexikalischer Information das Verb *jog* betreffend, speziell über mögliche Argumentstrukturen dieses Verbs, ein Prozeß, der offenbar schwieriger wird, je mehr Zeit verstreicht zwischen dem Punkt, an dem sich der Parser auf eine bestimmte Argumentstruktur festlegt (*jog* = transitiv) und dem Punkt, an dem diese Festlegung revidiert werden muß.

Was die Erklärung mit Rekurs auf das *Late-Revisions Principle* und die Erklärung von Ferreira & Henderson verbindet, ist folgendes: In beiden Modellen ist nicht die Notwendigkeit, phrasenstrukturelle Änderungen vorzunehmen, für das Entstehen von Verarbeitungsschwierigkeiten verantwortlich. Schwierigkeiten entstehen zum einen dann, wenn Entscheidungen revidiert werden müssen, die auf der Grundlage der vom Parser berechneten Phrasenstruktur gefällt worden sind, in (35) etwa Entscheidungen darüber, wie die ambige NP zu interpretieren ist. Oder aber Schwierigkeiten entstehen, wenn die Fortführung der syntaktischen Verarbeitung eine Reaktivierung lexikalischer Information nötig macht, in unserem Beispiel Information bezüglich der Frage, ob das Verb *jog* auch intransitiv gebraucht werden kann. Diese Berechnungen werden nicht mehr vom Parser selbst verantwortet, denn der Parser ist lediglich mit dem Aufbau der phrasenstrukturellen Repräsentation beschäftigt. Wenn aber der Umbau der Phrasenstruktur auch eine Änderung nachgeordneter (semantischer) oder eine Überprüfung vorgeordneter (lexikalischer) Entscheidungen erforderlich macht, dann entstehen offensichtlich Schwierigkeiten.

In ähnlicher Weise hat Bader (1994; erscheint, b) vorgeschlagen, die unterschiedliche Stärke der Garden-Path-Effekte in (36) und (37) auf unterschiedliche Konsequenzen phrasenstruktureller Revisionen für die prosodische Struktur dieser Sätze zurückzuführen. Aufbauend auf der phrasenstrukturellen Repräsentation werden Intonationsphrasen festgelegt, die den Satz insgesamt oder einzelne Satzteile umfassen können In (36) unterscheiden sich beide Varianten hinsichtlich der Einteilung in Intonationsphrasen nicht: Die Intonationsphrase umfaßt den ganzen Satz, unabhängig davon, welche Disambiguierung gewählt wird. Die phrasenstrukturellen Änderungen beim Übergang von der präferierten (36a) zur nicht-präferierten Struktur (36b) erzwingen also keine Änderung der auf der Grundlage der phrasenstrukturellen Repräsentation vorgenommenen Einteilung in Intonationsphrasen. In (37) hingegen ändert sich, je nach phrasenstruktureller Gliederung, auch die Gliederung in Intonationsphrasen. Berechnet der Parser also zunächst eine Struktur wie (37a) und wird dann gezwungen, zugunsten einer Struktur wie in (37b) zu reanalysieren, dann sind nicht nur phrasenstrukturelle Änderungen nötig, sondern auch Änderungen bezüglich der prosodischen Struktur des Satzes.

(36) a. [John knew the answer]
   b. [John knew the answer was correct]

(37) a. [While Mary was mending the sock] [the shirt fell off the lap]
   b. [While Mary was mending] [the sock fell off the lap]

Dies ist ein Beispiel dafür, daß Reanalyse zu Schwierigkeiten führt, wenn neben phrasenstrukturellen Änderungen auch die Revision von Entscheidungen notwendig wird, die auf der Grundlage der phrasenstrukturellen Repräsentation getroffen worden sind oder auf denen die Berechnung phrasenstruktureller Repräsentationen aufbaut.

Einfache und schwierige Diagnose

Wie wir bereits betont haben, initiiert den Reanalyseprozeß ein Trigger. Wird zum Beispiel eine lokale Ambiguität zuungunsten der präferierten Struktur aufgelöst, trifft der Parser auf ein Inputitem, das nicht in die berechnete Phrasenstruktur integriert werden kann. Es entsteht ein Fehler, und dieser Fehler ist ein Symptom dafür, daß an einem früheren Punkt der syntaktischen Verarbeitung eine falsche Entscheidung getroffen worden ist. Welche vorherige Entscheidung falsch war, wird durch das Symptom jedoch nicht direkt signalisiert. Der Parser muß sich also auf irgendeine Weise einen Weg vom Symptom zur fehlerhaften Entscheidung bahnen. Unterschiede in der Stärke von Garden-Path-Effekten könnten daher auch darin begründet sein, daß der Weg vom Symptom zum Verarbeitungsfehler mal mehr, mal weniger steinig ist.

Verschiedene Autoren haben in jüngerer Zeit darauf hingewiesen, daß der Parser im Falle von Reanalyse nicht zielgerichtet auf die korrekte Struktur hinarbeitet, sondern Änderungen der Struktur vornimmt, ohne sicher sein zu können, daß diese auch zum Erfolg führen. So scheint der Parser z.B. bemüht, nur minimale Änderungen an der phrasenstrukturellen Repräsentation vorzunehmen. Führen diese zu keinem akzeptablen Ergebnis, muß ein neuer Anlauf gestartet werden, was den Verarbeitungsaufwand erhöht, und damit natürlich auch die Stärke des Garden-Path-Effekts (*Minimal Revisions Principle*, vgl. Frazier, 1990a; Frazier & Clifton, erscheint). In (38) z.B rufen beide Sätze einen Garden-Path-Effekt hervor, da der Parser die ambige Sequenz *Pete and Bill* zunächst als Komplement von *knew* analysiert (vgl. Gorrell, erscheint, b). Die Zielstruktur der Reanalyse ist aber in (38a) und (38b) verschieden. Die Reanalyse in (38a) gestattet es, die interne Struktur der ambigen NP beizubehalten. In (38b) hingegen muß auch die interne Struktur der ambigen NP aufgegeben werden. Der Garden-Path-Effekt ist daher in (38b) stärker als in (38a).

(38) a. John knew Pete and Bill were strangers.

b. John knew Pete and Bill was a stranger.

Ein Modell, wie der Parser bei der Suche nach der fehlerhaften Entscheidung verfahren könnte, skizzieren Inoue & Fodor (1995).[10] Inoue & Fodor zufolge markiert der Parser im Verlaufe des Verarbeitungsprozesses all diejenigen Stellen, an denen eine strukturelle Ambiguität auftrat, sich der Parser also zwischen mehreren Möglichkeiten entscheiden mußte.[11] Begegnet der Parser späterhin einem Trigger für Reanalyse, kehrt er zu den markierten Entscheidungspunkten zurück und versucht, die Inputkette von dieser Stelle an auf alternative Weise zu verarbeiten. Entscheidungspunkte können sich aber hinsichtlich ihrer Zugänglichkeit unterscheiden (*Ranked-Flagged Serial Parsing*), was dazu führt, daß Entscheidungspunkte im Falle

---

[10] Eine ausführliche Diskussion diese Modells findet sich in Bader (1994).
[11] Dieses Verfahren wird als *Flagged Serial Parsing* (Inoue & Fodor, 1995) oder auch als *Annotated Serial Processing* (Frazier, 1978) bezeichnet.

von Reanalyse zielgerichtet angesteuert und nicht in geordneter Reihe abgearbeitet werden. War sich der Parser bei Auftreten einer Ambiguität seiner Entscheidung sehr sicher, wird er es als wenig sinnvoll erachten, ausgerechnet an diesem Entscheidungspunkt neu zu beginnen. War sich der Parser hingegen von vornherein unsicher, z.b. weil es sehr viele Fortsetzungsmöglichkeiten gegeben hat, kehrt er ohne Umweg zu solchen Entscheidungspunkten zurück und versucht eine andere Strukturvariante. Ein schwerer Garden-Path-Effekt resultiert also, wenn der Parser nur auf wenig zugängliche Entscheidungspunkte zurückgreifen kann und daher den Verarbeitungsfehler nicht zu lokalisieren in der Lage ist. Im Extremfall bricht der Parser die Verarbeitung ab, weil er keine erfolgversprechenden Ansatzpunkte für Reanalyse erkennen kann. Leichte Garden-Path-Effekte entstehen, wenn der Parser zu leicht zugänglichen Entscheidungspunkten zurückkehren kann.[12]

Alle bisher erwähnten Modelle zeichnet aus, daß der Parser nach Antreffen eines inkompatiblen Inputitems versucht, eine Struktur zu finden, die die gesamte bisher verarbeitete Inputkette einschließlich des inkompatiblen Items zu integrieren gestattet. Eine gänzlich andere Vorstellung liegt dem *Diagnose-Modell* zugrunde (Fodor & Inoue, 1994). Diesem Modell zufolge kehrt der Parser nicht zu Punkten struktureller Ambiguität zurück, versucht also nicht, Teile der Inputkette neu zu verarbeiten. Vielmehr zwängt der Parser das inkompatible Inputitem gewaltsam in die phrasenstrukturelle Repräsentation, und zwar auf eine Weise, die möglichst wenig Schaden anrichtet. Der Parser berechnet also eine ungrammatische Repräsentation (*Attach Anyway* Prinzip). Anschließend wird ein Reparaturprozeß in Gang gesetzt, welcher die Ungrammatikalität zu beseitigen versucht (*Adjust*). Zunächst werden dabei Änderungen vorgenommen, durch die eine syntaktisch legitime Anbindungsstelle für das inkompatible Item geschaffen wird. Diese Reparatur kann jedoch dazu führen, daß an anderer Stelle innerhalb des Phrasenstrukturbaums eine Ungrammatikalität neu entsteht. Es müssen also weitere Änderungen folgen, die diese neu entstandene Ungrammatikalität beheben. Wie schon deutlich wird, arbeitet der Parser immer nur lokal, hat also nicht die gesamte Struktur im Blick. Auf diese Weise wird - ausgehend vom inkompatiblen Inputitem (dem Symptom) - die phrasenstrukturelle Repräsentation schrittweise repariert, in der Hoffnung auf Erfolg, aber ohne Erfolgsgarantie. Reanalyse ist erfolgreich, wenn dieser Reparaturprozeß eine syntaktisch legitime Struktur für die gesamte Inputkette kreiert.

Im Falle leichter Garden-Path-Effekte hat der Parser nur wenige Reparaturen auszuführen, und diese führen zielgenau zur korrekten Struktur. Betrachten wir dazu das uns schon bekannte Beispiel (39). In (39) ist das finite Verb *was* das zunächst inkompatible Item, denn der Parser rechnet nicht mit einem eingebetteten Satz.

(39)   John knew the answer was ...(correct)

Da *was* Bestandteil eines neuen finiten Satzes sein muß, konstruiert der Parser eine neue CP und fügt sie als Komplementsatz des Matrixverbs *knew* in die Struktur ein. Damit ist zwar eine legitime Anbindungsstelle für *was* gefunden worden, aber auch ein neues Problem entstanden: Der Komplementsatz hat kein Subjekt. Aber es gibt eine NP, die als Subjekt des Komplementsatzes fungieren könnte, nämlich *the answer*. Der Parser löst also diese NP aus der

---

[12] Eine vergleichbare Idee liegt Abneys Konzept der *Right Edge Availability* zugrunde (vgl. Abney, 1989).

Objektposition des Matrixsatz heraus und baut sie als Subjekt in den Komplementsatz ein. Nun muß jedoch geprüft werden, ob *knew* mit CP-Komplement und ohne Objekts-NP auftreten kann. Da dies möglich ist, kann der Parser an dieser Stelle den Reparaturprozeß beenden.
   In (40) entsteht im Grunde ein ähnliches Problem. Der Parser konstruiert für das inkompatible Inputitem *fell* einen neuen Satz. Es gibt aber keine direkt adjazente NP, die als Subjekt eines Satzes mit *fell* als Prädikat fungieren könnte. Also muß der Parser andere Alternativen versuchen, z.B. *fell* als Kopf einer VP analysieren, die koordinativ in die Struktur eingefügt wird (im Sinne von *the horse raced past the barn and fell*). Für diese Koordination wäre aber eine koordinierende Konjunktion nötig, die sich im Input nicht findet. An dieser Stelle bleibt der Parser in der Regel stecken. Es resultiert ein schwerer Garden-Path-Effekt.

(40)   The horse raced past the barn fell.

   Ein wesentlicher Grund für die Schwierigkeit der Reanalyse in (40) besteht dem Diagnose-Modell zufolge darin, daß die erste und eigentlich auch vernünftige Vermutung des Parsers, *fell* würde als Kopf einer weiteren VP bzw. eines neuen Teilsatzes fungieren, nicht nur nicht zum Erfolg führt, sondern auch das Erkennen anderer Alternativen blockiert, insbesondere der Alternative, das vermeintliche Matrixprädikat *raced* partizipial innerhalb eines reduzierten Relativsatzes zu verwenden. Das Symptom ist in (40) nicht sonderlich effektiv. In der Tat spielt im Diagnose-Modell die Effektivität des Symptoms bei der Unterscheidung schwerer und leichter Garden-Path-Effekte eine entscheidende Rolle. Fodor & Inoue (1994) diskutieren drei Kriterien, die effektive von weniger effektiven Symptomen und damit leichte von schwierigeren Garden-Path-Effekten trennen.
   Zum einen ist ein overtes Symptom besser als ein kovertes Symptom, was daran liegt, daß nur ein overtes Symptom den Reparaturprozeß auch wirklich in Gang bringt. In (41) z.B. wird in beiden Sätzen die PP *in the library* initial bevorzugt als Lokalangabe innerhalb des Relativsatzes angebunden und nicht als direktionales Objekt des Matrixverbs *put*.

(41)   a.   Did Susan put the book that she's been reading all afternoon in the library?
       b.   Did Susan put the book that she's been reading all afternoon in the library or into her bag?

   Daß dies eine falsche Entscheidung war, wird in (41a) lediglich durch die Tatsache signalisiert, daß dem Matrixverb *put* bei Erreichen des Satzendes eine Komplement-PP fehlt. In (41b) hingegen wird der Satz noch weitergeführt. Die PP *in the library* wird mit einer weiteren PP koordiniert. Der Kopf dieser weiteren PP (*into*) signalisiert, daß die gesamte koordinierte PP nicht als Lokalangabe, sondern nur als Direktionalangabe verwendet werden muß. Die Suche nach einer neuen Anbindungsstelle für die koordinierte PP führt zwangsläufig zur korrekten Struktur.
   Wichtig ist auch die Informativität des Symptoms. Informative Symptome erleichtern Diagnose, weniger informative Symptome erschweren sie. So liefert zwar das Verb *bothered* in (42) ein klares Signal für einen Verarbeitungsfehler: Wiederum fehlt eine PP für das Verb *put*. Aber das Verb *bothered* verrät nicht, wo sich die PP für *put* befinden könnte, während z.B. das Symptom *into* direkt darauf hinweist, daß die PP *in the library* falsch in die phrasenstrukturelle

Repräsentation eingebaut wurde.

(42) The fact that Susan put the book that she's been reading all afternoon in the library <u>bothered</u> her parents.

Schließlich stellen Fodor & Inoue (1994) heraus, daß ein syntaktischer Fehler beim Diagnoseprozeß hilfreicher ist als ein semantisch/pragmatischer Fehler, und daher - ansonsten vergleichbare Umstände vorausgesetzt - zu weniger schweren Garden-Path-Effekten Anlaß gibt. In (43a) etwa signalisiert eine semantische Anomalie, daß die Sequenz *that the girl met* als Relativsatz der NP *the boy* analysiert werden muß, und nicht - wie vom Parser präferiert - als Komplementsatz des Verbs *told*. Diese Fehlanalyse zwingt dazu, die satzfinale NP *the story* als direktes Objekt des Verbs *met* in die Struktur einzufügen. Dies ist syntaktisch legitim - *to meet* kann transitiv wie auch intransitiv verwendet werden - aber semantisch nicht sonderlich plausibel. In (43b) wird die Fehlanalyse durch ein syntaktisches Symptom signalisiert: Der Infinitivmarker *to* kann nicht in die Struktur integriert werden. Das syntaktische Symptom setzt den Reparaturprozeß jedoch automatisch in Gang und führt daher zu einer schnellen Behebung des Fehlers.

(43) a. They told the boy that the girl met the story.

b. They told the boy that the girl met not <u>to</u> go home.

3.3.2 Gewichteter Parallelismus

Gibson (1991) (vgl. auch Gibson, Hickok & Schütze, 1994) hat ein Modell syntaktischer Verarbeitung vorgeschlagen, dem zufolge der Parser bei Entstehen einer strukturellen Ambiguität alle an diesem Punkte möglichen Strukturzuweisungen berechnet. Der Parser arbeitet also parallel, nicht seriell. Um jedoch die Existenz von Präferenzen bei der Verarbeitung ambiger Strukturen sowie die Abstufungen hinsichtlich der Stärke von Garden-Path-Effekten erklären zu können, wird die Kapazität des Parsers zu paralleler Verarbeitung erheblich limitiert. Jede Strukturoption, die vom Parser parallel berechnet wird, konsumiert ein gewisses Maß an Verarbeitungsressourcen, ist also in speicherökonomischer Hinsicht mehr oder weniger kostspielig. Die mit einer bestimmten Struktur assoziierten Verarbeitungskosten werden vom Parser an jedem Punkt der Verarbeitung bestimmt. Erweist sich eine Strukturoption relativ zu den Alternativen als zu kostspielig, wird ihre Berechnung eingestellt. Alle verbleibenden Strukturoptionen werden weiterberechnet, aber hinsichtlich der mit ihnen assoziierten Verarbeitungskosten in eine Rangliste gebracht. Die am wenigsten kostspielige Struktur führt die Rangliste an.

Auf diese Weise werden die parallel berechneten Strukturen in drei Gruppen eingeteilt: (i) die relativ zu den anderen Optionen besonders kostspieligen Strukturen, deren Berechnung eingestellt wird, (ii) die weiterberechnete und in der Rangfolge am höchsten stehende Struktur, sowie (iii) die weiterberechneten, aber in der Rangfolge tieferstehenden Strukturen. Mit Hilfe dieses Systems läßt sich nun erklären, welche Struktur der Parser im Falle einer Ambiguität präferiert, welche Disambiguierungen zu schweren und welche Disambiguierungen zu weniger schweren Garden-Path-Effekten führen. Präferiert wird die am wenigsten kostspielige Struktur, die Option also, die die Rangliste anführt. Erzwingt die Disambiguierung jedoch eine andere

Strukturzuweisung, bleiben zwei Möglichkeiten. Macht die Disambiguierung den Rückgriff auf eine parallel berechnete, aber in der Rangliste tieferstehende Struktur erforderlich, entsteht ein leichter Garden-Path-Effekt, da die Zugriffszeit auf eine tiefer eingestufte Struktur etwas höher ist (vgl. Gibson, 1991:14). Macht die Disambiguierung jedoch eine Struktur erforderlich, die der Parser an einem früheren Punkte aufgrund ihrer exzessiven Verarbeitungskosten aufgegeben hat, dann entsteht ein schwerer Garden-Path-Effekt, denn in einem solchen Falle muß der Parser die Struktur umbauen bzw. die Inputkette neu verarbeiten. Echte Reanalyse bringt also in diesem System immer große Verarbeitungsschwierigkeiten mit sich (*Conscious Reanalysis Hypothesis*, vgl. Gibson, 1991:11).

Bevor wir die Arbeitsweise dieses Parsers anhand einiger Beispiele verdeutlichen, soll präzisiert werden, wie die Berechnung der Verarbeitungskosten für Strukturen vonstatten geht. Gibsons Parser arbeitet teilweise *top-down*, teilweise *bottom-up*. Knoten des Phrasenstrukturbaums können in begrenztem Maße vorhergesagt werden, so etwa wenn sie aufgrund funktionaler Selektionseigenschaften obligatorisch auftreten müssen (z.B. die IP, selegiert durch den Kopf der C-Projektion) oder aufgrund lexikalischer Information zu erwarten sind (z.B. Argumente des Verbs). Aber auch Knoten, die nicht obligatorisch sind, können vorhergesagt werden, so etwa Positionen für potentielle Modifikatoren innerhalb einer NP. Knoten, die vorhergesagt wurden, aber noch lexikalischer Füllung harren, heißen *h-Knoten* (*hypothesized nodes*). Knoten, die lexikalisch besetzt sind, werden als *c-Knoten* (*confirmed nodes*) bezeichnet.

Die mit einer Struktur assoziierten Verarbeitungskosten werden in PLUs (*processing load units*) gemessen. Unter welchen Umständen Verarbeitungskosten entstehen, hängt von verschiedenen Kriterien ab. Zu den wichtigsten zählen die in (44) und (45) wiedergegebenen Bestimmungen.

(44) *Property of Thematic Reception*
Associate a cost of x_{TR} PLUs to each confirmed node (1) that is in a position that can be associated with a theta-role in any of the structures currently under consideration, (2) that unambiguously heads a chain, and (3) whose role-assigner is not unambiguously identifiable.

(45) *Property of Lexical Requirement*
Associate a cost of x_{LR} PLUs to each unsatisfied lexical requirement position (an h-node) that is obligatory in any of the structures currently under consideration and that unambiguously heads a chain.

Bedingung (44) zufolge erhält eine Struktur eine PLU für jede Konstituente, die eine thematische Rolle benötigt, aber noch keine thematische Rolle erhalten kann, und gemäß (45) auch für jede thematische Rolle, deren Träger noch nicht bestimmt worden ist. Bestraft werden also durch diese Bedingungen lokale Verletzungen des Theta-Kriteriums. Ausgenommen sind lediglich c-Knoten, die durch eine Spur besetzt werden (Spuren sind niemals Kopf einer Kette!) bzw. h-Knoten, die potentiell durch eine Spur besetzt werden können.

Wieviele PLUs mit einer Struktur assoziiert sind, wird an jedem Punkt der Verarbeitung aufs neue bestimmt. Allgemein gilt die Faustregel: Je weniger PLUs, desto besser. Die Berechnung einer Struktur wird abgebrochen, wenn eine Struktur mindestens 2 PLUs mehr auf sich zieht als die beste Alternative. Die verbleibenden Strukturen werden in eine Rangliste gebracht. Die Struktur mit der geringsten Anzahl an PLUs führt die Rangliste an; alle anderen Strukturen werden entsprechend ihres PLU-Werts tiefer eingestuft.[13]

Betrachten wir nun, wie lokal ambige Strukturen in Gibsons System verarbeitet werden. Beispiel (46) zeigt die zwei Strukturen, die der ambigen Inputkette *the horse raced* zugewiesen werden können.[14]

(46) The horse raced ...(past the barn fell)

   a. [IP the horse [VP raced]]

   b. [IP [NP the [N' [N' horse] [CP Op [IP [VP raced [NP h]]]]]]]

Strukturoption (46a) zieht keine PLU auf sich. Die thematische Rolle der NP *the horse* kann identifiziert werden, und damit gleichsam der Träger der Subjektsrolle des Verbs *raced*. Der Strukturoption (46b) hingegen müssen 2 PLUs zugewiesen werden. Zum einen ist es noch nicht möglich, der NP *the horse* eine thematische Rolle zuzuordnen. Zum anderen wird auch für den abstrakten Operator *Op* des reduzierten Relativsatzes eine thematische Rolle benötigt. Zwar wurde das Prädikat, welches *Op* seine thematische Rolle zuweist, bereits eingelesen. Noch aber ist die Spur in Komplementposition von *raced* nicht eingefügt worden. Auch *Op* bleibt daher ohne thematische Rolle, was gemäß (44) eine PLU kostet. Da nun (46b) zwei PLUs mehr in Anspruch nimmt als (46a), wird die Berechnung von (46b) an diesem Punkte eingestellt. Macht die Disambiguierung einen Rückgriff auf diese Struktur erforderlich, resultiert daher erwartungsgemäß ein schwerer Garden-Path-Effekt.

Anders in (47). (47a) erfordert keine PLU: Alle Argumente haben eine thematische Rolle, alle thematischen Rollen ein Argument. (47b) erfordert eine PLU, denn für die NP *the solution* kann noch keine thematische Rolle ausfindig gemacht werden. Da beide Optionen nur eine Differenz von einer PLU trennt, werden sie beide weiterverfolgt, wobei (47b) allerdings niedriger eingestuft wird als (47a). Im Falle einer Disambiguierung zugunsten von (47b) entsteht daher ebenfalls ein Garden-Path-Effekt, allerdings nur ein leichter.

(47) The linguist knew the solution ... (was correct)

   a. [IP the linguist [VP knew [NP the solution]]]

   b. [IP the linguist [VP knew [CP [C e] [IP [NP the solution] [I h]]]]]

In Gibsons Theorie sind weitere Bedingungen formuliert worden, die bei der Berechnung von PLUs ins Spiel kommen, wie z.B. *Predicate Proximity* (Gibson, Perlmutter, Hickok & Canseco-Gonzalez, 1996) oder *Property of the Recency Preference* (Gibson, 1991). Letztere Bedingung bestraft z.B. nicht-lokale Anbindungen, sorgt also dafür, daß lokale Anbindungen

---

[13] Das bisher Gesagte muß den Eindruck erwecken, als könnten PLUs immer nur ganzzahlige Werte annehmen. Die Rangliste könnte dann natürlich nur aus zwei Plätzen bestehen: der besten Struktur (eventuell mehrere), und Strukturen, die eine zusätzliche PLU erfordern. Alle anderen Strukturen werden ja aufgegeben. Es gibt aber weitere Bedingungen in Gibsons System, die für feinere PLU Abstimmungen sorgen können, z.B. die *Property of Recency Preference*.

[14] *h* steht für h-Knoten, vgl. Gibson *et al.* (1994:395)

vorgezogen werden. Auf diese Weise können Verarbeitungspräferenzen erklärt werden, die im Rahmen des Garden-Path-Modells in den Anwendungsbereich von *Late Closure* fallen.

Das Modell von Gibson weist eine Reihe interessanter Züge auf, die es als Alternative zu seriellen Modellen wie dem Garden-Path-Modell durchaus attraktiv machen. Es liefert eine plausible Antwort auf die Frage, weshalb manche Disambiguierungen Verarbeitungsschwierigkeiten verursachen. Es besticht zudem durch seine Explizitheit, die ihm erhebliche prädiktive Kraft verleiht. So kann z.B. für jede Ambiguität nicht nur vorhergesagt werden, ob und gegebenenfalls welche Strukturzuweisung präferiert wird, sondern auch, ob bei Disambiguierung zuungunsten der präferierten Struktur ein leichter oder schwerer Garden-Path-Effekt entsteht. Außerdem erlaubt es die hier entwickelte Maschinerie nicht nur, Garden-Path-Effekte zu erklären, sondern auch Fälle von *Processing Overload*, die z.B. bei der Verarbeitung von Strukturen mit mehreren Zentraleinbettungen auftreten.

(48) The editor the author the newspaper hired, hated, laughed.

Beide Phänomenbereiche unter ein einheitliches Theoriedach gebracht zu haben, gehört sicher zu den wichtigsten Errungenschaften dieses Modells. Allerdings bleiben auch noch sehr viele Fragen offen, die einen Vergleich von Gibsons Theorie mit anderen Modellen erschweren. In vielerlei Hinsicht ist es noch nicht ausgearbeitet worden und vermag daher eine Vielzahl der Beobachtungen, die uns in Abschnitt 3.2.2.2 beschäftigt haben, (noch) nicht zu erfassen. Ungeklärt ist z.B., wie der Einfluß der Plausibilität einer Struktur oder der Länge der ambigen Region auf die Stärke von Garden-Path-Effekten in Gibsons Theorie dargestellt werden kann.[15]

3.3.3 Beschränkungsbasierte Verarbeitung

Das Garden-Path-Modell geht von einem zweistufigen Verarbeitungsprozeß aus. In der ersten Phase (*First-Pass Parsing*) wird eine Inputkette inkrementell in eine phrasenstrukturelle Repräsentation überführt, wobei lediglich auf Phrasenstrukturregeln und Informationen bezüglich der syntaktischen Kategorie der Inputitems rekurriert wird. Alle anderen Informationsquellen, insbesondere Wissen über Subkategorisierungseigenschaften, thematische Rollen, Welt- und Diskurswissen usw. werden dabei zunächst ignoriert. Diese zusätzlichen Informationsquellen kommen erst in einer zweiten Phase der Verarbeitung zum Zuge (*Second-Pass Parsing*), in der die syntaktische Legitimität sowie die kontextuelle Angemessenheit der erstellten Repräsentation überprüft wird. Ein solches zweistufiges Vorgehen garantiert, daß die Inputkette sehr schnell strukturiert wird, was aus speicherökonomischen Gründen wünschenswert ist, führt aber auch dazu, daß während der ersten Verarbeitungsstufe sehr oft falsche Entscheidungen getroffen werden, die zusätzlichen Verarbeitungsaufwand in Form von Reanalyse erfordern. Viele dieser Fehlentscheidungen ließen sich vermeiden, hätte der Parser sofort Zugriff auf lexikalische und andere Informationsquellen.

Modelle, in denen bei der syntaktischen Verarbeitung alle potentiell relevanten Informationsquellen unmittelbar zum Zuge kommen, sind der Garden-Path-Theorie schon in den 80er Jahren gegenübergestellt worden (Taraban & McClelland, 1988; McClelland, St.John & Taraban, 1989), erfreuen sich aber gerade in jüngerer Zeit wieder außerordentlich großer Beliebt-

---

[15] Erste diesbezügliche Überlegungen werden jedoch in Kapitel 9 von Gibson (1991) entwickelt.

heit (MacDonald *et al.*, 1994; Trueswell & Tanenhaus, 1994; Seidenberg, 1997). In diesen Modellen werden die für die Verarbeitung relevanten Informationen als Beschränkungen (*constraints*) verstanden, die die Möglichkeiten begrenzen, den Input phrasenstrukturell zu repräsentieren. Syntaktische Verarbeitung ist demnach ein Prozeß mit dem Ziel, der Inputkette genau die Struktur zuzuweisen, die der Summe aller wirksamen Beschränkungen am besten gerecht wird.

Beschränkungen zerfallen in zwei große Gruppen: lexikalisch-semantische Beschränkungen, die mit individuellen Inputitems verknüpft sind (z.B. Information über thematische Rollen, Subkategorisierungsvarianten, verbunden mit Information über die relative Häufigkeit, mit der diese jeweils zum Einsatz kommen; die syntaktische Kategorie; semantische Merkmale usw.) sowie kontextuelle Beschränkungen (z.B. Informationen über Items, in deren Nachbarschaft sich ein Wort befindet). Bei Entstehen einer strukturellen Ambiguität werden alle möglichen Strukturzuweisungen berechnet. Diese Strukturen befinden sich aber, ähnlich wie in Gibsons Modell, in einer Art Rangliste, denn sie werden unterschiedlich stark aktiviert. Stärkste Aktivation erfährt der vielversprechendste Kompromißkandidat, also diejenige Struktur, die der Gesamtheit lexikalischer und kontextueller Beschränkungen alles in allem am besten gerecht wird. Diese Struktur ist die präferierte Struktur. Schwierigkeiten in Form von Garden-Path-Effekten entstehen, wenn die Disambiguierung den Rückgriff auf eine schwächer aktivierte Struktur erforderlich macht. Je stärker eine bestimmte Struktur präferiert wird, desto schwächer fällt die Aktivierung für alternative Strukturen aus und desto stärker ist gegebenenfalls der Garden-Path-Effekt. In diesem Modell hängt die Stärke eines Garden-Path-Effekts also von der Stärke der Präferenz ab, und nicht - wie im Garden-Path-Modell - vom Schweregrad der Reanalyse.

Da lexikalische und zum Teil auch kontextuelle Beschränkungen an individuelle lexikalische Items geknüpft sind, ist zu erwarten, daß sich die an eine bestimmte Ambiguität gekoppelten Verarbeitungseffekte ändern, in Abhängigkeit davon, welche lexikalischen Items Verwendung finden. Kontextuelle Beschränkungen sollten z.B. dafür sorgen, daß der Garden-Path-Effekt in (49b) geringer ausfällt als in (49a). Wie bereits mehrfach gezeigt worden ist, kann der Parser einem ambigen Fragment wie *the defendant examined* alternativ eine einfache Hauptsatzstruktur zuweisen, oder eine Struktur mit reduziertem Relativsatz. Da *examine* in (49a) im Kontext einer NP (*the defendant*) mit dem semantischen Merkmal [+*human*] auftritt, wird die Hauptsatzlesart unterstützt und somit stärker aktiviert als die Struktur mit reduziertem Relativsatz. Die Folge ist ein starker Garden-Path-Effekt in (49a). Anders in (49b), wo sich das Verb im Kontext einer unbelebten NP befindet. In diesem Falle wird die Struktur mit reduziertem Relativsatz ebenfalls aktiviert. Ein Garden-Path-Effekt sollte daher in (49b) ausbleiben.[16]

(49) a. The defendant examined by the lawyer turned out to be unreliable.

b. The evidence examined by the lawyer turned out to be unreliable.

Kontextuelle Beschränkungen haben stets geringere Kraft als lexikalische Beschränkungen. Effekte werden durch kontextuelle Beschränkungen nur dann bewirkt, wenn sich aufgrund lexikalischer Information allein keine klaren Vorteile zugunsten der einen oder der anderen

---

[16] Vgl. bezüglich der Verarbeitungsverhältnisse in (49) unsere Diskussion in Abschnitt 3.2.2.2.

Alternative ergeben. In unserem Beispiel ist dabei insbesondere relevant, wie häufig die Verbform *examined* als past-tense Form verwendet wird, wie durch die Hauptsatzstruktur gefordert, bzw. als Partizip, wie durch die Relativsatzstruktur gefordert. Da das Verb *examine* ungefähr gleich häufig als past-tense Form bzw. Partizip verwendet wird, können kontextuelle Faktoren daher - wie in (49b) - Einfluß nehmen. Eine Verbform wie *enjoyed* jedoch wird überwiegend als past-tense Form eingesetzt. In diesem Falle sollte daher eine Verwendung als Partizip in Sätzen wie (49) immer zu Schwierigkeiten führen, egal, in welchem Kontext das Verb auftaucht (vgl. MacDonald *et al.*, 1994).[17]

Wir haben hier lediglich versucht, Grundideen beschränkungsbasierter Verarbeitung zu illustrieren, die konkrete Implementation dieser Ideen jedoch völlig ausgespart. In der Tat befindet sich die Implementation beschränkungsbasierte Modelle noch in der Anfangsphase. Vorliegende Arbeiten wie z.B. von MacDonald *et al.* (1994) beschreiben Forschungsvorhaben, weniger explizite Modelle. Mängel dieser ersten Versuche hat insbesondere Frazier (1995) herausgearbeitet. Attraktivität beziehen beschränkungsbasierte Ansätze aber aus ihrer offensichtlichen Nähe zu konnektionistischen Modellen und der damit in Zusammenhang stehenden Hoffnung, ein einheitliches Modell für den Erwerb und die Verarbeitung von Sprache erstellen zu können (Seidenberg, 1997).

3.4 Zusammenfassung

Bei der Untersuchung der Verarbeitung ambiger Strukturen sind insbesondere zwei Problemkreise von Interesse: zum einen die Frage, weshalb sich bei der Verarbeitung syntaktisch ambiger Strukturen Präferenzeffekte beobachten lassen (Präferenzproblem), zum anderen die Frage, warum Verarbeitungsschwierigkeiten, die entstehen, wenn Ambiguitäten zuungunsten der präferierten Struktur aufgelöst werden, hinsichtlich ihrer Stärke variieren (Disambiguierungsproblem). Die Auseinandersetzung mit diesen beiden Problemkreisen hat in der Forschung zu sehr unterschiedlichen Annahmen bezüglich des Verarbeitungsmodus des Parsers und der Parserarchitektur geführt. Die Garden-Path-Theorie (Frazier & Rayner, 1982; Frazier, 1987a) geht davon aus, daß bei Auftreten einer strukturellen Ambiguität lediglich eine der möglichen Strukturfortsetzungen berechnet wird (serielle Verarbeitung). Widerspricht die Disambiguierung dieser präferierten Struktur, wird ein Prozeß der Reanalyse notwendig, welcher zum Ziel hat, eine alternative Repräsentation für die Inputkette zu finden. Die Garden-Path-Theorie nimmt fernerhin an, daß die Entscheidungen des Parsers für oder gegen bestimmte syntaktische Repräsentationen von Parsingstrategien wie *Minimal Attachment* oder *Late Closure* erfaßt werden können, welche lediglich auf phrasenstrukturelle Aspekte rekurrieren.

Im Unterschied zur Garden-Path-Theorie postuliert das Modell von Gibson (1991) parallele Verarbeitung. Diesem Modell zufolge werden im Falle einer Ambiguität alle möglichen Strukturfortsetzungen in Betracht gezogen, können aber in eine Rangfolge gebracht oder sogar - wenn sie sich relativ zu anderen Optionen als zu kostspielig erweisen - aufgegeben werden. Das beschränkungsbasierte Modell von MacDonald *et al.* (1994) sowie Trueswell & Tanenhaus (1994) unterscheidet sich von der Garden-Path-Theorie insbesondere dahingehend, daß

---

[17] Diese Vorhersage ist unseres Wissens bislang noch nicht empirisch getestet worden.

nicht nur phrasenstrukturelle, sondern alle verfügbaren einschlägigen Informationen - insbesondere auch außergrammatischer Art - bei der Auflösung struktureller Ambiguitäten eingesetzt werden können. Lexikalische, syntaktische, semantische und andere Arten von Information werden als Beschränkungen verstanden, die die Wahl geeigneter Strukturzuweisungen beeinflussen. Höchste Aktivation erfährt diejenige Strukturzuweisung, welche all diesen Beschränkungen in optimaler Weise gerecht wird.

4 Füller-Lücken-Ambiguitäten: Ein Überblick

Kapitel 4 hat zum Ziel, in den empirischen und den theoretischen Kontext der aktuellen Diskussion um die Verarbeitung von Füller-Lücken-Ambiguitäten einzuführen. Das Kapitel ist wie folgt organisiert: Im ersten Abschnitt des Kapitels (4.1) steht die Diskussion experimenteller Untersuchungen im Mittelpunkt, anhand derer Aufschluß bezüglich der Frage gewonnen werden soll, welche Präferenzen sich bei der Auflösung von Füller-Lücken-Ambiguitäten beobachten lassen. Wir werden zunächst in aller Kürze auf die wichtigsten Befunde zu Verarbeitung inaktiver Füller-Lücken-Ambiguitäten eingehen (4.1.1) und uns dann schwerpunktmäßig Präferenzen bei der Verarbeitung aktiver Füller-Lücken-Ambiguitäten mit Objekt-Objekt-Ambiguität zuwenden (4.1.2). Der zweite Abschnitt (4.2) widmet sich der Frage, wie die experimentellen Befunde erklärt werden können. Wir werden wichtige Vorschläge zur Modellierung der Verarbeitung von Füller-Lücken-Ambiguitäten vorstellen und diese Modelle im Lichte der bisherigen experimentellen Befunde kritisch evaluieren. In den nachfolgenden Kapiteln 5-8 werden wir diese Modelle mit alten und neuen Daten zur Verarbeitung von Subjekt-Objekt-Ambiguitäten konfrontieren.

4.1 Experimentelle Daten

4.1.1 Wann werden Füller-Lücken-Beziehungen postuliert?

Inaktive Füller-Lücken-Ambiguitäten entstehen immer dann, wenn der Parser an einem Punkt der Verarbeitung die Wahl hat, eine Strukturzuweisung mit oder eine Strukturzuweisung ohne Füller-Lücken-Beziehung aufzubauen (vgl. Abschnitt 2.2.2.1). Welche Option präferiert der Parser an solchen Entscheidungspunkten? Ist der Aufbau einer Füller-Lücken-Beziehung eine Option, die der Parser stets mit in Betracht zieht, oder werden Füller-Lücken-Beziehungen nur dann aufgebaut, wenn der Parser keine andere Wahl hat, dazu also gezwungen wird? Im folgenden werden zwei Kontexte diskutiert, in denen inaktive Füller-Lücken-Konstruktionen entstehen: Strukturen mit Subjektinversion im Italienischen sowie deklarative Nebensätze im Deutschen.

4.1.1.1 Subjektinversion im Italienischen

Die Interaktion zweier syntaktischer Eigenschaften führt im Italienischen zur systematischen Entstehung von inaktiven Füller-Lücken-Ambiguitäten. Zum einen ist es im Italienischen möglich, unbetonte Subjektpronomen wegzulassen (*Pro-drop*). In Fällen wie diesen okkupiert ein leeres Element (*pro*) die Subjektposition (Rizzi, 1982, 1986).

(1) a. Giovanni dorma.
   "Giovanni schläft."
   b. dorma.
   "Er/Sie schläft."

Weiterhin gestattet das Italienische sogenannte Subjektinversion: Kanonisch erscheint das Subjekt vor dem Verb, denn Italienisch ist - wie das Englische auch - eine SVO-Sprache. Das Subjekt okkupiert dann die SpecIP-Position. Es kann aber auch dem Verb nachgestellt werden. Oberflächlich ist ein invertiertes Subjekt von einem Objekt nicht zu unterscheiden. Allerdings befindet es sich in einer anderen phrasenstrukturellen Position. Ein dem Verb nachgestelltes Subjekt wird an die VP adjungiert und ist mit einer leeren Kategorie (*pro*) in der kanonischen Subjektposition per Koindizierung verbunden. Über diese Füller-Lücken-Beziehung erhält das invertierte Subjekt seinen abstrakten Kasus und seine thematische Rolle (Belletti, 1988).

(2) a. [$_{CP}$ [$_{IP}$ Giovanni [$_{VP}$ dorma]]]
   b. [$_{CP}$ [$_{IP}$ *pro*$_i$ [$_{VP}$ [$_{VP}$ dorma] Giovanni$_i$]]]

Die Interaktion beider Phänomene, *Pro-drop* und Subjektinversion, kann zu strukturellen Ambiguitäten führen. Allerdings müssen, so wie in (3), folgende Voraussetzungen erfüllt sein: (a) Das Verb muß transitiv wie auch intransitiv verwendet werden können. (b) Vor dem Verb darf sich keine NP befinden. (c) Dem Verb folgt eine NP.

(3) Ha richiamato il venditore.
   "Der Verkäufer hat angerufen."
   "Er hat den Verkäufer angerufen."

Da das Verb *richiamare* sowohl transitiv wie auch intransitiv verwendet werden kann, ist der syntaktische Status der postverbalen NP nicht eindeutig zu bestimmen. Die NP *il venditore* kann als Objekt des Verbs fungieren. Dies impliziert, daß ein pronominales Subjekt vorliegt, welches weggelassen wurde (4b). Die NP kann aber auch - bei intransitiver Verwendung des Verbs - selbst als Subjekt analysiert werden, und zwar als invertiertes Subjekt. In diesem Falle befände sie sich in einer VP-adjungierten Position und wäre mit einem *pro*-Element in der kanonischen Subjektposition per Koindizierung verbunden (4a).

(4) a. *pro*$_i$ ha [$_{VP}$ [$_{VP}$ richiamato] il venditore$_i$]
   b. *pro*$_i$ ha [$_{VP}$ richiamato il venditore$_k$]

Aus Verarbeitungssicht ergibt sich folgendes Problem. Mit Einlesen des Verbs wird klar, daß die kanonische Subjektposition nicht lexikalisch, sondern von einem *pro*-Element besetzt wird. Erreicht der Parser die postverbale NP, muß er entscheiden, ob diese NP als Objekt oder als invertiertes Subjekt zu analysieren ist. Damit verbunden ist die Entscheidung, eine Struktur wie in (4b) ohne Füller-Lücken-Beziehung oder wie in (4a) mit Füller-Lücken-Beziehung aufzubauen. Rechnet der Parser in einem solchen Falle mit beiden Möglichkeiten?
Sätze dieser Art wurden in de Vincenzi (1991) getestet. Die Disambiguierung der Struktur wurde durch semantisch-pragmatische Faktoren ausgelöst. Aufgrund der Semantik des einge-

betteten infiniten Satzkomplements liegt es nahe, die NP *il venditore* in (5a) als Objekt des Satzes und in (5b) als Subjekt des Satzes zu verstehen. In (5b) erfordert die semantische Disambiguierung demnach eine Füller-Lücken-Beziehung zwischen der postverbalen NP und dem *pro*-Element in der kanonischen Subjektposition. (5c) diente als Kontrollsatz. Das Verb *insistere* ist intransitiv. Die postverbale NP muß daher als Subjekt analysiert werden. Material dieser Art wurde von de Vincenzi in einem Lesezeitexperiment segmentweise präsentiert.

(5) a. Ieri / ha richiamato il venditore / per chiedere uno sconto / per la lavatrice.
Gestern/hat angerufen den Verkäufer/ um zu-erfragen einen Rabatt/für die Waschmaschine
"Gestern rief er den Verkäufer an, um nach einem Rabatt für die Waschmaschine zu fragen."

b. Ieri / ha richiamato il venditore / per offrire uno sconto / per la lavatrice.
Gestern/hat angerufen der Verkäufer/um anzubieten einen Rabatt/für die Waschmaschine
"Gestern rief der Verkäufer an, um einen Rabatt für die Waschmaschine anzubieten."

c. Ieri / ha insistito il venditore / per offrire uno sconto / per la lavatrice.
Gestern/hat insistiert der Verkäufer/anzubieten einen Rabatt/für die Waschmaschine
"Gestern bestand der Verkäufer darauf, einen Rabatt für die Waschmaschine anzubieten."

Die Auswertung der Lesezeiten ergab, daß das disambiguierende Segment in (5b) langsamer gelesen wurde als in (5a) und (5c). Eine Disambiguierung, die eine Füller-Lücken-Beziehung zwischen postverbaler NP und *pro*-Subjekt voraussetzt, führt offenbar zu Verarbeitungsschwierigkeiten. Dies bedeutet, daß der Parser die postverbale NP zunächst nicht als potentiellen Füller wahrnimmt, die Möglichkeit einer Füller-Lücken-Beziehung also unberücksichtigt läßt.

4.1.1.2 Scrambling im Deutschen

Diese Schlußfolgerung wird durch Untersuchungen zur Verarbeitung deklarativer Nebensätze im Deutschen bestätigt. Deklarative Nebensätze im Deutschen geben ebenfalls zu strukturellen Ambiguitäten Anlaß, bei denen der Parser vor der Frage steht, ob eine Füller-Lücken-Beziehung postuliert werden soll oder nicht (vgl. Abschnitt 2.2.2.1). Einem Fragment wie (6) kann eine Subjekt-Objekt-Struktur (6a) zugewiesen werden, aber auch eine Analyse, der zufolge *Maria* als Objekt fungiert und *die Lehrerin* als Subjekt. Dies setzt voraus, daß die NP *Maria* per *Scrambling* an eine Position links vom Subjekt bewegt worden ist, nach unseren syntaktischen Annahmen in eine IP-Adjunktposition (6b).

(6) weil Maria die Lehrerin ....

a. [$_{CP}$ weil [$_{IP}$ Maria [$_{VP}$ die Lehrerin]]]

b. [$_{CP}$ weil [$_{IP}$ Maria$_i$ [$_{IP}$ die Lehrerin [$_{VP}$ t$_i$]]]]

Eine Fortsetzung allerdings, die eine Struktur mit Objekt-Subjekt-Abfolge wie in (6b) erzwingt, führt zu wahrnehmbaren Verarbeitungsschwierigkeiten (Bader, 1994, 1994a).

(7) ¿weil Maria die Lehrerin geholfen hat

Dies zeigt, daß in deklarativen Nebensätzen ganz offensichtlich die Subjekt-Objekt-Abfolge präferiert wird. Disambiguierungen, die dieser Präferenz zuwiderlaufen, sind mit einem bewußt wahrnehmbaren Garden-Path-Effekt verbunden.

Eine erste Untersuchung, die Intuitionen wie diese experimentell überprüfte, ist in Bayer & Marslen-Wilson (1992) enthalten. In dieser Studie wurde die Verarbeitung sowohl global ambiger Sätze als auch von Sätzen getestet, die hinsichtlich der Abfolge von Subjekt und Objekt eindeutig markiert waren. Alle Sätze wurden zudem in einem spezifischen Kontext präsentiert. Dieser Kontext favorisierte entweder eine Subjekt-Objekt- bzw. eine Objekt-Subjekt-Struktur des experimentellen Satzes, oder aber er war neutral. (8) illustriert einen nicht-neutralen Kontext mit den entsprechenden ambigen Sätzen. Der Kontext legt nahe, in den nachfolgenden Sätzen die NP *die Frau* jeweils als Objekt des Satzes zu verstehen. Daher unterstützt dieser Kontext in (8a) die Abfolge Subjekt-Objekt, in (8b) hingegen die Abfolge Objekt-Subjekt.

(8) Neulich gab es einen Brand in der Innenstadt. In der Zeitung stand, daß eine Frau von Feuerwehrmännern aus ihrer brennenden Wohnung befreit wurde.

a. Später stellte sich aber heraus, daß die Hausmeisterin die Frau gerettet hat. (Subjekt-Objekt)

b. Später stellte sich aber heraus, daß die Frau die Hausmeisterin gerettet hat. (Objekt-Subjekt)

Allen Sätzen war eine Verständnisfrage nachgestellt, die es ermöglichen sollte nachzuvollziehen, welche syntaktische Struktur die Probanden den experimentellen Sätzen zugewiesen hatten. Antworten auf die Fragen waren vorgegeben. In einer Fragebogenuntersuchung zeigte sich, daß den eindeutig markierten Sätzen, unabhängig von der Art des Kontextes, letztendlich die Struktur zugewiesen wird, die die Kasusmarkierung an den NPs in der Tat erzwingt. Ambige Sätze werden ebenfalls bevorzugt mit Subjekt-Objekt-Abfolge verstanden, und zwar sowohl in neutralen als auch in nicht-neutralen Kontexten. Zwar konnte der Kontext in Sätzen wie (8b) die allgemeine Subjekt-Objekt-Präferenz eliminieren, aber nicht zugunsten einer Objekt-Subjekt-Präferenz umkehren. Die *on-line* Untersuchung der Strukturen in einem Leseexperiment (*Self-Paced Reading*) bestätigte dieses Bild im wesentlichen.

Experimentelle Untersuchungen der Verarbeitungsverhältnisse in lokal ambigen Sätzen mit und ohne *Scrambling* werden in Bader (1994; erscheint, a) vorgestellt (vgl. auch Bader & Meng, erscheint). Bader untersuchte Sätze wie in (9). Die Disambiguierung dieser Sätze erfolgte durch das finite Auxiliar. In (9a) erzwingt das Numerusmerkmal des finiten Verbs eine Subjekt-Objekt-Abfolge, in (9b) eine Objekt-Subjekt-Abfolge. Eindeutige Sätze wie in (10) dienten als Kontrollbedingung. Man beachte jedoch, daß in den Objekt-Subjekt-Sätzen nicht ein Eigenname oder eine definite NP, sondern ein Pronomen vor das Subjekt bewegt worden ist.[1]

---

[1] In der syntaktischen Literatur wird allerdings kontrovers diskutiert, ob es sich bei dieser Art von Bewegung tatsächlich um eine Instanz von *Scrambling* handelt oder ob der Linksbewegung von Pronomen andere Prozesse unterliegen (z.B. Lenerz, 1993, 1994). Vgl. Haag-Merz (1995) für eine kritische Übersicht über den gegenwärtigen Stand der Theoriediskussion.

(9) a. Maria hat erzählt, daß sie die Eltern angerufen hat.
   b. Maria hat erzählt, daß sie die Eltern angerufen haben.

(10) a. Peter hat erzählt, daß er die Eltern angerufen hat.
    b. Peter hat erzählt, daß ihn die Eltern angerufen haben.

Wie Bader (erscheint, b) in einem Experiment, in dem Grammatikalitätsurteile unter Zeitdruck abzugeben waren (*Speeded-Grammaticality-Judgements*), gezeigt hat, werden ambige Sätze mit der Abfolge Objekt-Subjekt weitaus häufiger fälschlicherweise als ungrammatisch beurteilt als ambige Sätze mit der Abfolge Subjekt-Objekt. Bei den eindeutigen Kontrollsätzen zeigte sich indes kein solcher Unterschied. Die Ergebnisse deuten darauf hin, daß *Scrambling* eine Option ist, die der Parser bei der Zuweisung einer syntaktischen Struktur an Sätze wie in (9) nicht berücksichtigt. Diese Schlußfolgerung wird durch die Daten einer Lesezeituntersuchung mit vergleichbarem Material unterstützt (Bader, 1994).

In die gleiche Richtung deuten Ergebnisse einer Untersuchung zu lokal ambigen Subjekt-Objekt- bzw. Objekt-Subjekt-Sätzen wie in (11), die in Friederici & Mecklinger (1996) diskutiert werden. In dem von Friederici & Mecklinger beschriebenen Experiment wurden ereignisbezogene hirnelektrische Potentiale (*ERPs*[2]) in Reaktion das disambiguierende Verb untersucht.

(11) a. Er wußte, daß die Sekretärin die Direktorinnen gesucht hat.
    b. Er wußte, daß die Sekretärin die Direktorinnen gesucht haben.

Besonderheiten in den entsprechenden ERP-Daten zeigten sich in (11b), also genau dann, wenn die Struktur zugunsten der Objekt-Subjekt-Lesart disambiguiert wird. In (11b) wurde in Anschluß an das finite Verb eine Positivierung mit zentro-parietalem Maximum beobachtet, die nach ca. 650 ms ihre maximale Ausprägung erreichte. Vergleichbare Potentialveränderungen wurden bereits in verschiedenen anderen Arbeiten berichtet: in Reaktion auf die Entdeckung einer Ungrammatikalität (Hagoort, Brown & Groothusen, 1993) oder bei Auflösung von Anbindungsambiguitäten zuungunsten der präferierten Struktur (Osterhout & Holcomb, 1992). Die Resultate zeigen also, daß der Parser in (11b) am Punkte der Disambiguierung einen Analysefehler registriert und zu einer Korrektur der Strukturzuweisung gezwungen wird.

Alle in diesem Abschnitt vorgestellten Experimente belegen, daß der Parser in ambigen deklarativen Nebensätzen des Deutschen präferiert eine Subjekt-Objekt-Struktur konstruiert. Alternative Strukturzuweisungen mit Füller-Lücken-Beziehung werden vom Parser zunächst nicht berücksichtigt. In dieser Hinsicht entsprechen die Befunde zur Verarbeitung von Sätzen mit *Scrambling* den im vorigen Abschnitt diskutierten Befunden zur Verarbeitung italienischer Sätze mit invertiertem Subjekt: Wenn der Parser vor der Wahl steht, eine Struktur mit oder ohne Füller-Lücken-Beziehung aufzubauen, dann wird stets der Struktur ohne Füller-Lücken-

---

[2] Eine einführende Beschreibung der ERP-Methode sowie der wichtigsten Resultate ihrer Anwendung auf die Untersuchung von Sprachverarbeitungsprozessen findet sich z.B. in Kutas & van Petten (1994) sowie Osterhout (1994).

Beziehung der Vorzug gegeben. Füller-Lücken-Beziehungen werden nur dann aufgebaut, wenn dies unvermeidbar ist.

4.1.2 Die Suche nach einer Lückenposition: Objekt-Objekt-Ambiguitäten im Englischen

Bei der Verarbeitung von w-Fragen und syntaktisch verwandten Konstruktionen kann der Parser eine Füllerkonstituente zweifelsfrei identifizieren. Die w-Phrase zwingt den Parser dazu, die Suche nach einer geeigneten Lückenposition zu beginnen. Objekt-Objekt-Ambiguitäten konstituieren - neben den Subjekt-Objekt-Ambiguitäten, eine große Klasse struktureller Ambiguitäten, mit denen der Parser in solchem Falle zu rechnen hat. Die Verarbeitung von Objekt-Objekt-Ambiguitäten ist insbesondere im Englischen intensiv untersucht worden. Im folgenden sollen die wichtigsten experimentellen Resultate präsentiert werden, die die Forschung zu diesem Ambiguitätstyp bislang zutagegefördert hat.

Die Struktur der nachfolgenden Darstellung wird durch drei Problembereiche bestimmt, auf die experimentell zu reagieren versucht wurde. Zunächst soll Evidenz präsentiert werden, die zeigt, daß Füller-Lücken-Beziehungen tatsächlich *on-line* verarbeitet werden, der Parser also, wenn er die Lückenposition für eine Füllerkonstituente identifiziert hat, tatsächlich ohne zu zögern eine Spur innerhalb der phrasenstrukturellen Repräsentation generiert (Abschnitt 4.1.2.1). Im Anschluß daran soll ein strategischer Aspekt näher beleuchtet werden, der mit der Verarbeitung von Füller-Lücken-Ambiguitäten verknüpft ist: Welche Prioritäten setzt der Parser, wenn er eine potentielle Lückenposition erreicht hat? Präferiert er die Integration einer Spur oder die Integration weiteren lexikalischen Materials? Evidenz, die auf diese Frage Antwort geben kann, diskutieren wir in Abschnitt 4.1.2.2. Schließlich gehen wir auf Untersuchungen ein, die sich der Frage angenommen haben, welche Informationsquellen der Parser verwendet, um potentielle Lückenpositionen zu identifizieren. Speziell beschäftigen wir uns mit der Rolle lexikalischer Information und dem Einfluß von Plausibilitätserwägungen (Abschnitte 4.1.2.3 - 4.1.2.6).

4.1.2.1 Reaktivierungseffekte

Evidenz für die verzögerungslose Verarbeitung von Füller-Lücken-Beziehungen liefern die sogenannten *semantischen Reaktivierungseffekte*, über die zusammenfassend in Nicol & Swinney (1989) und Nicol (1993) berichtet wird. Aufbau und Logik dieser Experimente sei im folgenden kurz beschrieben. Versuchspersonen lesen oder hören Satzmaterial wie in (12). Zusätzlich wird an bestimmten Punkten der Präsentation (*) ein Testitem dargeboten, mit dem unterschiedliche Aufgaben verknüpft sein können. Das Testitem muß z.B. einfach wiederholt werden (*naming task*) oder es muß entschieden werden, ob es sich um ein Wort oder ein Nichtwort handelt (*lexical decision task*).

(12) The policeman saw the boy that the crowd at the party (*1) accused t (*2) of the (*3) crime.

Es ist bekannt, daß eine solche Wiederholungs- oder Entscheidungsaufgabe schneller ausgeführt werden kann, wenn das Testitem im Kontext eines semantisch verwandten Wortes präsentiert wird (Meyer & Schvanefeldt, 1971; Swinney, 1979). Dieser Beschleunigungseffekt wird als (semantischer) *Priming-Effekt* bezeichnet. In (12) wurde nun speziell getestet, ob sich an den Testpunkten 1-3 ein *Priming*-Effekt für Testitems feststellen läßt, die entweder mit dem Wort *crowd* oder dem Wort *boy* semantisch verwandt sind. An Testpunkt 1 konnte lediglich *crowd* einen *Priming*-Effekt auslösen, nicht aber *boy*. Dieses Ergebnismuster kann mit Rekurs auf die Tatsache erklärt werden, daß die Verarbeitung des Wortes *boy* mit Erreichen des Testpunktes 1 bereits weiter zurücklag. Möglicherweise war daher an Testpunkt 1 zwar noch der Lexikoneintrag von *crowd* residuell aktiviert, nicht jedoch der Lexikoneintrag von *boy*. Letzterer konnte daher an Testpunkt 1 keinen *Priming*-Effekt mehr hervorrufen. An den Testpunkten 2 und 3 drehte sich das Ergebnismuster um: Nun löste *boy* einen *Priming*-Effekt aus, nicht aber *crowd*. *Boy* erfuhr unmittelbar mit Einlesen des Verbs eine Reaktivierung.

Die selektive Reaktivierung von *boy* an den Testpunkten 2 und 3 kann damit in Zusammenhang gebracht werden, daß sich unmittelbar hinter dem Verb *accused* die Lückenposition für das Relativpronomen *that* befindet.[3] Da das Relativpronomen mit der NP *the boy* koreferiert, erklärt sich der *Priming*-Effekt wie folgt: Nach Einlesen des Verbs *accused* postuliert der Parser eine Lücke in Position des direkten Objekts. Die dort generierte Spur wird mit dem Relativpronomen *that* koindiziert. Das Einfügen der Lücke nach *accused* führt daher zu einer Reaktivierung des Füllers *that* und damit auch zu einer Reaktivierung des Antezedenten von *that*, nämlich *boy*. Experimente wie diese liefern also direkte Evidenz dafür, daß Füller-Lücken-Beziehungen *on-line* berechnet werden.[4]

4.1.2.2 Spuren als First-Resort-Option: Der Filled-Gap-Effekt

Wie verhält sich der Parser, wenn eine phrasenstrukturelle Position erreicht worden ist, die potentiell als Lückenposition in Betracht kommt? Strategisch gesehen hat der Parser in einer solchen Situation zwei Möglichkeiten. Zum einen könnte er zunächst einmal abwarten und überprüfen, ob in der Inputkette Material folgt, welches diese potentielle Lückenposition besetzen könnte. Der Parser kann also der Integration weiterer lexikalischer Materials den Vorzug vor der Generierung einer Spur geben. Das Postulieren einer Lücke wäre für den Parser eine *Last-Resort*-Option. Zum anderen könnte der Parser auch sofort eine Spur in die phrasenstrukturelle Repräsentation einfügen, ohne sich vorher zu vergewissern, ob die entsprechende Position als Lückenposition tatsächlich zur Verfügung steht. Die Integration einer Spur wäre dann die *First-Resort*-Option. Sie hätte Vorrang vor der Integration weiterer lexikalischen Materials.

---

[3] Insbesondere Pickering & Barry (1991) haben darauf verwiesen, daß Reaktivierungseffekte dieser Art nicht zwangsläufig mit Rekurs auf das Füller-Lücken-Modell erklärt werden müssen. Pickering & Barry zufolge indiziert die Reaktivierung von *boy* an Testpunkt 2 und 3 nicht, daß der Parser in Umgebung des Verbs eine Spur postuliert hat. Vielmehr fassen sie den Reaktivierungseffekt als Folge einer direkten Assoziation des Füllers mit dem Verb auf, welches die Füllerkonstituente subkategorisiert. Eine detaillierte Diskussion der *Immediate Association Hypothesis* von Pickering & Barry verschieben wir auf Kapitel 4.2.3.1.

[4] Vgl. Tanenhaus, Carlson & Seidenberg (1985) für konvergierende Resultate bezüglich der *on-line* Reaktivierung von w-Phrasen. In dieser Studie wurden Reaktivierungseffekte mit Hilfe der *Rhyme-Priming* Technik untersucht.

Für die Beantwortung dieser Fragestellung relevante experimentelle Evidenz wurde erstmals in Stowe (1986) präsentiert. Beobachtungen der gleichen Art finden sich allerdings schon in Crain & Fodor (1985). Betrachten wir aber Beispielsätze aus Stowe (1986).

(13) a. My brother wanted to know who Ruth will bring us home to at Christmas.
 b. My brother wanted to know if Ruth will bring us home to Mom at Christmas.

(13a) enthält eine Füller-Lücken-Konstruktion, einen eingebetteten Fragesatz. (13b) involviert keine Füller-Lücken-Beziehung und dient als Vergleichssatz. In unmittelbarer Nachbarschaft des Verbs *bring* steht in (13a) mit der Position des direkten Objekts eine geeignete Lückenposition für die w-Phrase zur Verfügung. Allerdings enthält die Inputkette das dem Verb nachfolgende Pronomen *us*, welches diese potentielle Lückenposition notwendigerweise füllen muß. Weist der Parser - gemäß der *First-Resort*-Strategie - dem Füller sofort nach Einlesen des Verbs *bring* die Position des direkten Objekts zu, ohne zu überprüfen, ob ein nachfolgendes Element der Inputkette diese Position besetzt, sollte mit Einlesen des Pronomens *us* eine Verarbeitungsschwierigkeit entstehen, da der Parser an dieser Stelle erkennt, daß die Lückenposition bereits gefüllt ist und somit die aufgebaute Füller-Lücken-Beziehung wieder revidieren muß. Verzögert der Parser hingegen die Berechnung der Füller-Lücken-Beziehung, sollte keine solche Verarbeitungsschwierigkeit zu beobachten sein (*last resort*).

In einer Lesezeitstudie zeigte Stowe (1986), daß die Verarbeitung des Pronomens *us* in (13a) tatsächlich signifikant schwieriger ist als in der Kontrollstruktur (13b), die keine Füller-Lücken-Beziehung involviert. Dies deutet darauf hin, daß der Parser die Position des direkten Objekts von *bring* als Lückenposition für die w-Phrase reserviert und dort eine mit der w-Phrase koindizierte Spur generiert. Diese Entscheidung muß jedoch mit Einlesen der postverbalen NP revidiert werden. Die postverbale NP signalisiert, daß die Position des direkten Objekts lexikalisch besetzt ist und damit nicht als Lückenposition zur Verfügung steht. Die vom Parser vermutete Lücke erweist sich als gefüllt. Für die resultierende Verarbeitungsschwierigkeit hat sich in der Literatur die Bezeichnung *Filled-Gap-Effekt* eingebürgert.

Konstellationen wie in (13) wurden zwischenzeitlich in sehr verschiedenen Konstruktionen mittels unterschiedlichster Methoden untersucht (Boland, Tanenhaus, Carlson & Garnsey, 1995; Kurtzman, Crawford & Nychis-Florence, 1991; Pickering, Barton & Shillcock, 1994). Nicol & Swinney (1989) z.B. berichten über ein Experiment, welches semantische Reaktivierungseffekte in Strukturen wie (14) testete. Der Satz (14) enthält eine Füller-Lücken-Beziehung, die das Relativpronomen *that* mit einer Lücke in Komplementposition des Verbs *see* verbindet. Ähnlich wie in den Sätzen von Stowe (1986) bietet sich jedoch schon eher eine potentielle Lückenposition an, nämlich in unmittelbarer Nachbarschaft des Verbs *advised*. Diese Position muß jedoch durch das nachfolgende Pronomen *him* besetzt werden, steht also als Lückenposition nicht zur Verfügung.

(14) The boxer$_k$ visited the doctor *that*$_i$ the swimmer at the competition had (*1) advised (*2) him$_k$ to see t$_i$ about the injury.

Nicol & Swinney (1989) zufolge sind an Testpunkt 2 Reaktivierungseffekte für die mit dem Relativpronomen koindizierte NP *the doctor* zu beobachten. Testitems, die mit der NP *the doctor* semantisch verwandt sind, werden in einer lexikalischen Entscheidungaufgabe schneller erkannt als semantisch unrelatierte NPs. Auch diese Ergebnisse legen nahe, daß der Parser einer *First-Resort*-Strategie folgt, d.h. für das Relativpronomen sofort nach Einlesen des Verbs *advised* eine Spur generiert, ohne zu überprüfen, ob die potentielle Lückenposition tatsächlich als Lückenposition zur Verfügung steht.

Frazier & Clifton (1989) haben überdies gezeigt, daß der *Filled-Gap*-Effekt auch dann nachgewiesen werden kann, wenn die w-Phrase syntaktische Aufgaben in tiefer eingebetteten Strukturen des Satzes erfüllt. Ebenfalls in einer Lesezeitstudie wurden Fragesätze wie in (15) präsentiert. (15a) enthält eine w-Phrase, die diesmal jedoch nicht in den Matrixsatz integriert werden muß, sondern als direktes Objekt eines mehrfach eingebetten infinitiven Satzkomplementes dient. (15b) fungierte als Kontrollsatz ohne Füller-Lücken-Beziehung.[5]

(15) a. Who, did the housekeeper / say she / *urged* / the guests / to consider t,

b. The housekeeper / said she / *urged* / the guests / to consider / the new chef

Wie *bring* in (13) eröffnet das Verb *urge* eine potentielle Lückenposition, die Position des direkten Objekts. Aber auch in diesem Falle steht die Position des direkten Objekts nicht als Lückenposition für die w-Phrase zur Verfügung. Diese muß vielmehr durch die postverbale NP *the guests* besetzt werden. Wiederum erweist sich diese Argumentposition als gefüllt. Auch in Fällen wie diesen, in denen nicht innerhalb des Matrixsatzes, sondern innerhalb eines Satzes nach einer Lückenposition gesucht werden muß, kommt es zu Verarbeitungsschwierigkeiten, wenn die postverbale NP *the guests* eingelesen wird.

Die in diesem Abschnitt diskutierten experimentellen Resultate zeigen übereinstimmend, daß der Parser bei der Suche nach einer Lückenposition ein aktives Verhalten an den Tag legt. Erreicht der Parser eine potentielle Lückenposition, wird der Integration einer Spur Vorrang vor der Integration weiteren lexikalischen Materials gegeben. Der Parser folgt einer *First-Resort*-Strategie. Ganz generell zeigt der *Filled-Gap*-Effekt zudem, daß der Parser Entscheidungen über potentielle Lückenpositionen fällt, ohne auf disambiguierende Informationen zu warten. Erweist sich eine solche Entscheidung als falsch, müssen an der bislang berechneten Struktur Revisionen vorgenommen werden, was Verarbeitungsschwierigkeiten nach sich zieht. Der *Filled-Gap*-Effekt indiziert damit, daß auch Füller-Lücken-Ambiguitäten zu Garden-Path-Effekten führen können. Mit strukturellen Ambiguitäten bei der Berechnung von Füller-Lücken-Beziehungen wird demnach nicht prinzipiell anders verfahren als mit Anbindungsambiguitäten: Auch bei Füller-Lücken-Ambiguitäten wird eine präferierte Strukturfortsetzung ausgewählt, deren Revision zu Schwierigkeiten führen kann. Lücken werden in potentiellen Positionen postuliert, ohne abzuwarten, ob diese Entscheidung mit nachfolgendem Input kompatibel ist.

---

[5] In Frazier & Clifton (1989) wurde das Material nicht wort- sondern segmentweise dargeboten. Die Einteilung der Segmente erfolgte wie in (15) angezeigt.

4.1.2.3 Die Rolle lexikalischer Information I: Transitivitätspräferenzen

Die Konzepte *First-Resort* und *Last-Resort* beziehen sich auf ein strategisches Problem, das entsteht, wenn der Parser eine potentielle Lückenposition identifiziert hat und vor der Entscheidung steht, sofort eine Lücke zu postulieren oder auf weiteres Inputmaterial zu warten. Was aber konstituiert für den Parser eine potentielle Lückenposition? In allen bislang diskutierten Experimenten wurde das Suchverhalten des Parsers in der Umgebung von Verben untersucht, die obligatorisch oder präferiert transitiv verwendet werden müssen. Vermutet der Parser Lücken ausschließlich in der Nachbarschaft obligatorisch oder präferiert transitiver Verben? Oder werden postverbale Lücken auch dann berechnet, wenn ein Verb vorzugsweise ohne direktes Objekt, also intransitiv, erscheint?

Objekt-Objekt-Ambiguitäten, die unterschiedlichen Transitivitätspräferenzen geschuldet sind, wurden in Stowe, Tanenhaus & Carlson (1991) untersucht (vgl. auch Fodor, 1978). Stowe *et al.* greifen dabei auf eine Methode zurück, die als *Embedded-Anomaly Task* bezeichnet wird. Um zu testen, ob eine Füller-Lücken-Beziehung an einem bestimmten Punkt aufgebaut wird, werden Sätze untersucht, in denen die Berechnung der entsprechenden Füller-Lücken-Beziehung zu einer semantischen Anomalie führen würde. Betrachten wir dazu die Sätze in (16). In beiden Sätzen ist die w-Phrase Bestandteil der satzfinalen PP. Unmittelbar mit Erreichen des Verbs *read* entsteht jedoch eine Ambiguität, denn das Verb *read* gestattet ein direktes Objekt Der Parser könnte daher versuchen, die w-Phrase mit einer Lücke in Komplementposition des Verbs zu verbinden. In (16b) würde dies - im Gegensatz zu (16a) - eine eher unplausible Interpretation nach sich ziehen, denn die w-Phrase ist ihrer Semantik wegen kein geeignetes Objekt für *read*. Versucht der Parser also tatsächlich, nach *read* eine Lücke für die w-Phrase zu postulieren, sollte sich in (16b) ein Plausibilitätseffekt einstellen.

(16) a. The teacher wondered [which book]$_i$ the students *read* quietly about t$_i$

    b. The teacher wondered [which song]$_i$ the students *read* quietly about t$_i$

Stowe *et al.* testeten Sätze wie in (16) in einem *Self-Paced-Reading*-Experiment. In der Tat registrierten sie in (16b) relativ zu (16a) erhöhte Lesezeiten - und damit Plausibilitätseffekte - direkt am Verb. Offenbar versucht der Parser zunächst einmal, die w-Phrase als direktes Objekt dieses Verbs zu analysieren. Das Verb *read* wird jedoch präferiert transitiv verwendet. Stowe *et al.* konfrontierten daher die Verarbeitungsverhältnisse in (16) mit denen für Sätze wie (17), in denen statt präferiert transitiver Verben präferiert intransitive Verben (z.B. *hurry*) Verwendung fanden. In (17a) würde die w-Phrase semantisch zum Verb passen, nicht jedoch in (17b).

(17) a. The nurse wondered [which patient]$_i$ the orderly *hurried* quickly towards t$_i$

    b. The nurse wondered [which bed]$_i$ the orderly *hurried* quickly towards t$_i$

In Sätzen wie (17) fanden sich keine Anzeichen für einen Plausibilitätseffekt. Die Anomalie, die (17b) nach sich ziehen würde, wenn die w-Phrase als direktes Objekt von *hurry* analysiert wird, nahmen die Versuchspersonen offenbar nicht wahr. Dieses Ergebnis legt nahe, daß der Parser seine Entscheidung, die w-Phrase mit einer Lücke in Komplementposition des Verbs zu verbinden, von lexikalischen Eigenschaften des Verbs, speziell dessen Transitivitätspräferenzen, abhängig macht.

Frazier & Clifton (1989) konnten jedoch zeigen, daß der Parser auch nach präferiert intransitiven Verben Füller-Lücken-Beziehungen aufzubauen beginnt. Ihr Experiment testete Sätze wie in (18), die präferiert intransitive Verben, z.B. *whisper*, enthielten. In (18a) muß das Verb entgegen seiner Präferenz transitiv verwendet werden. Die Lücke für die w-Phrase *what* befindet sich in der Position des direkten Objekts. In (18b) wird das Verb entsprechend seiner Präferenz intransitiv verwendet. Die w-Phrase ist Komplement der Präposition *about*. Sätze dieser Art wurden in einem Lesezeitexperiment präsentiert, und zwar segmentweise, so wie im folgenden durch Schrägstriche kenntlich gemacht. Kritisch für die Einschätzung der Verarbeitungskomplexität von (18a) und (18b) sind die Lesezeiten für das der Präsentation des Verbs folgende Segment, welches die Füller-Lücken-Ambiguität auflöst.

(18) a. What$_i$ did / the cautious old man / whisper t$_i$ / to his fiancee / during the movie / last night? (frühe Lücke)

  b. What$_i$ did / the cautious old man / whisper / to his fiancee about t$_i$ / during the movie / last night? (späte Lücke)

Wie die Analyse der Lesezeiten für das disambiguierende Segment ergab, waren Sätze mit später Lücke (18b) schwieriger zu verarbeiten als Sätze mit einer frühen Lücke (18a). Dieses Resultat scheint nahezulegen, daß der Parser auch bei präferiert intransitiven Verben eine Lückenposition in der Position des direkten Objekts vermutet, was zu Verarbeitungsschwierigkeiten führt, wenn diese Analyse wie in (18b) zugunsten einer anderen Strukturzuweisung revidiert werden muß.

Zusätzlich gestützt werden die von Frazier & Clifton (1989) erzielten Ergebnisse durch die Resultate einer experimentellen Untersuchung, über die in Kurtzman *et al.* (1991) berichtet wird. Kurtzman *et al.* präsentierten keine vollständigen Sätze, sondern lediglich Satzfragmente. Die Probanden mußten so schnell wie möglich entscheiden, ob das Satzfragment grammatisch korrekt ist oder nicht. Die Satzfragmente enthielten präferiert transitive (19) bzw. intransitive Verben (20). Nach dem Verb wurde lediglich noch ein weiteres Wort präsentiert, dann war die Grammatikalitätsentscheidung zu treffen. Dem auf das Verb folgende Wort kommt entscheidende Bedeutung für die syntaktische Strukturierung des Satzfragments zu. Folgt dem Verb eine Konjunktion wie *while*, muß das w-Wort als direktes Objekt des Verb fungieren (vgl. jeweils die a-Varianten). Folgt dem Verb ein Possessivpronomen wie *your* oder *their*, wird signalisiert, daß sich an das Verb eine overte Nominalphrase anschließt, die Position des direkten Objekts also lexikalisch besetzt ist und daher nicht als Lückenposition zur Verfügung steht (b). Folgt schließlich die Präposition *from* zusammen mit dem Fragezeichen als Markierung des Satzendes, muß die w-Phrase als Komplement dieser Präposition analysiert werden. Die Position des direkten Objekts bleibt in diesen Fällen leer. Eine solche syntaktische Struktur verlangen die Satzfragmente in (c). Die Prozentzahlen hinter den Beispielen geben an, wie oft die entsprechenden Satzfragmente als grammatisch beurteilt wurden.

(19) What did George steal ...   (präferiert transitiv)
    a. while   93 % (transitiv)
    b. your   31 % (transitiv)
    c. from?   77 % (intransitiv)

(20) What did George escape ...   (präferiert intransitiv)
    a. while   70 % (transitiv)
    b. their   30 % (transitiv)
    c. from?   90 % (intransitiv)

Verschiedene Dinge sind an diesem Ergebnismuster bemerkenswert. Die a-Varianten werden bei transitiven Verben deutlich besser beurteilt als bei intransitiven Verben. Ein umgekehrtes Bild ergibt sich bei den c-Varianten: Nun werden Satzfragmente mit intransitiven Verben häufiger als grammatisch beurteilt. Dies überrascht nicht: Die bessere Satzvariante ist diejenige, die den Transitivitätspräferenzen des jeweiligen Verbs entspricht (vgl. auch Clifton, Frazier & Connine, 1984). Auffällig aber ist, daß die Varianten in (b), in denen sich die Position des direkten Objekts als gefüllt erweist, die eindeutig niedrigsten Werte erzielen. Es scheint hier also ebenfalls ein *Filled-Gap*-Effekt vorzuliegen: Schwierigkeiten entstehen, weil der Parser unmittelbar hinter dem Verb eine Lückenposition vermutet, sich diese Strukturzuweisung aber mit Einlesen des nachfolgenden Possessivpronomens als falsch herausstellt und revidiert werden muß. Entscheidend aber ist, daß diese Schwierigkeit nach präferiert transitiven wie intransitiven Verben gleichermaßen auftritt. Die Vermutungen des Parsers, wo sich die mit der w-Phrase korrespondierende Lücke befindet, scheinen unabhängig von den Transitivitätspräferenzen des Verbs.[6]

Insgesamt ergibt sich also folgendes Resümee: Die verfügbare Evidenz läßt vermuten, daß der Parser in jedem Falle die Position des direkten Objekts als Lückenposition für die w-Phrase reserviert, und zwar unabhängig davon, ob das entsprechende Verb vorzugsweise transitiv oder intransitiv verwendet wird. Dies zeigen die Ergebnisse von Frazier & Clifton (1989) sowie Kurtzman *et al.* (1991). Führt jedoch die Füller-Lücken-Beziehung zu einer unplausiblen Interpretation, scheint der Parser im Falle präferiert intransitiver Verben sehr schnell bereit zu sein, die vermutete Füller-Lücken-Beziehung zugunsten einer alternativen Struktur zu ändern. Dies könnte erklären, weshalb Stowe *et al.* (1991) keine Plausibilitätseffekte bei präferiert intransitiven Verben nachweisen konnten. Dieses Resümee muß jedoch als außerordentlich vorläufig gelten, denn die verfügbare Datenbasis ist viel zu schmal, um jetzt schon endgültige Aus-

---

[6] Die hier vorgelegte Interpretation der Daten unterscheidet sich von der, die Kurtzman *et al.* selbst für ihre Daten entwickeln. In der Tat wird die Interpretation dieses Experiments durch eine Reihe von Faktoren erschwert. Insbesondere ist bezüglich der Einschätzung des dramatischen Akzeptabilitätsverlusts der b-Varianten bedauerlich, daß keine Kontrollsätze ohne Füller-Lücken-Beziehung getestet wurden, etwa der Form:

    (i) John has stolen/escaped *your*

Es kann nicht ausgeschlossen werden, daß Probanden auch eine solche Struktur sehr häufig als ungrammatisch einschätzen, z.B. weil sie mit einer unvollständigen Phrase zurückgelassen werden oder weil sie eine Genitiv-markierte Phrase wie *your* nicht als Possessivpronomen, sondern als komplette Objekt-NP mit falschem Kasus ansehen.

sagen bezüglich dieser Problematik zu treffen. Weitere Untersuchungen, insbesondere mit feiner auflösenden experimentellen Methoden, sind zweifellos angezeigt.

4.1.2.4 Die Rolle lexikalischer Information II: Füller-Lücken-Beziehungen und Aphasie

Im folgenden sollen einige Befunde aus dem Bereich pathologischer Störungen der Sprachverarbeitung diskutiert werden, die wichtige Hinweise auf die Rolle lexikalischer Information bei der Verarbeitung von Füller-Lücken-Beziehungen liefern. Es ist bekannt, daß Schädigungen der Großhirnrinde zu sprachlichen Beeinträchtigungen verschiedenster Art führen können. Je nach Lokalisation der Schädigung sind sprachliche Fähigkeiten jedoch oft nur selektiv gestört. Diese systematischen Bündelungen bestimmter aphasischer Symptome werden als Syndrome bezeichnet. Broca- und Wernicke-Aphasie sind zwei solcher Syndrome.[7] Bestimmte produktive und rezeptive Sprachfähigkeiten sind bei diesen beiden Syndromen dissoziiert gestört, d.h. relativ intakt in der einen, stark beeinträchtigt in der anderen Form der Aphasie. Broca-Aphasiker produzieren nur stockend und mühsam. Ihre Äußerungen sind häufig agrammatisch, während ihr Sprachverständnis als relativ intakt gilt. Wernicke-Aphasiker hingegen produzieren flüssig. Ihre Äußerungen sind allerdings häufig paragrammatisch und durch Paraphasien verschiedener Art entstellt. Das Sprachverständnis ist bei Wernicke-Aphasikern hochgradig gestört.[8]

Wie Caramazza & Zurif (1976) und nachfolgend viele andere Studien gezeigt haben, ist das Sprachverstehen, insbesondere die syntaktische Verarbeitung auch bei Broca-Aphasikern beeinträchtigt (u.a. Caplan & Hildebrandt, 1988; Druks & Marshall, 1995; Grodzinsky & Finkel, 1998; Hickok & Avrutin, 1996). Insbesondere treten bei der Verarbeitung von Füller-Lücken-Beziehungen systematisch Schwierigkeiten auf, und zwar genau dann, wenn die Semantik der Sätze nur ungenügende Hinweise auf die syntaktische Struktur der Sätze gibt. Caramazza & Zurif (1976) z.B. testeten das Verständnis von Relativsätzen, in denen das Relativpronomen als Objekt fungierte, also mit einer Lücke in Objektposition zu assoziieren war (21). Broca-Aphasiker verstanden diese Relativsätze gut, wenn die Semantik der Inhaltswörter bereits klare Hinweise auf die syntaktische Funktion des Relativpronomens gab, so wie in (21a), wo es semantisch unplausibel ist, dem Relativpronomen die syntaktischen Funktion Subjekt zuzuordnen. In (21b) hingegen hilft die Semantik bei der syntaktischen Strukturierung des Relativsatzes nicht, und in der Tat verstehen Broca-Aphasiker Sätze diesen Typs deutlich schlechter. Wernicke-Aphasiker hatten akute Verständnisproblemen bei beiden Varianten von (21).

(21) a. The apple that the boy is eating is red.
     b The cow that the monkey is scaring is yellow.

Interessanterweise haben Zurif, Swinney, Prather, Solomon & Bushell (1993) sowie Swinney, Zurif, Prather & Love (1996) nachweisen können, daß Broca- und Wernicke-Aphasiker sich auch hinsichtlich des Auftretens von Reaktivierungseffekten unmittelbar nach dem Verb des Relativsatzes unterscheiden. Swinney *et al.* (1996) testeten die *on-line* Verarbeitung von Relativsätzen bei Broca- und Wernicke-Aphasie an Sätzen wie (22).

---

[7] Für einen Überblick über aphasische Syndrome vgl. Caplan (1987) sowie Huber, Poeck & Weniger (1997).
[8] Für einen ausführlichen Überblick vgl. de Bleser & Bayer (1993) sowie Tesak (1990).

(22) The priest enjoyed the drink *that*, the caterer was (*1) serving (*2) t, to the guests.

An Testpunkt 2 zeigten sich bei Broca-Aphasikern keine Reaktivierungseffekte. Überraschenderweise aber ließen sich bei Wernicke-Aphasiker an dieser Testposition genau die Reaktivierungseffekte nachweisen, die auch bei gesunden Probanden systematisch auftreten (vgl. Abschnitt 4.1.2.1). Während also bei Broca-Aphasikern die *on-line* Verarbeitung von Füller-Lücken-Beziehungen gestört zu sein scheint, können Wernicke-Aphasiker Füller-Lücken-Beziehungen strikt *on-line* berechnen, obschon sie den Inhalt der Sätze überhaupt nicht verstehen.[9]

Bedeutungsvoll wird diese Leistungsdissoziation im Kontext unserer Diskussion vor allem deshalb, weil sie von einer weiteren Leistungsdissoziation begleitet wird, die sich auf die Aktivierung lexikalischer Information des Verbs bezieht. Broca-Aphasiker sind bei Einlesen eines Verbs sofort zur erschöpfenden Aktivierung von Information über mögliche Argumentstrukturen dieses Verbs in der Lage, Wernicke-Aphasiker jedoch nicht. Bei Broca-Aphasikern stellt sich daher der normale Komplexitätseffekt ein, den auch gesunde Probanden zeigen: Je mehr unterschiedliche Argumentstrukturen ein Verb gestattet, desto mehr Zeit wird für eine sekundäre Entscheidungsaufgabe benötigt, die unmittelbar nach Einlesen des Verbs auszuführen ist. Nach einem strikt transitiven Verb wie *exhibit* (23a), das stets zwei Argumente verlangt, kann eine sekundäre Entscheidungsaufgabe daher schneller ausgeführt werden als nach einem Verb wie *send* in (23b), das sowohl als zweistelliges wie auch als dreistelliges Prädikat verwendet werden kann. Wernicke-Aphasiker zeigen keinen Komplexitätseffekt (vgl. Shapiro, Zurif & Grimshaw, 1987, 1989 für ungestörte Verarbeitung; Shapiro & Levine, 1990; Shapiro, Gordon, Hack & Killackey, 1993 für gestörte Verarbeitung).

(23) a. The old man *exhibited* * the toy.

b. The old man *sent* * the toy.

Fassen wir zusammen: Broca-Aphasiker können Information über die Argumentstruktur sofort aktivieren. Dennoch sind sie nicht in der Lage, Füller-Lücken-Beziehungen *on-line* zu berechnen. Bei Wernicke-Aphasikern ist der *on-line* Zugriff auf Information über die Argumentstruktur des Verbs gestört. Trotzdem aber sind sie in der Lage, Füller-Lücken-Beziehungen sofort aufzubauen.

4.1.2.5 *Plausibilität*

Werden Füller-Lücken-Beziehungen auch dann sofort berechnet, wenn die resultierende Struktur eine unplausible Interpretation erzwingt? Oder neigt der Parser in solchen Fällen eher zu abwartendem Verhalten, in der Hoffnung, daß sich zu einem späteren Zeitpunkt der Verarbeitung noch weitere potentielle Lückenpositionen ergeben? In einer ERP-Studie testeten Garnsey, Tanenhaus & Chapman (1989) Fragesätze, in denen eine unmittelbar auf das Verb folgende Lückenposition zu einer unplausiblen Interpretation führt (24).

---

[9] In Caplan (1995) sind verschiedene methodische Bedenken ob der Studien von Zurif *et al.* (1993) und Swinney *et al.* (1996) vorgetragen worden. Auf diese Einwände wird in Swinney & Zurif (1995) reagiert.

(24) a. The businessman knew [which customer], the secretary called t_i at home.
b. The businessman knew [which article], the secretary called t_i at home.

In beiden Varianten von (24) fungiert die den eingebetteten Satz einleitende w-Phrase als direktes Objekt des Verbs *call*. Um diese Information rekonstruieren zu können, muß der Parser die w-Phrase mit einer Lücke in unmittelbarer Nachbarschaft des Verbs *call* assoziieren. Die Berechnung der Füller-Lücken-Beziehung führt in (24b), im Gegensatz zu (24a), zu einer semantischen Anomalie, denn der Füller *which article* paßt semantisch nicht in die Position des direkten Objekts. Berechnet der Parser Füller-Lücken-Beziehungen trotz der drohenden semantischen Anomalie ohne Verzögerung, sollte diese Implausibilität sofort mit Erreichen des Verbs *call* bemerkt werden und zu Auffälligkeiten in der Verarbeitung führen. Wenn der Parser hingegen geneigt ist, Entscheidungen bezüglich der Struktur von Füller-Lücken-Beziehungen zu verzögern, sofern diese zu einer unplausiblen Interpretation führen, dann sollte die in (24b) entstehende semantischen Anomalie erst zu einem späteren Zeitpunkt erkannt werden, möglicherweise erst am Satzende. In der Studie von Garnsey *et al.* zeigte sich jedoch unmittelbar am Verb *call* ein deutlicher Plausibilitätseffekt: Das Verbs *call* elizitierte in (24b), nicht aber in (24a), eine sogenannte N400, eine Potentialveränderung, die als ein verläßlicher Indikator für das Vorliegen einer semantischen Anomalie betrachtet werden kann (vgl. Kutas & van Petten, 1994).

Dies ist kongruent mit Ergebnissen aus Tanenhaus, Boland, Garnsey & Carlson (1989), die Sätze gleichen Typs in Experimenten untersuchten, in denen Versuchspersonen während wortweisen Lesens kontinuierlich entscheiden mußten, ob das bis dahin gelesene Fragment "Sinn macht" oder nicht (*Stops-Making-Sense*-Aufgabe). Auch bei Verwendung dieser Methode zeigten sich Anomalieeffekte direkt am Verb. Swinney & Osterhout (1990) berichten zudem, daß auch unplausible Füller direkt am Verb Reaktivierungseffekte auslösen. Es läßt sich also zusammenfassend schlußfolgern, daß der Parser die Position des direkten Objekts von *call* sofort als Lückenposition für die w-Phrase reserviert, selbst dann, wenn dies eine unplausible Interpretation erzwingt. Auch unter diesen Umständen werden Füller-Lücken-Konstruktionen sofort und ohne Verzögerung berechnet. Wie aber verhält es sich, wenn das Verb mehrere interne Argumente verlangt und damit gleichzeitig mehrere potentielle Anbindungsstellen für die w-Phrase eröffnet? Wenn der Parser die Wahl hat, berücksichtigt er dann, wie plausibel die Interpretationen sind, zu denen zur Wahl stehende Lückenpositionen Anlaß geben würden?

Eine Vielzahl von Experimenten hat sich dieser Frage angenommen. Wir konzentrieren uns hier auf Untersuchungen, die die Verarbeitungsverhältnisse bei sogenannten Objektkontrollverben wie *remind* zum Gegenstand hatten. Verben wie diese verlangen zwei interne Argumente: ein direktes Objekt sowie eine infinite Satzeinbettung, dessen Subjekt mit dem Objekt des Matrixsatzes koreferiert. Das Verb *remind* stellt damit auch mehrere Lückenpositionen für eine w-Phrase in Aussicht: die Position des direkten Objekts oder eine Argumentposition innerhalb der infiniten Satzeinbettung. Wie wir bisher gesehen haben, scheint der Parser in jedem Falle die Position des direkten Objekts als Lückenposition für eine w-Phrase zu reservieren, unabhängig von den Transitivitätspräferenzen des Verbs und unabhängig davon, ob die Füller-Lücken-Beziehung plausibel ist oder nicht. Ändert sich das Suchverhalten, wenn das Verb mehrere potentielle Lückenpositionen ankündigt? Kommen in einem solchen Fall Plausibilitätserwägungen ins Spiel?

Boland et al. (1995) untersuchten Sätze wie in (25), in denen die w-Phrase ein plausibles (25a) oder ein unplausibles direktes Objekt von *remind* abgibt (25b). In beiden Sätzen erweist sich die Position des direkten Objekts jedoch als gefüllt durch das Pronomen *them*, steht also nicht als Lückenposition für die w-Phrase zur Verfügung.

(25) a. Which child did Mark remind them to watch? (plausibles DO)

b. Which movie did Mark remind them to watch? (unplausibles DO)

Wie die Ergebnisse einer Lesezeitstudie zeigen, kommt es an der Position des direkten Objekts nur dann zu Verarbeitungsschwierigkeiten (zu einem *Filled-Gap*-Effekt), wenn die w-Phrase plausiblerweise als direktes Objekt von *remind* fungieren kann. In (25b) hat der Parser beim Einlesen der postverbalen NP keine erkennbaren Probleme. Die Plausibilität der Füller-Lücken-Beziehung hat hier offenbar einen erheblichen Einfluß auf die Entscheidung des Parsers bezüglich der Lückenposition für die w-Phrase.

Vergleichbare Plaubilitätseffekte beobachteten Tanenhaus et al. (1989) mit Hilfe der *Stops-Making-Sense*-Methode (vgl. auch Tanenhaus, Boland, Mauner & Carlson, 1993; Boland et al., 1995). Führt die w-Phrase als direktes Objekt eines transitiven Verbs wie *visit* zu einer semantischen Anomalie (26a), entdecken Versuchspersonen dies direkt bei Einlesen des Verbs. Ist die w-Phrase hingegen das direkte Objekt eines Kontrollverbs, so wie in (26b), entdecken Versuchspersonen die Anomalie nicht schon am Verb, sondern erst ein Wort später, genau dann also, wenn klar wird, daß die w-Phrase als direktes Objekt fungieren muß und nicht Bestandteil des eingebetteten Satzes sein kann.

(26) a. Which prize did the salesman visit while in the city?

b. Which movie did your brother remind to watch the show?

Hickok, Canseco-Gonzalez, Zurif & Grimshaw (1992) konnten allerdings zeigen, daß w-Phrasen, die in Funktion des direkten Objekts eine semantische Anomalie verursachen, in Sätzen mit Objektkontrollverben dennoch direkt an Objektkontrollverben wie *remind* Reaktivierungseffekte auslösen. Reaktivierungseffekte wurden in Sätzen wie (27) an Testpunkt 2 nicht nur für *child* in (27a), sondern auch für *movie* in (27b) nachgewiesen, obschon die w-Phrase in (27b) kein plausibles direktes Objekt von *remind* ist.

(27) a. [Which child]$_i$ did Mark (*1) remind (*2) them to watch t$_i$? (plausibel)

b. [Which movie]$_i$ did Mark (*1) remind (*2) them to watch t$_i$? (unplausibel)

Wir können daher festhalten, daß die Plausibilität einer Füller-Lücken-Beziehungen die Verarbeitung von Objekt-Objekt-Ambiguitäten durchaus beeinflußt. Plausibilitätserwägungen scheinen den Parser im Falle einer Ambiguität aber nicht davon abzuhalten, initial genau die Füller-Lücken-Beziehung aufzubauen, die auch in Fällen ohne semantische Anomalie aufgebaut würde.

4.1.2.6 Prädiktives Lückenfüllen

Eine Reihe experimenteller Untersuchungen haben zu klären versucht, wann im Verlaufe des Verarbeitungsprozesses eine Füller-Lücken-Beziehung aufgebaut wird. Muß der Parser mit der Postulierung einer Spur warten, bis das lexikalische Material, das der Lückenposition vorangeht, eingelesen und in den Phrasenstrukturbaum integriert worden ist? Oder kann der Parser bereits zeitiger, z.B. bei Erreichen des Verbs, Hypothesen über die mögliche Lückenposition entwickeln und Lückenpositionen vorzeitig füllen, ohne auf die Lückenposition selbst in der Inputkette zu warten?

Evidenz für letztere Vermutung resultiert aus einer Serie von Experimenten, die Tanenhaus *et al.* (1993) sowie Boland *et al.* (1995) vorgestellt haben. Einen Eindruck vom experimentellen Material vermittelt (28). Beide Sätze enthalten das Verb *contribute*, welches obligatorisch zwei interne Argumente verlangt: eine NP, die das Thema, sowie eine PP, eingeleitet von der Präposition *to*, die das Ziel der Handlung wiedergibt. In beiden Sätzen fungiert die w-Phrase als Komplement des PP-Arguments. In (28a) führt dies zu einer plausiblen Interpretation, während dies in (28b) zu einer unplausiblen oder doch zumindest sehr abwegigen Interpretation führt.

(28) a. [Which campus party]$_i$ did John contribute some cheap liquor to t$_i$ last week?

 b [Which public library]$_i$ did John contribute some cheap liquor to t$_i$ last week?

Wann bemerkt man die semantische Anomalie in (28b)? Natürlich kann die Anomalie nicht bemerkt werden, bevor das NP-Argument *some cheap liquor* verarbeitet worden ist. Muß aber mit dem Einfügen der Spur in die Lückenposition gewartet werden, bis auch die Präposition *to* verarbeitet worden ist, die ja der Lückenposition vorausgeht? Die Resultate von Tanenhaus *et al.* (1993) und Boland *et al.* (1995) widerlegen diese Vermutung eindeutig. Mit Hilfe der *Stops-Making-Sense*-Methode konnte wiederholt gezeigt werden, daß die semantische Anomalie in (28b) bereits mit Einlesen des direkten Objekts, und nicht erst bei Erreichen der Präposition bemerkt wird. Der Parser hat offenbar schon vor Erreichen der entsprechenden phrasenstrukturellen Position vermutet, daß die w-Phrase etwas mit dem Ziel-Argument von *contribute* zu tun hat. Dies legt nahe anzunehmen, daß Füller-Lücken-Beziehungen prädiktiv aufgebaut werden können.

Zur gleichen Schlußfolgerung veranlassen experimentelle Ergebnisse aus Traxler & Pickering (1996). Ähnlich wie Tanenhaus *et al.* konstruierten Traxler & Pickering Sätze, in denen die Füller-Lücken-Beziehung zu einer plausiblen (29a) oder einer unplausiblen Interpretation führt (29b).

(29) a. That's the garage [in which]$_i$ the heartless killer shot the hapless man t$_i$ yesterday afternoon.

 b That's the garage [with which]$_i$ the heartless killer shot the hapless man t$_i$ yesterday afternoon.

Im Unterschied zu den Experimenten von Tanenhaus *et al.* hing die Anomalie in (29b) jedoch nicht von einem postverbalen Argument des Verbs ab, sondern vom Verb selbst: Die w-Phrase *with which* koreferiert mit der NP *the garage* im Matrixsatz. Autowerkstätten aber geben kein plausibles Instrument für das Verb *shot* ab. In der Tat entdeckten die Versuchspersonen in einer *on-line* Untersuchung mit Blickbewegungsmessung die Anomalie sofort nachdem das Verb *shot* eingelesen wurde. Auch in diesen Fällen war der Parser offensichtlich in der Lage, die entsprechende Lückenposition für die w-Phrase zu bestimmen, bevor die Lückenposition im Inputstring tatsächlich erreicht wurde.

4.1.2.7 Lücken in syntaktischen Inseln

Wir wollen abschließend einen kurzen Blick auf die Ergebnisse von Studien werfen, die der Frage nachgegangen sind, welche Rolle globale Beschränkungen für die Wohlgeformtheit von Füller-Lücken-Beziehungen wie z.b. die Subjazenzbedingung (vgl. Abschnitt 2.1.4) bei der Suche nach einer Lückenposition spielen. Auf der einen Seite wäre es denkbar, daß syntaktische Beschränkungen wie die Subjazenzbedingung den Suchraum des Parsers von Anfang an einschränken, ihm signalisieren, wo sich Lücken unmöglich befinden können. Alternativ dazu könnte man annehmen, daß der Parser zunächst einmal nur auf die lokale Wohlgeformtheit der Lückenposition achtet, z.B. darauf, daß die Lückenposition phrasenstrukturell legitim ist, und globale syntaktische Beschränkungen eher als Filter für mögliche Füller-Lücken-Beziehungen fungieren.

Clifton & Frazier (1989) beschreiben ein diesbezüglich relevantes Experiment, in dem Sätze wie in (30) mit Hilfe der *Speeded-Grammaticality-Judgements*-Methode untersucht wurden.

(30) a. What$_i$ did John think the girl [who always won (*t)] received t$_i$?

b What$_i$ did John think the girl [who always excelled] received t$_i$?

In (30a) kann der Parser eine Lücke unmittelbar nach Einlesen des Verbs *won* postulieren, denn dieses Verb gestattet das optionale Auftreten eines direkten Objekts. Diese Lücke entspricht lokalen Wohlgeformtheitsbedingungen der Grammatik. Allerdings erlaubt eine Lücke in dieser Position nicht die Herstellung einer grammatisch korrekten Füller-Lücken-Beziehung, denn die Lücke befindet sich innerhalb einer komplexen Nominalphrase. Die Füller-Lücken-Beziehung würde zwei IP-Knoten überschreiten und damit gegen die Subjazenzbedingung verstoßen (vgl. Abschnitt 2.1.4). Dennoch beobachteten Clifton & Frazier, daß ein korrektes Grammatikalitätsurteil für (30a) mehr Zeit in Anspruch nimmt als für (30b), wo innerhalb des Relativsatzes keine potentielle Lückenposition zur Verfügung steht. Diese mit (30a) verknüpfte Verarbeitungsschwierigkeit werten Clifton & Frazier als Evidenz dafür, daß der Parser Lücken auch in syntaktischen "Inseln" sucht und postuliert.[10]

Einen weiteren möglichen Hinweis auf die Möglichkeit, Lücken in syntaktischen Inseln zu postulieren, liefert ein Experiment aus Pickering *et al.* (1994). In dieser Studie wurde untersucht, ob sich ein *Filled-Gap*-Effekt auch innerhalb syntaktischer Inseln einstellt.

---

[10] Bezüglich der in Clifton & Frazier (1989) berichteten experimentellen Untersuchung muß allerdings eingewendet werden, daß das kritische Maß, nämlich die für die Grammatikalitätsbeurteilung notwendige Reaktionszeit, die Signifikanzschwelle nicht überschritt.

(31) a. I realise what$_i$ the artist / painted (t) the / large mural / with t$_i$ today.

b. I realise what$_i$ the artist who / painted (*t) the / large mural / ate t$_i$ today.

In (31a) eröffnet sich mit Einlesen des Verbs *paint* die Position des direkten Objekts als potentielle Lückenposition. Diese Lückenposition muß jedoch mit der nachfolgenden NP *the large mural* besetzt werden. In einem Blickbewegungsexperiment mit segmentweiser Darbietung des Materials replizierten Pickering *et al.* den von Stowe (1986) nachgewiesenen *Filled-Gap*-Effekt. In der Region *painted the* beobachteten sie Verarbeitungsschwierigkeiten. Interessanterweise fanden Pickering *et al.* aber auch Evidenz für einen *Filled-Gap*-Effekt in (31b). Dies impliziert, daß auch in (31b) unmittelbar nach *paint* eine Lücke postuliert worden ist, obgleich die resultierende Füller-Lücken-Beziehung gegen die Subjazenzbedingung verstoßen würde und daher nicht wohlgeformt sein kann. Globale Wohlgeformtheitsbedingungen wie Subjazenz werden dieser Studie zufolge vom Parser bei der Bestimmung potentieller Lückenpositionen ignoriert.

Dies belegen möglicherweise auch die Ergebnisse mehrerer ERP-Studien (Kluender & Kutas, 1993a, b; Kutas & Kluender, 1994), in der elektrophysiologische Korrelate der Verarbeitung von Füller-Lücken-Beziehugen untersucht wurden. Kluender & Kutas zeigen, daß die Speicherung einer w-Phrase durch eine Negativierung angezeigt wird, die im links-anterioren Bereich ihre stärkste Ausprägung erfährt (*left-anterior negativity*, LAN). Diese Negativierung beobachteten sie auf dem Wort unmittelbar nach der w-Phrase, jedoch nur, wenn dieses Wort signalisiert, daß der Füller nicht mit der Subjektposition verbunden werden kann.[11]

(32) a Do you know who <u>he</u> would like to invite?

b. Do you know who <u>would</u> like to invite him?

Kluender & Kutas fanden die LAN in Reaktion auf *he*, nicht aber auf *would*. Die Füller-Lücken-Beziehung in (32b) war mit keinem nachweisbaren Verarbeitungseffekt verknüpft. Kluender & Kutas konnten fernerhin zeigen, daß die LAN nicht nur mit der Speicherung eines Füller-Items im Kurzzeitgedächtnis korreliert, sondern auch direkt an der korrespondierenden Lückenposition auftritt. Sie indiziert offenbar sowohl das Abspeichern eines Füllers als auch dessen Reaktivierung bei Erreichen einer Lückenposition. Interessanterweise nun tritt die LAN auch dann auf, wenn sich die Lückenposition innerhalb einer syntaktischen Insel befindet. Kluender & Kutas verglichen dabei Extraktionen aus eingebetteten Deklarativsätzen (33b) mit Extraktionen aus eingebetteten Fragesätzen (33a).

(33) a *What$_i$ did he wonder who$_j$ he could coerce t$_j$ <u>into</u> t$_i$...?

b. What$_i$ did he suppose that he could coerce her <u>into</u> t$_i$...?

---

[11] Eine ähnliche ERP-Veränderung beschreiben King & Kutas (1995) im Kontext von Objektrelativsätzen wie

(i) *The senator that the reporter attacked admitted the error*

Der Artikel der NP *the reporter*, die anzeigt, daß das Relativpronomen nicht mit der Subjektposition assoziiert werden kann, elizitiert ebenfalls eine Negativierung, allerdings mit etwas anderer Distribution. King & Kutas klassifizieren die ERP-Veränderung als eine N400.

In beiden Sätzen fungiert die w-Phrase *what* als Komplement der Präposition *into*. Extraktionen aus eingebetteten Fragesätzen wie in (33a) sind jedoch ungrammatisch, denn die resultierende Füller-Lücken-Beziehung verstößt gegen die Subjazenzbedingung. Dennoch wiesen Kluender & Kutas einen LAN-Effekt an der Präposition *into* sowohl im ungrammatischen Fall (33a) als auch im grammatischen Fall (33b) nach. Offenbar wird also in beiden Sätzen der Füller mit Erreichen der Lückenposition reaktiviert, auch dann, wenn keine wohlgeformte Füller-Lücken-Beziehung hergestellt werden kann.

Bislang haben wir experimentelle Studien diskutiert, die positive Evidenz für die Hypothese beigebracht haben, daß der Parser Lücken auch in solchen Umgebungen vermutet, in denen keine legitime Füller-Lücken-Beziehung möglich ist. Aber das Bild ist viel uneinheitlicher, als es die Darstellung bis jetzt vermuten läßt. Im folgenden sollen die Daten zweier Studien diskutiert werden, die gegen die Annahme von Lücken innerhalb syntaktischer Inseln sprechen.

In einer Blickbewegungsstudie untersuchten Traxler & Pickering (1996) Plausibilitätseffekte in Strukturen wie in (34).

(34) a. We like the city *that*$_i$ the author wrote (t) ceasingly and with great dedication about t$_i$ while waiting for a contract.

b. We like the city *that*$_i$ the author who wrote (t) ceasingly and with great dedication saw t$_i$ while waiting for a contract.

Beide Sätze enthalten eine Relativsatzkonstruktion, in denen der Parser das Relativpronomen *that* als Füller identifizieren kann. Für dieses Füllerelement eröffnet sich eine potentielle Lückenposition in der Position des direkten Objekts von *write*. Falls der Parser versucht, den Füller mit der Position des direkten Objekts von *write* zu assoziieren, sollte dies daran zu erkennen sein, daß am Verb ein Plausibilitätseffekt auftritt, da das Bezugswort des Relativpronomens, nämlich *city*, kein semantisch passendes Objekt von *write* abgibt. Derartige Plausibilitätseffekte wurden - wie wir in Abschnitt 4.1.2.5 bereits gesehen haben - von Tanenhaus und Mitarbeitern in einer Reihe von Studien nachgewiesen, und auch Traxler & Pickering fanden einen solchen Effekt für (34a). Im Mittelpunkt des Interesses stand jedoch die Verarbeitung von (34b). In (34b) befindet sich die potentielle Lückenposition nach *write* innerhalb eines weiteren Relativsatzes, mithin in einer syntaktischen Insel. Wieder ist es die Subjazenzbedingung, die verhindert, daß von dieser Lückenposition aus eine legitime Beziehung zum Füllerelement, dem Relativpronomen *that*, hergestellt werden kann. Postuliert nun der Parser eine Lücke unabhängig davon, ob die resultierende Füller-Lücken-Beziehung wohlgeformt ist, sollte auch in (34b) ein Plausibilitätseffekt auftreten. Diese Erwartung erfüllte sich jedoch nicht. Am Verb *write* in (34b) zeigte sich keine vergleichbare Verarbeitungsschwierigkeit. Traxler & Pickering schlußfolgern daraus, daß syntaktische Beschränkungen über die Wohlgeformtheit von Füller-Lücken-Beziehungen bereits die Suche nach Lückenpositionen steuern.

Woran könnte es liegen, daß Pickering *et al.* (1994) einen *Filled-Gap*-Effekt innerhalb einer syntaktischen Insel beobachten konnten, Traxler & Pickering jedoch keine entsprechende Evidenz zutage förderten? Möglicherweise hängt die Unterschiedlichkeit der Ergebnisse mit der Unterschiedlichkeit der verwendeten Methoden zusammen. Der *Filled-Gap*-Effekt, den

Pickering et al. (1994) untersuchten, ist rein syntaktischer Natur. Er indiziert, daß sich eine vom Parser postulierte Lückenposition durch unmittelbar später eintreffenden Input als gefüllt erweist. Der *Filled-Gap*-Effekt setzt daher lediglich voraus, daß eine Lücke postuliert worden ist. Der Plausibilitätseffekt hingegen setzt voraus, daß eine Füller-Lücken-Beziehung aufgebaut und darüber hinaus das bislang eingelesene Satzfragment interpretiert worden ist. Es ist daher durchaus möglich, daß die Ungrammatikalität der Füller-Lücken-Beziehung entdeckt wird, noch bevor eine Interpretation dieser Strukturzuweisung begonnen hat.

Eine Untersuchung der *on-line* Verarbeitung von Sätzen, in denen gegen die Subjazenzbedingung verstoßen wird, wurde in McKinnon & Osterhout (1996) vorgestellt. Ähnlich wie bei Kluender & Kutas (1993a, b) wurden in einem ERP-Experiment ungrammatische Sätze, bei denen aus einer w-Insel herausbewegt worden ist (35a), mit grammatischen Sätzen verglichen, in denen die Extraktion der w-Phrase aus dem eingebetteten Satz heraus nicht gegen Wohlgeformtheitsbedingungen der Grammatik verstößt (35b).

(35) a. *I wonder [which of his staff members]$_i$ the candidate was annoyed *when* his son was questioned by t$_i$.

b. I wonder [which of his staff members]$_i$ the candidate was annoyed *that* his son was questioned by t$_i$.

Der kritische Unterschied zwischen diesen beiden Sätzen bezieht sich auf die Element, die das sentientiale Komplement einleiten: die w-Phrase *when* in (35a) befindet sich in SpecCP und verhindert daher zyklische w-Bewegung, *that* hingegen befindet sich in der Kopfposition der CP: SpecCP steht daher als Zwischenlandeplatz für w-Bewegung zur Verfügung. Die Ergebnisse von McKinnon & Osterhout (1996) zeigen, daß sich die ERPs in Reaktion auf *when* bzw *that* erheblich unterscheiden. Während die ERPs nach *that* in (35b) keine Besonderheiten aufweisen, elizitiert *when* in (35a) eine pronocierte Positivierung in verschiedenen Ableitungspositionen, die bereits 250 ms *post onset* beginnt und auch nach 700-800 ms noch anhält. Da vergleichbare Positivierungen auch andernorts in Reaktion auf Grammatikalitätsverletzungen beobachtet worden sind (Osterhout & Holcomb, 1992; Hagoort *et al.*, 1993) schlußfolgern die Autoren, daß der Parser offenbar sofort bemerkt, daß keine wohlgeformte Füller-Lücken-Beziehung mehr konstruiert werden kann.

Diese Ergebnisse stehen in Widerspruch zu den oben berichteten Befunden von Kluender & Kutas. Ein Vergleich der Ergebnisse wird jedoch dadurch erschwert, daß beide Studien ERPs in Reaktion auf Wörter in sehr unterschiedlichen Positionen diskutieren. McKinnon & Osterhout betrachten ERPs in Reaktion auf das nebensatzeinleitende Element. Kluender & Kutas diskutieren ERPs für das dem satzeinleitenden Element unmittelbar nachfolgende Wort (*he* in (33)), erkennen dort allerdings keine Anzeichen für eine Positivierung, wie sie McKinnon & Osterhout beschreiben. Entscheidend an der Kutas & Kluender Studie war zudem der Befund, daß an der Lückenposition Anzeichen für eine Reaktivierung des Fillers festgestellt wurden, unabhängig davon, ob sich die Lückenposition innerhalb einer syntaktischen Insel befindet oder nicht. Bei McKinnon & Osterhout werden entsprechende Effekte nicht diskutiert.

Es gibt eine Reihe weiterer Studien, in denen anhand experimenteller Daten für die sofortige Nutzung (Stowe, 1986; McElree & Griffith, 1998; de Vincenzi 1991, 1996) oder gegen die sofortige Nutzung (Freedman & Forster, 1985) von globalen Wohlgeformtheitsbedingungen für Füller-Lücken-Beziehungen bei der Suche nach der Lückenposition argumentiert wird. Aus Platzgründen verzichten wir jedoch auf eine eingehende Besprechung dieser Arbeiten. Wir können also festhalten: Zwar gibt es eine Reihe von Studien, die sich der Frage widmen, ob Lücken auch innerhalb syntaktischer Inseln postuliert werden. Die verfügbare Evidenz ist jedoch nicht wirklich konklusiv, und erlaubt es kaum, diese Frage als zugunsten der einen oder anderen Alternative entschieden anzusehen. Insbesondere aber die Resultate von Pickering *et al.* (1994) und - unter Vorbehalt - Kluender & Kutas (1993a, b) deuten an, daß der Parser syntaktische Inseln bei seiner Suche nach Lücken ignoriert und daher auch Lücken postuliert, die den Aufbau einer syntaktisch wohlgeformten Füller-Lücken-Beziehung nicht gestatten würden.

4.1.3 Zusammenfassung

In den vorangegangenen Abschnitten wurde experimentelle Evidenz bezüglich der Verarbeitung von Füller-Lücken-Ambiguitäten unterschiedlichen Typs diskutiert, wobei zum einen inaktive Füller-Lücken-Ambiguitäten berührt wurden, ansonsten aber Objekt-Objekt-Ambiguitäten im Mittelpunkt standen. Ziel war es herauszuarbeiten, welche Phänomene Modelle der Verarbeitung von Füller-Lücken-Beziehungen erfassen müssen. Die wichtigsten Ergebnisse seien im folgenden kurz zusammengefaßt:

- Füller-Lücken-Beziehungen werden nur dann aufgebaut, wenn sich dies nicht vermeiden läßt, der Parser also nicht über eine alternative Möglichkeit verfügt, der Inputkette eine Struktur ohne Füller-Lücken-Beziehung zuzuweisen (Abschnitt 4.1.1).

- Füller-Lücken-Beziehungen werden *on-line* berechnet (Abschnitt 4.1.2.1).

- Hat der Parser eine potentielle Lückenposition identifiziert, folgt er einer *First-Resort*-Strategie. Der Integration einer Spur wird Vorrang gegeben vor der Integration weiteren lexikalischen Materials (Abschnitt 4.1.2.2).

- Bei der Lokalisierung potentieller Lückenpositionen läßt sich der Parser vor allem von struktureller, weniger von lexikalischer Information leiten. Lückenpositionen werden daher auch in der Umgebung präferiert intransitiver Verben vermutet (Abschnitt 4.1.2.3), und der Aufbau von Füller-Lücken-Beziehung ist prinzipiell selbst dann noch möglich, wenn der Zugriff auf lexikalische Information gestört ist (Abschnitt 4.1.2.4).

- Bei der Suche nach einer Lückenposition berücksichtigt der Parser zunächst weder, ob die resultierende Füller-Lücken-Beziehung semantisch plausibel ist (Abschnitt 4.1.2.5) noch, ob sie globalen Wohlgeformtheitsbedingungen der Grammatik genügt (Abschnitt 4.1.2.7).

4.2 Erklärungsansätze

Im zweiten Teil dieses Kapitels wenden wir uns der Frage zu, wie die experimentellen Befunde zur Verarbeitung von Füller-Lücken-Ambiguitäten theoretisch erfaßt werden können. Im ersten Abschnitt (4.2.1) gehen wir in aller Kürze auf Vorschläge ein, die speziell zur Erklärung der Präferenz bei inaktiven Füller-Lücken-Ambiguitäten eingebracht wurden. Im Anschluß

Füller-Lücken-Ambiguitäten: Ein Überblick

daran skizzieren wir die wichtigsten Modelle zur Berechnung von Füller-Lücken-Beziehungen und erörtern insbesondere, ob diese Modelle Präferenzen bei der Verarbeitung von Objekt-Objekt-Ambiguitäten zu erklären in der Lage sind (Abschnitt 4.2.2). Die in diesem Zusammenhang vorgestellten Modelle sollen dann in Kapitel 5 mit den bei der Verarbeitung von Subjekt-Objekt-Ambiguitäten im Deutschen und anderen Sprachen zu verzeichnenden Befunden konfrontiert werden.

4.2.1 Keine Bewegung! Die *Superstrategy* und alternative Modelle

Die Diskussion in Abschnitt 4.1.1 hat gezeigt, daß Füller-Lücken-Beziehungen nur berechnet werden, wenn dies unvermeidlich ist. Unvermeidlich ist dies in aktiven Füller-Lücken-Konstruktionen: w-Fragen, Relativsätzen usw., in denen die Präsenz einer Konstituente in SpecCP die Suche nach einer Lückenposition erzwingt. Anders verhält es sich bei inaktiven Füller-Lücken-Konstruktionen, z.B. bei deklarativen Nebensätzen des Deutschen, in denen die Abfolge der Konstituenten durch Applikation von Bewege-α verändert worden sein kann, aber nicht verändert worden sein muß. Weshalb vernachlässigt der Parser in solchen Strukturen die Option einer Füller-Lücken-Beziehung? Eine Antwort auf diese Frage folgt bereits aus der *Superstrategy*, die in Fodor (1979:269) vorgeschlagen wurde.

(36) *Superstrategy*
"[T]he human parsing device processes a word sequence that is heard or read *as if it were the terminal string of a well-formed deep structure.*"

Die *Superstrategy* ist keine Strategie, die explizit die Auflösung von Füller-Lücken-Ambiguitäten reguliert. Vielmehr muß sie als ein allgemeines Parsingprinzip angesehen werden, das die syntaktische Strukturierung eines jeden Satzes steuert. Intendiertermaßen stellt dieses Parsingprinzip aber sicher, daß der Parser Füllerkonstituenten und Lückenposition tatsächlich erkennt. Füller sind genau die Konstituenten, welche in eine phrasenstrukturelle Position integriert werden müssen, in der sie sich auf der Ebene der D-Struktur unmöglich befunden haben können. Eine satzintiale Phrase z.B., die in die SpecCP-Position gestellt werden muß, ist auf diese Weise sofort als Füller enttarnt. Lücken werden an genau den Positionen vermutet, in denen sich auf der D-Struktur eine Konstituente befunden haben muß, für die sich aber im Input keine passende Konstituente entdecken läßt. Stößt der Parser z.B. in einem Satz des Englischen auf ein obligatorisch transitives Verb, kann er erschließen, daß diesem Verb auf einer wohlgeformten D-Struktur eine NP folgen muß. Ist im Input keine solche NP vorhanden, kann der Parser von einer Lückenposition ausgehen.

Aus der *Superstrategy* folgt direkt, daß eine Füller-Lücken-Beziehung nur angenommen werden darf, wenn dies unvermeidbar ist, d.h. wenn sich keine korrekte Analyse ohne Füller-Lücken-Beziehung findet. Wenn jeder Satz so verarbeitet wird, als handele es sich um eine wohlgeformte DS-Struktur, dann ist der Parser angehalten, von jedem Satz anzunehmen, daß seine Konstituentenabfolge nicht durch Bewege-α verändert wurde, denn Bewege-α appliziert erst auf dem Wege zur S-Struktur. Der Parser wird z.B. eine postverbale NP im Italienischen - sofern dies möglich ist - als Objekt des Verbs analysieren, da dieser Analyse zufolge der NP eine Position zugewiesen wird, an der sie direkt eine thematische Rolle erhalten und die sie also auch auf der Ebene der D-Struktur bekleidet haben kann. Eine Analyse der postverbalen NP als invertiertes Subjekt kommt der *Superstrategy* zufolge überhaupt nicht in Betracht: Ein invertiertes Subjekt okkupiert eine an VP adjungierte Position. Dort aber kann sie nicht auf direktem Wege thematisch markiert werden und sich daher auch auf der Ebene der D-Struktur unmöglich befunden haben. Die *Superstrategy* erklärt also, weshalb der Parser die Struktur (37a) der Struktur (37b) vorzieht.

(37) a. *pro$_j$* ha [$_{VP}$ richiamato il venditore$_i$]

b. *pro$_i$* ha [$_{VP}$ [$_{VP}$ richiamato] il venditore$_k$]

Mit Hilfe der *Superstrategy* kann ebenso einfach erklärt werden, weshalb lokal ambige Strukturen mit *Scrambling* im Deutschen zu Verarbeitungsschwierigkeiten führen. Der Parser wird eine NP innerhalb des Mittelfeldes immer bevorzugt in eine Argumentposition stellen, und nicht in eine Adjunktposition, an die eine NP nur per Bewege-α gelangt sein kann. Für das Fragment in (38) sagt die *Superstrategy* also korrekterweise eine Präferenz für die Analyse ohne *Scrambling* (und ohne Füller-Lücken-Beziehung) wie in (38a) gegenüber der Analyse mit Füller-Lücken-Beziehung in (38b) vorher.

(38) weil Maria ....

a [$_{CP}$ weil [$_{IP}$ Maria [$_{VP}$]]]

b. [$_{CP}$ weil [$_{IP}$ Maria$_i$ [$_{IP}$ [$_{VP}$ t$_i$]]]]

Wir sehen also, daß die *Superstrategy* die für diesen Phänomenbereich wesentliche Einsicht bereits formuliert: Füller-Lücken-Beziehungen werden vom Parser systematisch übersehen, wenn eine Analyse ohne Füller-Lücken-Beziehung möglich ist. Die *Superstrategy* ist aber eher eine korrekte Generalisierung denn eine korrekte Erklärung. Warum sollte der Parser einem Verarbeitungsprinzip wie der *Superstrategy* folgen?

In neueren Verarbeitungstheorien sind im wesentlichen zwei Wege beschritten worden, die *Superstrategy* auf allgemeinere Verarbeitungseigenschaften des Parsers zurückzuführen. Zum einen wurde versucht, die *Superstrategy* als Reflex der Bestrebung des Parsers anzusehen, an jedem Punkt der Verarbeitung maximal interpretierbare Strukturen zu berechnen. Im prinzipienbasierten Ansatz von Crocker (1992) z.B. wird die syntaktische Verarbeitung durch ein übergeordnetes Prinzip gesteuert, welches er *Principle of Incremental Interpretation* tauft. Diesem Prinzip zufolge wird stets die Analyse gewählt, die eine möglichst schnelle und umfassende Interpretation des Inputs erlaubt. Der Parser präferiert daher die Anbindung einer Konstituente in ihre d-strukturelle Position, weil ihr dort sofort eine - zumindest provisorische - Interpretation zuteil werden kann. Die Annahme einer Füller-Lücken-Beziehung hingegen würde die Interpretation verzögern. Dies schlägt sich bei Crocker konkret in den folgenden zwei Arbeitsanweisungen für den Parser nieder (vgl. Crocker, 1992:83, 86).

(39) *A-Attachment*
Attach incoming material, in accordance with X-bar theory, so as to occupy (potential) A-positions.

(40) *DS-Attachment*
When an A-position is unavailable for attachment, prefer attachment of incoming material into its canonical Deep-Structure position.

Auf diese Weise wird sichergestellt, daß der Parser bei inaktiven Füller-Lücken-Ambiguitäten Strukturzuweisungen ohne Füller-Lücken-Beziehung präferiert. Der zweite Ansatz, die *Superstrategy* zu implementieren, geht von der unterschiedlichen phrasenstrukturellen Komplexität der präferierten im Vergleich zur nicht-präferierten Struktur aus. Vergleicht man die präferierten Strukturen in (37a) und (38a) mit den Alternativen in (37b) und (38b), dann fällt sofort auf, daß die präferierte Struktur zugleich auch die phrasenstrukturell einfachere Struktur ist. Die Strukturen mit Füller-Lücken-Beziehung in (37b) und (38b) enthalten jeweils einen zusätzlichen VP- bzw. IP-Knoten, der in den Strukturen ohne Füller-Lücken-Beziehung nicht benötigt wird. Es genügt daher, vom Parser zu verlangen, stets die einfachere Struktur zu bauen, um den Effekt zu erzielen, daß Strukturen ohne Füller-Lücken-Beziehungen der Vorzug gegeben wird. Ein solches Einfachheitskriterium ist z.B. Bestandteil des *Minimal Chain Principles* (vgl. (41), de Vincenzi, 1991:9). In Abschnitt 3.2.1 haben wir bereits diskutiert, wie eine Präferenz zugunsten einfacher Strukturen motiviert werden kann: Die strukturell einfachere Option kann schneller berechnet werden als konkurrierende komplexere Varianten.

(41) *Minimal Chain Principle*
Avoid postulating unnecessary chain members at S-structure, but do not delay required chain members.

Wir können also festhalten: Deskriptiv muß so etwas wie die *Superstrategy* gelten, um zu erklären, weshalb Füller-Lücken-Beziehungen zunächst übersehen werden. Es ist aber zu vermuten, daß die *Superstrategy* als eigenes Verarbeitungsprinzip nicht benötigt wird, sondern sich deren Effekte aus allgemeinen Annahmen bezüglich der Arbeitsweise des Parsers ableiten lassen. Der Parser bevorzugt strukturell einfachere Strukturen, oder solche, die ein Maximum an semantischer Interpretation gestatten.

4.2.2 Strategien der Spurensuche

4.2.2.1 Das Lexical-Expectation Model

Das *Lexical-Expectation Model* (LEM), vorgestellt in Fodor (1978, 1979), kann als das erste explizite Modell der Berechnung von Füller-Lücken-Abhängigkeiten angesehen werden. Zwar finden sich vereinzelte Vorschläge bereits in einigen früheren Arbeiten, doch wurden diese Überlegungen lediglich anhand der Verarbeitungscharakteristika einzelner Konstruktionstypen entwickelt, etwa von Dativfragen (Jackendoff & Culicover, 1971; Langendoen, Kalish-Landon & Dore, 1974; Lakoff & Thompson, 1975a, b) oder von Relativsätzen (Wanner & Maratsos, 1978). Das LEM geht über diese frühen Versuche weit hinaus. Es spezifiziert nicht die syntaktische Verarbeitung einzelner Konstruktionstypen, sondern von Füller-Lücken-Beziehungen ganz allgemein. Das LEM basiert auf einer beeindruckenden Menge an (intuitiven) Daten, die einen immensen Einfluß auf nachfolgende Forschung hatten und auch heute noch den Ausgangspunkt vieler experimenteller Untersuchungen bilden.

Das LEM kann als eine natürliche Konsequenz der *Superstrategy* angesehen werden. Der *Superstrategy* zufolge verarbeitet der Parser jeden Satz so, als handele es sich um die terminale Kette einer wohlgeformten d-strukturellen Repräsentation. Dies stellt sicher, daß Füller und Lücken automatisch lokalisiert werden: Als Füller betrachtet der Parser Konstituenten, die sich in einer phrasenstrukturellen Position befinden, die sie in einer wohlgeformten D-Struktur nicht hätten einnehmen können. Als Lücken werden Positionen kategorisiert, die in einer wohlgeformten d-strukturellen Repräsentation mit einer Konstituente XP hätten besetzt sein müssen, für deren Besetzung aber im Input kein geeignetes Material zur Verfügung steht.

Mit Blick auf die Identifizierung von Lückenpositionen ergeben sich aus den Leitvorgaben der *Superstrategy* zwei wichtige Eigenschaften des LEM. Zunächst einmal folgt, daß der Parser für eine Konstituente XP nur an solchen Positionen eine Lücke vermutet, an denen auf der DS-Ebene eine Konstituente diesen Typs zu erwarten wäre; Lücken für eine w-Phrase der Kategorie NP also nur dort, wo NPs in einer wohlgeformten D-Struktur stehen müssen. Da die Besetzung d-struktureller Positionen wesentlich von den lexikalischen Eigenschaften, insbesondere des Verbs, abhängt, spielen also dem LEM zufolge lexikalische Eigenschaften von Verben bei der Identifizierung von Lückenpositionen eine entscheidende Rolle. Bei der Verarbeitung von Füller-Lücken-Beziehungen erwartet der Parser Konstituenten genau dort, wo sie im korrespondierenden Deklarativsatz zu erwarten wären. Dies bedeutet: Nach obligatorisch oder präferiert transitiven Verben wird der Parser eine NP erwarten, denn in Deklarativsätzen müßte diesen Verben eine NP folgen. Nach obligatorisch oder präferiert intransitiven Verben wird hingegen keine NP erwartet, denn in Deklarativsätzen mit solchen Verben wäre mit einer NP ohnehin nicht zu rechnen.

Wenn das Auftreten einer NP in einer Struktur obligatorisch oder zumindest wahrscheinlich ist, vermutet der Parser jedoch an der entsprechenden Position nicht automatisch eine Lücke. Geprüft wird vielmehr, ob im Input lexikalisches Material folgt, das diese NP-Position geeigneterweise ausfüllen kann. Auch dieses Merkmal des LEM folgt direkt aus der *Superstrategy*. Eine Lücke wird nur dann postuliert, wenn im Input keine Konstituente zu finden ist, die der Erwartung des Parsers entspricht. Fodor (1978) nennt dies das *Try-the-next-constituent*-Prinzip. (42) faßt die zwei wichtigen Verarbeitungsmerkmale des LEM, die eine möglichst fehlerfreie Verarbeitung von Füller-Lücken-Beziehungen ermöglichen sollen, noch einmal zusammen.

(42) a. Lücken werden nur dort vermutet, wo in korrespondierenden Deklarativsätzen mit hoher Wahrscheinlichkeit eine lexikalische NP stehen würde.

b. Lücken werden nur postuliert, wenn diese Position nicht durch eine lexikalische NP im Input besetzt werden kann.

Aus dem LEM ergeben sich die drei nachfolgenden Vorhersagen bezüglich der relativen Verarbeitungskomplexität von Füller-Lücken-Ambiguitäten.

(43) a. Lücken werden genau dann postuliert, wenn eine NP-Konstituente zu erwarten ist, sich jedoch aus dem Input keine entsprechende Konstituente konstruieren läßt.

b. Lücken werden nicht postuliert, wenn das Auftreten einer NP-Konstituente an dieser Position unwahrscheinlich ist.

c. Lücken werden nicht postuliert, wenn das Auftreten einer NP-Konstituente zwar wahrscheinlich ist, sich jedoch im Input eine geeignete lexikalische NP befindet.

Fodor (1978) präsentiert eine Reihe von intuitiven Daten, die jede dieser Vorhersagen zu bestätigen scheinen. Einschlägig für den Fall (43a) sind die Beispiele in (44). In (44b) befindet sich die Lücke für die w-Phrase unmittelbar hinter dem Verb, in (44a) hingegen am Satzende.

(44) a. Who$_i$ did John kill for the sake of t$_i$?

b. Who$_i$ did John kill t$_i$ for the sake of his uncle?

Wie Fodor bemerkt, ist (44a) schwieriger zu verarbeiten als (44b). Dieser Unterschied ist mit Hilfe des LEM ganz einfach zu erklären: Das Verb *kill* wird bevorzugt transitiv verwendet. Unmittelbar nach dem Verb sollte sich also eine NP im Input befinden. Da dies nicht der Fall ist, vermutet der Parser nach dem Verb also eine Lücke. Es stellen sich Schwierigkeiten ein, wenn sich diese Vermutung, wie in (44a), als unkorrekt erweist.

Bestätigung für die Vorhersage (43b) ergibt sich aus einem ähnlichen Kontrast in (45). Diesmal jedoch fungiert die w-Phrase in beiden Sätzen nicht als direktes Objekt des Verbs, sondern als Komplement einer Präposition.

(45) a. Which book$_i$ did the teacher read to the children from t$_i$?

b. Which student$_i$ did the teacher go to the concert with t$_i$?

Laut Fodor ist (45a) schwieriger zu verstehen als (45b), und auch diesen Verarbeitungsunterschied kann das LEM erklären. Das Verb *read* in (45a) ist präferiert transitiv. Da nach diesem Verb mit hoher Wahrscheinlichkeit eine NP zu erwarten wäre, auf *read* aber im Input keine NP folgt, assoziiert der Parser die w-Phrase mit einer Lücke in der Position des direkten Objekts. Diese Entscheidung muß mit Erreichen des Satzendes revidiert werden, was Verarbeitungsschwierigkeiten nach sich zieht. Das Verb *go* in (45b) hingegen kann nur intransitiv verwendet werden. Der Parser vermutet daher hinter *go* keine Lückenposition für die w-Phrase und muß deshalb auch am Satzende keine Entscheidung rückgängig machen. Die späte Lücke in (45b) kann problemlos verarbeitet werden.

Vorhersage (43c) sieht Fodor durch die Beobachtung bestätigt, daß die w-Phrase in einem global ambigen Fragesatz wie (46) bevorzugt als direktes Objekt des Verbs verstanden wird (46a), während die Analyse der w-Phrase als indirektes Objekt Verarbeitungsschwierigkeiten induziert (46b).

(46) Which patient did the nurse bring the doctor?

a. Which patient$_i$ did the nurse bring the doctor t$_i$

b. Which patient$_i$ did the nurse bring t$_i$ the doctor

Diese Beobachtung legt nahe, daß der Parser die unmittelbar auf das Verb folgende Position des indirekten Objekts nicht als Lückenposition betrachtet, da sich hinter dem Verb eine NP-Konstituente befindet, die diese Lückenposition belegen kann. Für die w-Phrase kommt daher nur die Position des direkten Objekts als Lückenposition in Frage.

Trotz der suggestiven Evidenz, die Fodor zur Unterstützung des LEM anführt, ergeben sich eine Reihe von Problemen, die ziemlich klar zeigen, daß das LEM kein adäquates Modell der Verarbeitung von Füller-Lücken-Beziehungen darstellt. Insbesondere (43c) kann mittlerweile als experimentell widerlegt gelten. Einschlägig sind in diesem Zusammenhang Daten, die wir unter der Rubrik *Filled-Gap-Effekt* subsumiert haben. Wie in Abschnitt 4.1.2.2 ausführlich beschrieben worden ist, führt eine postverbale NP nach präferiert transitiven Verben zu experimentell nachweisbaren Verarbeitungsschwierigkeiten. Dies kommt unerwartet, wenn der Parser, bevor eine Lücke postuliert wird, überprüft, ob diese Lücke lexikalisch besetzt werden kann.[12]

Vorhersage (43b) des LEM kommt mit experimenteller Evidenz ebenfalls in Konflikt. Zwar wurde Fodors Intuition bezüglich der relativen Verarbeitungsschwierigkeit von Sätzen wie in (45) mehrfach bestätigt: Sätze mit später Lücke schneiden bei *off-line* Tests wie z.B. *Speeded-Grammaticality-Judgements* besser ab, wenn sie ein präferiert intransitives Verb enthalten (Clifton *et al.*, 1984; Kurtzman *et al.*, 1991; Stowe *et al.*, 1991). Dies aber besagt keinesfalls, daß der Parser nicht auch nach präferiert intransitiven Verben zunächst einmal eine Lücke vermutet, es aber bei solchen Verben einfach leichter ist, diese initiale Vermutung zu revidieren. Dieser Einwand wird durch die in Abschnitt 4.1.2.3 ausführlich diskutierten Resultate von Clifton & Frazier (1989) sowie Kurtzman *et al.* (1991) erhärtet. Allerdings ist die Datenlage in diesem Bereich, wie wir gesehen haben, noch nicht wirklich klar.

Wir können zusammenfassen: Das LEM ist kein adäquates Modell für die Verarbeitung von Füller-Lücken-Beziehungen. Inadäquat ist insbesondere das aus der *Superstrategy* folgende *Try-the-next-constituent*-Prinzip, das zu empirisch falschen Vorhersagen führt. Problematisch für das LEM sind zudem Befunde, die die Rolle lexikalischer Information bei der Lückensuche relativieren; die z.B. zeigen, daß der Parser auch nach präferiert intransitiven Verben zunächst eine Lücke vermutet.

4.2.2.2 Die Active-Filler Strategy

Innerhalb der Garden-Path-Theorie wird die Auflösung von Ambiguitäten durch Parsingstrategien wie *Minimal Attachment* oder *Late Closure* gesteuert. Auch für die Auflösung von Füller-Lücken-Ambiguitäten wurden derartige Parsingstrategien vorgeschlagen. Die wohl prominenteste diesbezügliche Parsingstrategie ist die *Active-Filler Strategy* (AFS), die im folgenden im Mittelpunkt der Diskussion stehen soll (vgl. Frazier & Clifton, 1989:292).[13]

---

[12] Fodor räumt an verschiedenen Stellen ein, daß der *Filled-Gap*-Effekt und vergleichbare Daten das *Try-the-next-constituent*-Prinzip in Schwierigkeiten bringen, merkt aber an, daß die verwendeten experimentellen Methoden den Parser möglicherweise dazu animieren, Lücken schneller zu postulieren, als er es unter normalen Umständen tun würde (vgl. Fodor, 1989:453; Fodor, 1990:162). Vgl. Bader & Meng (erscheint) für eine kritische Diskussion dieses Arguments.

[13] Eine wichtige Alternative zur AFS ist das *Minimal Chain Principle* (de Vincenzi, 1991; vgl. (41)). Das *Minimal Chain Principle* hat einen größeren Anwendungsbereich als die AFS, denn es ist auch auf inaktive Füller-Lücken-Ambiguitäten anwendbar (vgl. Abschnitt 4.2.1). Mit Blick auf die Verarbeitung

(47) *Active-Filler Strategy*
When a filler of category XP has been identified in a non-argument position, such as COMP, rank the option of assigning its corresponding gap to the sentence over the option of identifying a lexical phrase of category XP.

Was unterscheidet die AFS vom LEM, das im vorigen Abschnitt diskutiert worden ist? Charakteristisch für das LEM ist zum einen, daß die Identifizierung des Füllers das Verarbeitungsverhalten des Parsers nicht ändert. Die Füllerkonstituente wird in einem speziellen Speicher abgelegt, aber ansonsten fährt der Parser fort wie gehabt. Die möglichst schnelle Integration neuen lexikalischen Materials hat Vorrang vor allen anderen Optionen. Das LEM unterstellt dem Parser zum anderen ein sehr vorsichtiges, auf Sicherheit bedachtes Verhalten bei der Suche nach der Lückenposition für einen Füller. Wenn eine potentielle Lückenposition erreicht worden ist, überprüft der Parser erst, ob die entsprechende Position durch nachfolgendes lexikalisches Material besetzt werden kann (*Try-the-next-constituent*-Prinzip). Genau dieser Aspekt des LEM aber führt zu Schwierigkeiten bei der Erklärung des *Filled-Gap*-Effekts. Der *Filled-Gap*-Effekt deutet darauf hin, daß der Parser eine potentielle Lückenposition sofort mit der Füllerkonstituente assoziiert, ohne sich vorher zu vergewissern, ob diese Position tatsächlich als Lückenposition zur Verfügung steht. Die Option, den Füller mit einer potentiellen Lücke zu assoziieren, hat daher der AFS zufolge Vorrang vor der Option, die potentielle Lücke durch nachfolgendes lexikalisches Material zu besetzen.

Im Unterschied zum LEM folgt aus der AFS, daß der Parser nicht einfach eine Füllerkonstituente abspeichert und fortfährt wie gehabt. Vielmehr bemüht sich der Parser, den Füller schnellstmöglich mit einer Lückenposition zu verbinden. Die Präsenz des Füllers bewirkt also ein verändertes Verarbeitungsverhalten des Parsers: Die vollständige Integration des Füllers in die phrasenstrukturelle Repräsentation hat Vorrang vor der Integration weiteren lexikalischen Materials.

Wenden wir uns nun der Frage zu, wie Sätze, die einen *Filled-Gap*-Effekt induzieren, der AFS zufolge verarbeitet werden. Mit Einlesen des Verbs *urge* in (48) kann der Parser eine potentielle Lückenposition für die w-Phrase *who* lokalisieren: die Position des direkten Objekts.

(48)   Who did the housekeeper from Germany urge   (t)   the guests to consider t ?

Anders als das LEM diktiert die AFS, daß diese potentielle Lückenposition sofort als Lückenposition für die w-Phrase reserviert wird. Die Option, die Position des direkten Objekts als Lückenposition mit dem Füller zu assoziieren, hat Vorrang vor der Option, diese Position mit der nachfolgenden NP *the guests* zu besetzen. Diese Füller-Lücken-Beziehung muß jedoch revidiert werden, sobald die NP *the guests* eingelesen worden ist. Mit Rekurs auf den damit notwendig werdenden Prozeß der Reanalyse kann begründet werden, weshalb Sätze wie (48) zu experimentell nachweisbaren Verarbeitungsschwierigkeiten führen.

Wie die bisherige Diskussion gezeigt hat, ist der entscheidende Unterschied zwischen AFS und LEM strategischer Natur: Das LEM spezifiziert das Postulieren einer Lücke als "letzte

---

von Objekt-Objekt- sowie Subjekt-Objekt-Ambiguitäten macht das *Minimal Chain Principle* im wesentlichen die gleichen Vorhersagen wie die AFS, ist aber nicht völlig deckungsgleich (vgl. de Vincenzi, 1991; erscheint).

Zuflucht" (*last resort*). Der AFS zufolge wird hingegen eine Lückenposition postuliert, sobald dies möglich ist. Diese Aktion ist daher die "erste Wahl" *(first resort)*. Dies wirft natürlich die Frage auf, wie die AFS Evidenz handhabt, die Fodor zugunsten ihres *Try-the-next-constituent*-Prinzips angeführt hat. Wie im vorigen Abschnitt erläutert wurde, wird die w-Phrase einer solchen Konstruktion präferiert als das direkte und nicht als das indirekte Objekt des Verbs verstanden.

(49) Which patient did the nurse bring the doctor?

    a. Which patient$_i$ did the nurse bring the doctor t$_i$

    b. Which patient$_i$ did the nurse bring t$_i$ the doctor

Diese Präferenz wurde in der Literatur sehr häufig als ein Problem für die AFS dargeboten und auch von Clifton & Frazier (1989) sowie Frazier (1987b) als solches eingeräumt. Die AFS - als *First-Resort*-Strategie - scheint vorherzusagen, daß die ambige w-Phrase mit der erstmöglichen Lückenposition verbunden werden muß. Die erstmögliche Lückenposition befindet sich unmittelbar hinter dem Verb. Syntaktisch gesehen wird diese Position aber vom indirekten Objekt okkupiert, und es kommt daher überraschend, daß die w-Phrase präferiert gerade als das direkte Objekt verstanden wird. Darstellungen der Verarbeitung von Dativfragen gehen jedoch - zumeist implizit - von der Annahmen aus, daß der Parser sich erst dann für eine Lückenposition entscheiden kann, wenn das Verb eingelesen worden ist. Eine solche string-inkrementelle Interpretation der AFS ist jedoch nicht notwendig. Diese Diskussion soll aber auf den Abschnitt 4.2.3.1 verschoben werden.

Ein zweiter wichtiger Unterschied zwischen LEM und AFS betrifft die Rolle lexikalischer Information. Dem LEM zufolge identifiziert der Parser Lücken nur in solchen Positionen, an denen eine lexikalische NP zu erwarten wäre, jedoch keine entsprechende NP aus dem Input konstruiert werden kann. Nach präferiert intransitiven Verben würde der Parser Lückenpositionen auch dann nicht vermuten, wenn keine lexikalische NP im Input folgt. Die oben vorgestellte Formulierung der AFS bleibt bezüglich der Rolle lexikalischer Information neutral. Die AFS reguliert die Parsingstrategie, nachdem eine potentielle Lückenposition erkannt worden ist, sagt aber nichts darüber aus, welche phrasenstrukturellen Positionen der Parser für potentielle Lückenpositionen hält. Die AFS ist daher kompatibel mit den Befunden, die in Abschnitt 4.1.2.3 vorgestellt wurden. Im Rahmen des Garden-Path-Modells, innerhalb dessen die AFS formuliert worden ist, wäre zu erwarten, daß der Parser für die Identifizierung einer Lückenposition ausschließlich phrasenstrukturelle Informationen verwendet. Dies würde bedeuten, daß jede phrasenstrukturell legitime Position als Lückenposition für einen Füller in Betracht kommt, unabhängig davon, wie wahrscheinlich es ist, daß diese strukturell legitimen Positionen auch tatsächlich syntaktisch als Lückenpositionen legitimiert werden können. Auf eine detaillierte Diskussion dieser Daten kommen wir in Abschnitt 4.2.3.2 zurück.

4.2.3 Spurensuche: Alternative Modelle

Die AFS - als Teil der Garden-Path-Theorie - beruht auf den grundlegenden Annahmen,

- daß das Aufspüren von Lücken unabdingbare Voraussetzung für die erfolgreiche Verarbeitung von Füller-Lücken-Beziehungen ist,
- daß sich der Parser bei der Suche nach einer Lückenposition primär auf strukturelle Information verläßt und
- daß auch Füller-Lücken-Ambiguitäten seriell verarbeitet werden.

Es sollen nun einige Datenbereiche diskutiert werden, die zumindest auf den ersten Blick mit der AFS im speziellen und z.T. auch mit dem Modell der Füller-Lücken-Verarbeitung im allgemeinen inkompatibel zu sein scheinen. Die Diskussionspunkte betreffen (i) die Effekte prädiktiven Lückenfüllens, (ii) den Einfluß von lexikalischer Information und Plausibilität auf die Berechnung von Füller-Lücken-Beziehungen, und (iii) die Abwesenheit des *Filled-Gap*-Effekts an der Subjektposition des Englischen. Ausgehend von diesen Daten wurden eine oder mehrere Grundannahmen der AFS/Garden-Path-Theorie in Frage gestellt und alternative Modelle der Verarbeitung von Füller-Lücken-Beziehungen entwickelt. Im folgenden sollen diese alternativen Modelle vorgestellt werden. Im Mittelpunkt der Diskussion wird jeweils stehen, ob die von diesen alternativen Modellen angebotenen Erklärungen für die Datenbereiche in (i) - (iii) Erklärungen, die auf der AFS beruhen, in der Tat überlegen sind.

4.2.3.1 *Immediate Association*

In Abschnitt 4.1.2.6 wurde experimentelle Evidenz diskutiert, die gezeigt hat, daß die Plausibilität einer Füller-Lücken-Beziehung evaluiert werden kann, bevor die entsprechende Lückenposition im Inputstring erreicht worden ist (Boland *et al.* 1995; Traxler & Pickering, 1996; vgl. auch Nicol, 1993). In (50) z.B. wurden Plausibilitätseffekte direkt am Verb und nicht erst nach Einlesen des direkten Objekts *the hapless man* beobachtet.

(50) That's the garage [with which], the heartless killer shot the hapless man t, yesterday afternoon.

Traxler & Pickering (1996) argumentieren, daß Daten wie diese nicht nur die AFS, sondern das bislang skizzierte Szenario der Füller-Lücken-Verarbeitung insgesamt in Frage stellen. Wenn die Plausibilität einer Füller-Lücken-Beziehung bereits mit Einlesen des Verbs beurteilt werden kann, dann muß die syntaktische Analyse der w-Phrase zu diesem Zeitpunkt bereits vollzogen worden sein. Mit der syntaktischen Analyse der w-Phrase muß offenbar nicht gewartet werden, bis alles lexikalische Material, das sich links von der Lückenposition im Inputstring befindet, verarbeitet wurde. Traxler & Pickering schlagen vor, daß die Verarbeitung von Füller-Lücken-Beziehungen daher auf radikal andere Weise gefaßt werden sollte: Um die syntaktische Funktion einer w-Phrase bestimmen zu können, muß nicht nach der korrespondierenden Lückenposition gesucht werden, sondern lediglich nach dem Prädikat, auf das sich die Füllerkonstituente bezieht. W-Phrasen können vom Parser direkt mit dem Verb assoziiert werden, ohne daß dieser zuvor, wie dies das Füller-Lücken-Modell diktiert, die phrasenstrukturelle

Position einer korrespondierenden Lücke aufspüren müßte. Diese Verarbeitungsstrategie nennen Traxler & Pickering (1996) *Immediate Association Hypothesis* (IAH, vgl. auch Pickering & Barry, 1991; Pickering, 1993, 1994). Die IAH ist also keine Alternative speziell zur AFS, sondern eine Alternative zum Füller-Lücken-Modell insgesamt. Folgendes Beispiel möge den Unterschied zwischen der IAH und dem Füller-Lücken-Modell illustrieren.

(51) a. Which book, did John give^k Pete t, ^{k}

b. Which book^k did John give^k Pete

(51a) skizziert die Verarbeitungsschritte, die nach dem Füller-Lücken-Modell notwendig sind: Zunächst muß die Lückenposition ausfindig gemacht werden, mit der die Füllerkonstituente koindiziert ist. Über die Lückenposition kann bestimmt werden, welche syntaktische Funktion der Füller inne hat, und damit auch, welche Argumentstelle des Verbs er ausfüllt. Die syntaktische Verarbeitung eines Füllers ist abgeschlossen, wenn die korrespondierende Lückenposition gefunden worden ist. Die Verarbeitung auf Grundlage der IAH ist wesentlich einfacher. Wie (51b) zeigt, kann eine w-Phrase direkt mit dem Verb - genauer gesagt: dem subkategorisierenden Element - assoziiert werden. Die wesentliche Aufgabe des Pasers besteht also nicht im Aufspüren der Lücke, sondern im Aufspüren des Elements, mit dem die w-Phrase syntaktisch und semantisch verbunden ist.

Wie aus diesem Beispiel bereits ersichtlich wird, machen IAH und das Füller-Lücken-Modell gleiche Vorhersagen, solange sich die Lücke für eine w-Phrase adjazent zum Verb bzw. zum subkategorisierenden Element befindet. Die Erklärung des *Filled-Gap*-Effekts z.B. kann daher auch unter Rekurs auf eine Strategie wie die IAH einfach erklärt werden. Unterschiede zwischen IAH und Füller-Lücken-Modell ergeben sich, wenn - wie schon in (29) - weiteres lexikalisches Material zwischen dem Subkategorisierer und der Lückenposition interveniert. Das intervenierende Material vergrößert in diesem Falle den Abstand zwischen w-Phrase und Spur, nicht aber den Abstand zwischen w-Phrase und Subkategorisierer. Insbesondere in Pickering & Barry (1991) werden auf dieser Grundlage eine Reihe von Argumenten gegen das Füller-Lücken-Modell und gleichzeitig zugunsten der IAH entwickelt. Eines dieser Argumente beruht auf dem Verarbeitungskontrast zwischen (52a) und (52b).

(52) a. [Which box], did you put the delicate cake that we bought from the bakery in t, ?

b. [In which box], did you put the nice and delicate cake that we bought from the bakery t, ?

Laut Pickering & Barry (1991) ist ein Satz mit gestrandeter Präposition wie in (52a) schwieriger zu verarbeiten als ein Satz wie (52b), in dem die gesamte PP an die Satzspitze gestellt worden ist. Die IAH kann diesen Kontrast leicht erklären: In (52a) bezieht sich die w-Phrase syntaktisch auf die Präposition *in*, in (52b) jedoch auf das Verb *put*. (52a) ist deshalb schwieriger zu verarbeiten, weil in diesem Satz der Abstand zwischen w-Phrase und Subkategorisierer viel größer ist als in (52b). Aus Sicht des Füller-Lücken-Modells kommt der Verarbeitungsunterschied überraschend, denn die Spur befindet sich in beiden Beispielen am Satzende. Beide Sätze sollten daher gleich schwierig zu verarbeiten sein.

Argumente wie diese verkehren sich jedoch ins Gegenteil, wenn Strukturen betrachtet werden, in denen sich das Verb in satzfinaler Position befindet, worauf bereits Dralle (1994) aufmerksam gemacht hat (vgl. auch Gorrell, 1993). Wie (53) zeigt, kann im Deutschen eine direktionale PP nicht durch intervenierendes Material vom Verb getrennt werden (Suchsland, 1993).

(53) a. Was hat Peter den Mann denn nun gefragt?

b. *Was hat Peter in die Garage denn nun gefahren?

Wird das direkte Objekt eines solchen Satzes erfragt, befindet sich der GB-Theorie zufolge die entsprechende Spur in jedem Falle links von der PP. Variiert man nun die interne Komplexität der PP, variiert man gleichzeitig den Abstand zwischen der w-Phrase und dem subkategorisierenden Element (dem Verb), während der Abstand zwischen der w-Phrase und der korrespondierenden Spur konstant bleibt. In (54) sollte sich daher gemäß der IAH ein ähnlicher Komplexitätseffekt wie in (52) einstellen. Dies scheint aber nicht der Fall zu sein.

(54) a. Was_i hat Peter t_i in die Garage gefahren?

b. Was_i hat Peter t_i in die geräumige und gleich um die Ecke befindliche Garage gefahren?

In Schwierigkeiten bringen die IA-Hypothese aber selbst einige der in Abschnitt 4.1.2.6 vorgestellten Befunde zum prädiktiven Lückenfüllen. Boland et al. (1995) haben zeigen können, daß in (28) die Anomalie nicht erst mit Erreichen des subkategorisierenden Elements (der Präposition *to*) erkannt wird, sondern bereits während des Einlesens der NP *some cheap liquor*. Dies läuft den Vorhersagen der IAH eindeutig zuwider.

(55) [Which public library]$_i$ did John contribute some cheap liquor to t_i last week?

Trotz dieser Probleme muß die IAH als eine interessante Alternative zum Füller-Lücken-Modell betrachtet werden. Interesse hat die IAH nicht nur deshalb auf sich gezogen, weil sie das Füller-Lücken-Modell allgemein in Frage stellt, sondern vor allem, weil sie als Argument gegen die Analyse von Füller-Lücken-Konstruktionen im Rahmen der GB-Theorie interpretiert worden ist. Traxler & Pickering (1996) führen an, daß ein Verarbeitungsmodell wie die IAH Grammatiktheorien unterstützt, in denen Füller-Lücken-Beziehungen nicht als Abhängigkeit zwischen einer w-Phrase und einer koindizierten Spur dargestellt werden, sondern durch alternative Mechanismen, die auch syntaktisch eine direkte Verbindung von w-Phrase und ihrem subkategorisierendem Element annehmen. Ein Grammatikmodell, das diesen Anspruch erfüllt - die *Dependency Categorial Grammar* - wurde von Pickering in verschiedenen Aufsätzen verteidigt (Pickering & Barry, 1991, 1993; Pickering, 1993, 1994). Zum Abschluß dieser Diskussion muß daher gefragt werden, wie das Füller-Lücken-Modell im allgemeinen und die AFS im speziellen die Phänomene prädiktiven Lückenfüllens, die als Hauptargument zugunsten der IAH ins Feld geführt worden sind, erfassen kann.

In der Tat machen Pickering und Mitarbeiter auf eine Schwachstelle in bisherigen Formulierungen der AFS aufmerksam. Die AFS impliziert ein string-inkrementelles Vorgehen, dem zufolge der Füller erst dann integriert werden kann, wenn die entsprechende Lückenposition erreicht und alles Material, das zwischen Füller und Lücke interveniert, in die phrasenstrukturelle Repräsentation eingearbeitet worden ist. Spuren werden also behandelt wie lexikalische Items, mit dem einzigen Unterschied, daß der Integration von Spuren Vorrang vor der Integration wirklich lexikalischen Materials gegeben wird. Dieses Vorgehen, von Traxler & Pickering als "Standard-Modell" der Füller-Lücken-Verarbeitung bezeichnet, respektiert das *Input Ordering Constraint* (IOC, vgl. Gibson & Hickok, 1993:153). Das IOC kann als eine allgemeine Verarbeitungsbeschränkung aufgefaßt werden, die sicherstellt, daß Präzedenzrelationen in der phrasenstrukturellen Repräsentation eines Inputstrings die Reihenfolgebeziehungen innerhalb dieses Inputstrings widerspiegeln.

(56) *Input Ordering Constraint* (IOC)
The structure for an input string must represent the lexical material from that string in the same order in which it appears.

Eine strenge string-inkrementelle Auslegung der AFS, die das IOC respektiert, ist angesichts der Daten zum prädiktiven Lückenfüllen nicht haltbar. Setzt man das IOC für Spuren jedoch außer Kraft, können die Beobachtungen zum prädiktiven Lückenfüllen auf eine Weise interpretiert werden, die sich im Rahmen bisher diskutierter Annahmen bezüglich der Verarbeitung von Füller-Lücken-Beziehungen bewegt. Angenommen werden muß nun lediglich, daß der Parser bereits frühzeitig potentielle Lückenpositionen antizipieren und mit einer Spur besetzen kann. Akzeptiert man diese Sicht der Dinge, verschwindet das von Traxler & Pickering aufgeworfene Problem. In (57) z.B. kann bei Aufgabe des IOC für Spuren die Lückenposition der w-Phrase bereits reserviert werden, sobald mit dem Aufbau der VP begonnen worden ist.

(57) That's the garage [with which]$_i$ the heartless killer shot the hapless man t$_i$ yesterday afternoon.

Daten wie diese zeigen also nicht unbedingt, daß das Füller-Lücken-Modell inadäquat ist. Vielmehr zeigen sie, daß Spuren, die die syntaktische Funktion der w-Phrase signalisieren, nicht dem IOC unterliegen und daher bereits vorzeitig, d.h. ohne auf die Lückenposition im Inputstring zu warten, in die phrasenstrukturelle Repräsentation eingefügt werden können.

Wie kann dieser Aspekt vernünftig in das Füller-Lücken-Modell integriert werden? Vorschläge sind in Crocker (1992), Gorrell (1993) sowie Gibson & Hickok (1993) unterbreitet worden. Wenn der Parser Lückenpositionen frühzeitig vorwegnehmen kann, muß er in der Lage sein, Struktur in erheblichem Maße *top-down* zu prädizieren. Zur Erklärung der Befunde zum prädiktiven Lückenfüllen muß daher minimal angenommen werden, daß der Parser Hypothesen über die interne Struktur der VP anstellen kann, wobei plausiblerweise alle verfügbare Informationen, insbesondere lexikalische Information des Verbs bezüglich erwartbarer Argumente, berücksichtigt werden (Gorrell, 1993; Gibson & Hickok, 1993). Crocker (1992) geht noch einen Schritt weiter. Seiner Theorie zufolge kann der Parser von Beginn an eine CP-IP-VP-Struktur projizieren, also das komplette Grundskelett des Satzes, wobei allerdings die VP-interne Struktur unspezifiziert bleibt, solange das Verb nicht eingelesen worden ist. Dem Parser stehen also frühzeitig verschiedene potentielle Lückenpositionen zur Verfügung: die SpecIP-Position, aber auch strukturell legitime Positionen innerhalb der VP.

Die Aufgabe des IOC für Spuren sowie Crockers Vorschlag bezüglich der frühzeitigen *top-down* Entwicklung eines CP-IP-VP-Skeletts hat einige interessante Konsequenzen, die über die Erklärung der Phänomene prädiktiven Lückenfüllens hinausgehen. Unter diesen Voraussetzungen kann nicht nur die Vorhersage von Lückenpositionen in den oben diskutierten Fällen abgeleitet werden. Es wird nun auch eine elegante Erklärung interpretativer Präferenzen bei global ambigen Dativfragen möglich, welche *First-Resort*-Strategien wie die AFS vor ein Problem zu stellen scheinen (vgl. Abschnitt 4.2.2.2).

(58) Which patient did the nurse bring the doctor?

 a. Which patient$_i$ did the nurse bring the doctor t$_i$

 b. Which patient$_i$ did the nurse bring t$_i$ the doctor

Wie bereits erwähnt, präferieren Sprecher (sofern sie Dativfragen überhaupt akzeptabel finden) in der Regel die aus (58a) folgende DO-Interpretation der w-Phrase. Die Präferenz für (58a) kommt unerwartet, wenn man die AFS in ihrer ursprünglichen Form zur Erklärung der Verarbeitung global ambiger Dativfragen heranzieht. Die erste potentielle Lückenposition eröffnet sich unmittelbar hinter dem Verb *bring*. Assoziiert der Parser die w-Phrase mit dieser Position, sollte diese eigentlich präferiert als indirektes Objekt, nicht als direktes Objekt verstanden werden. Unter Voraussetzung der in diesem Abschnitt entwickelten Modifikationen eröffnet sich allerdings eine andere Erklärungsmöglichkeit. Da Spuren nicht dem IOC unterliegen, können sie bereits phrasenstrukturell generiert werden, bevor alles dieser Position vorausgehende Inputmaterial abgearbeitet worden ist. Insbesondere kann der Parser, wenn er von Anbeginn über eine CP-IP-VP-Struktur verfügt, eine VP-interne Anbindungsstelle für die Spur der w-Phrase festlegen, bevor das Verb eingelesen worden ist. Die strukturell zurückhaltendste Annahme wäre, die Spur innerhalb der VP als Schwester des V-Knotens anzubinden. Dieser Position zufolge fungiert die w-Phrase als direktes Objekt. An dieser Analyse hält der Parser fest (*Revision-as-last-resort*; Fodor & Frazier, 1980), mit der Konsequenz, daß für die postverbale NP *the doctor* nur noch eine Analyse als indirektes Objekt des Verbs in Frage kommt.

4.2.3.2 Thetagetriebene Verarbeitung

Die in Abschnitt 4.1.2.5 beschriebenen experimentellen Untersuchungen haben gezeigt, daß die Plausibilität von Füller-Lücken-Beziehungen Einfluß auf die Verarbeitung von Fragesätzen mit mehrstelligen Verben hat. So kommt es zwar in (59a), nicht aber in (59b) zu einem *Filled-Gap*-Effekt bei Einlesen des direkten Objekts *them* (Boland et al., 1995). Ein *Filled-Gap*-Effekt bleibt in genau der Bedingung aus, in der die Interpretation der w-Phrase als direktes Objekt von *remind* zu einer semantischen Anomalie führen würde.

(59) a. Which child did Mark remind them to watch? (plausibles DO)

  b. Which movie did Mark remind them to watch? (unplausibles DO)

Boland *et al.* argumentieren, daß dieser und ähnliche Befunde für Verarbeitungsmodelle problematisch sind, denen zufolge der Parser bei der Suche nach einer Lückenposition zunächst ausschließlich phrasenstrukturelle Information berücksichtigt. Dies ließe erwarten, daß es in Konstruktionen wie (59) in jedem Falle zu einem *Filled-Gap*-Effekt kommen sollte. Die Objektposition von *remind* ist die erste potentielle Lückenposition, und laut AFS sollte diese mit der w-Phrase verbunden werden, ohne Rücksicht auf die semantischen Konsequenzen dieser Entscheidung. Vielmehr betrachten Boland *et al.* diese Daten als Evidenz dafür, daß der Parser bei der Suche nach einer Lückenposition alle verfügbaren Informationsquellen berücksichtigt, insbesondere aber Informationen bezüglich der thematischen Rollen, die das Verb zu vergeben hat.

Dies zu implementieren, schlagen Boland *et al.* vor, die Verarbeitung von Füller-Lücken-Beziehungen nicht als einen Prozeß zu charakterisieren, in dem die primäre Aufgabe des Parsers darin besteht, für einen Füller eine phrasenstrukturell legitime Lückenposition aufzuspüren. Einem solchen *spurengetriebenen Modell* stellen Boland *et al.* ein *thetagetriebenes Modell* entgegen (vgl. auch Carlson & Tanenhaus, 1988; Tanenhaus *et al.*, 1993; Tanenhaus & Carlson, 1989; Tanenhaus, Garnsey & Boland, 1990). In diesem Modell besteht die primäre Aufgabe des Parsers darin, der Füllerkonstituente zum frühestmöglichen Zeitpunkt eine thematische Rolle zuzuweisen. Die Zuweisung einer thematischen Rolle erfolgt direkt und erfordert nicht, wie im spurengetriebenen Modell, daß der Füller zuvor mit der phrasenstrukturellen Position assoziiert worden ist, an die die entsprechende thematische Rolle vergeben wird.

Im Gegensatz zur IAH bestreitet das thetagetriebene Modell nicht, daß Füller-Lücken-Beziehungen, wie sie die GB-Theorie vorsieht, berechnet werden. Es werden aber andere Prioritäten gesetzt. Dem spurengetriebenen Modell zufolge bemüht sich der Parser primär darum, eine strukturell legitime Lückenposition zu finden, anhand der die thematische Rolle der Füllerkonstituente bestimmt werden kann. Im thetagetriebenen Modell bemüht sich der Parser primär darum, der Füllerkonstituente eine thematische Rolle zuzuweisen. Anhand dieser thematischen Rolle wird die Lückenposition bestimmt. Die Berechnung der syntaktischen Füller-Lücken-Relation fungiert in diesem Modell eher wie ein Filter, mit dessen Hilfe interpretative Entscheidungen des Parsers bestätigt oder verworfen werden.[14]

Da die Berechnung von Füller-Lücken-Beziehungen über die Zuweisung thematischer Rollen gesteuert wird, kommt dem Zugriff auf das Verb im thetagetriebenen Modell große Bedeutung zu. Ist das Verb eingelesen worden, kann der Parser überprüfen, welche thematische Rolle für die w-Phrase zur Verfügung steht. Steht mehr als nur eine thematische Rolle zur Verfügung, die der Füllerkonstituente zugewiesen werden könnte, trifft der Parser eine provisorische Entscheidung. Diese Entscheidung berücksichtigt alle zur Verfügung stehenden Informationen, u.a. Selektionseigenschaften des Verbs und semantische Information über die Füllerkonstituente. Würde die Zuweisung einer bestimmten thematischen Rolle an einen Füller zu einer semantischen Anomalie führen, etwa weil der Füller Selektionseigenschaften des Verbs nicht erfüllt, dann wird die Zuweisung dieser thematischen Rolle unterbunden und nach

---

[14] Eine solche Alternative zum spurengetriebenen Füller-Lücken-Modell wurde bereits in Lakoff & Thompson (1974a, b) entwickelt. Im Modell von Lakoff & Thompson kann der Parser frühzeitig semantische Hypothesen über die syntaktische Funktion des w-Wort generieren. *Semantisch* heißen diese Hypothesen deshalb, weil sie vor dem Berechnen der korrespondierenden phrasenstrukturellen Repräsentation angestellt werden können, und zwar mit Erreichen des subkategorisierenden Verbs. Diese Hypothesen werden im weiteren Verarbeitungsverlauf von den syntaktischen Gegebenheiten bestätigt oder widerlegt.

Alternativen gesucht. Boland *et al.* (1995:780) fassen diese Überlegungen in der *Provisional Interpretation Hypothesis* zusammen.

(60) *Provisional Interpretation Hypothesis*
"We assume that recognition of a verb activates its argument structure and that the thematic fit of the wh-phrase is evaluated in parallel for each potential gap site by comparing the semantic features of the filler with the features of the thematic roles associated with each potential gap site. Thus, thematic fit can be used to assign the wh-phrase a provisional role as soon as the verb is encountered."

Wenden wir uns nun der Frage zu, wie das thetagetriebene Modell den eingangs angeführten Verarbeitungsunterschied in (59) erklärt.

(59) a. Which child did Mark remind them to watch? (plausibles DO)
b. Which movie did Mark remind them to watch? (unplausibles DO)

Das Verb *remind* subkategorisiert zwei interne Argumente: eine NP und eine infinite Satzergänzung. Die NP ist mit der thematischen Rolle "Adressat" verknüpft, die Satzergänzung mit der thematischen Rolle "Proposition". Der Füller *which child* in (59a) ist mit der thematischen Rolle "Adressat" kompatibel und erfüllt auch die kategorialen Anforderungen an diese Argumentstelle. Die w-Phrase *which child* wird daher sofort mit der thematischen Rolle "Adressat" verbunden. Diese provisorische Zuweisung kann jedoch nicht aufrecht erhalten werden, da die phrasenstrukturelle Position, an der die thematische Rolle "Adressat" realisiert werden muß, von einer NP (*them*) besetzt wird. Syntaktische Gegebenheiten widerlegen also die provisorische interpretative Entscheidung und erzwingen deren Revision. Die w-Phrase *which movie* in (59b) hingegen ist kein plausibler Träger der thematischen Rolle "Adressat", denn die NP *which movie* ist unbelebt. Aber auch die Rolle "Proposition" kann die Füller-NP nicht übernehmen. Entscheidend ist nun aber, daß der Parser an dieser Stelle bereits über Informationen darüber verfügt, daß weitere potentielle Argumentpositionen folgen werden, und zwar innerhalb der infiniten Satzergänzung. Diese Information reicht dem Parser, die Verknüpfung des Füllers mit einer thematischen Rolle vorläufig auszusetzen, in der Hoffnung, daß sich innerhalb der Satzergänzung eine geeignetere thematische Rolle für den Füller findet. Da nun die w-Phrase *which movie* nicht mit der Adressaten-Rolle verknüpft wird, muß auch die Position des direkten Objekts von *remind* nicht als Lückenposition für die w-Phrase reserviert werden. Deshalb treten mit Einlesen der postverbalen NP *them* in (25b) keine Verarbeitungsschwierigkeiten zutage. Nur wenn das Verb keine Alternativen bei der Zuweisung thematischer Rollen eröffnet, werden unplausible Füller-Lücken-Beziehungen berechnet, etwa bei Vorliegen eines einfachen transitiven Verbs wie in (61).

(61) The businessman knew [which article]$_i$ the secretary called t$_i$ at home.

Innerhalb des thetagetriebenen Modells finden auch die Effekte prädiktiven Lückenfüllens eine natürliche Erklärung. Betrachten wir dazu noch einmal (62). Die w-Phrase *which public library* fungiert plausiblerweise als "Empfänger", und ist daher syntaktisch innerhalb der PP anzusiedeln. Die Zuweisung dieser provisorischen Interpretation erfolgt jedoch nicht erst bei

Erreichen der PP, sondern bei Erreichen des Verbs. Es ist daher zu erwarten, daß die in (62) resultierende semantische Anomalie zu Verarbeitungseffekten führt, noch während das direkte Objekt (*some cheap liquor*) verarbeitet wird und nicht erst danach.

(62) [Which public library]$_i$ did John contribute some cheap liquor to t$_i$ last week?

Die von Tanenhaus, Boland und Mitarbeitern vorgetragenen Argumente zugunsten des thetagetriebenen Modells sind interessant und zweifellos eine Herausforderung für jede Theorie der Füller-Lücken-Verarbeitung. Die experimentelle Evidenz ist aber auch in diesem Falle - wie schon bei der Diskussion der IAH - nicht spezifisch genug, tatsächlich die Überlegenheit des thetagetriebenen Modells gegenüber einem spurenbasiertem Modell zu demonstrieren. Das thetagetriebene Modell erklärt die Verarbeitungsdifferenzen zwischen (59a) und (59b) über Unterschiede, die den Aufbau der Füller-Lücken-Beziehung selbst betreffen: Die w-Phrase wird nur in (59a), nicht aber in (59b) mit der Position des direkten Objekts verbunden. Im spurengetriebenen Modell kann der Verarbeitungsunterschied über unterschiedlich schnell ablaufende Reanalyseprozesse erklärt werden. Zwar wird der AFS zufolge in (59) der Füller in jedem Falle mit der Position des direkten Objekts verbunden, ohne auf semantische Faktoren Rücksicht zu nehmen. (59a) und (59b) unterscheiden sich aber möglicherweise dahingehend, wie bereitwillig der Parser diese Entscheidung wieder aufgibt. Einschlägig ist in diesem Zusammenhang das *Late-Revisions Principle* (Frazier, 1990), das wir in Abschnitt 3.3.1.2 als ein den Reanalyseprozeß steuerndes Prinzip bereits kennengelernt haben.

(63) *Late-Revisions Principle*
Confirmed processing decisions take longer to revise than unconfirmed ones.

Nur in (59a), nicht aber in (59b), wird die syntaktische Entscheidung des Parsers (w-Phrase = DO) auch durch nachfolgende interpretative Prozesse bestätigt. Die Tatsache, daß die Analyse des Füllers als direktes Objekt in (59b) zu einer semantischen Anomalie führt, hat zur Folge, daß der Parser diese in (59b) automatisch aufgibt, sobald sich diese Analyse syntaktisch als unhaltbar erweist. Es ist daher auch im Rahmen eines spurengetriebenen Modells zu erklären, daß nur in (59a) ein *Filled-Gap*-Effekt entsteht.

In diesem Zusammenhang muß ein methodisches Problem besprochen werden. Wenn semantische Anomalien den Reanalyseprozeß beschleunigen können, muß angenommen werden, daß der Parser die semantische Anomalie tatsächlich erkennt. Warum aber aber zeigt sich dies nicht in der von Tanenhaus, Boland und Mitarbeitern favorisierten *Stops-Making-Sense*-Aufgabe? In Sätzen wie (64) z.B. ist ein Anstieg der *Stops-Making-Sense* Reaktionen nicht auf dem Verb selbst, sondern erst auf dem nachfolgenden Wort *to* beobachtbar (vgl. Abschnitt 4.1.2.5). Tanenhaus *et al.* schlußfolgern daraus, daß die Vorhersagen des spurengetriebenen Modells damit widerlegt sind: Probanden bemerken mit Einlesen des Verbs keine Anomalie, also gibt es keinen Grund anzunehmen, daß die w-Phrase selbst nur kurzzeitig mit der Position des direkten Objekts in Verbindung gebracht wurde.

(64) [Which movie]$_i$ did your brother remind t$_i$ to watch the show?

In der Tat wäre unter Voraussetzung eines spurengetriebenen Modells zu erwarten, daß der Parser direkt am Verb eine Anomalie wahrnimmt. Möglicherweise aber ist die *Stops-Making-Sense*-Methode dies anzuzeigen ohnehin nicht in der Lage. Es ist nämlich nicht ganz klar, welche Gründe Versuchspersonen zu einer *Stops-Making-Sense* Antwort bewegen, eine Unsicherheit, auf die bereits Fodor (1990) hingewiesen hat. Möglicherweise reagieren die Versuchspersonen nur, wenn der Aufbau einer unplausiblen Füller-Lücken-Beziehung *unumgänglich* ist, in (64) also mit Einlesen der Infinitivmarkierung *to*, die anzeigt, daß der Füller als direktes Objekt des Verbs fungieren muß. Ob eine *Stops-Making-Sense* Reaktion direkt am Verb überhaupt zu erwarten wäre, wenn es - wie in (26) - eine mögliche Alternative zu der unplausiblen Assoziation von *which movie* und *remind* gibt, kann nicht sicher entschieden werden. Es wäre allerdings denkbar, daß der Einsatz sensitiverer Techniken wie z.B. der Blickbewegungsmessung in diesem Bereich für Klärung sorgen kann.

Ähnlich kontrovers diskutiert wird der Einfluß von Transitivitätspräferenzen auf die Berechnung postverbaler Lückenpositionen. Da im thetagetriebenen Modell die Bestimmung einer Lückenposition über die Zuweisung von thematischen Rollen vermittelt wird, sollten Transitivitätspräferenzen die Verarbeitungsentscheidungen des Parsers wesentlich beeinflussen. Zu erwarten wäre unter diesen Voraussetzungen, daß z.B. *Filled-Gap*-Effekte nur in der Umgebung obligatorisch oder präferiert transitiver Verben auftreten. Die in Abschnitt 4.1.2.3 diskutierten Befunde von Clifton & Frazier (1989) sowie Kurtzman *et al.* (1991) widersprechen dieser Vorhersage jedoch. In diesen Arbeiten wurde gezeigt, daß Lücken auch in der unmittelbaren Nachbarschaft präferiert intransitiver Verben postuliert werden und *on-line* zu Verarbeitungsschwierigkeiten führen können. Daten wie diese sind unvereinbar mit Parsingtheorien, in denen syntaktische Entscheidungen bei der Auflösung von Füller-Lücken-Ambiguitäten - im Sinne der *Lexical Guidance Hypothesis* (vgl. Abschnitt 3.2.2.2) - durch lexikalische Informationen gesteuert werden. Sie sind auf der anderen Seite kompatibel mit spurengetriebenen Modellen, insbesondere dem AFS-basierten Modell, das den Annahmen der Garden-Path-Theorie verpflichtet ist. Wie schon erwähnt worden ist, spezifiziert die AFS das Verhalten des Parsers, nachdem eine potentielle Lückenposition entdeckt worden ist, sagt selbst aber nichts darüber aus, wo genau der Parser mögliche Lückenpositionen vermutet. Im Rahmen des Garden-Path-Modells, innerhalb dessen die AFS formuliert worden ist, wäre jedoch zu erwarten, daß der Parser für die Identifizierung einer Lückenposition ausschließlich phrasenstrukturelle Informationen verwendet. Demnach käme jede strukturell legitime Position als Lückenposition für einen Füller in Betracht, unabhängig davon, wie wahrscheinlich es ist, daß diese strukturell legitimen Positionen auch tatsächlich syntaktisch lizenziert werden. Lexikalische Information hat aber in diesem Modell durchaus eine Filterfunktion, kann also die Revision als falsch erkannter syntaktischer Entscheidungen beschleunigen (*Lexical Filter Hypothesis*, vgl. Abschnitt 3.2.2.2). Auf diese Weise ist z.B. erklärbar, weshalb Stowe *et al.* (1991) zwar in (65a), nicht aber in (65b) Verarbeitungsschwierigkeiten direkt am Verb registrierten (vgl. Abschnitt 4.1.2.3). In beiden Sätzen führt die Assoziation der w-Phrase mit dem Verb zu einer semantischen Anomalie, aber nur in (65a) schlägt sich dies in erhöhten Lesezeiten nieder.

(65) a. The teacher wondered [which song]$_i$ the students *read* quietly about t$_i$?

b. The nurse wondered [which bed]$_i$ the orderly *hurried* quickly towards t$_i$?

Im Rahmen des thetagetriebenen Modells wird angenommen, daß Füller nach präferiert intransitiven Verben gar nicht erst mit einer Lückenposition assoziiert werden und daher natürlich auch keine Verarbeitungsschwierigkeiten entstehen, wenn die Disambiguierung zugunsten einer späten Lücke erfolgt. Im Rahmen der Garden-Path-Theorie würde man hingegen annehmen, daß lexikalische Informationen - ähnlich wie schon Plausiblitätseffekte - Reanalyseprozesse beschleunigen können. Eine Lücke in Position des direkten Objekts wird bei präferiert intransitiven Verben bereitwilliger aufgegeben als bei präferiert transitiven Verben. Lexikalische Information wird dieser Darstellung zufolge lediglich als ein Korrektiv bereits berechneter Füller-Lücken-Beziehungen, nicht aber als Informationsquelle verstanden, die die Identifizierung von Lückenpositionen erst ermöglicht.

Es wurde schon mehrfach darauf hingewiesen, daß die Datenlage in diesem Bereich sehr schmal ist und nicht zu endgültigen Schlußfolgerungen verleiten sollte. Die empirischen Unterschiede zwischen dem theta- und dem spurengetriebenen Modell sind - soviel dürfte diese Diskussion gezeigt haben - ohnehin derart gering, daß sie nur mit erheblichem technologischen Aufwand überhaupt noch zu erfassen sein werden. Der wirklich wichtige Unterschied zwischen dem theta- und dem spurengetriebenen Modell besteht vielmehr darin, daß in letzterem die Berechnung von Füller-Lücken-Beziehungen prinzipiell ohne lexikalische Information vorgenommen werden kann. Auch wenn sich also herausstellen sollte, daß lexikalische Information bei initialen Verarbeitungsentscheidungen genutzt wird, sofern sie denn verfügbar wäre: Das System kommt auch ohne sie aus. Diese eher sekundäre Rolle lexikalischer Information innerhalb des spurengetriebenen Modells befindet sich vermutlich besser in Einklang mit den Befunden zur Füller-Lücken-Verarbeitung bei Wernicke-Aphasie. Wie gezeigt worden ist, können Wernicke-Aphasiker Füller-Lücken-Beziehungen trotz gestörten Zugriffs auf lexikalische Information korrekt berechnen. So zeigen sie z.B. normale Reaktivierungseffekte in Sätzen wie (66), deren Inhalt sie aber gar nicht erfassen können, wie unabhängig gezeigt worden ist (Swinney *et al.*, 1996; vgl. Abschnitt 4.1.2.4).

(66) The priest enjoyed the drink that the caterer was (*1) serving (*2) to the guests.

Dies kommt unerwartet, wenn die Berechnung von Füller-Lücken-Konstruktionen von lexikalischer Information gesteuert wird. Swinney *et al.* (1996) wie auch Zurif *et al.* (1993) schlußfolgern auf der Basis ihrer neurolinguistischen Untersuchungen, daß die Berechnung von Füller-Lücken-Beziehungen ein primär syntaktischer und hochgradig automatisierter Prozeß ist, der selbst bei schwersten Störungen sprachlicher Fähigkeiten vollkommen unbeeinträchtigt funktionieren kann.

Fassen wir zusammen: Das theta- und das spurengetriebene Modell unterscheiden sich in erster Linie hinsichtlich der Rolle, die thematischer Information sowie Transitivitätspräferenzen bei der Berechnung von Füller-Lücken-Beziehungen zugebilligt wird. Im spurengetriebenen Modell ist es möglich anzunehmen, daß allein phrasenstrukturelle Information für die Bestimmung einer Lückenposition verwendet wird. Der syntaktische Aufbau einer Füller-Lücken-Beziehung ist in diesem Modell allen anderen Verarbeitungsprozessen vorgeschaltet. Die vom Füller realisierte thematische Rolle wird vermittelt über die phrasenstrukturelle Position der entsprechenden Lückenposition identifiziert. Um jedoch den Einfluß von Plausibilität und Transitivitätspräferenzen auf die Verarbeitung von Füller-Lücken-Beziehungen darstellen zu können, muß angenommen werden, daß diese Informationsquellen sehr schnell zur Überprüfung aufgebauter Füller-Lücken-Beziehungen eingesetzt werden können. Lexikalische Information sowie Plausiblitätserwägungen haben also dieser Vorstellung zufolge einen filternden, keinen steuernden Einfluß. Insbesondere ist sie daher für den Aufbau einer Füller-Lücken-Beziehung nicht zwingend erforderlich. Im thetagetriebenen Modell hingegen werden zwar Füller-Lücken-Beziehungen ebenfalls aufgebaut, die Zuordnung einer Lückenposition zu einem Füller erfolgt jedoch vermittelt über thematische Rollen. Über die frühzeitige Zuweisung thematischer Rollen werden Füller frühzeitig semantisch interpretiert. Transitivitätspräferenzen sowie thematischer Information kommt in diesem Modell eine steuernde Funktion zu.

4.2.3.3 Gewichteter Parallelismus

Abschließend wollen wir uns mit einem Modell der Berechnung von Füller-Lücken-Beziehungen beschäftigen, das sich von der AFS insbesondere durch den zugrundegelegten Verarbeitungsmodus unterscheidet. Die AFS ist in ein serielles Verarbeitungsmodell eingebettet. Wie in Abschnitt 3.2.1.1 ausführlich erläutert wurde, zeichnen sich serielle Parser dadurch aus, daß sie bei Entstehen einer strukturellen Ambiguität eine Fortsetzungsmöglichkeit auswählen und allein diese weiterverfolgen. Das in Gibson (1991) vorgestellte parallele Verarbeitungsmodell charakterisiert ein grundlegend anderer Umgang mit Ambiguitäten. Bei Entstehen einer lokalen Ambiguität wird nicht zwischen alternativen Fortsetzungsmöglichkeiten ausgewählt. Vielmehr verfolgt der Parser - innerhalb eines bestimmten Rahmens - alle Fortsetzungsmöglichkeiten parallel weiter. Einen derart konzipierten Parser stellen strukturelle Ambiguitäten im allgemeinen und Füller-Lücken-Ambiguitäten im speziellen vor kein Entscheidungsproblem. Wenn lokal unterbestimmt ist, ob eine bestimmte Position als Lückenposition anzusehen ist oder nicht, dann wird der Parser beide Möglichkeiten weiterverfolgen. Lückenpositionen können also nicht vorschnell postuliert oder übersehen werden (Gibson & Clark, 1988).

In Gibson, Hickok & Schütze (1994) - im folgenden mit GHS abgekürzt - wird ein explizites Modell der Verarbeitung von Füller-Lücken-Beziehungen entwickelt, aufbauend auf der Theorie der parallelen Verarbeitung in Gibson (1991). Betrachten wir noch einmal eine Struktur wie (67), die in diesem Kapitel bereits mehrfach Erwähnung gefunden hat.

(67)   My brother wanted to know who, Ruth will bring us home to t, at Christmas.

Ein seriell arbeitender Parser muß sich spätestens mit Erreichen des Verbs *bring* entscheiden, ob die Komplementposition dieses Verbs als Lückenposition für die w-Phrase reserviert werden soll oder nicht. Der parallele Parser von GHS hingegen berechnet bei Erreichen des Verbs beide Strukturen: eine Struktur, in der die Objektposition als Lückenposition für den Füller reserviert wird, und eine Struktur, in der diese Position nicht als Lückenposition aufgefaßt wird, der Parser also mit lexikalischem Material rechnet, das die Objektposition besetzt. Ein paralleler Parser muß sich nicht für eine der beiden Optionen entscheiden. Wie aber kann dann der *Filled-Gap*-Effekt erklärt werden?

Wie in Abschnitt 3.3.2 erläutert, werden im System von Gibson (1991) und GHS Präferenzeffekte mittels zweier Mechanismen abgeleitet. Abhängig vom Verarbeitungsaufwand, der mit jeder einzelnen Strukturoption verbunden ist, kann der Parser zum einen die Berechnung von Strukturoptionen einstellen und zum anderen parallel berechnete Strukturen in eine Rangfolge bringen. Dies zu entscheiden, berechnet der Parser den mit jeder Struktur verbundenen Verarbeitungsaufwand. Quantifiziert wird der Verarbeitungsaufwand mit Hilfe von PLUs. Präferiert wird die strukturelle Variante, die die wenigsten PLUs auf sich zieht. Strukturen, die mehr PLUs erfordern, werden entweder niedriger gerankt (Differenz von einer PLU), oder die Berechnung dieser Strukturen wird eingestellt (Differenz von 2 PLUs). Verarbeitungsschwierigkeiten weisen also darauf hin, daß sich mit Entstehen einer strukturellen Ambiguität die alternativen Fortsetzungsmöglichkeiten hinsichtlich ihrer PLU-Zahl unterschieden haben. Erfordern alle Alternativen die gleiche PLU-Zahl, entstehen keine Rangfolgen, damit keine Präferenzen und schließlich auch keine Verarbeitungsschwierigkeiten am Punkte der Disambiguierung.

PLUs bestrafen lokale Verletzungen des Theta-Kriteriums. Eine NP, die eine thematische Rolle erhalten muß, jedoch noch keine solche Rolle erhalten konnte, verursacht eine PLU, ebenso wie z.B. ein Verb, das eine thematische Rolle zuweisen muß, dies aber noch nicht tun kann. Wie PLUs berechnet werden, wurde in Abschnitt 3.3.2 ausführlich erläutert. Hier sei noch einmal die im Kontext unserer Diskussion relevante Bedingung wiederholt.

(68) *Property of Thematic Reception*
Associate a cost of x PLUs to each confirmed node (1) that is in a position that can be associated with a theta-role in any of the structures currently under consideration, (2) that unambiguously heads a chain, and (3) whose role-assigner is not unambiguously identifiable.

Wenden wir uns nun der Frage zu, weshalb an der Objektposition ein *Filled-Gap*-Effekt beobachtet werden kann. Nach Verarbeitung dieses Satzes bis zum Erreichen des Verbs *bring* können zwei unterschiedliche Strukturen aufgebaut werden ((69), vgl. Gibson *et al.*, 1994:393). Zu beachten ist, daß der Parser zu diesem Zeitpunkt bereits über Information darüber verfügt, daß das Verb ein direktes Objekt realisieren muß. Daher wird bereits ein VP-interner NP-Knoten prädiziert, ein sogenannter *h-Knoten*. In (69b) wird eine Füller-Lücken-Beziehung aufgebaut, wobei der prädizierte NP-Knoten als Basisposition der w-Phrase analysiert und mit einer Spur besetzt wird. In (69b) wird keine Füller-Lücken-Beziehung aufgebaut, und der prädizierte NP-Knoten in Position des direkten Objekts von *bring* bleibt leer.

(69) My brother wanted to know who Ruth will bring ... (us home to at Christmas)

a. My brother wanted to know [$_{CP}$ [$_{NP}$ who] [$_C$ e] [$_{IP}$ [$_{NP}$ Ruth] [$_I$ will] [$_{VP}$ [$_V$ bring] [$_{NP}$ *h*]]]]]

b. My brother wanted to know [$_{CP}$ [$_{NP}$ who$_i$] [$_C$ e] [$_{IP}$ [$_{NP}$ Ruth] [$_I$ will] [$_{VP}$ [$_V$ bring] [$_{NP}$ t$_i$]]]]]

Vergleichen wir nun, wieviele PLUs mit beiden Strukturoptionen verknüpft sind, ergibt sich folgendes Bild: (69b) erfordert keine PLU. Die w-Phrase ist über die Spur mit einer Position verknüpft, in der sie eine thematische Rolle erhalten kann. Gleichzeitig kann das Verb, wie gefordert, seine thematischen Rollen an das Subjekt und das direkte Objekt zuweisen. In (69a) hingegen bleibt die w-Phrase nach wie vor ohne thematische Rolle, was die Zuweisung einer PLU aufgrund der *Property of Thematic Reception* zur Folge hat. Zwischen den Strukturen in

(69a) und (69b) ergibt sich also eine Differenz von einer PLU. Dies hat zur Folge, daß eine Rangfolge entsteht: Die verarbeitungsaufwendigere Alternative in (69a) wird vom Parser tiefer eingestuft als die Struktur in (69b). Es entsteht eine Präferenz zugunsten der Struktur mit Füller-Lücken-Beziehung. Wird nun im folgenden das postverbale Pronomen *us* eingelesen, welches anzeigt, daß (69a) in der Tat korrekt ist, muß der Parser diese Struktur zwar nicht völlig neu berechnen; sie steht nach wie vor zur Verfügung. Aber der Parser muß diese Strukturvariante erst reaktivieren, weshalb an dieser Stelle Verarbeitungsschwierigkeiten entstehen.

Das System von GHS bietet damit eine alternative Erklärung für das Auftreten des *Filled-Gap*-Effekts an der Objektposition. Man beachte, daß dieses System auch korrekt ableitet, daß der *Filled-Gap*-Effekt zur Gruppe der schwachen Garden-Path-Effekte gehört. Im Gegensatz zu vielen klassischen Garden-Path-Effekten führt er nicht zu bewußt wahrnehmbaren Verarbeitungsschwierigkeiten.

4.2.4 Lücken in syntaktischen Inseln

In Abschnitt 4.1.2.7 wurden die Ergebnisse einer Reihe von experimentellen Untersuchungen diskutiert, die der Frage nachgingen, ob der Parser bei der Suche nach einer Lückenposition globale Beschränkungen für die Wohlgeformtheit von Füller-Lücken-Beziehungen berücksichtigt, oder ob Entscheidungen über Lückenpositionen Information dieser Art zunächst vernachlässigen können. Die vorliegende Evidenz gestattet sicher noch keine endgültige Entscheidung zugunsten der einen oder anderen Option. Es gibt aber zumindest einige Hinweise darauf, daß globale Wohlgeformtheitsbedingungen bei der Suche nach einer potentiellen Lückenposition keine Rolle spielen. Welche Konsequenzen hätte dies für Theorien der Füller-Lücken-Verarbeitung?

Zwei Aspekte sollen im folgenden kurz angesprochen werden. Zum einen legen diese Daten nahe, daß es sich bei der Identifizierung von Lückenpositionen und der Herstellung einer Bindungsrelation zwischen Spur und Füllerkonstituente um zwei distinkte Verarbeitungsschritte handelt. Es ist daher verschiedentlich vorgeschlagen worden, die Identifizierung einer Lückenposition einerseits und die Berechnung einer Bindungsbeziehung zwischen Füller und Lücke andererseits unterschiedlichen Submodulen des Parsers zuzuschreiben. Frazier (1990) zufolge wird das Aufspüren einer Lückenposition vom sogenannten *c-Modul* (*constituent-module*) übernommen, welches ganz allgemein für den Aufbau der Konstituentenstruktur zuständig ist. Die Berechnung der Bindungsbeziehung zwischen Füller und Lücke fällt hingegen in den Verantwortungsbereich des *b-Modul* (*binding-module*), welches ganz allgemein die Wohlgeformtheit von Bindungs- und Kontrollbeziehungen kontrolliert.[15] Entscheidungen im c-Modul können unabhängig davon getroffen werden, ob sie sich bei den im b-Modul anzustellenden Berechnungen als korrekt erweisen oder nicht (*No-Bookkeeping Constraint*, vgl. Frazier, 1990:415). Der Parser kann daher Lücken auch in solchen Positionen vermuten, die eine grammatisch wohlgeformte Füller-Lücken-Beziehung überhaupt nicht zulassen.

Kommen wir damit zu einer zweiten Implikation der in Abschnitt 4.1.2.7 diskutierten Daten. Wenn Lücken tatsächlich innerhalb syntaktischer Inseln frei postuliert und erst in nachfol-

---

[15] Ähnliche Vorschläge werden in Berwick & Weinberg (1984), Crocker (1992) sowie Nicol (1993) unterbreitet.

genden Verarbeitungsschritten ausgesondert werden, dann birgt dies Probleme für einige Theorien, welche versuchen, die den Inselphänomenen zugrundeliegenden syntaktischen Beschränkungen für Füller-Lücken-Beziehungen funktional zu erklären, d.h. bedingt durch die Arbeitsweise des menschlichen Parsers (vgl. Fodor, 1978; 1983; Crain & Fodor, 1985). Solchen Erklärungen liegt folgende Idee zugrunde: Füller-Lücken-Beziehungen, die syntaktische Inselbedingungen nicht respektieren, sind nicht wirklich ungrammatisch, sondern wir können sie einfach nicht richtig verarbeiten. Der menschliche Parser hat bestimmte Designmerkmale, die es unmöglich machen, Sätzen z.B. mit Subjazenzverletzung eine strukturelle Repräsentation zuzuweisen. Berwick & Weinberg (1984) etwa verteidigen ein Parsermodell, dessen Funktionsweise zyklische und also mit der Subjazenzbedingung konforme Bewegung erzwingt. Die Subjazenzbedingung folgt ihrer Theorie zufolge unter der Annahme (i) daß der Parser deterministisch arbeitet, d.h. strukturelle Entscheidungen nicht automatisch rückgängig machen kann, und (ii) daß der Parser bei seinen Entscheidungen nur begrenzten Zugriff auf bereits aufgebaute Strukur hat, die Sicht auf Material "links" vom aktuellen Verarbeitungspunkt also limitiert ist. Aus der ersten Annahme folgt, daß der Parser stets bemühts sein wird, richtige Entscheidungen zu treffen, denn Korrekturen sind ihm nicht gestattet. Dies erzwingt u.a., daß der Parser nur dann eine Lücke postuliert, wenn er für diese Lückenposition einen Füller ausfindig machen kann. Erreicht der Parser z.B. das Verb *eat*, dann wird er nach diesem Verb in (70a) keine Spur postulieren, denn es ist kein Füller verfügbar. In (70b) aber wird eine Spur postuliert.

(70) a. Did John say that Frank believed ...that Bill would like to eat?

b. What$_i$ did John say that Frank believed ... that Bill would like to eat t$_i$?

Mit Einlesen des Verbs *eat* muß der Parser also nach "links" schauen, um zu überprüfen, ob ein Füller vorliegt, der das Einfügen einer Spur legitimieren würde. W-Abhängigkeiten aber können unendlich große Strukturabschnitte überspannen. Der Parser müßte also in vielen Fällen sehr weit nach "links" schauen können, was aber, nach Annahme (ii) nicht möglich ist. Daher muß Bewegung zwangsläufig Zwischenspuren hinterlassen, die es dem Parser ermöglichen, innerhalb seines "Sichtfensters" eventuelle Füller zu erkennen.

Berwick & Weinberg zufolge ist die Subjazenzbedingung Bestandteil natürlicher Grammatiken. Die von ihnen vorgeschlagene Verarbeitungstheorie soll motivieren, weshalb natürliche Grammatiken Beschränkungen für Füller-Lücken-Beziehungen wie die Subjazenzbedingung überhaupt enthalten. Pritchett (1991, 1992b) optiert für eine noch stärkere Hypothese, der zufolge die Kodierung der Subjazenzbedingung als Prinzip der Grammatik völlig überflüssig ist. Nach seiner Auffassung sind Subjazenzverletzungen also nicht ungrammatisch im eigentlichen Sinne, sondern vom menschlichen Parser nicht prozessierbar, und damit *"... a type of garden path sentence resulting from the combination of a local parsing error and the parser's inability to perform the necessary structural reanalysis."* (Pritchett, 1992b:334). Sätze, in denen aus einer syntaktischen Insel extrahiert wurde, haben demnach den gleichen Status wie etwa Sätze mit Zentraleinbettungen (71): Sie können von der Grammatik generiert werden, führen aber zu einem Zusammenbruch der *on-line* Verarbeitung.

(71) The editor who the author who the newspaper hired, asked, laughed.

Ansätze wie diese sind hochinteressant, stehen aber vor einer Reihe von Problemen sowohl allgemeiner wie auch eher technischer Art.[16] Zu den klassischen, wenn auch nicht unumstrittenen Annahmen der Rektions- und Bindungstheorie gehört z.B., daß die Subjazenzbedingung zwischensprachlicher Parametrisierung unterliegt: Im Italienischen genießen w-Extraktionen bestimmte Freiheiten, die Sprechern des Englischen verwehrt sind, was dazu geführt hat, für das Italienische und das Englische unterschiedliche subjazenzrelevante Knoten festzulegen (vgl. Rizzi, 1982). Dies abzuleiten dürfte für funktionale Theorien der Subjazenz nicht leicht sein. In unserem Zusammenhang aber ist relevant, daß Pritchett wie auch Berwick & Weinberg davon ausgehen müssen - und dies auch tun -, daß der Parser nicht in der Lage ist, Spuren innerhalb syntaktischer Inseln überhaupt zu postulieren. Genau dies aber scheint der Fall zu sein, wie die Ergebnisse von Pickering et al. (1994) sowie Kluender & Kutas (1993a, b) zeigen. Dies soll nicht heißen, daß es prinzipiell unmöglich sei, Beschränkungen wie Subjazenz funktional zu erklären. Kluender & Kutas (1993b) (vgl. auch Kutas & Kluender, 1994) argumentieren z.B., daß in Sätzen, die gegen die Subjazenzbedingung verstoßen, die Verarbeitung der Füller-Lücken-Beziehung *on-line* durch intervenierende w-Phrasen erschwert wird. Der feine, aber in diesem Zusammenhang entscheidende Unterschied besteht also darin, daß die Zuweisung einer Struktur zu einem subjazenzverletzenden Satz nicht unmöglich ist - wie Berwick & Weinberg sowie Pritchett annehmen - sondern besonders aufwendig, und zwar in einem Maße, das Unbehagen erzeugt.

4.3 Zusammenfassung

Im ersten Teil dieses Kapitels wurden experimentelle Untersuchungen vorgestellt, die sich mit Präferenzen bei der Verarbeitung von inaktiven Füller-Lücken-Ambiguitäten sowie Objekt-Objekt-Ambiguitäten im Englischen beschäftigt haben. Die Aufmerksamkeit des zweiten Teils galt der Erläuterung verschiedener Modelle der Verarbeitung von Füller-Lücken-Beziehungen und deren kritischer Evaluierung im Lichte experimenteller Daten.

Mit Blick auf die Verarbeitung von inaktiven Füller-Lücken-Ambiguitäten kann festgehalten werden, daß der Parser Strukturen ohne Füller-Lücken-Beziehung den Vorzug gibt vor alternativen Strukturen, die eine Füller-Lücken-Beziehung enthalten. Füller-Lücken-Beziehungen werden nur berechnet, wenn dies nicht zu vermeiden ist. Dieser Befund wird bereits durch Fodors *Superstrategy* korrekt erfaßt, der zufolge der Parser jeden Satz so verarbeitet, als handele es sich um die terminale Kette einer wohlgeformten d-strukturellen Repräsentation. Die *Superstrategy* kann jedoch auf allgemeinere Verarbeitungseigenschaften des Parsers reduziert werden: auf eine Präferenz für maximal interpretierbare Strukturen bzw. eine Präferenz für möglichst einfache Strukturen.

Im Zentrum stand jedoch die Verarbeitung von aktiven Füller-Lücken-Ambiguitäten, wie sie typischerweise bei der Verarbeitung von w-Fragen auftreten, wobei wir uns zunächst ausschließlich mit Objekt-Objekt-Ambiguitäten befaßt haben. In diesem Bereich deuten eine Reihe experimenteller Daten, wie z.B. der *Filled-Gap*-Effekt, darauf hin, daß der Parser bei Erreichen einer potentiellen Lückenposition einer *First-Resort*-Strategie folgt. Die Integration einer Spur wird der Integration weiteren lexikalischen Materials vorgezogen. Die verfügbaren Daten

---

[16] Vgl. z.B. Fodor (1985) für eine detaillierte Kritik der Theorie von Berwick & Weinberg (1984).

zeigen zudem, daß sich der Parser bei der Bestimmung potentieller Lückenpositionen vor allem auf strukturelle Informationen verläßt und eine Reihe potentiell hilfreicher Informationsquellen zunächst ignoriert, z.B. Information über Transitivitätspräferenzen und thematische Information. Allerdings läßt die diesbezügliche Evidenz wirklich sichere Schlußfolgerungen noch nicht zu.

Die Präferenzen bei der Verarbeitung von Objekt-Objekt-Ambiguitäten können auf sehr unterschiedliche Weise erklärt werden. Referenzpunkt unserer Diskussion war die *Active-Filler Strategy* (AFS). Die AFS ist ein spurenbasiertes Modell, d.h. bei der Verarbeitung von Füller-Lücken-Beziehungen bemüht sich der Parser primär darum, die Basisposition des Füllers zu identifizieren. In dieser Basisposition wird eine Spur für den Füller generiert, die die Ableitung syntaktischer und thematischer Merkmale des Füllers gestattet. Die AFS formuliert eine *First-Resort*-Strategie der Auflösung von Füller-Lücken-Ambiguitäten: Nachdem ein Füller identifiziert worden ist, versucht der Parser eine Lücke zu postulieren, sobald eine Position, in der dies legitim ist, erreicht wurde. Die AFS ist in die Garden-Path-Theorie eingebettet und nimmt daher Bezug auf eine Reihe weiterer Annahmen bezüglich der syntaktischen Verarbeitung, insbesondere darauf (i) daß für die Lokalisierung einer Lückenposition lediglich phrasenstrukturelle Information genutzt wird, wobei lexikalische und andere Informationsquellen eventuell notwendig werdende Korrekturen bei der Berechnung von Füller-Lücken-Beziehungen beschleunigen können, und (ii) daß die syntaktische Verarbeitung auch in dieser Domäne strikt seriell erfolgt.

Verschiedene alternative Modelle der Füller-Lücken-Verarbeitung wurden diskutiert, die eine oder mehrere Prämissen der AFS in Frage stellen. Fodors *Lexical-Expectation Model* argumentiert zugunsten einer anderen Suchstrategie, und zwar einer *Last-Resort*-Strategie, der zufolge der Parser bei der Identifizierung einer Lückenposition berücksichtigt, ob die avisierte Position durch im Input folgendes lexikalisches Material besetzt werden könnte. Das thetagetriebene Modell macht im wesentlichen andere Annahmen bezüglich der Informationsquellen, die bei der Suche nach einer Lückenpositionen verwendet werden. Dieser Vorstellung gemäß läßt sich der Parser insbesondere von Informationen über präferierte Subkategorisierungsoptionen sowie semantische Eigenschaften des Verbs respektive des Füllers leiten. Primär bemüht sich der Parser darum, einem Füller eine thematische Rolle zuzuweisen. Die Berechnung von Lückenpositionen erfolgt vermittelt über die zugewiesene thematische Rolle. Die *Immediate Association Hypothesis* setzt sich vom Füller-Lücken-Modell generell ab und bestreitet die Notwendigkeit der Annahme, daß bei der Verarbeitung von Fragesätzen und verwandten Konstruktionen Lückenpositionen überhaupt bestimmt werden. Vielmehr assoziiert der Parser einen Füller direkt mit dem Element, von dem der Füller syntaktisch abhängt. Schließlich wurde vorgeschlagen, daß die Berechnung von Füller-Lücken-Beziehungen adäquater modelliert werden kann, wenn parallele statt serieller Verarbeitung angenommen wird.

5 Subjekt-Objekt-Ambiguitäten: Bisherige Ergebnisse und Erklärungsansätze

Dieses Kapitel widmet sich der Verarbeitung von Subjekt-Objekt-Ambiguitäten. Im ersten Teil des Kapitels soll bisher vorliegende experimentelle Evidenz zu diesem Thema diskutiert werden (Abschnitt 5.1). Von besonderem Interesse sind Studien, die sich der Verarbeitung lokal ambiger w-Fragen angenommen haben. Subjekt-Objekt-Ambiguitäten wurden aber nicht nur bei w-Fragen untersucht. Mit gleicher Intensität wollen wir daher auf relevante Studien zur Verarbeitung von Konstruktionen eingehen, deren Verarbeitung - legt man das Füller-Lücken-Modell zugrunde - die gleichen Prozesse involviert. Wir denken hier an Relativsätze und Topikalisierungen. Zudem werden wir neben relevanten Daten zum Deutschen experimentelle Evidenz aus anderen Sprachen berücksichtigen. Von großer Wichtigkeit sind insbesondere einige Studien zum Niederländischen, die das Interesse an der Verarbeitung von Subjekt-Objekt-Ambiguitäten entscheidend wecken halfen und an denen sich viele nachfolgende Arbeiten zum Deutschen orientierten. Nicht zuletzt aus diesem Grunde beginnt Abschnitt 5.1 mit einer Diskussion niederländischer Daten. Daneben werden wir auch einen Blick auf die Verarbeitung von Subjekt-Objekt-Ambiguitäten im Italienischen und Englischen werfen.

Im Mittelpunkt dieses Kapitels wie auch von Kapitel 6 wird zunächst die Frage stehen, welche Strukturzuweisung der Parser im Falle einer Subjekt-Objekt-Ambiguität bevorzugt berechnet, und welche Verarbeitungsstrategie dafür verantwortlich zu machen ist. (Präferenzproblem, vgl. die Abschnitte 1.3 und 3.2). Wie die Literaturdiskussion zeigen wird, belegen fast alle experimentellen Untersuchungen, daß Subjekt-Objekt-Ambiguitäten präferiert eine Struktur zugewiesen wird, in denen das Subjekt dem Objekt vorangeht. Eine Ausnahme bilden die Ergebnisse zur Verarbeitung von w-Fragen im Deutschen. Im zweiten Teil (Abschnitt 5.2) werden wir die in Kapitel 4 vorgestellten Modelle der Verarbeitung von Füller-Lücken-Beziehungen mit diesem Befund konfrontieren. Fast alle dieser Modelle sind trotz ihrer Unterschiedlichkeit zumindest prinzipiell in der Lage, die Präferenz zugunsten der Subjekt-Objekt-Abfolge zu erfassen. Sehr unterschiedliche Vorhersagen aber machen diese Modelle bezüglich der Frage, wann sich diese Präferenz während der Verarbeitung einer Subjekt-Objekt-Ambiguität entwickelt. Aufbauend auf diesen Unterschieden werden wir im abschließenden Abschnitt 5.3 Fragestellungen entwickeln, deren Beantwortung es erlauben wird, zwischen diesen konkurrierenden Erklärungsmodellen zu entscheiden, und die empirisch zu testen Gegenstand des nachfolgenden Kapitels sein wird.

5.1 Bisherige Evidenz zur Verarbeitung von Subjekt-Objekt-Ambiguitäten

5.1.1 Niederländisch

5.1.1.1 Relativsätze

Die Verarbeitung lokaler Subjekt-Objekt-Ambiguitäten in Relativsätzen des Niederländischen ist erstmals in Frazier (1987b) Gegenstand einer experimentellen Untersuchung geworden. In dieser Studie wurden sowohl global ambige wie auch lokal ambige Relativsätze getestet. Global ambigen Relativsätzen (1a) folgte eine Verständnisfrage (1b), mit der überprüft werden sollte, welche Struktur diesen Sätzen zugewiesen wird.

(1) a. Jan houdt niet van de Amerikaanse die de Nederlander wil uitnodigen.
Jan hielt nichts von dem Amerikaner den/der der/den Niederländer will einladen
"Jan hielt nichts von dem Amerikaner, der den Niederländer einladen will."
"Jan hielt nichts von dem Amerikaner, den der Niederländer einladen will."

b. Wie wil wie uitnodigen?
"Wer will wen einladen?"

Lokal ambige Sätze wurden durch die Numerusmerkmale des finiten Verbs in satzfinaler Position disambiguiert. Die Pluralmarkierung des finiten Verbs in (2a) signalisiert das Vorliegen einer Subjekt-Objekt-Struktur, die Singularmarkierung des Verbs in (2b) das Vorliegen einer Objekt-Subjekt-Struktur.

(2) a. Karl hielp de mijnwerkers die de boswachter <u>vonden</u>.
"Karl half den Bergarbeitern, die den Förster gefunden hatten."

b. Karl hielp de mijnwerkers die de boswachter <u>vond</u>.
"Karl half den Bergarbeitern, die der Förster gefunden hatte."

Auf die Hälfte der lokal ambigen Sätze folgte ebenfalls eine Verständnisfrage. Das Experiment verwendete die *Self-Paced-Reading*-Technik. Die kritische Region - der Relativsatz - wurde dabei als zusammenhängender Block präsentiert.

Die Auswertung der Verständnisfragen, die auf global ambige Sätze folgten, zeigte eine sehr deutliche Präferenz zugunsten der Subjekt-Objekt-Abfolge. 74% der Antworten ließen erkennen, daß die Probanden den Sätzen eine Subjekt-Objekt-Struktur zugeordnet hatten. Diese Präferenz wird tendenziell auch durch die Lesezeitdaten bestätigt. Lokal ambige Relativsätze mit der Abfolge Objekt-Subjekt wurden langsamer gelesen als Relativsätze mit der Abfolge Subjekt-Objekt. Allerdings war die Differenz zwischen beiden Bedingungen nur marginal signifikant. Dies kann zum einen möglicherweise auf methodische Ursachen zurückgeführt werden: In Fraziers Untersuchung wurden die kompletten Relativsätze samt Bezugsnomen innerhalb eines einzigen Fensters präsentiert. Die Lesezeiten für dieses Fenster sind daher insgesamt sehr hoch, und es ist zu vermuten, daß der Disambiguierungseffekt nicht mehr deutlich genug hervortreten konnte. Zum anderen enthüllte die Auswertung der Verständnisfragen, die auf lokal ambige Sätze mit der Abfolge Objekt-Subjekt folgten, daß insgesamt 31% dieser Fragen falsch beantwortet wurden. Der Garden-Path-Effekt in den Lesezeiten ist daher möglicherweise auch deshalb so schwach ausgeprägt, weil die Probanden den Garden-Path zum Teil gar nicht erkannten. Mit anderen Worten: Sie haben die Subjekt-Objekt-Struktur selbst in solchen Fällen beibehalten, in denen das finite Verb die Zuweisung einer Objekt-Subjekt-Struktur erforderte.

5.1.1.2 Fragesätze und Topikalisierung

Eine frühe experimentelle Untersuchung von Präferenzen bei der Verarbeitung ambiger Fragesätze des Niederländischen wurde in Read, Kraak & Boves (1980) beschrieben. Gegenstand der Untersuchung waren global ambige Fragesätze wie in (3). Probanden waren aufgefordert, nach Präsentation eines Satzes wie in (3) eine der möglichen Antworten in (4) auszuwählen. Antwort (4a) setzt dabei voraus, daß die Frage in (3) als Objektfrage verstanden wurde, während die Antwort (4b) voraussetzt, daß die Frage als Subjektfrage verstanden worden ist.

(3) Wie groet het meisje?
"Wer grüßte das Mädchen?"
"Wen grüßte das Mädchen?"

(4) a. Het meisje groet de vrouw.
"Das Mädchen grüßte die Frau."

b. De vrouw groet het meisje.
"Die Frau grüßte das Mädchen."

Die experimentellen Sätze wurden auf unterschiedliche Weise präsentiert: zum einen schriftlich, zum anderen akustisch. Im Falle akustische Präsentation wurde die Position des Satzakzentes variiert: Der Satzakzent fiel auf die zweite NP (*het meisje*) oder auf das Verb (*groet*). Während der Satzakzent auf der NP als der unmarkierte Fall anzusehen ist und daher weder die Subjekt-Objekt- noch die Objekt-Subjekt-Abfolge favorisiert, ist der Satzakzent auf dem Verb markiert. Nach Read et al. favorisiert dieses Intonationsmuster eine Objekt-Subjekt-Lesart des ambigen Fragesatzes. Getestet wurde also nicht nur allgemein, welche Struktur ambigen Fragesätzen bevorzugt zugewiesen wird, sondern auch, ob und in welcher Weise prosodische Faktoren diese Strukturzuweisung beeinflussen können.

In allen Bedingungen fanden Read et al. einen klaren Vorteil für die Subjekt-Objekt-Interpretation (schriftlich: 78%, akustisch: NP-Akzent 86%, Verb-Akzent 72%). Am schwächsten ausgeprägt war die Präferenz genau dann, wenn prosodische Information die Lesart Objekt-Subjekt unterstützt. Prosodische Intonation kann die allgemeine Subjekt-Objekt-Präferenz jedoch nicht umkehren, allenfalls abschwächen. Die Ergebnisse der Studie von Read et al. müssen jedoch mit Vorsicht gehandhabt werden. Zu beachten ist nämlich, daß die Antwortsätze in (4) selbst mehrdeutig sind. Es handelt sich ja bei diesen Sätzen um global ambige Topikalisierungen, die - wie bereits diskutiert worden ist - ebenfalls eine Subjekt-Objekt- oder eine Objekt-Subjekt-Lesart erhalten können. Zwar werden derartige Topikalisierungen ohne Kontext - wie von Read et al. intendiert - präferiert mit Subjekt-Objekt-Struktur gelesen (vgl. die gleich folgende Diskussion von Frazier & Flores d'Arcais, 1989). Im Kontext einer Frage ist jedoch nicht auszuschließen, daß die Antworten häufiger auch als Objekt-Subjekt-Strukturen verstanden worden sind, was die Ergebnisse verzerrt haben könnte.

Eine detaillierte Untersuchung lokal ambiger Fragesätze und Topikalisierungen im Niederländischen wurde in Frazier & Flores d'Arcais (1989) vorgelegt.

(5) a. De patient <u>heeft</u> de dokters bezocht.
"*Der Patient hat die Ärzte besucht.*"

b. De patient <u>hebben</u> de dokters bezocht.
"*Den Patienten haben die Ärzte besucht.*"

(6) a. Welke patient <u>heeft</u> de dokters bezocht?
"*Welcher Patient hat die Ärzte besucht?*"

b. Welke patient <u>hebben</u> de dokters bezocht?
"*Welchen Patienten haben die Ärzte besucht?*"

Die topikalisierte Nominalphrase *de patient* wie auch die w-Phrase *welke patient* können entweder mit einer Lücke in Subjektposition oder mit einer Lücke in Objektposition assoziiert werden. Diese Ambiguität wird jedoch bereits ein Wort später, mit Einlesen des finiten Verbs, aufgelöst bzw. eingeschränkt. Die Numerusspezifikation des finiten Verbs signalisiert eindeutig, daß die initiale NP in (5b) und (6b) nicht als Subjekt fungieren kann.

Frazier & Flores d'Arcais testeten die Verarbeitung dieser Satztypen in einem *Speeded-Grammaticality-Judgements*-Experiment. Es zeigte sich, daß bei der Beurteilung von lokal ambigen Objekt-Subjekt-Strukturen wie in (5b) und (6b) - im Vergleich zur Beurteilung von Subjekt-Objekt-Strukturen - weitaus mehr Fehler gemacht wurden und daß überdies für die Grammatikalitätsbeurteilung signifikant mehr Zeit nötig war. Dieses Experiment zeigt also, daß die Verarbeitung der Subjekt-Objekt-Abfolge leichter und daher weniger fehleranfällig ist. Bei der Verarbeitung lokal ambiger Strukturen wie in (5) gibt es eine Präferenz für die Abfolge Subjekt-Objekt. Dies bedeutet, daß ambige Füller bei Topikalisierungen und w-Fragen offenbar bevorzugt mit einer Lücke in Subjektposition assoziiert werden. Frazier & Flores d'Arcais konnten darüber hinaus feststellen, daß der Garden-Path-Effekt bei Topikalisierungen stärker ausgeprägt war als bei w-Fragen.

Es gibt allerdings ein Problem, das die Interpretation der Ergebnisse von Frazier & Flores d'Arcais erschwert. Wie bereits gesagt, wurden in dieser Studie die Grammatikalitätsbeurteilungen erst am Satzende abgefordert, und nicht sofort nach Einlesen des disambiguierenen Elements. Dies bedeutet, daß Probanden zum Zeitpunkt der Entscheidung bereits die komplette Struktur bekannt ist, aber auch, daß die Entscheidung durchaus von anderen Faktoren mitbeeinflußt werden kann. Denkbar ist z.B., daß der Nachteil für die Objekt-Subjekt-Abfolge auch deshalb zustande kam, weil die Objekt-Subjekt-Abfolge im experimentellen Material von Frazier & Flores d'Arcais inhaltlich weniger plausibel war.

Um dieses Interpretationsproblem ausschließen zu können, untersuchte Kaan (1996) in einer Folgestudie Material, das dem aus Frazier & Flores d'Arcais (1989) vergleichbar ist. Vorbereitende Fragebogentests stellten jedoch sicher, daß sich die Subjekt-Objekt- und die Objekt-Subjekt-Abfolge hinsichtlich ihrer Plausibilität nicht signifikant unterschieden. Zudem verwendete Kaan eine andere Methode, und zwar die *Self-Paced-Reading*-Methode, mit der Verarbeitungseffekte direkt am Punkt der Disambiguierung festgestellt werden können. Auch Kaans Ergebnisse zeigen, daß die Subjekt-Objekt-Abfolge bei Fragesätzen und Topikalisierungen leichter zu verarbeiten ist als die Objekt-Subjekt-Abfolge. Ebenfalls bestätigt wurde der Befund, daß Objekt-Subjekt-Sätze mit Topikalisierung einen etwas stärkeren Garden-Path-Effekt auslösen als Fragesätze mit Objekt-Subjekt-Struktur.

Über eine weitere Untersuchung zur Verarbeitung von lokal ambigen Topikalisierungen wird in Lamers (1996) berichtet. Im Unterschied zu den gerade besprochenen Studien von Frazier & Flores d'Arcais sowie Kaan wurden die Sätze in Lamers (1996) nicht durch die Numerusmerkmale des finiten Verbs, sondern durch die Kasusmerkmale einer weiteren NP im Mittelfeld der Sätze disambiguiert, wie in (7) angezeigt.

(7) a. De oude vrouw in de straat verzorgde hem vrijwel elke dag.
"Die alte Frau aus der Straße versorgte ihn beinahe jeden Tag."

b. De oude vrouw in de straat verzorgde hij vrijwel elke dag.
"Die alte Frau aus der Straße versorgte er beinahe jeden Tag."

(7a) enthält in unmittelbarer Nachbarschaft des finiten Verbs eine weitere NP, und zwar das Pronomen *hem*. Diese NP ist durch ihre morphologische Markierung eindeutig als Akkusativ gekennzeichnet. Dieser Satz muß also eine Subjekt-Objekt-Abfolge aufweisen. In (7b) hingegen folgt dem finiten Verb eine als Nominativ markierte NP. Damit ist klar, daß der satzinitialen NP *de oude vrouw* nicht ebenfalls der Nominativ zugewiesen werden kann und daher eine Objekt-Subjekt-Abfolge vorliegen muß. Durch ein vorbereitendes Fragebogenexperiment wurde sichergestellt, daß sich die unterschiedlichen Abfolgemöglichkeiten nicht hinsichtlich ihrer Plausibilität unterschieden.

In einem ERP-Experiment bestätigte Lamers im wesentlichen die Ergebnisse von Frazier & Flores d'Arcais (1989) sowie Kaan (1996). Sätze wie in (7b), deren lokale Ambiguität zugunsten der Objekt-Subjekt-Lesart aufgelöst wird, sind schwieriger zu verarbeiten als Kontrollstrukturen, die zugunsten der Subjekt-Objekt-Lesart disambiguiert werden. Diese erhöhte Verarbeitungskomplexität manifestierte sich in einer Reihe auffälliger ERP-Veränderungen in Reaktion auf die disambiguierende NP in (7b). Die Präsentation des nominativisch markierten Pronomens *hij* führte zu frühen fronto-zentralen Positivierungen, denen zwei späte Positivierungen (600 bzw. 765 ms *post onset*) folgten. Wiederum also führt die Objekt-Subjekt-Abfolge zu meßbaren Auffälligkeiten, was nahelegt, daß mit dieser Struktur eine relative Erhöhung des Verarbeitungsaufwandes einhergeht. Auch dieses Experiment bestätigt daher, daß lokal ambigen Topikalisierungen präferiert eine Subjekt-Objekt-Struktur zugewiesen wird.

5.1.2 Deutsch

5.1.2.1 *Relativsätze*

Die erste Untersuchung zur Verarbeitung von Relativsätzen im Deutschen legte Bader (1990) vor. Lokal ambige Sätze (8) wurden mit Kontrollsätzen verglichen, in denen die Abfolge von Subjekt und Objekt durch die morphologische Kasusmarkierung an den beteiligten NPs eindeutig angezeigt wurde (9). Wie bei Frazier (1987b) kam die *Self-Paced-Reading*-Methode zum Einsatz. Nachgestellte Verständnisfragen überprüften die Interpretation der experimentellen Sätze.

(8) a. Die Lehrerin, die die Kinder angerufen <u>hatte</u>, hatte am Mittwoch schon wieder Schwierigkeiten mit der elften Klasse.

b. Die Lehrerin, die die Kinder angerufen <u>hatten</u>, hatte am Mittwoch schon wieder Schwierigkeiten mit der elften Klasse.

(9) a. Der Lehrer, <u>der</u> die Kinder angerufen hatte, hatte am Mittwoch schon wieder Schwierigkeiten mit der elften Klasse.

b. Der Lehrer, <u>den</u> die Kinder angerufen hatten, hatte am Mittwoch schon wieder Schwierigkeiten mit der elften Klasse.

Bei ambigen Sätzen gab es sowohl in den Lesezeiten für das disambiguierende Auxiliar als auch in den jeweiligen Fehlerraten der Antworten deutliche Anzeichen dafür, daß Probanden die Subjekt-Objekt-Abfolge bevorzugten. Das Auxiliar wurde langsamer gelesen, wenn es die lokale Ambiguität wie in (8b) zugunsten der Objekt-Subjekt-Abfolge auflöste. Zudem wurden bei der Beantwortung von Fragen, die solchen Sätzen folgten, deutlich mehr Fehler gemacht. Diese Unterschiede in der Verarbeitung ambiger Sätze wurde jedoch durch die Tatsache relativiert, daß es auch bei den eindeutigen Sätzen wie in (9) einen leichten Vorteil für die Subjekt-Objekt-Abfolge gab. Berücksichtigt werden muß allerdings, daß Effekte syntaktischer Verarbeitung, sofern sie direkt am Ende eines Satzes bzw. Teilsatzes beobachtet werden, stets Gefahr laufen, von nachgeordneten Verarbeitungsprozessen, die mehr mit der semantischen Integration des gerade gelesenen Abschnitts zu tun haben, überlagert zu werden (*Clause-wrap-up-Effekt*, vgl. Abschnitt 6.4.1). Dieser Überlagerungseffekt ist durch den Umstand, daß die Sätze nach Ende des Relativsatzes noch weitergeführt wurden, sicher reduziert, aber möglicherweise nicht eliminiert worden.

Lokal ambige Relativsätze untersuchten auch Schriefers, Friederici & Kühn (1995). In Erweiterung der eben besprochenen Studie von Bader manipulierten Schriefers *et al.* zusätzlich die relative Plausibilität der Subjekt-Objekt- und der Objekt-Subjekt-Lesart. Beispielsätze finden sich in (10), (11) und (12).

(10) *neutral*

a. Das ist die Managerin, die die Arbeiterinnen gesehen hat.

b. Das sind die Arbeiterinnen, die die Managerin gesehen hat.

(11) *positiver Kontext*

a. Das ist die Managerin, die die Arbeiterinnen entlassen hat.

b. Das sind die Arbeiterinnen, die die Managerin entlassen hat.

(12) *negativer Kontext*
 a. Das ist die Arbeiterin, die die Managerinnen entlassen hat.
 b. Das sind die Managerinnen, die die Arbeiterin entlassen hat.

Syntaktisch werden die Sätze der Version (a) jeweils zugunsten der Subjekt-Objekt-Lesart disambiguiert, die Sätze der Version (b) hingegen zugunsten der Objekt-Subjekt-Lesart. In (10) sind beide Abfolgen gleichermaßen plausibel.[1] Die Semantik der beteiligten Inhaltswörter favorisierte die Subjekt-Objekt-Lesart in (11a) und die Objekt-Subjekt-Lesart in (11b), also genau diejenigen Strukturen, die syntaktisch in der Tat erzwungen werden. In (12) jedoch favorisiert die Semantik der Inhaltswörter eine Interpretation, die der syntaktisch erzwungenen Struktur zuwiderläuft: (12a) ist plausibler mit Objekt-Subjekt-Lesart, (12b) mit Subjekt-Objekt-Lesart. Neben der allgemeinen Frage, welche Struktur lokal ambigen Relativsätzen präferiert zugewiesen wird, testeten Schriefers *et al.*, ob und gegebenfalls in welcher Weise die präferierte Strukturzuweisung durch Plausibilitätsfaktoren beeinflußt werden kann.

Sätze wie in (10), (11) und (12) wurden in drei *Self-Paced-Reading*-Experimenten untersucht. Wiederum waren allen Sätzen Fragen nachgestellt, die deren korrektes Verständnis überprüfen sollten. Insgesamt erbrachten auch die Experimente von Schriefers *et al.* Evidenz für einen Verarbeitungsvorteil der Subjekt-Objekt-Abfolge. Die Lesezeiten für das finite Verb in den (b) Versionen der obigen Sätze waren generell erhöht.[2] Die Semantik der Sätze hatte zudem keinen Einfluß auf die Strukturzuweisung. Die Subjekt-Objekt-Abfolge wurde bevorzugt, unabhängig davon, ob die resultierende semantische Repräsentation zu einer plausiblen Interpretation führte oder nicht. Das Ergebnismuster, das sich in den Antworten auf die Verständnisfragen zeigte, bestätigte im wesentlichen die Schlußfolgerungen, die sich aus den Lesezeitbefunden ergaben.

Teile des in Schriefers *et al.* entwickelten Satzmaterials wurde in Mecklinger, Schriefers, Steinhauer & Friederici (1995) zusätzlich in einem ERP-Experiment getestet. Mecklinger *et al.* verwendeten jedoch nur semantisch neutrale Strukturen wie in (10) sowie Strukturen, in denen die syntaktische Strukturzuweisung auch durch die Semantik der Sätze favorisiert wurde (vgl. (11)). Auf dem Partizip beobachteten Mecklinger *et al.* eine zentro-parietale Negativierung zwischen 400 und 700 ms *post onset*, die von den Autoren als Instanz der klassischen N400 interpretiert wird. Diese N400 war jedoch bei Sätzen mit Subjekt-Objekt-Abfolge und einem positivem Bias wie in (11a) schwächer ausgeprägt als in den anderen Bedingungen. Bereits dieser Befund zeigt deutlich, daß Probanden lokal ambigen Relativsätzen bevorzugt eine Subjekt-Objekt-Struktur zuweisen. Die N400 ist in (11a) schwächer, weil ein Partizip wie *entlassen*, das die syntaktische Strukturzuweisung Subjekt-Objekt auch semantisch unterstützt, in

---

[1] Man beachte, daß hier - im Gegensatz zu Frazier (1987b) und Bader (1990) - nicht die Numerusmarkierung des finiten Verbs manipuliert wird, sondern die Numerusmarkierung der durch den Relativsatz modifizierten NP. Der Vorteil dieses Designs liegt darin, daß die Lesezeiten am finiten Verb auf diese Weise nicht durch Längenunterschiede des Verbs beeinflußt werden können.

[2] Auch in den Experimenten von Schriefers *et al.* führte allerdings der *Clause-wrap-up*-Effekt zu Komplikationen. Sichtbar war der Verarbeitungsvorteil für die Subjekt-Objekt-Lesart nur dann, wenn die Sätze, ähnlich wie in Bader (1990), nach dem finiten Verb weitergeführt wurden (Experiment 2 und 3). Ohne entsprechende Weiterführung kamen die spezifisch syntaktischen Verarbeitungseffekte am Satzende in den Lesezeiten kaum zur Geltung (Schriefers *et al.*, 1995, Experiment 1).

diesem Kontext eine höhere subjektive Vorkommenswahrscheinlichkeit hat als ein neutrales Partizip wie *sehen*.

Die unterschiedlich starke Ausprägung der N400 auf dem Partizip zeigt zudem, daß die semantische Information eines Wortes sofort zur Verfügung steht. Allerdings scheint semantische Information nicht in der Lage zu sein, die allgemeine Präferenz für die Zuweisung einer Subjekt-Objekt-Struktur umzukehren. Auf dem disambiguierenden finiten Verb fanden Mecklinger *et al.* eine vor allem über parietalen Ableitungsstellen hervortretende Positivierung (P345) bei genau den Sätzen, die zugunsten der Objekt-Subjekt-Lesart disambiguiert wurden. Diese Komponente signalisiert, daß eine Subjekt-Objekt-Abfolge präferiert wird. Eine Subjekt-Objekt-Präferenz konnte auch dann beobachtet werden, wenn das dem Auxiliar vorangehende Partizip anzeigt, daß die resultierende Interpretation weit weniger plausibel ist als die Interpretation für eine Objekt-Subjekt-Struktur. Die semantische Disambiguierung durch das Partizip reichte offenbar nicht aus, die syntaktische Entscheidung zugunsten der Subjekt-Objekt-Struktur umzukehren.

5.1.2.2 Topikalisierung

Topikalisierungen im Deutschen wurde in Hemforth, Konieczny & Strube (1993) untersucht (vgl. auch Hemforth, 1993). Im Mittelpunkt dieser Studie standen lokal ambige Sätze wie in (13), in denen durch die Kasusmarkierung der nachfolgenden NP eindeutig festgelegt wird, daß (13b) eine Subjekt-Objekt- und (13a) eine Objekt-Subjekt-Struktur zuzuweisen ist. Als Kontrollstrukturen wurden strukturell eindeutige Sätze wie in (14) verwendet, in denen die morphologische Kasusmarkierung der NPs die Abfolge von Subjekt und Objekt unzweideutig signalisiert.

(13) a. Die hungrige Füchsin bemerkte der fette Hahn.

b. Die hungrige Füchsin bemerkte den fetten Hahn.

(14) a. Den hungrigen Fuchs bemerkte der fette Hahn.

b. Der hungrige Fuchs bemerkte den fetten Hahn.

Strukturen wie in (13) und (14) wurden sowohl mit Hilfe der *Self-Paced-Reading*-Technik als auch der Methode der kontinuierlichen Grammatikalitätsbeurteilungen getestet (*continuous grammaticality judgements*). Letztere Methode verlangt von den Probanden, bei Einlesen eines jeden Wortes zu entscheiden, ob der Satz bis zur jeweiligen Stelle grammatisch einwandfrei ist oder nicht (vgl. Ford, 1983). Sowohl die Lesezeiten beim *Self-Paced-Reading* als auch die Reaktionszeiten bei der kontinuierlichen Grammatikalitätsbeurteilung ließen bei lokal ambigen Sätzen einen Verarbeitungsnachteil für die Objekt-Subjekt-Abfolge erkennen. In (13a) waren auf dem Artikel (*der*) und dem Adjektiv (*fette*) der zweiten, morphologisch eindeutigen NP insbesondere die Reaktionszeiten deutlich erhöht. Die Auswertung der Ergebnisse für die eindeutigen Strukturen in (14) ergab, daß sich auch dann Verarbeitungsschwierigkeiten bei Vorliegen einer Objekt-Subjekt-Struktur einstellen, wenn diese nicht mit einer lokalen Ambiguität verknüpft ist. Das Nomen einer eindeutig als Akkusativ markierten initialen NP wie in (14a) verursacht höhere Lese- und Reaktionszeiten als bei eindeutig nominativisch oder kasusambigen NPs. Bereits eine Wortposition früher, nämlich auf dem Adjektiv der satzinitialen NP, machte sich dieser Verarbeitungsnachteil in einer Blickbewegungsstudie mit vergleichbarem Satzmaterial bemerkbar (Konieczny, 1996; vgl. auch Scheepers, 1996).

Topikalisierungen waren ebenfalls Bestandteil der bereits in Abschnitt 4.1.1.2 erwähnten Untersuchung von Bayer & Marslen-Wilson (1992). Im Unterschied zu den bislang beschriebenen Studien untersuchten Bayer & Marslen-Wilson jedoch keine lokal ambigen Strukturen. Die experimentellen Sätze waren entweder global ambig, kompatibel also sowohl mit einer Subjekt-Objekt- als auch mit einer Objekt-Subjekt-Lesart, oder aber die kritischen NPs waren kasusmorphologisch eindeutig als Subjekt bzw. Objekt zu erkennen.

Wiederum wurden die Sätze nicht isoliert, sondern in einem bestimmten Kontext präsentiert. Dieser Kontext war entweder neutral, das heißt, er unterstützte weder eine Subjekt-Objekt- noch eine Objekt-Subjekt-Abfolge des nachfolgenden experimentellen Satzes, oder aber der Kontext war derart konstruiert, daß er eine Subjekt-Objekt- oder eine Objekt-Subjekt-Lesart des nachfolgenden Satzes favorisierte. Ein Beispiel für einen nicht-neutralen Kontext zeigt (15). Im nachfolgenden Satz wird durch diesen Kontext eine Subjekt-Objekt-Lesart (15a) oder eine Objekt-Subjekt-Lesart erleichtert (15b). Mittels einer Frage, die nach Lesen eines jeden Satzes beantwortet werden mußte, wurde ermittelt, welche Interpretation die Sätze erfahren haben.

(15) Neulich gab es einen Brand in der Innenstadt. In der Zeitung stand, daß eine Frau von Feuerwehrmännern aus ihrer brennenden Wohnung befreit wurde. Später stellte sich aber das Folgende heraus:

    a. Die Hausmeisterin hat die Frau gerettet.   (Subjekt-Objekt)

    b. Die Frau hat die Hausmeisterin gerettet.   (Objekt-Subjekt)

Die Ergebnisse eines *Self-Paced-Reading*-Experiments belegen, daß bei Strukturen mit eindeutig markierter Satzgliedabfolge die Objekt-Subjekt-Abfolge schwieriger zu verarbeiten ist. Die Auswertung der Fragen zeigte zudem, daß global ambigen Sätzen überwiegend eine Subjekt-Objekt-Struktur zugewiesen wird. Dieser allgemeine Vorteil für die Abfolge Subjekt-Objekt wird durch den Einfluß des Kontexts nicht substantiell beeinflußt, allenfalls in seiner Stärke moduliert. Zwar wurden global ambige Sätze in Kontexten, die die Abfolge Objekt-Subjekt nahelegen, tatsächlich öfter mit der Abfolge Objekt-Subjekt interpretiert. Die generelle Präferenz zugunsten der Subjekt-Objekt-Abfolge wird durch die Kontexteinflüsse jedoch nicht umgedreht.

5.1.2.3 *Fragesätze*

Eine detaillierte Studie zur Verarbeitung lokal ambiger Fragesätze im Deutschen wurde mit Farke (1994) vorgelegt. Diese Arbeit enthält Untersuchungen zu einer Vielzahl unterschiedlicher Fragesatzstrukturen.[3] In diesem Abschnitt beschränken wir uns der Übersichtlichkeit hal-

---

[3] Weitere Untersuchungen werden in Farke & Felix (1994) vorgestellt. Eine Diskussion der Ergebnisse aus Schlesewsky, Fanselow, Kliegl & Krems (erscheint) verschieben wir auf Abschnitt 6.5.1.2.

ber auf die Diskussion einiger exemplarischer Ergebnisse zur Verarbeitung von Fragesätzen mit lokaler Subjekt-Objekt-Ambiguität.

Als Stimulusmaterial verwendete Farke lokal ambige Sätze mit Kasusdisambiguierung. Die durch die kasusambige w-Phrase verursachte Subjekt-Objekt-Ambiguität wird durch die morphologisch eindeutige Kasusmarkierung einer nachfolgenden NP aufgelöst. Die als Akkusativ gekennzeichnete NP in (16a) und (17a) signalisiert das Vorliegen einer Subjekt-Objekt-Struktur, die satzfinale Nominativ-NP in (16b) und (17b) hingegen das Vorliegen einer Objekt-Subjekt-Struktur.

(16) a. Welche Frau hat den Mann gesehen?

b. Welche Frau hat der Mann gesehen?

(17) a. Welche Frau sah den Mann?

b. Welche Frau sah der Mann?

Sätze wie in (16) und (17) wurden von Farke in einem *Self-Paced-Reading*-Experiment bei wortweiser Präsentation des Materials getestet. Überraschenderweise beobachtete Farke, daß Fragesätze mit Objekt-Subjekt-Struktur wesentlich einfacher zu verarbeiten waren als Fragesätze mit Subjekt-Objekt-Struktur. Lesezeiten für Sätze mit Subjekt-Objekt-Struktur waren deutlich erhöht, was zu der Schlußfolgerung zwingt, daß es in diesen Fällen die Subjekt-Objekt-Sätze sind, die einen Garden-Path-Effekt auslösen.

Ein vergleichbares, allerdings durch zusätzliche Faktoren modifiziertes Ergebnismuster berichtet Farke für Fragesätze mit langer Extraktion, Sätzen also, in denen die w-Phrase aus einem eingebetteten sententialen Komplement herausbewegt und an die Satzspitze gestellt worden ist. Getestet wurden u.a. Extraktionen aus Komplementsätzen mit Zweitstellung des finiten Verbs ((18), (19)), die sich hinsichtlich der Stellung des Vollverbs im übergeordneten Satz unterschieden. In (18) befindet sich das Vollverb des Matrixsatzes ebenfalls in zweiter Position, in (19) hingegen schließt es den Matrixsatz ab. Wiederum wurde die Disambiguierung der Strukturen mittels der Kasusmarkierung der zweiten NP innerhalb des eingebetteten Satzes bewerkstelligt.

(18) a. Welche Frau glaubst du, sieht den Mann?

b. Welche Frau glaubst du, sieht der Mann?

(19) a. Welche Frau hast du geglaubt, sieht den Mann?

b. Welche Frau hast du geglaubt, sieht der Mann?

Farke (1994) zufolge gilt für die Strukturen in (18), daß die ambige w-Phrase bevorzugt als Objekt des eingebetteten Satzes interpretiert wird. Für die Sätze in (19) hingegen ließ sich überhaupt keine Präferenz ausmachen. Subjekt- und Objektextraktion waren gleich schwierig bzw. leicht zu verarbeiten.

Es ist evident, daß die Ergebnisse von Farke in bemerkenswertem Kontrast zu allen anderen Befunden stehen, die bislang im Zusammenhang mit der Verarbeitung von Subjekt-Objekt-

Ambiguitäten im Niederländischen und Deutschen diskutiert worden sind. Alle beschriebenen Untersuchungen berichteten Daten, die zeigen, daß lokal ambigen Subjekt-Objekt-Ambiguitäten bevorzugt eine Subjekt-Objekt-Struktur zugewiesen wird, was sich in experimentell nachweisbaren Verabeitungsnachteilen. d.h. Garden-Path-Effekten, für Objekt-Subjekt-Strukturen niederschlägt. Farke (1994) findet genau das umgekehrte Muster: Die von ihr untersuchten Fragesätze führen zu einem Garden-Path-Effekt in der Subjekt-Objekt-Bedingung. Präferiert zugewiesen wird demnach die Objekt-Subjekt-Struktur.

5.1.3 Italienisch

Subjekt-Objekt-Ambiguitäten bei der Verarbeitung von Fragesätzen des Italienischen untersuchte de Vincenzi (1991) (vgl. auch de Vincenzi, 1996). Da das Italienische keine morphologischen Kasus kennt, ist eine w-Phrase wie *chi* stets als Subjekt oder als Objekt interpretierbar. Desweiteren gestattet das Italienische sogenannte Subjektinversion, worauf in Abschnitt 4.1.1.1 bereits hingewiesen wurde: Subjekte können sowohl präverbal, in ihrer kanonischen Position, oder auch postverbal auftreten. In letzterem Falle befinden sie sich in einer VP-adjungierten Position und sind mit einer Leerkategorie (*pro*) in der kanonischen Subjektposition koindiziert. Kann nun in einem Fragesatz das Verb transitiv verwendet werden und folgt dem Verb eine weitere NP, entstehen global ambige Strukturen. Einem Satz wie (20) kann eine Subjekt-Objekt-Struktur (20a) oder eine Objekt-Subjekt-Struktur mit invertiertem Subjekt zugewiesen werden (20b).

(20) Chi ha chiamato Giovanni?
"Wer hat Giovanni angerufen?"
"Wen hat Giovanni angerufen?"

   a. [$_{CP}$ Chi$_i$ [$_{IP}$ t$_i$ ha [$_{VP}$ chiamato Giovanni]]]
   b. [$_{CP}$ Chi$_i$ [$_{IP}$ pro$_k$ ha [$_{VP}$ [$_{VP}$ chiamato t$_i$] Giovanni$_k$]]]

Um feststellen zu können, welche Strukturzuweisung der Parser präferiert, konstruierte de Vincenzi Sätze, in denen die Semantik des Verbs und der postverbalen NP eine Subjekt-Objekt- bzw. eine Objekt-Subjekt-Struktur nahelegen. In (21) enthalten beide Sätze das Verb *licenziare* (entlassen). In (21a) folgt diesem Verb die NP *il metalmeccanico* (*der Stahlwerker*) und es ist daher eine Interpretation naheliegend, der zufolge die postverbale NP als Objekt dieses Verbs fungiert. In (21b) hingegen folgt die NP *il proprietario* (*der Eigentümer*). Da „Eigentümer" in der freien Marktwirtschaft nur äußerst selten entlassen werden, sollte diese NP bevorzugt die Funktion des Subjekts von *licenziare* übernehmen und nicht die des Objekts.

(21) a. Chi / ha licenziato / il metalmeccanico / senza dare / il preavviso?
Wer / hat entlassen / den Metallarbeiter / ohne zu-geben / die Vorankündigung
"Wer hat den Metallarbeiter fristlos entlassen?"

   b. Chi / ha licenziato / il proprietario / senza dare / il preavviso?
Wen / hat entlassen / der Eigentümer / ohne zu-geben / die Vorankündigung
"Wen hat der Eigentümer fristlos entlassen?"

In einem *Self-Paced-Reading*-Experiment, in dem das Material segmentweise - wie angegeben - präsentiert wurde, testete de Vincenzi, welche der Strukturzuweisungen bevorzugt wird. Allen Sätzen waren zudem Fragen nachgestellt, die zusätzlich überprüfen sollten, wie die Versuchspersonen die Sätze verstehen. Sowohl die Auswertung der Verständnisfragen als auch die Inspektion der Lesezeiten ließ erkennen, daß Sätzen wie in (21) bevorzugt eine Subjekt-Objekt-Struktur zugewiesen wird. Verständnisfragen nach Sätzen mit Objekt-Subjekt-Struktur elizitierten mehr Fehler und zudem höhere Reaktionszeiten. Die Lesezeiten für diese Sätze waren auf dem letzten Segment der Präsentation (*il preavviso*) deutlich erhöht. Dies zeigt, daß die ambige w-Phrase im Italienischen mit einer Lücke in der kanonischen Subjektposition assoziiert wird, so, wie in (20a). Stellt sich diese Analyse als unzutreffend (in diesem Falle: unplausibel) heraus, entstehen Verarbeitungsschwierigkeiten.[4]

5.1.4 Englisch

Wie wir in Abschnitt 2.2.2.2 erläutert haben, entstehen Subjekt-Objekt-Ambiguitäten auch in Füller-Lücken-Konstruktionen des Englischen. Dies ist der Tatsache geschuldet, daß satzinitiale w-Phrasen nicht qua morphologischer Markierung als Subjekt oder Objekt identifiziert werden können. Allerdings hält die Subjekt-Objekt-Ambiguität im Englischen nicht sehr lange an: Anders als im Deutschen, Niederländischen oder Italienischen stellt in der Regel bereits das der w-Phrase nachfolgende Wort die notwendige Information zur Verfügung, ob die satzinitiale Konstituente als Subjekt fungiert oder nicht.

Die *on-line* Verarbeitung von Subjekt-Objekt-Ambiguitäten im Englischen ist bislang kaum gezielt untersucht worden. Jedoch lassen sich aus einigen Experimenten zumindest indirekt interessante Hinweise ableiten. Betrachten wir dazu noch einmal die Sätze in (33), die uns bereits in Abschnitt 3.1.2.2. in Zusammenhang mit der Besprechung von Stowe (1986) begegnet sind.

(22) a. My brother wanted to know who$_i$ <u>Ruth</u> will bring us home to t$_i$ at Christmas.

b. My brother wanted to know if <u>Ruth</u> will bring us home to Mom at Christmas.

Wie dort ausführlich diskutiert, fand Stowe (1986) heraus, daß die Verarbeitung des Pronomens *us* in (33a) Schwierigkeiten bereitet, offenbar deshalb, weil das Pronomen eine Argumentposition okkupieren muß, die der Parser als Lückenposition für den Füller *who* vorgesehen hatte (*Filled-Gap*-Effekt). Nun gibt es bereits vorher eine weitere potentielle Lückenposition, nämlich die Position des Subjekts. Auch diese Position erweist sich als belegt. Die NP *Ruth* muß in die Subjektsposition integriert werden. Im Gegensatz zum Pronomen *us* bringt die Verarbeitung der NP *Ruth* jedoch keinerlei Schwierigkeiten mit sich. Mit Einlesen der NP *Ruth* entsteht also kein *Filled-Gap*-Effekt.

---

[4] Vorteile für eine Subjekt-Objekt-Struktur ermittelte de Vincenzi auch für Fragesätze, die anstelle von *chi* durch eine welche-Phrase wie z.B. *quale ingegnere* eingeleitet wurden. In diesen Fällen wiesen allerdings nur die Fehlerraten und Reaktionszeiten für nachgestellte Verständnisfragen auf eine Subjekt-Objekt-Präferenz hin. Die Lesezeiten für das disambiguierende Segment zeigten im Falle einer Objekt-Subjekt-Struktur keine auffälligen Veränderungen. Für eine ausführliche Diskussion dieser Unterschiede vgl. de Vincenzi (1991, erscheint).

Evidenz für einen *Filled-Gap*-Effekt an der Subjektposition fand jedoch Sedivy (1991) (vgl. Goodluck & Finney, 1993), abhängig allerdings von der Komplexität der w-Phrase. Sätze mit einer relativ komplexen w-Phrase elizitierten an der Subjekts-NP Verarbeitungsschwierigkeiten (23b). Keine solchen Effekte stellten sich hingegen in Sätzen mit einfacher w-Phrase ein (23a).

(23) a. Mary wondered *which girl* the boy saw.

b. Mary wondered *which tall girl with dark hair* the boy saw.

Trotz dieses Befundes muß resümiert werden, daß die Auflösung von Subjekt-Objekt-Ambiguitäten im Englischen in den hier diskutierten Beispielen zu keinen bemerkenswerten Verarbeitungsschwierigkeiten führen.

5.1.5 Zusammenfassung

Als Ergebnis der Diskussion einschlägiger experimenteller Studien zur Verarbeitung von Subjekt-Objekt-Ambiguitäten können wir festhalten:

- Subjekt-Objekt-Ambiguitäten bei der Verarbeitung von w-Fragen, Relativsätzen und Topikalisierungen wird präferiert eine Struktur zugewiesen, in der das Subjekt dem Objekt vorangeht. Disambiguierungen zugunsten der Objekt-Subjekt-Abfolge elizitieren einen Garden-Path-Effekt. Dieser Befund gilt für das Deutsche, das Niederländische und das Italienische. Die bisherige Evidenz bezüglich der Verarbeitung von Subjekt-Objekt-Ambiguitäten im Englischen erlaubt sicher noch keine klare Aussage, deutet aber in die gleiche Richtung. Der allgemeinen Präferenz zugunsten von Subjekt-Objekt-Strukturen laufen lediglich die in Abschnitt 5.1.2.3 vorgestellten Ergebnisse zuwider, die Farke (1994) mit w-Fragen des Deutschen erzielte.

- Die Subjekt-Objekt-Präferenz ist sehr robust. Sie ist auch dann nachweisbar, wenn kontextuelle oder semantische Faktoren die Zuweisung einer Objekt-Subjekt-Struktur unterstützen. Diese Beobachtung muß jedoch mit Vorsicht gehandhabt werden, denn es liegen bislang nur wenige diesbezüglich einschlägige Studien vor.

5.2 Die Erklärung der Subjekt-Objekt-Präferenz

5.2.1 Das *Lexical-Expectation Model*

Dem *Lexical-Expectation Model* (LEM) zufolge vermutet der Parser Lücken nur an phrasenstrukturellen Positionen, die in der D-Struktur obligatorisch oder zumindest mit hoher Wahrscheinlichkeit von einer NP okkupiert werden müßten. Lücken kann der Parser daher in der Komplementposition obligatorisch oder präferiert transitiver Verben vermuten, nicht aber in der Komplementposition obligatorisch oder präferiert intransitiver Verben. Obligatorisch besetzt werden muß in der D-Struktur aber auch die Subjektposition. Dies folgt nicht aus lexikalischen Eigenschaften, sondern aus dem erweiterten Projektionsprinzip, welches vorschreibt, daß jeder Satz ein Subjekt zu enthalten hat (Chomsky, 1981).

Das LEM knüpft die Identifizierung von Lückenpositionen jedoch noch an eine zweite Bedingung. Eine auf der D-Struktur zu besetzende phrasenstrukturelle Position wird nur dann als Lückenposition angesehen, wenn diese Position nicht durch lexikalisches Material besetzt werden kann. Wann immer also der Parser eine potentielle Lückenposition erreicht: Es wird zunächst überprüft, ob nicht die nächste, anhand der Inputkette zu konstruierende Konstituente die potentielle Lückenposition zu belegen in der Lage ist (*Try-the-next-constituent*-Prinzip). Dieses *Try-the-next-constituent*-Prinzip jedoch bringt das LEM nicht nur bei der Erklärung des *Filled-Gap*-Effekts im Englischen in Schwierigkeiten. Es ist auch maßgeblich dafür verantwortlich, daß das LEM für die Verarbeitung von Subjekt-Objekt-Ambiguitäten die falschen Vorhersagen macht.

Beschränken wir uns im folgenden auf eine Diskussion der Verarbeitungsverhältnisse in Relativsätzen. Wie erläutert wurde, rechnet der Parser vor Erscheinen des Verbs zumindest mit einer NP, die als Subjekt fungiert. Mit Erreichen der Subjektposition wird der Parser aber dem LEM zufolge zunächst überprüfen, ob im Input eine Konstituente folgt, die in die Subjektposition integriert werden kann. Nur wenn dies nicht der Fall ist, assoziiert der Parser die w-Phrase selbst mit der Subjektposition. In allen experimentell untersuchten Relativsätzen folgte dem Relativpronomen jedoch eine NP, die ebenfalls die Subjektfunktion übernehmen kann. Mit Erreichen der Subjektposition vor die Wahl gestellt, einem Relativsatz wie in (24) die Struktur (24a) oder (24b) zuzuweisen, würde sich der Parser daher aufgrund des *Try-the-next-constituent*-Prinzip für (24b) entscheiden müssen.

(24) Karl hielp de mijnwerker, die de boswachter ...

     a. [$_{CP}$ die$_i$ [$_{IP}$ t$_i$ [$_{VP}$ de boswachter]]]

     b. [$_{CP}$ die$_i$ [$_{IP}$ de boswachter [$_{VP}$ t$_i$]]]

Das LEM sagt also für Fälle wie diese eine Objekt-Subjekt-Präferenz vorher, was - wie wir gesehen haben - durch experimentelle Evidenz nicht nur aus dem Niederländischen, sondern auch aus dem Deutschen widerlegt worden ist.

5.2.2 Die *Active-Filler Strategy*

Das LEM unterstellt dem Parser eine *Last-Resort*-Strategie bei Erreichen einer potentiellen Lückenposition: Eine Spur wird nur dann integriert, wenn die Einbindung weiteren lexikalischen Materials scheitert. Die AFS hingegen postuliert, daß der Parser einer *First-Resort*-Strategie folgt, d.h. der Integration einer Spur den Vorzug gibt vor der Integration neuen lexikalischen Materials. Nicht nur für Konstruktionen, in denen sich ein *Filled-Gap*-Effekt einstellt, sondern auch für die Verarbeitung von Subjekt-Objekt-Ambiguitäten ergeben sich aus der AFS deshalb Vorhersagen, die denen des LEM diametral entgegenstehen.

Werfen wir zunächst einen Blick auf die Verarbeitung von Relativsätzen. In Relativsätzen ist die erste potentielle Lückenposition, die der Parser errreicht, die SpecIP-Position, die kanonische Position des Subjekts. Gemäß der AFS wird die SpecIP-Position deshalb als Lückenposition für das Relativpronomen betrachtet. In (24) wird die SpecIP-Position mit einer Spur besetzt, die das Relativpronomen als Subjekt kenntlich macht. Dies zwingt dazu, die nachfolgende NP *de boswachter* VP-intern einzubinden, weshalb Fragmenten dieser Art präferiert eine Subjekt-Objekt-Struktur analog (24a) zugewiesen wird.

(24) Karl hielp de mijnwerker, die de boswachter

    a. [$_{CP}$die$_i$ [$_{IP}$ t$_i$ [$_{VP}$ de boswachter]]]

    b. [$_{CP}$die$_i$ [$_{IP}$ de boswachter [$_{VP}$ t$_i$]]]

Im Prinzip kann diese Argumentation ganz einfach auf die Verarbeitung von Subjekt-Objekt-Ambiguitäten mit Hauptsatzstruktur übertragen werden. Auch bei Fragesätzen wie in (25) erreicht der Parser die SpecIP-Position als erste potentielle Lückenposition, mit der die w-Phrase daher assoziiert wird.

(25) [$_{CP}$Welke Patient hebben [$_{IP}$ t [de dokters]]]

Wann aber kann der Parser eine Lückenposition für die w-Phrase identifizieren? Relevant sind in diesem Zusammenhang zwei Annahmen, für die bereits bei der Besprechung der Effekte prädiktiven Lückenfüllens Argumente beigebracht wurden (vgl. Abschnitt 3.2.3.1) Zum einen zeigen die Effekte prädiktiven Lückenfüllens, daß Spuren nicht dem *Input Ordering Constraint* (IOC) unterliegen. Der Parser kann sie deshalb bereits in die phrasenstrukturelle Repräsentation einfügen, bevor alles Material, das sich links von der Lückenposition befindet, eingelesen worden ist. Zum anderen legen diese Daten nahe, daß der Parser Struktur in erheblichem Maße *top-down* prädizieren kann und damit potentielle Lückenpositionen sehr frühzeitig sichtbar werden. Diesbezüglich im Detail der Theorie in Crocker (1992) folgend, sind wir davon ausgegangen, daß dem Parser von Beginn an eine CP-IP-VP Struktur zur Verfügung steht. Welche Konsequenzen haben diese Annahmen für die Verarbeitung von Strukturen wie in (25)?

Respektierte der Parser das IOC und wäre darüber hinaus nicht in der Lage, eine IP frühzeitig zu prädizieren, könnte die Spur in SpecIP erst eingefügt werden, nachdem das finite Verb bereits verarbeitet worden ist. Dies aber würde bedeuten, daß der Parser den Versuch, die w-Phrase als Subjekt zu analysieren, erst startet, nachdem bereits die disambiguierende Information in Form der Kongruenzmerkmale des finiten Verbs eingetroffen ist. Im Rahmen von Crockers Theorie und bei gleichzeitigem Verzicht auf das IOC wird eine natürlichere Darstellung der Verarbeitungsverhältnisse möglich. Die IP kann nun aufgebaut werden, bevor das Verb eingelesen wird. Damit steht auch die SpecIP-Position sofort als potentielle Lückenposition zur Verfügung und die w-Phrase kann als Subjekt analysiert werden, bevor das finite Verb eintrifft. Da allerdings Crockers Vorstellungen zufolge nicht nur SpecIP, sondern auch Positionen innerhalb der VP sofort als mögliche Lückenpositionen zur Verfügung stehen, muß geklärt werden, weshalb in Fällen wie (25) SpecIP und nicht eine VP-interne Position als Lückenposition präferiert wird. Zusätzlich wird also ein Suchprinzip wie in (26) benötigt, worauf bereits Gibson *et al.* (1994) aufmerksam gemacht haben.

(26) *Verarbeitungsprinzip für Füller-Lücken-Beziehungen*
    Wenn ein Füller identifiziert worden ist, durchsuche die phrasenstrukturelle Repräsentation *top-down* solange, bis eine Anbindungstelle für den Füller gefunden wurde.

Aus (26) folgt, daß für eine ambige w-Phrase eine Spur in SpecIP, der kanonischen Subjektposition, generiert wird. Weiterhin folgt, daß mit der Entscheidung, die w-Phrase mit der SpecIP-Position zu assoziieren, nicht gewartet werden muß. Die Präferenz zugunsten der Subjekt-Objekt-Abfolge entsteht also der AFS zufolge unmittelbar nach Einlesen der ambigen w-Phrase.

5.2.3 Gewichteter Parallelismus

Gibson *et al.* (1994) (GHS) modellieren die Verarbeitung von Füller-Lücken-Beziehungen auf der Grundlage des in Gibson (1991) entwickelten parallelen Parsers. GHS motivieren ihre Analyse nicht nur mit konzeptuellen Annehmlichkeiten, die parallele Verarbeitung verheißt, sondern auch mit einem empirischen Datum, welches aus Sicht der AFS problematisch ist: die *Filled-Gap*-Effekt-Asymmetrie. Der Begriff *Filled-Gap*-Effekt referiert auf die Beobachtung von Crain & Fodor (1985), Stowe (1986) und vielen anderen, daß in Sätzen wie (27) eine Verarbeitungsschwierigkeit mit Einlesen des postverbalen Pronomens *us* entsteht.

(27) My brother wanted to know who$_i$ Ruth will bring us home to t$_i$ at Christmas.

Wie wir gezeigt haben konstituiert der *Filled-Gap*-Effekt Evidenz gegen das *Try-the-next-constituent*-Prinzip des LEM und damit gleichzeitig zugunsten einer *First-Resort*-Strategie wie der AFS. Weit weniger Beachtung hat jedoch eine weitere Beobachtung gefunden, die in Stowe (1986) berichtet wird (vgl. Abschnitt 5.1.4). Mit Einlesen der Subjekt-NP *Ruth* ist keine auch nur annähernd vergleichbare Verarbeitungsschwierigkeit verknüpft. Der AFS zufolge sollte der Parser auch in (27) sofort nach Einlesen der w-Phrase mit der Suche nach einer Lückenposition beginnen. Die erste potentielle Lückenposition ist die SpecIP-Position. Es ist daher anzunehmen, daß der Parser zunächst einmal die SpecIP-Position als Lückenposition für den Füller reserviert. Diese Entscheidung erweist sich als falsch; die potentielle Lückenposition ist lexikalisch gefüllt, und zwar durch die NP *Ruth*. Warum aber entsteht kein *Filled-Gap*-Effekt? In der Tat ist dieses Problem für die AFS in der Regel völlig ignoriert oder in Fußnoten verbannt worden (z.B. Frazier & Clifton, 1989:313). Wir wollen jedoch eine Diskussion der Implikationen der *Filled-Gap*-Effekt-Asymmetrie auf Kapitel 7 verschieben und uns zunächst einmal ganz auf die Frage konzentrieren, wie GHS mit diesem Datum fertig werden.

Im System von GHS wird die *Filled-Gap*-Effekt-Asymmetrie als Ergebnis unterschiedlich starker Präferenzen zugunsten von Strukturen mit Lücke im Gegensatz zu Strukturen ohne Lücke erfaßt. In Abschnitt 3.2.3.3 haben wir bereits gesehen, wie der "klassische" *Filled-Gap*-Effekt im System von GHS erklärt wird. Zwar berechnet der Parser mit Einlesen des Verbs *bring* sowohl eine Struktur mit Spur wie auch eine Struktur ohne Spur in Komplementposition des Verbs. Letztere Option zieht jedoch im Vergleich zu ersterer Option eine PLU mehr auf sich und wird daher tiefer eingestuft. Bei Einlesen des Pronomens *us* kommt es zu einem leichten Garden-Path-Effekt. Was passiert, wenn in (27) die Subjektposition erreicht wird. Die entsprechenden Repräsentationen zeigt (28).

(28) My brother wanted to know who ...
   a. My brother wanted to know [CP [NP who] [C e] [IP [I h]]]
   b. My brother wanted to know [CP [NP who₁] [C e] [IP [NP t₁] [I h]]]

(28a) zeigt die Struktur, der zufolge die w-Phrase nicht mit einer Lücke in der SpecIP-Position verbunden wird. Diese Struktur erfordert eine PLU: Der w-Phrase muß eine thematische Rolle zugewiesen werden; in (28a) aber kann sie noch keine erhalten. (28b) zeigt eine alternative, parallel berechnete Strukturzuweisung für das Fragment in (28), die entsteht, wenn für die w-Phrase eine Spur in Subjektsposition generiert wird. Aber auch (28b) erfordert lediglich eine PLU: Wiederum ist die w-Phrase dafür verantwortlich, denn sie muß eine thematische Rolle erhalten, die in (28b) noch nicht zugewiesen werden kann. Die beiden Strukturzuweisungen, die der Parser für das Fragment in (28) berechnet, unterscheiden sich also hinsichtlich des für sie notwendigen Verarbeitungsaufwandes nicht: Beide Strukturoptionen ziehen genau eine PLU auf sich. Dies heißt, daß der Parser beide Strukturen gleichermaßen weiterberechnet. Es gibt keine Rangordnung zwischen (28a) und (28b), und der Parser entwickelt daher auch keine Präferenz zugunsten der einen oder anderen Strukturoption. Dies erklärt, weshalb mit Einlesen des nächsten Wortes (*Ruth*) keine Verarbeitungsschwierigkeiten entstehen: Zwar erweist sich an dieser Stelle die Variante in (28a) als falsch, aber da der Parser (28b) auf legitime Weise fortführen kann, ist kein zusätzlicher Verarbeitungsaufwand nötig und also kein selbst leichter Garden-Path-Effekt zu erwarten.

GHS entwickeln auch eine explizite Analyse der Verarbeitung von Subjekt-Objekt-Ambiguitäten im Niederländischen und Deutschen. Als Beispiel wählen sie die in Frazier (1987b) untersuchten Relativsatzstrukturen. Betrachten wir dazu, welche Strukturen der Parser für einen global ambigen Relativsatz des Niederländischen wie (29) konstruiert.

(29)   Karl hielp de mijnwerker, die de boswachter vond.
       "Karl half dem Bergarbeiter, der den Förster gefunden hatte."
       "Karl half dem Bergarbeiter, den der Förster gefunden hatte."

Wie man sich auf Grund der bisherigen Diskussion leicht klar machen kann, gibt es - bevor das Verb eingelesen wurde - keine Verarbeitungsunterschiede zwischen Subjekt-Objekt- und Objekt-Subjekt-Strukturen. Beide Abfolgevarianten ziehen an jedem Punkte der Berechnung die gleiche Anzahl von PLUs auf sich: eine PLU für das Relativpronomen, das eine thematische Rolle benötigt, jedoch noch keine thematische Rolle erhalten kann, und eine weitere PLU, und zwar aus dem gleichen Grunde, für die zweite NP *de boswachter*. Es entsteht somit vor Einlesen des Verbs noch keine Präferenz zugunsten der Subjekt-Objekt- oder der Objekt-Subjekt-Abfolge. Dies aber ändert sich mit Erreichen des Verbs. Die relevanten Relativsatzstrukturen für die Subjekt-Objekt-Abfolge (30a) und die Objekt-Subjekt-Abfolge (30b) sehen nach GHS wie folgt aus.

(30) a. [CP [NP die] [C e] [IP [NP t₁] [VP [NP de boswachter] [V vond]]]]
     b. [CP [NP die] [C e] [IP [NP de boswachter] [VP vond]]]]

Wenden wir uns zunächst der Subjekt-Objekt-Struktur in (30a) zu. Wie man sehen kann, ist diese Struktur bereits sofort bei Erreichen des Verbs komplett. Relativpronomen - über die Spur in der Subjektposition - und zweite NP können eine thematische Rolle erhalten. (30a) muß daher keine PLU zugewiesen werden. Anders in (30b). Dieser Struktur zufolge kann zwar die NP *de boswachter* seine thematische Rolle identifizieren, nicht aber das Relativpronomen. Aus diesem Grunde kostet die Objekt-Subjekt-Abfolge an diesem Punkte der Verarbeitung eine PLU. Um die Objekt-Subjekt-Struktur zu komplettieren, muß noch ein weiterer Verarbeitungsschritt ausgeführt werden, nämlich die Generierung einer Spur für das Relativpronomen in der Position des direkten Objekt des Verbs. Entscheidend ist nun aber, daß es eine Verarbeitungsstufe gibt, auf der sich die Subjekt-Objekt- und die Objekt-Subjekt-Struktur hinsichtlich der mit ihnen assoziierten Kosten unterscheiden. Zwischen den Varianten in (30) besteht eine Differenz von einer PLU. Die Objekt-Subjekt-Struktur wird zumindest kurzzeitig niedriger eingestuft als die konkurrierende Subjekt-Objekt-Struktur. Es ist damit zusätzlicher Reaktivierungsaufwand nötig, falls sich die Objekt-Subjekt-Struktur als korrekt erweist. Damit sagt die Theorie von GHS für diese Konstellationen einen Garden-Path-Effekt, einen leichten zudem, vorher.[5]

Eine klare Vorhersage der Theorie von GHS besteht jedoch darin, daß die Präferenz zugunsten der Subjekt-Objekt-Struktur erst relativ spät entsteht, und zwar mit Eintreffen des Verbs. In diesem Punkte kann die Theorie von GHS ganz klar mit der AFS kontrastiert werden, der zufolge die Subjekt-Objekt-Präferenz sofort mit Einlesen der ambigen w-Phrase entsteht. Eine Entscheidung zwischen der AFS und dem Ansatz von GHS kann also über eine Klärung der Frage erfolgen, zu welchem Zeitpunkt Präferenzen bei Subjekt-Objekt-Ambiguitäten zu Verarbeitungsproblemen führen (vgl. Gibson *et al.*, 1994:402).

5.2.4 Immediate Association

Die Diskussion der *Immediate Association Hypothesis* (IAH) kreiste in der Literatur bislang fast ausschließlich um die Verarbeitung von Objekt-Objekt-Ambiguitäten. Mit Ausnahme einiger Überlegungen in Pickering (1993) wurde in der Tat kein expliziter Versuch unternommen,

---

[5] Die Existenz von *off-line* Präferenzen zugunsten der Subjekt-Objekt-Struktur bei global ambigen Relativsätzen, wie sie Frazier (1987b) beobachtet hat, folgt aus dem System von GHS jedoch nicht wirklich automatisch, denn zum Zeitpunkt, an dem *off-line* Beurteilungen eingeholt werden, ist ja der gesamte Satz bereits eingelesen und damit trivialerweise keine der Strukturvarianten mehr mit PLUs belastet. GHS schlagen verschiedene Annahmen vor, die es gestatten, *off-line* Präferenzen dennoch zu erfassen (vgl. Gibson *et al.*, 1994:401f.) Die Subjekt-Objekt-Struktur könnte *off-line* bevorteilt sein, weil ihre Fertigstellung insgesamt weniger Verarbeitungsschritte erfordert als die Fertigstellung der Objekt-Subjekt-Struktur, in der ja nach Einlesen des Verbs noch eine Spur für das Relativpronomen generiert werden muß. Die Präferenz könnte alternativ unter der Annahme abgeleitet werden, daß für die *off-line* Beurteilung von Sätzen die durchschnittlichen PLU-Werte pro Verarbeitungsschritt ausschlaggebend sind. Auch nach dieser Rechnung ergäbe sich ein - allerdings nur noch hauchdünner - Vorteil für die Subjekt-Objekt-Abfolge, da es eine Verarbeitungsstufe gibt, auf der diese Struktur weniger PLUs erfordert als die Objekt-Subjekt-Struktur. Ein ähnlicher Mechanismus wäre nötig, um zu erklären, weshalb die Disambiguierung eines Relativsatzes durch ein finites Auxiliar zu Garden-Path-Effekten führt (Mecklinger *et al.*, 1995; Schriefers *et al.*, 1995). Man beachte, daß zu diesem Zeitpunkt das Theta-Rollen zuweisende Verb in Gestalt des Partizips bereits in die Struktur eingefügt worden ist. Bei Erreichen des Auxiliars wäre damit der kurzzeitige Vorteil für Subjekt-Objekt-Strukturen längst wieder dahin.

die Verarbeitung von Subjekt-Objekt-Ambiguitäten im Deutschen oder Niederländischen mit Rekurs auf die IAH zu modellieren. Dies ist jedoch unabdingbar, um die IAH als Alternative zum Füller-Lücken-Modell aufrechterhalten zu können. Erschwerend kommt hinzu, daß Pickering und Mitarbeiter auch noch keine Anstalten gemacht haben, Strukturen des Deutschen oder Niederländischen im Rahmen der *Dependency Categorial Grammar* zu analysieren, auf der aufbauend die IAH implementiert wurde (vgl. Abschnitt 3.2.3.1). Es ist daher alles andere als einfach abzuleiten, welche Vorhersagen die IAH bezüglich der Verarbeitung von Subjekt-Objekt-Ambiguitäten im Deutschen und Niederländischen wirklich machen würde. Die folgenden Ausführungen haben daher notgedrungen ein wenig spekulativen Charakter. Wie würde ein IA-basierter Parser mit Relativsätzen wie in (31) umgehen?

(31) a. Karl hielp de mijnwerkers die de boswachter vonden.

b. Karl hielp de mijnwerkers die de boswachter vond.

Die IAH postuliert, daß sich der Parser nicht darum bemüht, für eine w- oder Topikphrase eine Lückenposition ausfindig zu machen, sondern vielmehr versucht, die w- oder Topikphrase direkt mit dem diese Phrase subkategorisierenden Element zu verbinden. Daraus folgt u.E., daß die syntaktische Funktion des Relativpronomens *die* in (31) erst mit Erreichen des Subkategorisierers, in unserem Beispiel also des Verbs, festgelegt werden kann. Gleiches gilt auch für die zweite NP des Relativsatzes (*de boswachter*). Vor Erreichen des Verbs kann daher dem Relativsatz kaum syntaktische Struktur zugewiesen werden. Zwar wird das Relativpronomen *die* bereits mit der NP, die der Relativsatz modifiziert, strukturell verbunden (vgl. Pickering, 1993; Pickering & Shillcock, 1992). Dieser Komplex aber muß zunächst einmal in einem Speicher abgelegt werden, wie auch die zweite NP (*de boswachter*). Eine weitergehende Strukturierung des Inputs wird erst mit Erreichen des Verbs möglich. Auf den ersten Blick scheint es also gar nicht möglich, Präferenzen zugunsten der Subjekt-Objekt- oder der Objekt-Subjekt-Lesart abzuleiten. Eine Lösung des Problems wäre aber mit Rekurs auf eine Annahme denkbar, die in Pickering (1993, 1994) bezüglich der Arbeitsweise des Parsers gemacht wird, daß nämlich der Parser nach einem "last-in, first-out" Prinzip arbeitet. Dies bedeutet, daß nach Erreichen des Verbs die zuletzt abgespeicherte NP als erste mit dem Verb verbunden und daher in (31) als Objekt des Verbs interpretiert wird. Erst dann wird das Relativpronomen aus dem Speicher abgerufen und mit der verbleibenden Argumentstelle des Verbs verknüpft. Das Relativpronomen fungiert daher als Subjekt des Satzes. Diese Verarbeitungsschritte können in (31a) erfolgreich durchgeführt werden, führen aber zu einem syntaktischen Fehler in (31b), womit die mit diesem Satz verbundenen Verarbeitungsschwierigkeiten korrekt abgeleitet worden wären.

Die gleichen Vorhersagen würden sich für Hauptsatzstrukturen wie in (32) ergeben.

(32) a. Welke patient heeft de dokters bezocht?

b. Welke patient hebben de dokters bezocht?

Bei strikter Auslegung der IAH dürfte es zwischen den gerade diskutierten Relativsatzstrukturen und Hauptsatzstrukturen wie in (32) keinen Unterschied geben. W-Phrase wie auch zweiter NP können erst mit Erreichen des Verbs syntaktisch integriert werden. Legt man wie-

der einen "Last-in, First-Out" Mechanismus zugrunde, würde folgen, daß die Subjekt-Objekt-Struktur in (32a) präferiert wird, diese Präferenz aber erst mit Erreichen des Verbs entsteht.
Es mag andere Mechanismen geben, Präferenzen für Subjekt-Objekt-Strukturen im Rahmen der IAH abzuleiten. Völlig unabhängig aber davon, welche Schritte die Verarbeitung von Relativsätzen, w-Phrasen und vergleichbaren Strukturen letztendlich involviert und welche Annahmen die *Dependency Categorial Grammar* hinsichtlich der Satzstruktur des Deutschen oder Niederländischen konkret macht, können wir festhalten, daß sich aus der Kernaussage der IAH, daß nämlich Füllerkonstituenten direkt mit dem Verb assoziiert werden müssen, eine klare Vorhersage bezüglich des Zeitpunkts der Entstehung von Subjekt-Objekt-Präferenzen ableiten läßt, die der des Systems von GHS entspricht und damit auch die IAH von der AFS unterscheidbar macht: Präferenzen bei der Verarbeitung von Subjekt-Objekt-Ambiguitäten entstehen nicht sofort mit Einlesen der w-Phrase, sondern erst mit Erreichen des Verbs.

5.2.5 Thetagetriebene Verarbeitung

Wenden wir uns nun der Frage zu, wie die Verarbeitung von Subjekt-Objekt-Ambiguitäten im Rahmen des thetagetriebenen Modells dargestellt werden kann. Auch von den Proponenten des thetagetriebenen Modells wurde dieser Problembereich bislang weitgehend ausgespart. Lediglich in Carlson & Tanenhaus (1988) sowie MacDonald et al. (1994) finden sich einige Überlegungen, auf deren spekulativen Charakter aber schon die Autoren selbst unmißverständlich hinweisen. Die Fokussierung auf die Verarbeitung postverbaler Lücken konstituiert einen klaren Nachteil des thetagetriebenen Modells gegenüber den Vorschlägen strukturorientierter Modelle wie der Garden-Path-Theorie, in der die Analyse von Subjekt-Objekt-Ambiguitäten traditionell breiten Raum eingenommen hat. Dies wiegt um so schwerer, da sich die empirischen Unterschiede beider Modelle bei der Verarbeitung von Objekt-Objekt-Ambiguitäten kaum nennenswert unterscheiden.

Wie wir gesehen haben, spielt lexikalische Information bei der Verarbeitung von Füller-Lücken-Beziehungen innerhalb des thetagetriebenen Modells eine entscheidende Rolle. Eine Füllerkonstituente zu verarbeiten heißt, dieser Konstituente eine thematische Rolle zuzuweisen. Anhand der thematischen Rolle wird die phrasenstrukturelle Position der Lücke bestimmt. Thematische Rollen aber werden erst bei Erreichen des Verbs aktiviert. Daraus folgt, daß Füllerkonstituenten vor Erreichen des Verbs nicht syntaktisch integriert werden können. Dies mag unproblematisch erscheinen in SVO-Sprachen wie dem Englischen, in denen das Verb frühzeitig zur Verfügung steht und die Verzögerung der syntaktischen Verarbeitung des Füllers daher den Verarbeitungsprozeß insgesamt nur unwesentlich aufhalten würde. In der Tat: Die *Filled-Gap*-Effekt-Asymmetrie scheint diese Position zunächst einmal zu bestätigen. Das praktische Ausbleiben eines *Filled-Gap*-Effekts an der Subjektposition in Sätzen wie (33) kann im Rahmen des thetagetriebenen Modells mit Hinweis auf die Tatsache erklärt werden, daß vor Einlesen des Verbs *bring* noch keine syntaktischen Entscheidungen bezüglich des Füllers getroffen werden und daher keine Revisionen notwendig sind, wenn die disambiguierende NP *Ruth* im Input erscheint.

(33)   My brother wanted to know who$_i$ Ruth will bring us home to t$_i$ at Christmas.

Weshalb aber lassen sich in Strukturen, in denen das Verb die satzfinale Position okkupiert und damit allen Argumenten folgt, wie dies z.B. für ambige Relativsätze im Niederländischen und Deutschen der Fall ist, dennoch klare Präferenzen zugunsten der Subjekt-Objekt-Abfolge beobachten?

Carlson & Tanenhaus (1988) sowie MacDonald et al. (1994) vermuten: „*[I]t is reasonable to speculate that preverbal arguments can be assigned tentative thematic roles, creating a set of mild expectations about which thematic roles the verb, when encountered, will actually assign.*" (Carlson & Tanenhaus, 1988:287). "*In this view, comprehenders ... will have partially activated hypotheses about the roles of the various nouns in the sentence well in advance of encountering the verb.*" (MacDonald et al., 1994:687). Dies bedeutet, daß etwa im Falle von Relativsätzen schon vor Eintreffen des Verbs erste Hypothesen über die thematische Rolle, die eine NP erhalten könnte, angestellt werden. Carlson & Tanenhaus (1988) vergleichen den Status dieses Ansatzes mit dem Status perzeptueller Strategien aus Bever (1970), einer von denen zufolge z.B. einer Sequenz "*NP - V - NP*" präliminar die Interpretation "*Agens - Aktion - Thema*" zugewiesen wird. Es scheint klar, daß die Aktivierung solcher semantischen Hypothesen von verschiedenen Faktoren abhängen muß, insbesondere von lexikalischen Eigenschaften der NPs - ob es sich z.B. um belebte oder unbelebte NPs handelt - und natürlich von der syntaktischen Umgebung der NPs. Die erste NP wird als *Agens* betrachtet, sofern sie belebt ist, als *Thema*, sofern sie unbelebt ist. Die zweite NP kann jedoch nicht mehr als *Agens* betrachtet werden, auch wenn sie das Merkmal *belebt* trägt.

Lassen wir einmal außer acht, wie genau die syntaktische Umgebung einer NP im Rahmen beschränkungsbasierter Verarbeitungstheorien repräsentiert wird, und nehmen an, daß der Parser eine "belebte" w-Phrase als erste NP des Satzes mit der tentativen thematischen Rolle *Agens* versieht. Welche syntaktischen Konsequenzen hat diese Entscheidung? Führt sie dazu, daß auch die syntaktische Funktion eines Füllers unmittelbar festgelegt wird? Zwei Optionen bieten sich an. Zum einen könnte die Zuweisung einer tentativen thematischen Rolle an die w-Phrase ohne unmittelbare Konsequenzen für die syntaktische Verarbeitung bleiben. Dieser Position zufolge stellt der Parser zwar sofort Vermutungen darüber an, welche thematische Rolle der w-Phrase durch das Verb zugewiesen wird. Die Entscheidung aber, ob die w-Phrase als Subjekt oder Objekt fungiert, würde verschoben, bis das Verb tatsächlich eingelesen wurde und die thematische Rolle sowie die syntaktische Funktion der w-Phrase sicher bestimmt werden können. Diese Position ließe erwarten, daß die Auflösung einer lokalen Subjekt-Objekt-Ambiguität vor Eintreffen des Verbs nicht zu Verarbeitungsproblemen führt, da ja die syntaktische Funktion der w-Phrase ohnehin noch offengeblieben ist. Wir wollen dies als die *starke Version* des thetagetriebenen Modells bezeichnen. Diese starke Version wäre mit den Annahmen aus MacDonald et al. (1994) kompatibel, gemäß denen keine Satzstruktur vor Eintreffen des Verbs aufgebaut wird. Kompatibel wäre sie auch mit der gerade angesprochenen *Filled-Gap*-Effekt-Asymmetrie, speziell dem Ausbleiben von Verarbeitungsschwierigkeiten bei gefüllter Subjektposition.

Die starke Version des thetagetriebenen Modells wollen wir mit einer *schwachen Version* konfrontieren, der zufolge nicht nur die Zuweisung "echter" thematischer Rollen, sondern auch die Zuweisung tentativer thematischer Rollen sofortige Konsequenzen für die syntaktische Verarbeitung zeitigt. Hat sich der Parser also entschlossen, eine w-Phrase tentativ als *Agens* des Satzes anzusehen, dann könnte er der w-Phrase sofort die syntaktische Position, an der die thematische Rolle *Agens* kanonisch realisiert wird, als Lückenposition zuordnen. Die schwache Version des thetagetriebenen Modells ließe in der Tat - ähnlich wie die AFS - frühe Disambiguierungseffekte bei Subjekt-Objekt-Ambiguitäten erwarten. Sie wäre allerdings nicht mit der in MacDonald *et al.* (1994) skizzierten strikt lexikalistischen Variante beschränkungsbasierter Verarbeitung vereinbar. Außerdem würden tentative thematische Rollen mit "echten" thematischen Rollen völlig gleichgesetzt, ein Schritt, der natürlich die Frage nach dem genauen theoretischen Status tentativer thematischer Rollen aufwirft.

5.3 Zusammenfassung und Fragestellungen

Ziel dieses Kapitels war es, experimentelle Befunde zur Verarbeitung von Subjekt-Objekt-Ambiguitäten im Deutschen, Niederländischen und anderen Sprachen vorzustellen und einige prominente Theorien der Verarbeitung von Füller-Lücken-Beziehungen mit diesen Befunden zu konfrontieren. Die Ergebnisse dieser Diskussion und sich daraus ableitende Fragestellungen können wie folgt zusammengefaßt werden:

- Alle Theorien sagen eine Präferenz für die Abfolge Subjekt-Objekt vorher. Dies ist mit den Befunden zum Italienischen, Niederländischen und auch zur Verarbeitung von Relativsätzen und Topikalisierungen im Deutschen kompatibel, steht aber in bemerkenswertem Kontrast zu den Ergebnissen von Farke (1994) Wie Abschnitt 5.1.2.3 gezeigt hat, berichtet Farke in mehreren Experimenten zur Verarbeitung lokal ambiger Fragesätze Evidenz für eine Objekt-Subjekt-Präferenz. Trifft dies zu, stünden alle hier diskutierten Modelle vor erheblichen Problemen. Notwendig sind also weitere Untersuchungen zur Verarbeitung lokal ambiger w-Fragen, die der Frage nachgehen, ob die Befunde von Farke replikabel und auf andere strukturelle Konfigurationen auszudehnen sind.

- Klare Unterschiede in den Vorhersagen einzelner Theorien gibt es bezüglich des Punktes, an dem Präferenzen zugunsten der Subjekt-Objekt-Abfolge entstehen. Das parallele Modell von Gibson *et al.* (1994) sowie die IAH von Pickering und Kollegen prädizieren, daß die Entstehung der Subjekt-Objekt-Präferenz an die Verfügbarkeit des Verbs geknüpft ist. Die AFS sagt vorher, daß die Subjekt-Objekt-Präferenz sofort mit Einlesen einer ambigen w- oder Topikphrase entsteht. Die diesbezüglichen Erwartungen aus der Sicht des thetagetriebenen Modells sind weniger klar. Sie hängen wesentlich davon ab, welche syntaktischen Konsequenzen man dem Prozeß der Zuweisung tentativer thematischer Rollen zubilligt. Einer Klärung der Frage, wann Subjekt-Objekt-Präferenzen *on-line* generiert werden, kommt daher große Bedeutung zu in dem Bemühen, zwischen diesen konkurrierenden Modellen der Füller-Lücken-Verarbeitung zu entscheiden.

6 Präferenzen bei der Verarbeitung lokal ambiger Ergänzungsfragen im Deutschen

Im folgenden Kapitel sollen die Ergebnisse dreier experimenteller Untersuchungen zur Verarbeitung lokal ambiger Fragesätze im Deutschen präsentiert werden. Im Mittelpunkt des Interesses steht dabei die Frage, welche Präferenzen sich bei der Verarbeitung lokal ambiger w-Fragen beobachten lassen. Im Gegensatz zu den im vorigen Kapitel vorgestellten Untersuchungen mit Relativsätzen und Topikalisierungen, im Gegensatz aber auch zu lokal ambigen w-Fragen im Niederländischen, wurde für w-Fragen des Deutschen in Farke (1994) Evidenz präsentiert, die zu der Annahme zwingt, diesen Strukturen würde präferiert eine Repräsentation zugewiesen, in der das Objekt dem Subjekt vorangeht. Um diesem Widerspruch nachzugehen, wird das Problem der Präferenz bei lokal ambigen w-Fragen in Experiment 1 und Experiment 2 erneut thematisiert. Die Ergebnisse dieser beiden Experimente zeigen, daß w-Fragen des Deutschen keine Ausnahmestellung einnehmen. Im Gegensatz zu Farke (1994) zeigte sich eine klare Präferenz zugunsten der Subjekt-Objekt-Abfolge. Experiment 3 widmet sich der Frage, wann im Verlaufe der Verarbeitung eines Satzes die Präferenz zugunsten der Subjekt-Objekt-Abfolge entsteht. In diesem Experiment werden Sätze mit Zweit-Stellung des finiten Verbs getestet, in denen die Disambiguierung unmittelbar nach Einlesen der w-Phrase erfolgt.

6.1 Experiment 1: Präferenzen bei der Verarbeitung eingebetteter Fragesätze

Experiment 1 beschäftigt sich mit der Frage, wie lokal ambige eingebettete Fragesätze des Deutschen verarbeitet werden. Zu diesem Strukturtyp liegen bislang noch keine Daten vor. Die allgemeine Zielstellung des Experiments besteht darin herauszufinden, welche der möglichen Strukturen (Subjekt-Objekt bzw. Objekt-Subjekt) eingebetteten Fragen präferiert zugewiesen wird.

Anknüpfend an die Ergebnisse von Farke (1994) wäre zu vermuten, daß auch eingebettete Fragen initial eine Objekt-Subjekt-Struktur erhalten, die ambige w-Phrase also bevorzugt mit einer Spur in Objektposition assoziiert wird. Zu erwarten wäre dann, daß Sätze, die zugunsten der Subjekt-Objekt-Lesart disambiguiert werden, mit einem höheren Verarbeitungsaufwand verbunden sind, da in diesen Sätzen am Punkte der Disambiguierung Reanalyseprozesse notwendig werden. Die initial zugewiesene Objekt-Subjekt-Struktur muß aufgegeben und in eine Subjekt-Objekt-Struktur umgewandelt werden. Diese zusätzlichen Verarbeitungsschritte sollten sich in experimentell nachweisbaren Schwierigkeiten bei der Verarbeitung von Subjekt-Objekt-Strukturen niederschlagen.

Wählt man jedoch die bisherigen Ergebnisse zur Verarbeitung lokal ambiger Relativsätze als Bezugspunkt, ergeben sich gänzlich gegenläufige Erwartungen. Wie wir in Abschnitt 2.1.3 erläutert haben, weisen Relativsätze und eingebettete Fragesätze erhebliche strukturelle Parallelen auf. In beiden Strukturtypen befindet sich das finite Verb in satzfinaler Position und es wurde eine NP aus dem Mittelfeld an die Satzspitze bewegt. Diese strukturellen Parallelen lassen nun aus syntaktischer Sicht Parallelen bei der Verarbeitung erwarten. Da bei Relativsätzen in der Literatur übereinstimmend Präferenzen für die Subjekt-Objekt-Abfolge berichtet wurden, sollte sich eine solche Präferenz auch bei eingebetteten Fragesätzen zeigen (vgl. die Abschnitt 5.1.1.2 sowie 5.1.2.1). Dies würde jedoch bedeuten, daß Fragesätze mit der Struktur Objekt-Subjekt zu Verarbeitungsschwierigkeiten führen sollten, da am Punkte der Disambiguierung die präferierte Strukturzuweisung Subjekt-Objekt revidiert werden muß und sich dadurch der Verarbeitungsaufwand für diese Sätze erhöht.

6.1.1 Zur *Speeded-Grammaticality-Judgements*-Methode

In Experiment 1 kam die Methode der beschleunigten Grammatikalitätsurteile (*Speeded-Grammaticality-Judgements*) zum Einsatz. Methodisch gesehen gehören *Speeded-Grammaticality-Judgements* zur Familie der Entscheidungsmethoden (*decision methods*, vgl. Haberlandt, 1994). Ihr allgemeiner Aufbau läßt sich wie folgt charakterisieren: Den Versuchspersonen werden sprachliche Stimuli - Wortketten oder ganze Sätze - auf einem Computerbildschirm präsentiert, wobei die primäre Aufgabe der Versuchspersonen darin besteht, das präsentierte Material inhaltlich zu erfassen. Mit der Präsentation verknüpft ist eine sekundäre Entscheidungsaufgabe. In allen hier beschriebenen Experimenten werden vollständige Sätze präsentiert. Nach jedem Satz ist so schnell wie möglich zu entscheiden, ob er grammatisch einwandfrei oder grammatisch fehlerhaft war.

Entscheidungsmethoden beruhen auf der Annahme, daß der mit der Verarbeitung eines Satzes verbundene Aufwand Auswirkungen auf Genauigkeit und Geschwindigkeit hat, mit der die sekundäre Entscheidungsaufgabe ausgeführt wird. Ist der Verarbeitungsaufwand hoch, sind mehr Fehler und höhere Reaktionszeiten bei der Beurteilung der Grammatikalität von Sätzen zu erwarten. Eine Vielzahl von Studien hat gezeigt, daß die *Speeded-Grammaticality-Judgements*-Methode sensitiv genug ist, eine durch Garden-Path-Effekte induzierte Erhöhung des Verarbeitungsaufwandes anzuzeigen (vgl. Frazier, 1978; Clifton & Frazier, 1989; Frazier & Flores d'Arcais, 1989; Kurtzman, 1985; Kurtzman, Crawford & Nychis-Florence, 1991; Ferreira & Henderson, 1991a, b; Warner & Glass, 1987; McElree & Griffith, 1998). Garden-Path-Effekte haben zur Folge, daß sowohl die für die Grammatikalitätsbeurteilung benötigte Zeit, als auch der prozentuale Anteil fehlerhafter Grammatikalitätsurteile zunehmen.

Speeded-Grammaticality-Judgements-Experimente unterscheiden sich in der Praxis im wesentlichen in bezug auf zwei Parameter der Versuchsanordnung. Zum einen kann der Punkt, an dem die Grammatikalitätsbeurteilung abverlangt wird, variieren. In der Regel muß die Entscheidung unmittelbar am Satzende gefällt werden, eine Variante, die auch in diesem Experiment zum Einsatz kommen soll. In manchen Studien wird das Grammatikalitätsurteil jedoch auch schon früher, also an einem beliebigen Punkt innerhalb des Satzes abverlangt, wie z.B. bei Kurtzman (1985) oder Kurtzman *et al.* (1991), bzw. erst eine gewisse Zeit nach Abschluß der Präsentation, wie im *Speed-Accuracy Trade-Off* Design von McElree & Griffith (1998). Ein zweiter Unterschied betrifft die Geschwindigkeit, mit der das Stimulusmaterial präsentiert wird. In einigen Studien wird ein extrem hohes Präsentationstempo gewählt, von ca. 65 ms pro Wort (Warner & Glass, 1987) bzw. 110 ms pro Wort (Frazier, 1978; Exp 1). Die Mehrzahl der vorliegenden experimentellen Untersuchungen greift jedoch auf eine deutlich niedrigere Präsentationsgeschwindigkeit zurück, etwa zwischen 250 und 350 ms pro Wort, ein Tempo also, daß der normalen Lesegeschwindigkeit nahekommt. Allgemein akzeptierte Standards für die Festlegung der Präsentationsgeschwindigkeit gibt es nicht. In der Praxis hat sich jedoch gezeigt, daß eine Präsentationsgeschwindigkeit von 250 bis 350 ms pro Wort bei der Untersuchung von Garden-Path-Sätzen zu befriedigenden Ergebnissen führt.

6.1.2 Material und Hypothesen

Experiment 1 widmet sich der Untersuchung von Satzpaaren wie in (1).

(1) a. Alle waren neugierig zu erfahren, welche Politikerin die Minister kritisiert <u>hat</u>.

b. Alle waren neugierig zu erfahren, welche Politikerin die Minister kritisiert <u>haben</u>.

Die interne Struktur der eingebetteten Fragesätze war in jedem Falle gleich. Eingeleitet wurden sie von einer kasusambigen w-Phrase im Singular. Auf die w-Phrase folgte eine kasusambige definite NP im Plural, an die sich der Verbalkomplex direkt anschloß. Das Auxiliar in satzfinaler Position disambiguierte die Sätze. Ein für den Singular spezifiziertes Auxiliar erzwingt die Zuweisung einer Subjekt-Objekt-Struktur (1a), ein pluralmarkiertes Auxiliar hingegen die Zuweisung einer Objekt-Subjekt-Struktur (1b). Falls Sätzen wie in (1) präferiert eine Subjekt-Objekt-Struktur zugewiesen wird, sollte (1a) einen Garden-Path-Effekt hervorrufen und damit schwieriger zu verarbeiten sein als (1b). Sowohl der Anteil fehlerhafter Grammatikalitätsurteile als auch die Reaktionszeiten für korrekte Antworten müßten dann in (1a) höher ausfallen als in (1b). Bei Vorliegen einer Subjekt-Objekt-Präferenz wäre hingegen eine erhöhte Schwierigkeit in (1b) zu erwarten und damit mehr Fehler bei der Grammatikalitätsbeurteilung und höhere Reaktionszeiten im Vergleich zu (1a).

Den eingebetteten Fragen ging ein kurzer, neutraler Hauptsatz voraus, der keiner NP aus der eingebetteten Frage die Möglichkeit der Koreferenz bot. Nomen und Partizipien wurden auf möglichst neutrale Weise kombiniert, um sicherzustellen, daß beide syntaktisch möglichen Abfolgen hinsichtlich ihrer Interpretation gleichermaßen plausibel sind. Um garantieren zu können, daß ein eventuell zu beobachtender Verarbeitungsunterschied zwischen (1a) und (1b) tatsächlich syntaktisch bedingt ist, es sich also um einen Garden-Path-Effekt handelt und nicht um einen Plausibilitätseffekt, wurden die lokal ambigen Sätze mit Sätzen verglichen, die hinsichtlich ihrer Abfolge eindeutig markiert sind. Dies zu erreichen, wurden die femininen Nomina in den w-Phrasen durch ihre maskulinen Pendants ausgetauscht. Auf diese Weise werden die w-Phrasen eindeutig als Nominativ oder Akkusativ kenntlich. Eindeutig markierte grammatische Sätze bilden eine Grundlage, auf der erst die Verarbeitungsverhältnisse bei den lokal ambigen Sätzen richtig eingeschätzt werden können. Ein Unterschied in der Verarbeitung von (1a) und (1b) muß an eventuellen Unterschieden zwischen den eindeutig markierten grammatischen Sätzen relativiert werden.

Einbezogen wurden fernerhin eindeutig ungrammatische Sätze. Ungrammatische Sätze wurden aus den eindeutig markierten grammatischen Sätzen durch Vertauschung der w-Phrasen erstellt. Statt einer w-Phrase im Nominativ erschien also eine w-Phrase im Akkusativ, und umgedreht. Mit Hilfe dieser Sätze soll überprüft werden, ob die Versuchspersonen in der Lage sind, ungrammatische Strukturen korrekt zu identifizieren. Einen vollständigen Stimulussatz zeigt Tabelle 6.1. Wie aus Tabelle 6.1 ersichtlich wird, wurden die experimentellen Sätze hinsichtlich zweier Faktoren variiert. Die Sätze erschienen in drei verschiedenen SATZARTEN (ambig, grammatisch, ungrammatisch) sowie in zwei verschiedenen STRUKTUREN (Subjekt-Objekt, Objekt-Subjekt). Maßgeblich für die Zuordnung der Sätze zu den Stufen des Faktors STRUKTUR waren die Anforderungen des finiten Verbs: Da die w-Phrase stets im Singular, die zweite NP im Plural auftrat, verlangt ein finites Verb im Singular die Subjekt-Objekt-Abfolge, eine finites Verb im Plural die Objekt-Subjekt-Abfolge. Mit Rekurs auf diese Festlegung ergibt sich auch eine eindeutige Zuordnung ungrammatischer Sätze zu den Stufen des Faktors STRUKTUR.

Tabelle 6.1
Ein vollständiger Stimulussatz für Experiment 1

ambig

Subjekt-Objekt	Alle waren neugierig zu erfahren, welche Politikerin die Minister kritisiert hat.
Objekt-Subjekt	Alle waren neugierig zu erfahren, welche Politikerin die Minister kritisiert haben.

grammatisch

Subjekt-Objekt	Alle waren neugierig zu erfahren, welcher Politiker die Minister kritisiert hat.
Objekt-Subjekt	Alle waren neugierig zu erfahren, welchen Politiker die Minister kritisiert haben.

ungrammatisch

Subjekt-Objekt	Alle waren neugierig zu erfahren, welchen Politiker die Minister kritisiert hat.
Objekt-Subjekt	Alle waren neugierig zu erfahren, welcher Politiker die Minister kritisiert haben.

Entsprechend dem Muster in Tabelle 6.1 wurden 30 Sextette konstruiert und aus diesem Satzmaterial 6 experimentelle Listen erstellt. Jede Liste enthielt jeweils nur eine Version eines Satzes, im ganzen also 30 experimentelle Sätze. Zu diesen 30 experimentellen Sätzen wurden 93 Distraktorsätze hinzugefügt, so daß sich also in jeder Liste insgesamt 123 Sätze befanden.

6.1.3 Prozedur

Versuchspersonen:
An Experiment 1 nahmen 36 Versuchspersonen teil. Alle Versuchspersonen waren Studenten der Universität Jena. Mit ihrer Teilnahme erfüllten sie entweder Kursanforderungen im Fach

Psychologie oder sie wurden mit 5,- DM entlohnt. Keine der Versuchspersonen war über konkrete Ziele und Fragestellungen des Experiments informiert.

Versuchsaufbau:
Die Durchführung des Experiments wurde mit Hilfe des DMASTR Programms gesteuert, welches von K. Forster und J.C. Forster an der Monash University und an der University of Arizona entwickelt worden ist. Zu Beginn des Versuchs wurden die Probanden darüber in Kenntnis gesetzt, daß das Experiment die Untersuchung von Sprachverstehensprozessen zum Ziel hat, daß zu diesem Zwecke eine Reihe von Sätzen auf einem Computerbildschirm präsentiert werden und die Aufgabe darin besteht, nach jedem Satz zu entscheiden, ob der Satz grammatisch einwandfrei oder grammatisch fehlerhaft war. Die Probanden wurden explizit aufgefordert, diese Entscheidung so schnell, aber auch so genau wie möglich zu fällen. Anhand von Beispielen wurde den Versuchspersonen das Konzept der Grammatikalität verdeutlicht.

Die Versuchspersonen wurden vor dem Bildschirm plaziert. Linke und rechte Hand ruhten jeweils auf einer Computermaus, ein Fuß wurde auf einem Fußpedal positioniert. Zu Beginn eines jeden Durchlaufs erschien auf dem Bildschirm die Zeile „Pedal für nächsten Satz". Betätigen des Fußpedals startete die Präsentation. Die Sätze erschienen wortweise. Die Wörter befanden sich an immer gleicher Position, und zwar in der Bildschirmmitte. Für jedes Wort wurde in Abhängigkeit von seiner Länge eine individuelle Präsentationszeit festgelegt. Für die Präsentationszeit wurde eine Konstante von 214 ms zugrunde gelegt, zu der für jeden Buchstaben des Wortes weitere 14 ms hinzuaddiert wurden. Ein Interstimulusinterval gab es nicht. Satzzeichen wurden gemeinsam mit dem jeweils vorhergehenden Wort dargeboten. Unmittelbar nach dem letzten Wort des Satzes erschienen drei rote Fragezeichen, welche den Versuchspersonen signalisierten, daß nun das Grammatikalitätsurteil gefällt werden müsse. Probanden betätigten die Computermaus auf der rechten Seite im Falle, daß der Satz als grammatisch einwandfrei empfunden wurde, und die Computermaus auf der linken Seite im Falle grammatisch fehlerhafter Sätze. Nachdem das Grammatikalitätsurteil gefällt wurde, begann der nächste Durchlauf. Wurde innerhalb von zwei Sekunden nach Aufleuchten der Fragezeichen kein Grammatikalitätsurteil abgegeben, erschien die Zeile „Zu langsam!" auf dem Bildschirm. Vor Beginn des Experiments erhielten die Probanden Gelegenheit, sich in einem Probedurchlauf mit dem Versuchablauf vertraut zu machen. Während dieses Probedurchlaufs, nicht aber während des eigentlichen Experiments, wurde den Probanden mitgeteilt, ob ihr Grammatikalitätsurteil korrekt war oder nicht.

Jeder Versuchsperson wurde eine experimentelle Liste präsentiert. Die Abfolge der Sätze wurde für jede Versuchsperson pseudorandomisiert. Die Durchführung des Experiments nahm ca. 25 Minuten in Anspruch.

6.1.4 Resultate

Datenanalyse:
In Auswertung von Experiment 1 wurden getrennte Analysen für die Akkuratheit der Grammatikalitätsbeurteilungen (prozentualer Anteil korrekter Antworten) sowie für die Reaktionszeiten durchgeführt. Der Berechnung des prozentualen Anteils korrekter Antworten lagen alle abgegebenen Urteile zugrunde. Grammatikalitätsurteile, die mit einer Reaktionszeit von 2000

ms und mehr verbunden waren, wurden als „inkorrekt" bewertet. Den prozentualen Anteil korrekter Antworten in den jeweiligen Bedingungen zeigt Abbildung 6.1.

In die Analyse der Reaktionszeiten flossen nur Werte für korrekte Grammatikalitätsurteile ein. Werte von 2000 ms wurden daher grundsätzlich ausgeschlossen. Anschließend wurden die Reaktionszeiten von Ausreißern befreit, und zwar nach folgendem Verfahren: Für jede Versuchsperson wurden über alle Bedingungen hinweg Mittelwert und Standardabweichung vom Mittelwert berechnet. Alle Werte, die größer oder kleiner als der Mittelwert +/- 2,5 Standardabweichungen waren, wurden als Ausreißer betrachtet und durch den entsprechenden Grenzwert ersetzt. Insgesamt wurden 38 Datenpunkte korrigiert (4,3 % der korrekten Antworten). Die auf diese Weise ermittelten Reaktionszeiten für Experiment 1 zeigt Abbildung 6.2.

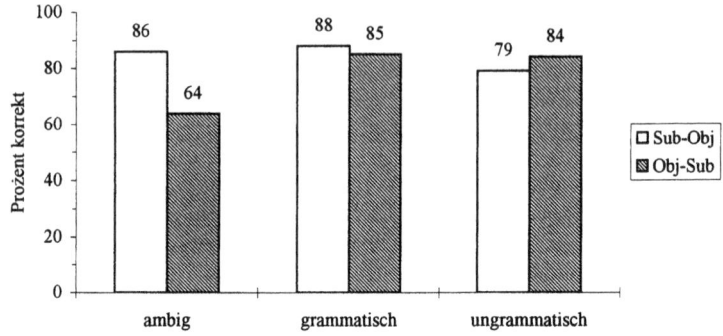

Abbildung 6.1: Prozentualer Anteil korrekter Antworten (Experiment 1)

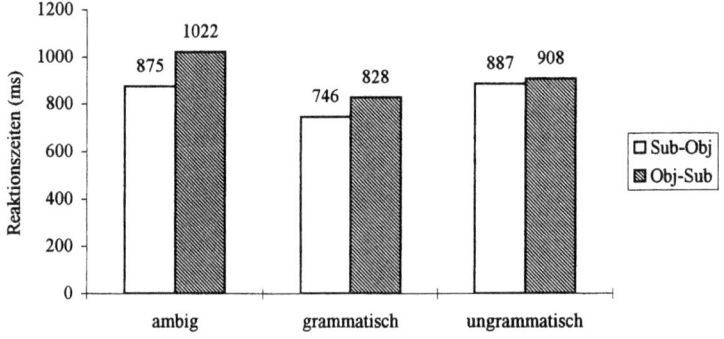

Abbildung 6.2: Reaktionszeiten für korrekte Antworten (Experiment 1)

Sowohl der prozentuale Anteil korrekter Antworten als auch die Reaktionszeiten für korrekte Antworten wurden varianzanalytischen Überprüfungen unterzogen. In die Varianzanalysen gingen die festen Faktoren SATZART und STRUKTUR ein. Gemäß den Empfehlungen in Clark (1973) (vgl. Günther, 1982) führten wir sowohl eine Analyse durch, in die zusätzlich Versuchspersonen als zufälliger Faktor mit eingingen (Subjektanalyse: F1), als auch eine Analyse, die die Zusammenstellung der Itemstichprobe als zufälligen Faktor berücksichtigt (Itemanalyse: F2). Die Ergbnisse von Experiment 1 sind in Tabelle 6.2 noch einmal zusammengefaßt.

Tabelle 6.2
Prozentualer Anteil korrekter Antworten mit Reaktionszeiten (Experiment 1)

Satzart	Struktur		Mittelwert
	Sub-Obj	Obj-Sub	
ambig	86 (875)	64 (1022)	75 (948)
grammatisch	88 (746)	85 (828)	86 (787)
ungrammatisch	79 (887)	84 (908)	82 (898)
Mittelwert	84 (836)	78 (919)	81 (878)

Prozentualer Anteil korrekter Antworten: [1]
Sätze mit der Abfolge Subjekt-Objekt wurden insgesamt genauer beurteilt als Sätze mit der Abfolge Objekt-Subjekt (STRUKTUR: $F1(1,35) = 4.5$; $F2(1,29) = 6.09$, beide $p<.05$). Unterschiede in der Genauigkeit, mit der Grammatikalitätsurteile abgegeben wurden, fanden sich auch in Abhängigkeit von der Satzart, abhängig also davon, ob es sich um ambige, eindeutig grammatische oder eindeutig ungrammatische Sätze handelte (SATZART: $F1(2,70) = 4.05$, $p<.05$; $F2(2,58) = 6.51$, $p<.01$). Wie eine Exploration dieses Effektes mittels paarweiser Vergleiche der Mittelwerte ergab, wurden ambige Sätze ungenauer beurteilt als eindeutig grammatische Sätze ($t1(70) = 2.83$; $t2(58) = 3.6$, beide $p<.01$). Zwischen eindeutig grammatischen und eindeutig ungrammatischen Sätzen konnte kein signifikanter Unterschied festgestellt werden. Die Differenz zwischen ambigen und ungrammatischen Sätzen erwies sich allerdings als zumindest marginal bedeutsam ($t1(70) = 1.69$; $t2(58) = 1.8$, beide $p<.1$). Schließlich wurde ermittelt, daß die Faktoren STRUKTUR und SATZART in einer signifikanten Wechselwirkung standen (Interaktion: $F1(2,70) = 7.78$; $F2(2,58) = 6.1$, beide $p<.01$).

Von besonderem Interesse hinsichtlich der Überprüfung von Verarbeitungspräferenzen ist der Einfluß des Faktors STRUKTUR auf die Beurteilung ambiger und eindeutig grammatischer Sätze. Wie bereits die Inspektion der Mittelwerte in Tabelle 6.2 nahelegt, wurden ambige Objekt-Subjekt-Sätze erheblich schlechter beurteilt als ambige Subjekt-Objekt-Sätze. (STRUKTUR, bezogen auf *ambig*: $F1(1,35) = 15.4$, $F2(1,29) = 16.0$, beide $p<.01$). Zwar gibt es bei Objekt-

---

[1] Einem Vorschlag von Kirk (1995) folgend wurden die Prozentwerte für die varianzanalytische Auswertung einer arcsin-Transformation unterzogen. Alle im folgenden angegebenen F-Werte beziehen sich daher auf transformierte Daten. Der Übersichtlichkeit halber wurde hier jedoch auf eine Angabe der transformierten Werte verzichtet. Parallel wurde zudem eine Auswertung der untransformierten Daten durchgeführt, bei der sich keine substantiellen Abweichungen ergaben, d.h. es gab trotz gerinfügiger Unterschiede in der Effektgröße keine Unterschiede bezüglich der Effektmuster.

Subjekt-Sätzen auch einen geringfügigen Abfall in der Genauigkeit der Antworten bei eindeutig grammatischen Sätzen, jedoch kann dieser Unterschied statistisch nicht abgesichert werden. (STRUKTUR, bezogen auf *grammatisch*: F1/F2 < 1). Objekt-Subjekt-Fragesätze sind also nur dann schwieriger zu verarbeiten, wenn es sich um ambige Sätze handelt. Dies deutet darauf hin, daß der deutliche Abfall im prozentualen Anteil korrekter Antworten, der sich bei ambigen Objekt-Subjekt-Strukturen beobachten läßt, nicht auf einen allgemeinen Verarbeitungsnachteil für Objekt-Subjekt-Strukturen zurückgeführt werden kann, sondern als Reflex eines wirklichen Garden-Path-Effektes angesehen werden muß.

Um dieses Ergebnis abzusichern, reichen die bislang durchgeführten Einzelvergleiche jedoch nicht aus. Bei der Einschätzung des Effektes STRUKTUR für ambige Sätze muß berücksichtigt werden, daß ein gewisser Abfall in der Urteilsgenauigkeit für Objekt-Subjekt-Strukturen auch bei eindeutig grammatischen Sätzen beobachtet werden kann, was den gleichgerichteten Effekt bei ambigen Sätzen möglicherweise erheblich relativiert. Zu fragen wäre also, ob sich die Ausprägung des Effektes STRUKTUR bei ambigen und eindeutig grammatischen Sätzen tatsächlich in statistisch bedeutsamer Weise unterscheidet. Dies zu ermitteln, wurden die Differenzen der Werte, die Subjekt-Objekt- sowie Objekt-Subjekt-Sätze in den Bedingungen *ambig* sowie *grammatisch* erzielen, miteinander verglichen. Bei ambigen Sätzen beträgt die Differenz zwischen Subjekt-Objekt- und Objekt-Subjekt-Strukturen 22%, bei eindeutig grammatischen Sätzen hingegen nur 3%. Dieser Unterschied ist signifikant (Interaktion amb/gram vs. STRUKTUR: $t1(70) = 2.36$, $p<.05$; $t2(58) = 2.1$, $p<.01$).

Zwischen eindeutig grammatischen und eindeutig ungrammatischen Sätzen wurden keine bedeutsamen Mittelwertunterschiede registriert.

Reaktionszeiten:
Die Auswertung der Reaktionszeiten bestätigte das bisherige Ergebnismuster im wesentlichen. Die korrekte Beurteilung von Objekt-Subjekt-Sätzen nahm mehr Zeit in Anspruch als die Beurteilung von Subjekt-Objekt-Sätzen (STRUKTUR: $F1(1,35) = 8.11$, $p<.01$, $F2(1,29) = 6.31$, $p<.05$). Unterschiede in den Reaktionszeiten ließen sich auch in Abhängigkeit von der Satzart beobachten (SATZART: $F1(2,70) = 10.04$; $F2(2,58) = 11.14$, beide $p<.01$). Dieser Effekt läßt sich darauf zurückführen, daß ambige sowie eindeutig ungrammatische Sätze deutlich höhere Reaktionszeiten verursachten als eindeutig grammatische Sätze (Einzelvergleich amb - gram: $t1(70) = 4.04$; $t2(58) = 4.09$, beide $p<.01$; Einzelvergleich gram - ungram: $t1(70) = 3.12$; $t2(58) = 3.26$, beide $p<.01$; Einzelvergleich amb - ungram n.s.). Zwischen den Faktoren STRUKTUR und SATZART gab es jedoch keine signifikante Wechselwirkung ($F1(2,70) = 1.18$; $F2(2,58) = 1.15$; beide n.s.). Dies hat Auswirkungen auf die Interpretation von Reaktionszeitunterschieden in den an dieser Stelle besonders interessierenden Bedingungen *ambig* und *grammatisch*. Wie eine Inspektion der Mittelwerte zeigt, führen Objekt-Subjekt-Sätze, relativ zu Subjekt-Objekt-Sätzen, in der Bedingung *ambig* zu einem etwas deutlicheren Anstieg der Reaktionszeiten als in der Bedingung *grammatisch*. Genau dies wäre bei Vorliegen eines Garden-Path-Effektes bei ambigen Objekt-Subjekt-Sätzen zu erwarten. Das Ausbleiben eines Interaktionseffekts zwingt jedoch dazu, diese Differenz zwischen ambigen und eindeutig grammatischen Sätzen mit Vorsicht zu interpretieren.

6.1.5 Diskussion

Experiment 1 hat gezeigt, daß kasusambige w-Phrasen im Deutschen initial mit der Subjektposition assoziiert werden. Lokal ambigen Fragesätzen wird daher präferiert eine Subjekt-Objekt-Struktur zugewiesen, was zur Folge hat, daß bei Disambiguierung zugunsten der Objekt-Subjekt-Struktur ein Garden-Path-Effekt entsteht. Dieser Garden-Path-Effekt schlug sich zwar in den Reaktionszeitdaten nur partiell nieder, um so deutlicher aber im dramatischen Abfall des prozentualen Anteils korrekter Antworten für ambige Sätze mit Objekt-Subjekt-Struktur. Im Gegensatz zu den Ergebnissen von Farke (1994) legen unsere Resultate daher nahe, daß lokal ambige w-Fragen des Deutschen keine Ausnahmestellung einnehmen. Vielmehr elizitieren sie die gleiche Präferenz, die auch für die Verarbeitung von Relativsätzen und Topikalisierungen sowie für w-Fragen des Niederländischen berichtet wurde, nämlich eine Subjekt-Objekt-Präferenz.

6.2 Experiment 2: Präferenzen bei Extraktion aus V2-Sätzen

Das Präferenzproblem bei der Verarbeitung lokal ambiger w-Fragen stand auch im Zentrum von Experiment 2. Experiment 2 dehnt die Untersuchung initialer Präferenzen bei der Verarbeitung lokal ambiger Fragesätze jedoch auf einen weiteren Konstruktionstyp aus. Gegenstand von Experiment 2 sind sogenannte lange Extraktionen, d.h. Sätze, bei denen das Fragewort aus einem sententialen Komplement extrahiert wurde. Ein einfaches Beispiel für diesen Satztyp zeigt (2).

(2) Welche Ministerin glaubst du, attackierte der Politiker?

Die Besonderheit dieses Satztyps besteht darin, daß die w-Phrase nicht als Bestandteil des Hauptsatzes, sondern als Bestandteil des eingebetteten Satzes verstanden werden muß. Speziell in (2) ist daher festzustellen, daß *welche Ministerin* als direktes Objekt von *attackieren* fungiert, als direktes Objekt also innerhalb des sententialen Komplements. Gemäß der traditionellen Analyse dieser Strukturen im Rahmen der GB-Theorie wird die w-Phrase entsprechend ihrer syntaktischen Funktion innerhalb des eingebetteten Satzes generiert und auf dem Wege zur S-Struktur per zyklischer Applikation von Bewege-α an die Spitze des Satzes bewegt (vgl. Abschnitt 2.1.4). Die resultierende s-strukturelle Repräsentation zeigt (3).[2]

(3) [$_{CP}$ [Welche Ministerin]$_i$ glaubst [$_{IP}$ du [$_{VP}$ [$_{CP}$ t'$_i$ attackierte [$_{IP}$ der Politiker [$_{VP}$ t$_i$]]]]]]

Sätze wie in (2) wurden bereits in Farke (1994) untersucht. Auch für w-Fragen mit langer Extraktion fand Farke eine Präferenz für die Objekt-Subjekt-Abfolge, jedoch nur in solchen Sätzen, die im Matrixsatz ein einfaches Verb enthielten. Sätze mit periphrastischer Verbform,

---

[2] Auf die Repräsentation der durch Verbbewegung entstandenen Spuren wurde verzichtet. Die hier skizzierte Extraktionsanalyse ist in jüngerer Zeit von Reis (1995) und Pittner (1995) bezweifelt worden. Reis und Pittner zufolge handelt es sich in (2) nicht um eine Struktur mit sententialem Komplement. Vielmehr sei die Sequenz *Welche Ministerin attackierte der Politiker der Opposition* als der eigentliche Hauptsatz anzusehen, in den *glaubst du* parenthetisch eingeschoben worden ist. Wir folgen hier Haider (1993a) sowie Schwartz & Vikner (1996), die explizit gegen eine Parenthesenanalyse von Sätzen wie (2) argumentieren.

in denen sich im Matrixsatz also ein Auxiliar an zweiter Position befand, wiesen keine Unterschiede zwischen Subjekt-Objekt- und Objekt-Subjekt-Abfolge auf (vgl. Abschnitt 5.1.2.3). Gelingt es uns also, die Befunde von Farke zu replizieren, wären Verarbeitungsschwierigkeiten in den Sätzen zu erwarten, in denen die w-Phrase als Subjekt des eingebetteten Satzes fungiert. Ein solches Ergebnis würde darauf hinweisen, daß Strukturen, in denen die Extraktion der w-Phrase eine Satzgrenze passiert, anders verarbeitet werden als Sätze mit kurzer Extraktion. Wird hingegen auch bei Vorliegen langer Extraktion eine Subjektinterpretation der w-Phrase präferiert, sollte sich auch in Experiment 2, wie schon in Experiment 1, ein Verarbeitungsnachteil genau dann bemerkbar machen, wenn die Disambiguierung eine Analyse der w-Phrase als Objekt des eingebetteten Satzes erzwingt.

6.2.1 Material

Im Mittelpunkt des Interesses von Experiment 2 standen Paare lokal ambiger Sätze wie in (4).

(4)   a.   Welche Politikerin glaubst du, attackierte <u>der Minister</u>?

       b.   Welche Politikerin glaubst du, attackierte <u>den Minister</u>?

Die Struktur der Sätze war bei allen experimentellen Sätzen identisch. Der Matrixsatz wurde von einer kasusambigen w-Phrase eingeleitet. Der w-Phrase folgte das Verb *glauben* in der 2. Person Singular, zusammen mit dem Pronomen *du*. Es wurde darauf verzichtet, neben *glauben* auch noch andere Verben im Matrixsatz zu verwenden, um die Akzeptabilität der langen Extraktion zwischen den Sätzen konstant zu halten. Der eingebettete Satz enthielt neben dem finiten Verb eine definite NP, die kasusmorphologisch eindeutig als Akkusativ bzw. Nominativ ausgezeichnet war. Diese NP befand sich stets am Ende des Satzes.

Die Kongruenzmerkmale des Matrixverbs zeigen an, daß die w-Phrase nicht als Subjekt des Matrixsatzes fungiert. Die mit dem Verb *glauben* verknüpfte lexikalische Information läßt zudem erkennen, daß die aufzubauende Struktur einen eingebetteten Satz enthalten muß, innerhalb dessen die w-Phrase eine syntaktische Funktion übernehmen kann. Welche syntaktische Funktion die w-Phrase übernimmt, wird erst durch die satzfinale NP klargestellt. Die Disambiguierung durch eine nominativmarkierte NP wie in (4a) erzwingt eine Objekt-Analyse der w-Phrase. Diese Disambiguierung sollte zu Schwierigkeiten führen, wenn die w-Phrase präferiert als Subjekt des eingebetteten Satzes verstanden wird. Die Disambiguierung durch eine akkusativmarkierte NP wie in (4a) erzwingt eine Subjekt-Analyse und sollte daher bei Vorliegen einer Objekt-Subjekt-Präferenz Verarbeitungsprobleme nach sich ziehen.

Wie schon in Experiment 1 wurden den ambigen Sätzen eindeutig grammatische und eindeutig ungrammatische Sätze gegenübergestellt. Die w-Phrasen eindeutig grammatischer Sätze enthielten statt eines femininen Nomens ein korrespondierendes maskulines Nomen. Dies führt zum Verschwinden der Kasusambiguität: Die w-Phrasen sind eindeutig als Nominativ oder Akkusativ markiert. Eindeutig ungrammatische Sätze wurden aus den eindeutig grammatischen Sätzen gewonnen, indem die w-Phrasen zwischen den Subjekt-Objekt- und den Objekt-Subjekt-Strukturen ausgetauscht wurden. Einen vollständigen Stimulussatz zeigt Tabelle 6.3 Ebenfalls wie in Experiment 1 wurden die experimentellen Sätze hinsichtlich der Faktoren SATZART mit den Faktorstufen *ambig, grammatisch, ungrammatisch* sowie STRUKTUR

(*Subjekt-Objekt, Objekt-Subjekt*) variiert. Maßgeblich für die Einteilung ungrammatischer Sätze in Strukturtypen war der Status der satzfinalen NP.

Entsprechend dem Muster in Tabelle 6.3 wurden 30 Sextette konstruiert und gleichmäßig auf 6 experimentelle Listen verteilt. Zu diesen 30 experimentellen Sätzen wurden 107 Distraktorsätze hinzugefügt. Insgesamt befanden sich damit insgesamt 137 Sätze in jeder Liste.

Tabelle 6.3
Ein vollständiger Stimulussatz für Experiment 2

ambig	
Subjekt-Objekt	Welche Politikerin glaubst du, kritisierte den Minister?
Objekt-Subjekt	Welche Politikerin glaubst du, kritisierte der Minister?
grammatisch	
Subjekt-Objekt	Welcher Politiker glaubst du, kritisierte den Minister?
Objekt-Subjekt	Welchen Politiker glaubst du, kritisierte der Minister?
ungrammatisch	
Subjekt-Objekt	Welchen Politiker glaubst du, kritisierte den Minister?
Objekt-Subjekt	Welcher Politiker glaubst du, kritisierte der Minister?

6.2.2 Prozedur

Versuchspersonen:

An Experiment 2 nahmen 30 Versuchspersonen teil. Alle Versuchspersonen waren Studierende der Universität Jena. Sie erhielten für ihre Teilnahme 5,- DM bzw. erfüllten auf diese Weise Studienanforderungen im Fach Psychologie. Keine Versuchsperson hatte Kenntnis von den genauen Fragestellungen des Experiments.

Versuchsaufbau:

Die technische Durchführung von Experiment 2 war in allen Punkten identisch mit der von Experiment 1. Die Durchführung des Experiments nahm ca. 30 Minuten in Anspruch.

6.2.3 Resultate

Datenanalyse:

In Auswertung von Experiment 2 wurden getrennte Analysen für die prozentualen Anteile korrekter Antworten und für die Reaktionszeiten berechnet. Der Berechnung des prozentualen Anteils korrekter Antworten wurden alle abgegebenen Grammatikalitätsurteile zugrunde gelegt. Antworten, die das kritische Zeitmaß von 2000 ms überschritten, wurden als „inkorrekt" bewertet. Die Mittelwertbestimmung erfolgte sowohl über Versuchspersonen wie auch über experimentelle Sätze hinweg, wobei sich - wie schon in Experiment 1 - nur minimale Unterschiede ergaben. Den prozentualen Anteil korrekter Antworten, gemittelt über Versuchspersonen, zeigt Abbildung 6.3.

Bei der Analyse der Reaktionszeiten wurden nur Werte für korrekte Antworten berücksichtigt. Dies hatte allerdings zur Folge, daß bei zwei Versuchspersonen keine Werte mehr für ungrammatische Sätze der Bedingung *Objekt-Subjekt* in die Berechnung eingingen und somit Zellen des Designs (in der Subjektanalyse) leer blieben. Diese Versuchspersonen hatten also alle der fünf ihnen präsentierten ungrammatischen Sätze mit Objekt-Subjekt-Abfolge fälschlicherweise als grammatisch beurteilt. Da leere Zellen die statistische Auswertung erheblich verzerren können, wurden diese Versuchspersonen bei der Berechnung der Reaktionszeiten ausgeschlossen. Grundlage der hier präsentierten Reaktionszeitdaten bilden daher die Werte von 28 statt von 30 Versuchspersonen.

Die Ausreißerbehandlung erfolgte nach dem bereits in Experiment 1 beschriebenen Verfahren. Individuell für jede Versuchsperson wurden alle Werte, die mehr als 2,5 Standardabweichungen vom jeweiligen Mittelwert entfernt lagen, durch den entsprechenden Grenzwert ersetzt. Betroffen von dieser Prozedur waren insgesamt 10 Datenpunkte (1,4 % aller korrekten Antworten). Das Ergebnis dieser Berechnung faßt Abbildung 6.4 zusammen.

Analog dem Vorgehen in Experiment 1 wurden die prozentualen Anteile korrekter Antworten und die Reaktionszeiten varianzanalytischen Überprüfungen unterworfen, die den Einfluß der Faktoren SATZART und STRUKTUR untersuchten. In die Varianzanalysen gingen alternativ Versuchspersonen bzw. experimentelle Sätze als zufällige Faktoren ein (Subjektanalyse: F1, Itemanalyse: F2). Die in den Analysen verwendeten Werte sind in Tabelle 4 angegeben.

Prozentualer Anteil korrekter Antworten:
Als erstes Ergebnis kann festgehalten werden, daß Sätze mit der Abfolge Objekt-Subjekt mehr Fehler in den Grammatikalitätsbeurteilungen hervorriefen als Subjekt-Objekt-Sätze (STRUKTUR: $F1(1,29) = 8.01$; $F2(1,29) = 8.33$, beide $p<.01$). Bezüglich der Akkuratheit der Antworten gibt es zudem signifikante Unterschiede in Abhängigkeit von der Satzart (SATZART: $F1(2,58) = 18.1$; $F2(2,58) = 47.0$, beide $p<.01$). Wie eine bloße Inspektion der Mittelwerte bereits verdeutlicht, wurden ambige und eindeutig grammatische Sätze bedeutend genauer beurteilt als eindeutig ungrammatische Sätze. Auch die Wechselwirkung zwischen beiden Faktoren war signifikant (Interaktion: $F1(2,58) = 3.83$, $p<.05$; $F2(2,58) = 6.0$, $p<.01$). Analog zum Vorgehen in Experiment 1 wurden daher in einer Reihe von Einzelvergleichen die Ursachen dieser Wechselwirkung exploriert.

Für die Beantwortung der Frage, ob ambige Sätze einen Garden-Path-Effekt hervorrufen oder nicht, ist zunächst ein Vergleich der Ergebnisse für ambige und eindeutig grammatische Sätze angezeigt. Welchen Einfluß hatte der Faktor STRUKTUR auf ambige und eindeutig grammatische Sätze? Bei ambigen Sätzen wurden Objekt-Subjekt-Strukturen ungenauer beurteilt als Subjekt-Objekt-Sätze. Die Differenz fällt zwar in Vergleich zu Experiment 1 weit geringer aus (7 %; im Vergleich zu 22% in Experiment 1), konnte aber statistisch abgesichert werden (STRUKTUR, bezogen auf *ambig*: $F1(1,29) = 3.97$, $p=.056$; $F2(1,29) = 6.25$, $p<.05$).

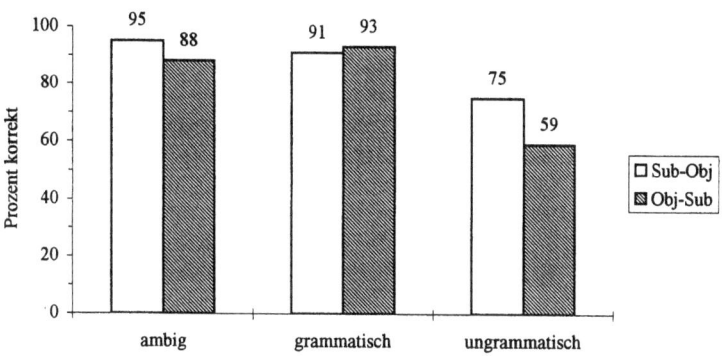

Abbildung 6.3: Prozentualer Anteil korrekter Antworten (Experiment 2)

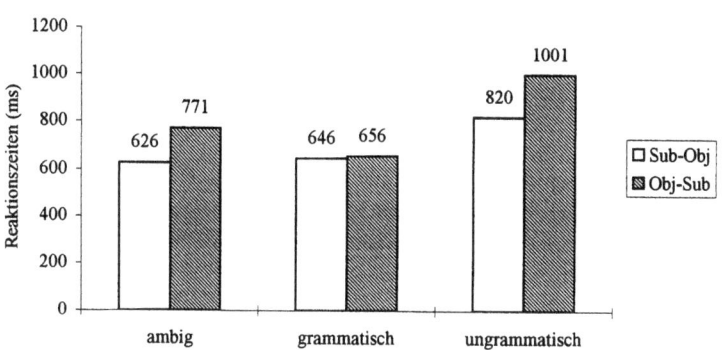

Abbildung 6.4: Reaktionszeiten für korrekte Antworten (Experiment 2)

Tabelle 6.4
Prozentualer Anteil korrekter Antworten mit Reaktionszeiten (Experiment 2)

Satzart	Struktur		Mittelwert
	Sub-Obj	Obj-Sub	
ambig	95 (626)	88 (771)	92 (698)
grammatisch	91 (646)	93 (656)	92 (651)
ungrammatisch	75 (820)	59 (1001)	67 (910)
Mittelwert	87 (697)	80 (809)	83 (753)

Auf die Genauigkeit der Beurteilung eindeutig grammatischer Sätze hatte die Satzstruktur keinen Einfluß (F1/F2<1, n.s.). Die Interaktion zwischen ambigen und grammatischen Sätzen mit dem Faktor STRUKTUR war in der Itemanalyse signifikant, in der Subjektanalyse marginal signifikant ($t1(29) = 1.73$, $p<.1$; $t2(29) = 2.56$, $p<.05$). Wiederum finden sich also Anzeichen, wenn auch schwächere, für einen Garden-Path-Effekt bei ambigen Objekt-Subjekt-Sätzen.

Unterschiede traten auch bei ungrammatischen Sätzen zutage: Ungrammatische Sätze in der Bedingung Objekt-Subjekt verursachten mehr Fehler in der Grammatikalitätsbeurteilung als ungrammatische Subjekt-Objekt-Sätze (STRUKTUR, bezogen auf *ungrammatisch*: $F1(1,29) = 12.0$, $p<.01$; $F2(1,29) = 12.23$, $p<.01$). Die Differenz in den Ergebnissen zwischen beiden Satzarten betrug 18%. Die spezifische Abfolge von Subjekt und Objekt hat also auf die Verarbeitung ungrammatischer Sätze einen weitaus größeren Einfluß als auf die Verarbeitung grammatischer Sätze (Interaktion gram/ungram vs. STRUKTUR: $t1(58) = 2.73$; $t2(58) = 3.3$, beide $p<.01$). Dieser Interaktionseffekt hat auch Auswirkungen auf die Beobachtung, daß eindeutig grammatische Sätze insgesamt korrekter beurteilt wurden als ungrammatische Sätze. Zwar gilt diese sowohl für die Bedingung *Subjekt-Objekt* wie auch *Objekt-Subjekt* (Einzelvergleich *gram* vs. *ungram*, bezogen auf *Subjekt-Objekt*: $t1(58) = 2.3$; $p<.05$; $t2(58) = 4.0$, $p<.01$; bezogen auf *Objekt-Subjekt*: $t1(58) = 5.0$; $t2(58) = 7.95$, beide $p<.01$). Die Interaktion aber zeigt an, daß die Differenz zwischen eindeutig grammatischen und ungrammatischen Sätzen in der Bedingung *Objekt-Subjekt* größer war als in der Bedingung *Subjekt-Objekt*.

Reaktionszeiten:
Die korrekte Beurteilung von Objekt-Subjekt-Sätzen nahm mehr Zeit in Anspruch als die Beurteilung von Subjekt-Objekt-Sätzen (STRUKTUR: $F1(1,27) = 20.8$, $p<.01$; $F2(1,29) = 21.6$, $p<.01$). Fernerhin ergaben sich in den Reaktionszeiten Unterschiede in Abhängigkeit von der Satzart (SATZART: $F1(2,54) = 25.7$, $p<.01$; $F2(2,58) = 39.1$, $p<.01$). Zu beachten ist bei der weiteren Interpretation der Ergebnisse, daß auch die Wechselwirkung zwischen beiden Faktoren das Siginifikanzniveau erreichte (Interaktion: $F1(2,54) = 5.92$, $p<.01$; $F2(2,58) = 3.45$, $p<.05$).

Nachfolgende Einzelvergleiche konzentrierten sich zunächst auf ambige und eindeutig grammatische Sätze. Bei ambigen Sätzen führte die Abfolge Objekt-Subjekt im Vergleich zur Subjekt-Objekt-Abfolge zu einer erheblichen Erhöhung der Reaktionszeiten, nämlich um durchschnittlich 145 ms (STRUKTUR, bezogen auf *ambig*: $F1(1,27) = 14.0$, $p<.01$; $F2(1,29) = 14.3$, $p<.01$). Bei grammatischen Sätzen fiel die Erhöhung der Reaktionszeiten weit geringer aus. Die ermittelte Differenz von 10 ms erwies sich als statistisch nicht bedeutsam (STRUKTUR bezogen auf *grammatisch*: F1/Fs<1, n.s.). Von großer Wichtigkeit ist nun, daß ein Vergleich beider Differenzwerte ein positives Ergebnis erbrachte (Interaktion amb/gram vs. STRUKTUR: $t1(54) = 2.42$, $p<.05$; $t2(58) = 2.73$, $p<.01$), was den Schluß zuläßt, daß die Erhöhung der Reaktionszeiten bei ambigen Objekt-Subjekt-Sätzen nicht auf einen Verarbeitungsnachteil zurückgeführt werden kann, der Objekt-Subjekt-Sätze generell beträfe.

Das Ergebnismuster für ungrammatische Sätze ist mit dem vergleichbar, das bei der Auswertung des prozentualen Anteils korrekter Antworten gefunden wurde. Mit der geringeren Akkuratheit bei der Beurteilung ungrammatischer Objekt-Subjekt-Sätze korrespondiert die deutliche Erhöhung der Reaktionszeiten in dieser Bedingung. Die Grammatikalitätsbeurteilung nahm bei ungrammatischen Objekt-Subjekt-Sätzen im Schnitt 181 ms mehr in Anspruch als bei ungrammatischen Subjekt-Objekt-Sätzen (STRUKTUR, bezogen auf *ungrammatisch*: $F1(1,27) = 7.44$, $p<.05$; $F2(1,29) = 8.03$, $p<.01$). Allerdings konnte statistisch nicht abgesichert werden, daß der Reaktionszeitunterschied zwischen Subjekt-Objekt- und Objekt-Subjekt-Strukturen bei ungrammatischen Sätzen tatsächlich größer ist als bei eindeutig grammatischen Sätzen (Interaktion gram/ungram vs. STRUKTUR: $t1(54) = 1.1$, n.s.; $t2(58) = 1.47$, $p<.15$). Hier ist also Vorsicht beim Interpretieren geboten.

6.2.4 Diskussion

Experiment 2 konnte die Ergebnisse von Experiment 1 im wesentlichen bestätigen: Lokal ambigen w-Fragen wird präferiert eine Struktur zugewiesen, in der das Subjekt dem Objekt vorangeht, und zwar auch dann, wenn sich die Lücke für die w-Phrase nicht innerhalb des Matrixsatzes, sondern innerhalb des eingebetteten Satzes befindet. Wiederum widersprechen unsere Befunde den Ergebnissen in Farke (1994), sind aber konsistent mit den Resultaten zur Verarbeitung von Subjekt-Objekt-Ambiguitäten in anderen Strukturen mit Füller-Lücken-Beziehung, nämlich Relativsätzen und Topikalisierungen.

Verglichen mit Experiment 1 traten jedoch zwei auffällige Unterschiede zutage. Zum einen waren die Verarbeitungsschwierigkeiten, die in Experiment 2 für ambige Sätze mit Objekt-Subjekt-Struktur registriert wurden, deutlich geringer. Der Garden-Path-Effekt zeigte sich insbesondere in einem Anstieg der Reaktionszeiten für korrekte Antworten. Der Abfall des prozentualen Anteils korrekter Antworten war bei ambigen Objekt-Subjekt-Sätzen im Vergleich zu Experiment 1 deutlich schwächer. Zum anderen machten sich in Experiment 2 Unterschiede bei der Beurteilung eindeutig ungrammatischer Sätze bemerkbar. Zu Schwierigkeiten bei der Grammatikalitätsbeurteilung führten insbesondere ungrammatische Sätze des Typs *Welcher Politiker glaubst du, kritisierte der Minister*, in denen sowohl die w-Phrase als auch die satzfinale NP eindeutig als Nominativ ausgezeichnet sind.

6.3 Experiment 3: W-Fragen im einfachen Satz

Die Ergebnisse von Experiment 1 und 2 haben eine deutliche Präferenz für die Abfolge Subjekt-Objekt bei der Verarbeitung lokal ambiger Fragesätze unterschiedlichen Strukturtyps aufgedeckt. Wie im vorigen Kapitel ausführlich erläutert worden ist, entspricht dieses Resultat der Vorhersage fast aller Theorien der Verarbeitung von Füller-Lücken-Ambiguitäten, mit Ausnahme des *Lexical-Expectation Models*. Die im vorigen Kapitel diskutierten Modelle machen jedoch unterschiedliche Vorhersagen bezüglich des Zeitpunkts, an dem die Subjekt-Objekt-Präferenz entsteht. Diesbezüglich konkrete Vorhersagen lassen sich für die AFS, das parallele Modell von Gibson *et al.* sowie die IAH entwickeln. Der AFS zufolge entsteht die Subjekt-Objekt-Präferenz unmittelbar mit Einlesen der ambigen w-Phrase, während die beiden letzteren Modelle vorhersagen, daß erst mit Erreichen des Verbs ein Vorteil für die Subjekt-Objekt-Abfolge entstehen kann.

Die bisher durchgeführten Experimente lassen noch keine Aussagen darüber zu, wann sich die Präferenz zugunsten der Subjekt-Objekt-Abfolge im Verlaufe des Verarbeitungsprozesses entwickelt, denn beide Experimente beschäftigten sich mit Strukturen, deren lokale Ambiguität ohnehin erst am Satzende aufgelöst wurde. Im nun folgenden dritten Experiment werden daher zwei Änderungen vorgenommen. Zum einen soll die Untersuchung von Verarbeitungspräferenzen bei w-Fragen auf einen anderen Konstruktionstyp ausgedehnt werden. Im Mittelpunkt werden lokal ambige Fragesätze mit Hauptsatzstruktur stehen, Sätze also, bei denen sich das finite Verb nicht in der finalen, sondern in der zweiten Satzposition befindet. Wie schon in Experiment 1 erfolgt die Disambiguierung dieser Sätze über die Numerusmerkmale des finiten Verbs. Da sich jedoch das finite Verb strukturell in zweiter Position befindet, kann in Sätzen diesen Typs die lokale Ambiguität unmittelbar nach Einlesen der w-Phrase zuungunsten der Subjekt-Objekt-Analyse aufgelöst werden.

Zum zweiten greift Experiment 3 auf eine andere Methode zurück, und zwar auf die *Self-Paced-Reading*-Methode. Mit Hilfe dieser Methode ist es möglich, Verarbeitungsprozesse *online* zu verfolgen und damit zu bestimmen, zu welchem Zeitpunkt der Verarbeitung sich strukturelle Präferenzen herausbilden.

6.3.1 Zur *Self-Paced-Reading*-Methode

Beim *Self-Paced-Reading* werden Versuchspersonen sprachliche Stimuli wort- oder segmentweise auf dem Bildschirm präsentiert, wobei die Versuchspersonen das Tempo der Präsentation per Tastendruck selbst regulieren. Als abhängiges Maß dient die Zeit, die für das Lesen eines Wortes oder Segmentes benötigt wird.

Self-Paced-Reading gehört zur Gruppe der Lesemethoden.[3] Lesemethoden basieren auf der Annahme, daß die Zeit, die für das Lesen eines sprachlichen Stimulus benötigt wird, und der Aufwand, der für die Verarbeitung dieses sprachlichen Stimulus notwendig ist, in einem engen Zusammenhang stehen. Konkret heißt dies: Versuchspersonen lesen einen Satz „... *at a pace that matches the internal comprehension processes*" (Just & Carpenter, 1980:329). Die Lesezeiten variieren in Abhängigkeit von den jeweils ablaufenden Verstehensprozessen. Für *Self-Paced-Reading* folgt daraus, daß Lesezeiten für einzelne Worte oder Segmente die Zeit widerspiegeln, die Versuchspersonen für die Verarbeitung der mit dem Stimulusmaterial verbundenen Information benötigen (*processing load assumption*, vgl. Aaronson & Ferres, 1984:45). Beachtet werden muß jedoch, daß Lesezeiten beim *Self-Paced-Reading* kein direktes Maß für Verarbeitungskomplexität darstellen, denn sie enthalten auch einen gewissen Zeitanteil, der für das Betätigen der Taste und damit verbundene verhaltensplanerische und motorische Prozesse aufgewendet werden muß. Da dieser Zeitanteil jedoch idealerweise konstant ist, können relative Unterschiede in den Lesezeiten dennoch als Indikatoren für das Vorliegen von Verabeitungsunterschieden betrachtet werden.

Keinen direkten Aufschluß geben die Lesezeiten beim *Self-Paced-Reading* jedoch darüber, welcher Typ von Information, z.B. syntaktische, semantische, pragmatische, etc., gerade verarbeitet wird. Unklar ist auch, wie stark bestimmte Informationstypen Lesezeiten beeinflussen (vgl. Haberlandt, 1994). Es besteht daher beim *Self-Paced-Reading* prinzipiell die Gefahr, daß für die experimentelle Fragestellung uninteressante Verarbeitungsprozesse die interessanten Prozesse überlagern und somit Effekte, auf die das Experiment abzielt, verwischen oder gar

---

[3] Für einen Überblick über gängige Lesemethoden, ihre theoretischen Voraussetzungen und ihre bevorzugten Einsatzfelder vgl. Aaronson & Ferres (1984), Günther (1989) sowie Haberlandt (1994).

verzerren. Ein Beispiel dafür ist der bereits erwähnte *Clause-wrap-up*-Effekt (vgl. Just & Carpenter 1980, Just, Carpenter & Wolley, 1982). Wie vielfach beobachtet worden ist, erhöhen sich am Ende eines Satzes die Lesezeiten beträchtlich, was damit erklärt werden kann, daß an diesem Punkte verstärkt interpretative Prozesse ablaufen. Da derartige Prozesse die Lesezeiten erheblich beeinflussen, kann es passieren, daß der spezielle Einfluß syntaktischer Verarbeitungsprozesse auf die Lesezeiten nicht mehr isolierbar ist. In der Praxis heißt dies, daß sich z.B. Garden-Path-Effekte, die durch Disambiguierung einer Struktur direkt am Satzende ausgelöst werden, nicht mehr nachweisen lassen. Bei Disambiguierung innerhalb des Satzes, wie in Exeriment 3 geplant, ist diese Gefahr der Überlagerung jedoch relativ gering.

Allgemein beruht die Interpretation von Lesezeiten auf zwei Grundannahmen (vgl. Just & Carpenter, 1980): zum einen darauf, daß die Verarbeitung eines Wortes sofort erfolgt und nicht ganz oder auch nur teilweise verschoben wird (*immediacy hypothesis*), zum anderen darauf, daß jeweils das Wort verarbeitet wird, das der Leser gerade fixiert (*eye-mind assumption*). Beide Annahmen gelten vermutlich nur näherungsweise. Verarbeitungsprozesse können zumindest teilweise verschoben und durch nicht-fixiertes Material beeinflußt werden, insbesondere von Material, das sich rechts vom gerade fixierten Wort befindet (Mitchell, 1984; Rayner & Sereno, 1994). Beim *Self-Paced-Reading* kommt hinzu, daß auch die besonderen Umstände des Lesens eine partielle Verschiebung von Verarbeitungsprozessen induzieren. Da der Lesevorgang per Tastendruck gesteuert wird, kann es vorkommen, daß Probanden noch während sie mit der Verarbeitung eines Items beschäftigt sind das nächste Wort oder Segment auf den Bildschirm holen. Daher muß insbesondere beim *Self-Paced-Reading* mit einem *Spill-Over-Effekt* gerechnet werden (Mitchell, 1984). Dies bedeutet, daß sich Verarbeitungseffekte nicht direkt auf dem Wort niederschlagen, das sie der Theorie zufolge auslöst, sondern erst ein, im Extremfalle zwei Worte später. So werden z.B. Garden-Path-Effekte oft nicht auf dem disambiguierenenden Wort sichtbar, sondern erst auf dem ihm nachfolgenden Wort. *Spill-Over*-Effekte finden sich in der Tat in nahezu jeder Studie, die auf die *Self-Paced-Reading*-Methode zurückgreift.

Schließlich soll noch auf ein letztes potentielles Problem aufmerksam gemacht werden. Wie bereits erwähnt worden ist, enthält die beim *Self-Paced-Reading* gemessene Lesezeit Komponenten, die mit der Vorbereitung und Durchführung des Tastendrucks in Verbindung stehen. Zudem wird das Stimulusmaterial segmentiert und ist, abhängig vom Präsentationsmodus, nur begrenzte Zeit verfügbar. Daher sind derart gemessene Lesezeiten in der Regel höher als Lesezeiten, die über direkte Messung der Blickbewegung gewonnen werden. Größer wird dadurch auch der potentielle Einfluß von Störfaktoren. So kann es z.B. passieren, daß Versuchspersonen passagenweise in einen gewissen Rhythmus beim Betätigen der Taste verfallen oder etwa ein extrem unnatürliches Lesetempo wählen, weil sie sich nicht an die Leseumstände gewöhnen können. Zu bedenken ist dabei vor allem, daß dies das Auftreten zufälliger Effekte in den Lesezeiten begünstigt.

All dies soll nun keinesfalls den Eindruck erwecken, eine sinnvolle Interpretation der Lesezeiten beim *Self-Paced-Reading* sei nicht möglich. Mit unseren Ausführungen wollen wir lediglich darauf aufmerksam machen, daß Phänomene wie *Clause-wrap-up* und *Spill-Over* sowie die Gefahr zufälliger Effekte eine gewisse Vorsicht bei der Interpretation von Lesezeitunterschieden gebieten, insbesondere was die Lokalisation und Ursache beobachteter Effekte betrifft.

Art und Weise der Präsentation des Stimulusmaterials kann bezüglich unterschiedlicher Parameter variieren (vgl. Just *et al.*, 1982, Günther, 1989). In diesem und dem nachfolgenden *Self-Paced-Reading*-Experiment (Experiment 4; vgl. Kapitel 7) wird das Stimulusmaterial jeweils wortweise und nicht-kumulativ innerhalb eines beweglichen Fensters dargeboten. Wie experimentelle Untersuchungen gezeigt haben, ist dieser Präsentationsmodus für die Untersuchung von syntaktischen Verarbeitungsprozessen gut geeignet (Ferreira & Clifton, 1986; Ferreira & Henderson, 1990; Just *et al.*, 1982).

6.3.2 Material

Ein vollständiger Stimulussatz für Experiment 3 findet sich in Tabelle 6.5. Wie schon in den Experimenten 1 und 2 entsteht die strukturelle Ambiguität der zu untersuchenden Sätze durch die kasusmorphologische Ambiguität der w-Phrase. Die w-Phrase ist mit der Zuweisung des Nominativs oder des Akkusativs kompatibel und kann daher sowohl als Subjekt wie auch als Objekt fungieren. Die w-Phrase war stets als Singular markiert. Ebenfalls in Parallelität zu Experiment 1 wurde die lokale Ambiguität durch die Numerusmerkmale des finiten Verbs aufgelöst. Ein finites Verb im Plural zeigt an, daß die w-Phrase keinesfalls als Subjekt des Hauptsatzes fungieren kann und daher keine Subjekt-Objekt-Struktur vorliegt, während ein finites Verb im Singular mit der Annahme verträglich ist, daß es sich bei der w-Phrase um ein Subjekt handelt.[4] Auf das finite Verb folgte eine definite Nominalphrase im Plural, die kasusmorphologisch ebenfalls ambig war. Von dieser Position an waren die Sätze strukturell nicht mehr völlig parallel aufgebaut. Jeder Satz wurde individuell zu einem möglichst natürlichen Ende geführt. Jeder Satz enthielt daher insgesamt eine unterschiedliche Anzahl von Wörtern. Auf eine vollständige Parallelisierung des Materials bis zum Satzende wurde verzichtet, um einer Monotonie des Satzbaus vorzubeugen. Dieses Experiment verfolgte keine auf hintere Teile des Satzes bezogene Hypothesen. Die parallelisierte Region (in Tabelle 6.5 durch Kursivdruck hervorgehoben) umfaßt 7 Wortpositionen. Nur diese 7 Wortpositionen werden bei der Darlegung der Ergebnisse berücksichtigt.

Zusätzlich zu den lokal ambigen Sätzen wurden Kontrollsätze gebildet, die hinsichtlich der Abfolge von Subjekt und Objekt eindeutig markiert waren. Zu diesem Zwecke wurde das feminine Kopfnomen der w-Phrase durch ein korrespondierendes maskulines Nomen ersetzt und auf diese Weise eine kasusmorphologisch eindeutige Markierung der w-Phrase als Subjekt bzw. Objekt erzwungen.

---

[4] Man beachte, daß ein finites Auxiliar im Singular die Ambiguität nicht wirklich auflöst. Eine dem finiten Verb folgende, eindeutig als Nominativ markierte NP kann den Satz noch immer zugunsten einer Objekt-Subjekt-Struktur disambiguieren. Auch könnte der Satz global ambig bleiben.

Tabelle 6.5
Ein vollständiger Stimulussatz für Experiment 3

Subjekt-Objekt

ambig	*Welche Referentin des Kanzlers hat die Behörden* öffentlich der Schlamperei bezichtigt?
eindeutig	*Welcher Referent des Kanzlers hat die Behörden* öffentlich der Schlamperei bezichtigt?

Objekt-Subjekt

ambig	*Welche Referentin des Kanzlers haben die Behörden* öffentlich der Schlamperei bezichtigt?
eindeutig	*Welchen Referenten des Kanzlers haben die Behörden* öffentlich der Schlamperei bezichtigt?

Wie Tabelle 6.5 erkennen läßt, wurden die experimentellen Sätze hinsichtlich zweier Faktoren manipuliert. Sätze erschienen in 2 Ausprägungen des Faktors SATZART (*ambig, eindeutig*) sowie in 2 Ausprägungen des Faktors STRUKTUR (*Subjekt-Objekt, Objekt-Subjekt*). Diesem Muster folgend wurden insgesamt 24 Satzquartette konstruiert. Die experimentellen Sätze wurden gleichmäßig auf vier Listen verteilt. Zu den experimentellen Sätzen wurden jeder Liste 99 Distraktorsätze hinzugefügt. Insgesamt umfaßte jede Liste daher 123 Sätze.

Der Hälfte der Sätze folgte eine Verständnisfrage, mit deren Hilfe sichergestellt werden sollte, daß die Versuchspersonen die Sätze tatsächlich gründlich lesen. Gleichzeitig haben sie auch eine gewisse Ablenkungsfunktion. Alle Verständnisfragen waren von den Versuchspersonen mit „ja" oder „nein" zu beantworten. Fragen, die auf experimentell relevante Sätze folgten, erforderten ausschließlich bejahende Antworten.

6.3.3 Hypothesen

Dieses Experiment konzentriert sich auf eine Evaluierung von vier Modellen der Füller-Lükken-Verarbeitung: der AFS, des parallelen Modells, der IAH sowie des thetagetriebenen Modells. Bereits im vorigen Kapitel wurde darauf verwiesen, daß alle vier Modelle eine Präferenz zugunsten der Subjekt-Objekt-Abfolge erwarten lassen. Es sollten sich daher Anzeichen erhöhter Verarbeitungskomplexität in der Objekt-Subjekt-Abfolge nachweisen lassen. AFS, paralleles Modell, IAH sowie thetagetriebenes Modell unterscheiden sich allerdings hinsichtlich der Frage, wann im Verlaufe der Verarbeitung die Subjekt-Objekt-Präferenz entsteht.

Der AFS zufolge entsteht die Präferenz zugunsten der Subjekt-Objekt-Abfolge unmittelbar mit Einlesen der w-Phrase. Die vom Parser zu diesem Zeitpunkt berechnete Struktur für einen der ambigen Sätze in Tabelle 6.5 zeigt (5).

(5) [$_{CP}$ [Welche Referentin des Kanzlers]$_i$ ... [$_{IP}$ t$_i$ ... [$_{VP}$ ...]]]

Der Parser kann sofort auf eine komplette CP-IP-VP-Struktur zugreifen. Ihm stehen daher sowohl die SpecIP-Position als auch VP-interne Anbindungsstellen als potentielle Lückenpositionen zur Verfügung. Die SpecIP-Position ist allerdings die erste Anbindungsstelle, die bei der *top-down* Suche nach einer Lückenposition erreicht wird. Der Parser generiert daher in SpecIP eine mit der w-Phrase koindizierte Spur; die w-Phrase ist damit als Subjekt des Satzes ausgezeichnet. Mit Einlesen eines finiten Verbs, welches hinsichtlich seiner Kongruenzmerkmale mit der w-Phrase nicht übereinstimmt, würde eine Revision dieser Analyse notwendig, und es sollten daher unmittelbar Anzeichen für eine Verarbeitungsschwierigkeit zutagetreten. Das hier skizzierte Szenario läßt erwarten, daß die Verarbeitungsschwierigkeit auf dem nicht-kongruierenden Verb selbst zu beobachten ist.

Im Unterschied zu den Vorhersagen der AFS sollte sich gemäß dem parallelen Verarbeitungsmodell von Gibson *et al.* (1994) ein Nachteil für die Objekt-Subjekt-Sätze nicht direkt am finiten Verb, sondern erst mit Einlesen des Partizips einstellen. Dem Modell von GHS zufolge kann der Parser nach Erreichen der w-Phrase lediglich eine CP expandieren (6). Eine IP kann nämlich in diesem System nur dann vorhergesagt werden, wenn der Kopf der CP unbesetzt bleiben kann oder sogar unbesetzt bleiben muß, wie z.B. bei eingebetteten Fragesätzen. In Hauptsätzen des Deutschen hingegen ist die lexikalische Besetzung des CP-Kopfes obligatorisch.

(6)   [$_{CP}$ [Welche Referentin des Kanzlers]$_i$ [$_{C'}$ ...]

Zu diesem Zeitpunkt kann der Parser noch keinerlei Vermutung darüber anstellen, ob die w-Phrase als Subjekt oder Objekt des Satzes fungiert. Es entsteht noch keine Füller-Lücken-Ambiguität. Neben (6) muß der Parser keine weiteren Strukturvarianten berücksichtigen. Damit aber kann sich auch noch keine Präferenz zugunsten der Subjekt-Objekt- oder der Objekt-Subjekt-Abfolge herausbilden. Die Erweiterung der Struktur in (6) sollte daher ohne Schwierigkeiten vollzogen werden können, unabhängig davon, ob das finite Verb mit der w-Phrase kongruiert oder nicht.

Ein Verarbeitungseffekt könnte selbst dann ausgeschlossen werden, wenn sofort mit Erreichen der w-Phrase neben der CP auch eine IP aufgebaut werden dürfte. In diesem Falle entstünde in der Tat eine Füller-Lücken-Ambiguität: Die w-Phrase kann entweder mit einer Spur in SpecIP verbunden (7a), oder vorläufig noch ohne Lückenposition belassen werden (7b).

(7)   a.   [$_{CP}$ [Welche Referentin des Kanzlers]$_i$ ... [$_{IP}$ t$_i$ ... [h]]]

      b.   [$_{CP}$ [Welche Referentin des Kanzlers]$_i$ ... [$_{IP}$ e ... [h]]]

Beide Strukturen unterscheiden sich jedoch nicht mit Blick auf die Anzahl der PLUs, die ihre Verarbeitung erfordert: (7a) und (7b) muß jeweils eine PLU zugewiesen werden, und zwar als "Strafe" dafür, daß der w-Phrase noch keine thematische Rolle zugewiesen werden kann. Da aber (7a) und (7b) die gleiche Anzahl an PLUs erfordern, entsteht zwischen diesen Optionen keine Rangfolge und damit auch noch keine Präferenz. Zu diesem Zeitpunkt rechnet der Parser mit beiden Abfolgevarianten gleichermaßen und sollte daher weder von einem kongruierenden noch von einem nicht-kongruierenden finiten Verb überrascht werden. Es sei daran erinnert, daß genau diese Eigenschaft des Systems ausgenutzt wurde, um das Ausbleiben von *Filled-Gap*-Effekten an der Subjektposition des Englischen zu erklären (vgl. Abschnitt 5.2.3).

Die Vorhersagen der IAH sind weniger eindeutig, vor allem deshalb, weil Pickering & Barry als Proponenten dieser Hypothese bislang ihre syntaktischen Annahmen zu Strukturen mit Zweitstellung des finiten Verbs noch nicht expliziert haben. Unabhängig aber davon, welche syntaktischen Repräsentationen zugrundegelegt werden: Der IAH zufolge kann eine Präferenz zugunsten der Subjekt-Objekt-Abfolge allenfalls mit Erreichen des subkategorisierenden Verbs entstehen, in unserem Falle also mit Erreichen des Partizips. Daraus folgt, daß sich direkt am finiten Auxiliar kein Unterschied zwischen Subjekt-Objekt- und Objekt-Subjekt-Sätzen beobachten lassen sollte.

Kommen wir abschließend zu den Vorhersagen des thetagetriebenen Modells. Da konkrete Aussagen zur Verarbeitung verbfinaler Strukturen aus Sicht des thetagetriebenen Modells bisher ebenfalls fehlen, wurden in Abschnitt 5.2.5 zwei Versionen dieses Modells entwickelt: eine starke und eine schwache Version. Beide Versionen basieren auf der Annahme, daß w-Phrasen vor Erreichen des Verbs eine tentative thematische Rolle zugewiesen wird, im Falle "belebter" w-Phrasen wie in diesem Experiment die tentative Rolle *Agens*. Starkes und schwaches Modell unterscheiden sich aber hinsichtlich der syntaktischen Konsequenzen dieser provisorischen Entscheidung. Dem starken Modell zufolge sollte die Zuweisung einer tentativen thematischen Rolle ohne syntaktische Folgen bleiben. Zu erwarten wäre dann, daß eine frühzeitige Disambiguierung zugunsten der Objekt-Subjekt-Struktur ohne Verarbeitungsschwierigkeiten bewerkstelligt werden kann, da keine syntaktische Entscheidung revidiert werden muß. Alternativ sagt die schwache Version des thetagetriebenen Modells vorher, daß die Zuweisung einer tentativen thematischen Rolle auch zu einer syntaktischen Entscheidung führt (w-Phrase = Subjekt). Ist dies der Fall, sollten Disambiguierungseffekte am finiten Auxiliar zu beobachten sein.

6.3.4 Prozedur

Versuchspersonen:

An Experiment 3 nahmen 40 Studierende der Universität Jena teil. Die Versuchspersonen absolvierten das Experiment, um Studienanforderungen im Fach Psychologie zu erfüllen, oder aber sie wurden mit 5,- DM vergütet. Die konkreten Ziele und Fragestellungen des Experiments waren den Versuchspersonen unbekannt. Insbesondere wußten die Versuchspersonen nicht, daß während des Experiments die Lesezeiten für jedes einzelne Wort registriert wurden.

Versuchsaufbau:

Zu Beginn der Sitzung wurden die Probanden über den allgemeinen Ablauf des Experiments informiert. In einer standardisierten Instruktion wurde ihnen mitgeteilt, worin ihre genaue Aufgabe besteht.

Sätze wurden wortweise, nicht-kumulativ und mit beweglichem Fenster auf einem Computermonitor präsentiert. Den Beginn des Durchlaufs signalisierte die Zeile „Nächster Satz". Nach Betätigen einer vordefinierten Taste auf der Tastatur erschien der gesamte Satz auf dem Bildschirm, und zwar in maskierter Form: Alle Wörter wurden buchstabenweise durch Unterstriche ersetzt. Für den Satz „Johann ging nach Hause." erschien also lediglich die Maske „----- - ---- ---- ------" auf dem Bildschirm. Erneutes Betätigen der Taste rief das erste Wort auf, das nun die Stelle der jeweiligen Unterstriche einnahm. Der nächste Tastendruck rief das zweite Wort auf den Bildschirm, wobei das erste Wort wieder durch Unterstriche ersetzt wurde. Auf diese Weise lasen die Versuchspersonen den gesamten Satz. Interpunktionszeichen wurden zusammen mit dem vorhergehenden Wort präsentiert. Bei Erreichen des Satzendes erschien auf Tastendruck entweder eine Verständnisfrage, oder aber es wurde sofort der nächste Durchlauf mit der Zeile „Nächster Satz" begonnen. Verständnisfragen waren durch Betätigen der Tasten „j" für „ja" bzw. „n" für „nein" zu beantworten. Die Beantwortung der Fragen sollte spontan erfolgen, es gab jedoch keine zeitliche Begrenzung. Um zu verhindern, daß Versuchspersonen zu viel Zeit auf die Beantwortung der Fragen verwenden, wurde ihnen zusätzlich die Möglichkeit eingeräumt, die „u" Taste zu drücken in Fällen, in denen eine spontane Antwort subjektiv nicht möglich erschien.

Die Versuchspersonen wurden explizit aufgefordert, jeden Satz gründlich und in einem ihnen angenehmen Tempo zu lesen. Vor Beginn des Experiments wurden mehrere Probesätze präsentiert, die den Versuchspersonen Gelegenheit bieten sollten, sich mit der experimentellen Aufgabe vertraut zu machen. Während der Probephase erhielten die Versuchspersonen Rückmeldung darüber, ob sie die Verständnisfragen korrekt beantworten hatten oder nicht.

Jeder Versuchsperson wurde eine der experimentellen Listen präsentiert. Die Abfolge der Sätze wurde für jede Versuchsperson individuell pseudorandomisiert. Die Durchführung des Experiments nahm ca. 30 Minuten in Anspruch.

6.3.5 Resultate

Verständnisfragen:
Die Inspektion der Verständnisfragen ergab, daß 87.5 % der Fragen korrekt beantwortet wurden. Für korrekte Antworten benötigten die Versuchspersonen durchschnittlich 3400 ms. Eine varianzanalytische Auswertung ließ erkennen, daß sich die Reaktionszeiten und der prozentuale Anteil korrekter Antworten weder in Abhängigkeit von der Struktur der Sätze (*Subjekt-Objekt* vs. *Objekt-Subjekt*) noch von der Satzart (*ambig* vs. *eindeutig*) bedeutsam unterschieden.

Datenanalyse:
Berechnung residueller Lesezeiten

Als Grundlage für die Auswertung von Experiment 3 dienten nicht die reinen Lesezeiten. Vielmehr wurden in einem ersten Schritt anhand der Rohlesezeiten die *residuellen Lesezeiten* ermittelt (vgl. Ferreira & Clifton, 1986; Trueswell *et al.* 1994). Zur Berechnung der residuellen Lesezeiten wurde individuell für jede Versuchsperson eine Regressionsgleichung bestimmt, durch die ein Zusammenhang zwischen tatsächlich erzielten Lesezeiten und der Länge der gelesenen Wörter (quantifiziert durch die Anzahl der Buchstaben) gestiftet wird. Als Regressionsgleichung wurde eine lineare Funktion der allgemeinen Form in (8) zugrundegelegt.

(8)   Lesezeit = *(a * Anzahl der Buchstaben) + b*

In die Regressionsgleichung gehen die Lesezeit als abhängige Variable und die Länge der Wörter in Buchstaben als Prädiktorvariable ein. Zudem enthält die Gleichung in (8) zwei Parameter: Parameter „a" wird als *Steigung* (*slope*) bezeichnet und drückt aus, um wieviele Millisekunden die Lesezeit pro Buchstabe zunimmt. Zu dieser Lesezeit ist eine bestimmte *Konstante* (*intercept*) hinzuzuaddieren, die durch den Parameter „b" angegeben wird. *Konstante* und *Steigung* wurden für jede Versuchsperson individuell ermittelt, und zwar unter Bezugnahme auf alle 123 Sätze, die die Versuchsperson im Experiment gelesen hat. Mittels der Regressionsgleichung läßt sich nun für jede Versuchsperson bestimmen, wie groß die Lesezeit für ein Wort, das aus drei, vier, fünf usw. Buchstaben besteht, ausfallen müßte. Auf diese Weise ergibt sich für jedes Wort eine vorhergesagte Lesezeit. Residuelle Lesezeiten erhält man, in dem die vorhergesagte Lesezeit von der jeweils tatsächlich erzielten Lesezeit abgezogen wird. Residuelle Lesezeiten können daher positive wie auch negative Werte annehmen. Ein positiver Wert ergibt sich, wenn die Versuchsperson ein Wort langsamer als vorhergesagt gelesen hat, ein negativer Wert hingegen genau dann, wenn schneller gelesen wurde als durch die Regressionsgleichung prädiziert. Die für Experiment 3 bestimmte durchschnittliche Leserate - gemittelt über alle Versuchspersonen und alle Wortpositionen - zeigt (9).

(9)   Lesezeit = (16,3 * Anzahl der Buchstaben) + 435,3.

Für ein Wort mit einer Länge von 4 Buchstaben ergäbe sich also eine vorhergesagte Lesezeit von 500,5 ms, bei 5 Buchstaben 516.8 ms usw.

Die Berechnung residueller Lesezeiten wird eingesetzt, um Längenunterschiede zwischen Regionen, die miteinander verglichen werden sollen, zu eliminieren. In unserem Experiment werden auf diese Weise Effekte eliminiert, die allein auf die unterschiedliche Länge von Auxiliaren im Singular und Plural (*hat* vs. *haben*) zurückgehen. Dies erlaubt eine klarere Interpretation gegebenenfalls auftretender Lesezeitunterschiede zwischen Subjekt-Objekt-Sätzen, die ja ein „kurzes" Auxiliar im Singular enthalten, und Objekt-Subjekt-Sätzen mit dem etwas längeren Pluralauxiliar „haben". Ist die Lesezeit für das Auxiliar bei Objekt-Subjekt erhöht, kann bei einer Analyse residueller Lesezeiten ausgeschlossen werden, daß Unterschiede in der Wortlänge für diesen Effekt verantwortlich sind.

<u>Behandlung von Ausreißern:</u>

Nach der Berechnung der residuellen Lesezeiten wurden diese von Ausreißern befreit. Zur Bestimmung von Ausreißern wurde das gleiche Verfahren angewendet, das bereits in den Experimenten 1 und 2 zum Einsatz kam. An jeder Wortposition wurden individuell für jede Versuchsperson der Mittelwert und die Standardabweichung bestimmt. Als Ausreißer wurden all jene Werte definiert, die größer bzw. kleiner waren als der Mittelwert +/- 2,5 Standardabweichungen. Ausreißer wurden durch den jeweiligen Grenzwert ersetzt. Diese Analyse wurde für jede der 7 Wortpositionen, über die im folgenden berichtet werden soll, getrennt durchgeführt. Tabelle 6.6 informiert über die bei der Auswertung berücksichtigten Wortpositionen. Die Ergebnisse der Datenanalyse faßt Abbildung 6.5 zusammen. Lesezeitunterschiede für jede Wortposition wurden separat einer varianzanalytischen Auswertung unterzogen, in die die festen Faktoren STRUKTUR und SATZART sowie alternativ die zufälligen Faktoren Versuchspersonen (Subjektanalyse, F1) oder experimentelle Sätze (Itemanalyse, F2) eingingen. Wortpositionen, für die signifikante Unterschiede in den residuellen Lesezeiten zwischen einzelnen Bedingungen festgestellt wurden, sind durch einen Stern gekennzeichnet.

Tabelle 6.6
Auswertungspositionen für Experiment 3

W-Pron	W-Nom	Det1	Nomen1	Aux	Det2	Nomen2
(1)	(2)	(3)	(4)	(5)	(6)	(7)
welch-	Referent-	des	Kanzlers	hat/haben	die	Behörden

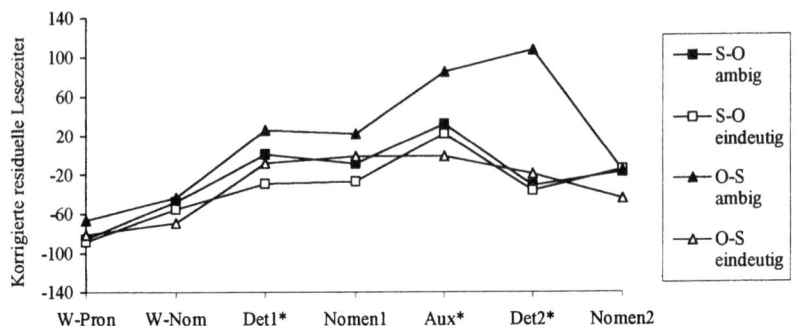

Abbildung 6.5: Korrigierte residuelle Lesezeiten für die ersten 7 Wortpositionen (Experiment 3)

Ergebnisse:
Von besonderem Interesse bei der Auswertung sind die Wortpositionen 5 (Aux) sowie 6 (Det2). Wortposition 5 (Aux) enthält das finite Verb, welches bei den lokal ambigen Sätzen das Vorliegen einer Objekt-Subjekt-Struktur signalisiert. Wortposition 6 (Det2) ist deshalb von Bedeutung, weil mögliche Verarbeitungseffekte, die aufgrund der Disambiguierung durch das finite Verb erwartet werden können, möglicherweise nicht direkt am finiten Verb selbst, sondern erst eine Wortposition später, also mit einer geringen Verzögerung, auftreten (vgl. die Diskussion zum *Spill-Over*-Effekt in Abschnitt 6.3.1). Eine erste Inspektion des Lesezeitverlaufs in Abbildung 6.5 bestätigt diese Vermutung. Für die ersten 4 Wortpositionen konnten im allgemeinen keine nennenswerten Unterschiede in den residuellen Lesezeiten zwischen den einzelnen Bedingungen beobachtet werden. Eine Ausnahme macht die Wortposition 3 (Det1), auf die wir weiter unten gesondert eingehen werden. Deutliche Unterschiede hingegen traten an den Positionen 5 und 6 auf, also am disambiguierenden finiten Verb selbst und am nachfolgenden Determinierer. Die Darstellung des Lesezeitverlaufs im Diagramm läßt bereits zwei Dinge erkennen: Zum einen verursachten ambige Sätze mit der Struktur Objekt-Subjekt höhere Lesezeiten als die anderen drei Bedingungen. Zum anderen findet dieser Unterschied offenbar

tatsächlich erst an Wortposition 6 (Det) und nicht bereits an Wortposition 5 (Aux) seine stärkste Ausprägung. Die Verarbeitungseffekte an den Wortpositionen 5 (Aux) sowie 6 (Det2) werden im folgenden getrennt ausgewertet.

Lesezeiten für das finite Auxiliar (Aux, Wortposition 5):
Die an Wortposition 5 ermittelten residuellen Lesezeiten sind in Tabelle 6.7 angegeben.

Tabelle 6.7
Korrigierte residuelle Lesezeiten für das Auxiliar (Aux)

Satzart	Struktur		Mittelwert
	Sub-Obj	Obj-Sub	
ambig	32,4	85,5	58.5
eindeutig	21,9	- 1,2	10.4
Mittelwert	27.1	41.9	34.5

Die varianzanalytische Auswertung ergab, daß ambige Sätze höhere Lesezeiten verursachten als solche Sätze, die eindeutig hinsichtlich ihrer Abfolge von Subjekt und Objekt waren (SATZART: $F1(1,39) = 11.7$, $p<.01$; $F2(1,23) = 12.5$, $p<.01$). Der in den Daten ersichtliche Lesezeitunterschied zwischen Subjekt-Objekt- und Objekt-Subjekt-Sätzen konnte hingegen statistisch nicht abgesichert werden (STRUKTUR: F1/F2<1, n.s.). Allerdings gab es eine signifikante Wechselwirkung zwischen den Faktoren SATZART und STRUKTUR ($F1(1,39) = 4.9$, $p<.05$; $F2(1,23) = 9.2$, $p<.01$).

Wie in Tabelle 6.7 deutlich zu erkennen, hatte die Interaktion disordinalen Charakter. Der Faktor STRUKTUR führt, je nach Satzart, zu gegenläufigen Effekten: zu einer Erhöhung der Lesezeit in Objekt-Subjekt-Strukturen bei ambigen Sätzen, jedoch zu einem relativen Abfall der Lesezeiten von Objekt-Subjekt-Strukturen bei eindeutigen Sätzen. Der Einfluß der Satzstruktur auf ambige und eindeutige Sätze hebt sich daher partiell auf, was mit dazu beigetragen haben kann, daß der Faktor STRUKTUR nicht das Signifikanzniveau erreichte. Aus diesem Grunde wurden für Subjekt-Objekt- und Objekt-Subjekt-Sätze separate Analysen des Faktors STRUKTUR berechnet. Diese Auswertung ergab, daß ambige Objekt-Subjekt-Sätze tatsächlich zu einer Verlangsamung der Lesezeiten führen (STRUKTUR, bezogen auf *ambig*: $F1(1,39) = 5.74$, $F2(1,23) = 4.8$, beide $p<.05$). Bei eindeutigen Sätzen hingegen hatte die Satzstruktur keinen bedeutsamen Einfluß auf die Lesezeiten (STRUKTUR, bezogen auf *eindeutig*: F1/F2<1.1, n.s.). Ambige Objekt-Subjekt-Sätze führen also am finiten Auxiliar zu einem robusten Garden-Path-Effekt.

Lesezeiten für den Determinierer (Det2, Wortposition 6):
Die für den unmittelbar auf das finite Auxiliar folgenden Determinierer ermittelten residuellen Lesezeiten zeigt Tabelle 6.8.

Tabelle 6.8
Korrigierte residuelle Lesezeiten für den Determinierer (Det2)

Satzart	Struktur		Mittelwert
	Sub-Obj	Obj-Sub	
ambig	-31	107	38,5
eindeutig	-36	-19	-27
Mittelwert	-33	44,2	5,51

Die varianzanalytische Aufklärung der an Wortposition 6 beobachteten Lesezeitunterschiede erhärtete die Schlußfolgerung, die sich aus der Auswertung von Wortposition 5 ableiten ließ. Auffällig war jedoch, daß das für Wortposition 5 fixierte Ergebnismuster insgesamt noch stärker hervortrat. Dies kann in Anschluß an die allgemeinen methodischen Erwägungen in Abschnitt 6.3.1 plausiblerweise als *Spill-Over*-Effekt erklärt werden. Auch an Wortposition 6 elizitierten ambige Sätze höhere Lesezeiten als eindeutig markierte Sätze (SATZART: $F1(1,39) = 23.8$, $p<.01$; $F2(1,23) = 20.6$, $p<.01$), ebenso Objekt-Subjekt-Sätze im Vergleich zu Subjekt-Objekt-Sätzen (STRUKTUR: $F1(1,39) < 25.7$, $p<.01$; $F2(1,23) < 23.2$, $p<.01$). Zudem machte sich ein signifikanter Interaktionseffekt bemerkbar ($F1(1,39) = 24.4$, $p<.01$; $F2(1,23) = 21\ 1$, $p<.01$).

Im Anschluß an die Ermittlung der Haupteffekte wurden neuerliche Varianzanalysen des Faktors STRUKTUR separat für ambige und eindeutige Sätze durchgeführt. Diese Berechnungen unterstützen die Vermutung, daß die Lesezeiten für ambige Objekt-Subjekt-Sätze an Wortposition 6 einen exzeptionellen Status haben. Ambige Objekt-Subjekt-Sätze werden an dieser Position deutlich langsamer gelesen als ambige Subjekt-Objekt-Sätze, während sich bei eindeutiger Markierung der Satzgliedabfolge kein derartiger Unterschied ergab (STRUKTUR, bezogen auf *ambig*: $F1(1,39) = 40.7$; $F2(1,23) = 36.8$, beide $p<.01$; bezogen auf *eindeutig*: $F1/F2 < 1$). Die Analyse der an Wortposition 6 gemessenen Lesezeiten erzwingt daher ebenfalls die Schlußfolgerung, daß ambige Objekt-Subjekt-Strukturen mit Verarbeitungsschwierigkeiten verbunden sind, die als Folge eines Garden-Path-Effekts in dieser Bedingung interpretiert werden müssen.

Weitere Beobachtungen:

Wie schon aus Abbildung 6.5 ersichtlich wird, lassen sich an der letzten hier diskutierten Wortposition, der Wortposition 7 (Nomen), keine bedeutsamen Unterschiede mehr zwischen den einzelnen Bedingungen feststellen. Unerwartet hingegen kam die Tatsache, daß signifikante Lesezeitunterschiede an Wortposition 3 ermittelt wurden. Wie die varianzanalytische Auswertung ergab, wurden an dieser Position ambige Sätze deutlich langsamer gelesen als eindeutig markierte Sätze (SATZART: $F1(1,39) = 9.57$; $F2(1,23) = 10.24$, beide $p<.01$). Darüber hinaus zeigen die Daten eine Verzögerung des Lesetempos bei Objekt-Subjekt-Sätzen im Vergleich zu Subjekt-Objekt-Sätzen (STRUKTUR: $F1(1,39) = 5.07$; $F2(1,23) = 5.11$, beide $p<.05$). Eine Wechselwirkung zwischen den Faktoren STRUKTUR und SATZART liegt nicht vor.

Ähnliche Effekte finden sich weder an den zwei vorhergehenden Wortpositionen noch an der unmittelbar nachfolgenden Wortposition 4, mit der die w-Phrase abgeschlossen wird. Man beachte, daß das Ausbleiben einer Interaktion bei gleichzeitiger Signifikanz des Faktors STRUKTUR u.a. zur Schlußfolgerung berechtigt, daß ambige Objekt-Subjekt-Fragen an dieser Position langsamer gelesen werden als ambige Subjekt-Objekt-Fragen. Vor Erreichen des Auxiliars jedoch sind beide Strukturtypen absolut identisch. Es ist daher nicht zu erkennen, welche Ursachen ein derartiger Lesezeitunterschied haben sollte. Angesichts dieser Sachlage liegt die Vermutung nahe, daß die an Wortposition 3 beobachteten Effekte zufällig entstanden sind. Zu erwarten wäre daher, daß diese Effekte im Falle einer Wiederholung des Experiments oder in Experimenten mit strukturell vergleichbarem Material nicht mehr auftreten sollten.[5]

6.3.6 Diskussion

Experiment 3 hat gezeigt, daß auch lokal ambigen w-Fragen in einfachen Sätzen mit Zweitstellung des finiten Verbs präferiert eine Subjekt-Objekt-Struktur zugewiesen wird. Dies bestätigt die anhand der Experimente 1 und 2 gezogenen Schlußfolgerungen und zeigt zudem, daß sich diese Präferenz nicht nur mit Hilfe der *Speeded-Grammaticality-Judgements*-Methode, sondern auch bei Einsatz des *Self-Paced-Readings* nachweisen läßt.

Vor allem aber kann festgehalten werden, daß die Subjekt-Objekt-Präferenz nicht erst am Satzende entsteht, speziell mit Erreichen des Vollverbs, sondern unmittelbar nach Abschluß der Verarbeitung der ambigen w-Phrase. Dieses Ergebnis bestätigt also die Vorhersagen der AFS. Es ist zudem mit der schwachen Version des thetagetriebenen Modells kompatibel, zwingt also wenigstens zu der Annahme, daß die Zuweisung tentativer thematischer Rollen zu einer sofortigen Festlegung bezüglich der syntaktischen Funktion der w-Phrase führt. Unvereinbar ist dieses Ergebnis hingegen mit dem parallelen Modell von GHS, der IA-Hypothese sowie der starken Version des thetagetriebenen Modells. Diese Modelle sagen zwar die Richtung der beobachteten Präferenz korrekt vorher, lassen aber allesamt erwarten, daß diese Präferenz erst dann entsteht, wenn das Vollverb (hier: das Partizip) erreicht worden ist.

Bevor wir uns einer abschließenden Diskussion aller drei Experimente zuwenden, soll kurz auf einen Einwand eingegangen werden, der zur Verteidigung der IAH vorgetragen werden könnte. Bei der Skizzierung der Vorhersagen für Experiment 3 sind wir davon ausgegangen, daß es aus Sicht der IAH keinen verarbeitungsrelevanten Unterschied zwischen (10a) und (10b) geben sollte, da das Partizip, welches über die syntaktische Funktion der w-Phrase entscheidet, noch nicht eingelesen wurde.

(10) a. Welche Referentin des Kanzlers hat

b. Welche Referentin des Kanzlers haben

Da Pickering & Barry den Grundannahmen der Dependenzgrammatik folgen, wäre es jedoch denkbar, daß es zwischen (10a) und (10b) in der Tat einen verarbeitungsrelevanten Unterschied gibt. In (10a) kann zwischen w-Phrase und Verb eine syntaktische Abhängigkeit her-

---

[5] Die Ergebnisse von Experiment 4 (vgl. Abschnitt 7.2) stützen unsere Vermutung. In Experiment 4 konnten an gleicher Position keine bedeutsamen Lesezeitunterschiede festgestellt werden. Allerdings kamen in Experiment 4 lediglich ambige Satzstrukturen zum Einsatz.

gestellt werden, und zwar dann, wenn die w-Phrase als Subjekt fungiert. W-Phrase und finites Verb stehen in diesem Falle in einer Kongruenzrelation. Daher sollten sie Pickering & Barry zufolge in eine gemeinsame Konstituente integriert werden können.[6] In (10b) hingegen stehen w-Phrase und finites Verb nicht in einer Kongruenzrelation. Da es zwischen beiden Teilen des Inputstrings keine syntaktische Abhängigkeit gibt, können sie auch nicht in eine gemeinsame Abhängigkeitskonstituente integriert werden. W-Phrase und Verb werden separat gespeichert. Es ist klar, daß aus dieser Sicht eine Subjektanalyse der w-Phrase bevorzugt werden sollte, und es ist auch zu erwarten, daß sich diese Präferenz in einem Verarbeitungsnachteil für Fragmente wie in (10b) direkt am finiten Verb niederschlagen muß. (10b) erforderte eine separate Speicherung von w-Phrase und finitem Verb und ist deshalb verarbeitungsaufwendiger. Man beachte aber, daß der Verarbeitungsaufwand für eine Sequenz bestehend aus w-Phrase und nichtkongruierendem Verb unabhängig davon ist, ob die w-Phrase über eine eindeutige oder eine ambige morphologische Kasuskennzeichnung verfügt. Zu erwarten wäre daher ein Effekt am finiten Verb bei Objekt-Subjekt-Strukturen generell, nicht nur bei ambigen Sätzen. Aber auch diese Erwartung wird durch die Ergebnisse von Experiment 3 eindeutig widerlegt.

6.4 Allgemeine Diskussion

Im letzten Abschnitt dieses Kapitels sollen zunächst die Ergebnisse der Experimente 1 - 3 zusammenfassend diskutiert und Implikationen für Modelle der Verarbeitung von Füller-Lücken-Beziehungen herausgearbeitet werden (Abschnitt 6.4.1). Im Anschluß daran wenden wir uns der Frage zu, welche Auswirkungen konkurrierende syntaktische Annahmen bezüglich der Satzstruktur des Deutschen auf die Formulierung von Verarbeitungsstrategien haben. Speziell werden wir dabei auf Konsequenzen eingehen, die ein Verzicht auf eine einheitliche, strukturell distinkte Subjektposition bzw. eine asymmetrische Analyse von Subjekt- und Objektfragesätzen nach sich ziehen würde (Abschnitt 6.4.2).

6.4.1 Präferenzen bei der Verarbeitung lokal ambiger w-Fragen im Deutschen

6.4.1.1 Zusammenfassung der Ergebnisse

Die zwei wichtigsten Ergebnisse der in diesem Kapitel vorgestellten experimentellen Untersuchung können wie folgt zusammengefaßt werden:

- Bei der Verarbeitung von Fragesätzen mit lokaler Subjekt-Objekt-Ambiguität ist eine deutliche Präferenz zugunsten einer Strukturzuweisung zu erkennen, in der das Subjekt dem Objekt vorangeht. Indikator für die Subjekt-Objekt-Präferenz waren erhöhte Verarbeitungsschwierigkeiten (Garden-Path-Effekte) in ambigen Objekt-Subjekt-Strukturen relativ zu Strukturen, in denen die Abfolge von Subjekt und Objekt eindeutig gekennzeichnet ist. Die Subjekt-Objekt-Präferenz wurde unter Verwendung unterschiedlicher Methoden (*Speeded-Grammaticality-Judgements*, *Self-Paced-Reading*) in unterschiedlichen Strukturtypen nachgewiesen: in eingebetteten Fragesätzen, Fragesätzen mit langer Extraktion der w-

---

[6] Genauer gesagt: in eine Abhängigkeitskonstituente (*dependency constituent*, vgl. Pickering, 1994).

Phrase aus einem sententialen Komplement sowie Fragesätzen mit kurzer Extraktion bei Zweitstellung des finiten Verbs.

- Die Präferenz zugunsten der Subjekt-Objekt-Abfolge bildet sich nicht erst am Satzende bzw. mit Einlesen des finiten Verbs heraus, sondern unmittelbar mit Verarbeitung der ambigen w-Phrase. Garden-Path-Effekte entstehen auch dann, wenn die lokale Ambiguität bereits durch ein der w-Phrase direkt nachfolgendes finites Verb zugunsten der Objekt-Subjekt-Struktur aufgelöst wird.

6.4.1.2 Kompatibilität mit anderen Resultaten

Unser Ergebnis, daß lokal ambigen w-Fragen des Deutschen präferiert eine Subjekt-Objekt-Struktur zugewiesen wird, steht in Widerspruch zu den Befunden, die in Farke (1994) berichtet werden (vgl. auch Farke & Felix, 1994). Wie in Abschnitt 5.1.2.3 dargelegt, beobachtete Farke bei der Untersuchung lokal ambiger w-Fragen des Deutschen systematisch auftretende Garden-Path-Effekte in Subjekt-Objekt-Strukturen, was sie zu der Schlußfolgerung veranlaßte, ambige w-Phrasen würden im Deutschen bevorzugt mit einer Lücke in Objektposition assoziiert. Weshalb die Ergebnisse ihrer und unserer Experimente in Widerspruch stehen, darüber kann nur spekuliert werden, da es die knappe Beschreibung von Versuchsaufbau und -duchführung sowie der Datenanalyse in Farke (1994) kaum mehr möglich macht, die Genese ihrer Resultate nachzuvollziehen und deren Qualität einzuschätzen.

Unsere Resultate befinden sich jedoch in Einklang mit der Tatsache, daß Subjekt-Objekt-Präferenzen auch in vielen anderen Studien zutage traten, die sich ebenfalls der Verarbeitung von w-Fragen oder aber syntaktisch verwandten Konstruktionen widmeten (vgl. Abschnitt 5.1) Im Niederländischen wie im Deutschen fanden sich Subjekt-Objekt-Präferenzen in Relativsätzen wie auch in Strukturen mit Topikalisierung. Subjekt-Objekt-Präferenzen wurden auch bei w-Fragen im Niederländischen beobachtet. Bestätigt werden die in diesem Kapitel berichteten Ergebnisse zudem durch die einiger parallel an der Universität Potsdam durchgeführter Studien zur Verarbeitung lokal ambiger w-Fragen des Deutschen (Schlesewsky, Fanselow, Kliegl & Krems, erscheint). In mehreren Fragebogenstudien sowie *Self-Paced-Reading*-Experimenten testeten Schlesewsky *et al.* die Verarbeitungsverhältnisse sowohl in einfachen Fragesätzen als auch in Strukturen mit langer Extraktion aus sententialen Komplementen. Zum einen berichten Schlesewsky *et al.*, daß ein Versuch, eines der von Farke durchgeführten Experimente zu replizieren, gescheitert ist. In Sätzen mit langer Extraktion, ähnliche also denen, die in unserem Experiment 2 zum Einsatz kamen, konnten sie statt der von Farke mitgeteilten Objekt-Subjekt-Präferenz überhaupt keinen Effekt beobachten, der auf einen Vorteil für eine der beiden Strukturzuweisungen hätte schließen lassen können. Evidenz zugunsten einer Subjekt-Objekt-Präferenz in solchen Strukturen erbrachte jedoch eine Fragebogenstudie. In dieser Fragebogenstudie wurden Probanden mit Satzfragmenten wie in (11) konfrontiert und aufgefordert, den jeweils fehlenden Artikel der zweiten NP innerhalb des eingebetteten Satzes zu ergänzen.

(11) a. Welche Frau glaubst du, sieht ___ Mann.

b. Welche Frau hast du geglaubt, sieht ___ Mann.

Überzufällig häufig entschieden sich die Probanden für den Akkusativartikel *den*, was anzeigt, daß die ambige w-Phrase bevorzugt als Subjekt des eingebetteten Satzes interpretiert wird. Auch die Leseexperimente in Schlesewsky *et al.* unterstützen unsere Befunde im wesentlichen. In Strukturen unterschiedlichen Typs wurden Garden-Path-Effekte bei Disambiguierung zugunsten der Objekt-Subjekt-Struktur registriert. In Sätzen wie (12) z.B. stellten sich Effekte genau dann ein, wenn die Disambiguierung zu einer Interpretation der w-Phrase als Objekt des Satzes zwang. Diese Effekte traten in (12c) deutlicher hervor als in (12b), waren aber auch in (12b) nachweisbar.

(12) a. Welche Frau sah den Mann am Freitag?

b. Welche Frau sah der Mann am Freitag?

c. Welche Frau sahen die Männer am Freitag?

Zusätzlich können insbesondere die Resultate zu Sätzen wie (12c) als Bestätigung unserer Schlußfolgerung angesehen werden, daß Subjekt-Objekt-Präferenzen bei w-Fragen sofort mit Einlesen der w-Phrase entstehen und insbesondere nicht an die Verfügbarkeit lexikalischer Information des Verbs geknüpft sind. Zur gleichen Schlußfolgerung sehen sich im übrigen auch Hemforth *et al.* (1993) sowie Konieczny (1996) anhand ihrer Resultate zur Verarbeitung von deklarativen Hauptsätzen des Deutschen veranlaßt.

6.4.1.3 Implikationen für Modelle der Füller-Lücken-Verarbeitung

Nahezu alle der in Kapitel 4 sowie in Abschnitt 5.2 diskutierten Modelle der Verarbeitung von Füller-Lücken-Beziehungen sagen die von uns für lokal ambige w-Fragen beobachtete Subjekt-Objekt-Präferenz korrekt vorher. Einzige Ausnahme ist das *Lexical-Expectation Model*, welches genau zur gegenteiligen Erwartung zwingt. Dies zeigt, daß zumindest das *Try-the-next-constituent*-Prinzip des *Lexical-Expectation Models* aufgegeben werden muß. In Übereinstimmung mit den Beobachtungen zum *Filled-Gap*-Effekt im Englischen sowie anderen experimentellen Ergebnissen zu Subjekt-Objekt-Ambiguitäten im Deutschen, Niederländischen und Italienischen zwingen unsere Daten zu der Schlußfolgerung, daß der Parser aktiv nach Lückenpositionen sucht, d.h. der Integration einer Spur Vorrang einräumt vor der Integration weiteren lexikalischen Materials.

Die Beobachtung jedoch, daß die Präferenz zugunsten der Zuweisung einer Subjekt-Objekt-Struktur bereits sehr früh entsteht, nämlich mit Einlesen der w-Phrase, macht es möglich, zumindest einige der verbleibenden Modelle auszuschließen. Die in Experiment 3 gefundenen frühen Disambiguierungseffekte bestätigen die Vorhersagen der AFS, der zufolge die erste strukturell legitime Lückenposition als Lückenposition für die w-Phrase reserviert wird. Allerdings muß die AFS mit zwei Annahmen kombiniert werden: Zum einen mit der Annahme von Crocker (1992), daß der Parser bereits mit Beginn des Verarbeitungsprozesses das phrasenstrukturelle Grundgerüst des Satzes, die CP-IP-VP-Struktur, prädizieren kann, zum anderen mit der Annahme, daß der Parser dieses CP-IP-VP-Skelett *top-down* nach einer potentiellen Lückenposition durchsucht. Dies vorausgesetzt, kann die w-Phrase vor Einlesen des finiten Verbs mit einer Spur in SpecIP verbunden werden. Die w-Phrase fungiert daher präferiert als Subjekt.

Mit Einschränkungen sind die frühen Disambiguierungseffekte auch mit dem thetagetriebenen Modell vereinbar, allerdings nur mit der schwachen Version dieses Modells. Geht man mit den Proponenten des thetagetriebenen Ansatzes davon aus, daß einer w-Phrase sofort eine tentative thematische Rolle zugewiesen werden kann, vermutlich unter Berücksichtigung semantischer Merkmale der w-Phrase sowie der Tatsache, daß es sich um die erste NP des Satzes handelt, dann muß man zumindest annehmen, daß diese Entscheidung unverzüglich syntaktische Konsequenzen nach sich zieht. Den w-Phrasen in den hier untersuchten Strukturen würde vermutlich die tentative thematische Rolle *Agens* zugewiesen, aber verknüpft damit ist offensichtlich auch die Festlegung, daß es sich jeweils um Phrasen handelt, die mit einer Spur in Subjektposition verbunden werden müssen. Es sei noch einmal darauf verwiesen, daß diese schwache Version des thetagetriebenen Modells mit den strikt lexikalistischen Annahmen des beschränkungsbasierten Theorie von MacDonald *et al.* (1994) nur schwer in Einklang zu bringen sein dürfte. Da dieser Theorie zufolge die globale Satzstruktur erst mit Erreichen des Verbs aufgebaut wird, ist nicht zu erkennen, wie frühzeitige syntaktische Festlegungen realisiert werden könnten.

Akute Probleme werfen unsere Resultate für das parallele Modell von Gibson *et al.* (1994) auf. Die Vorhersage dieses Modells, Subjekt-Objekt-Präferenzen würden erst mit Einlesen des Verbs entstehen, konnten klar widerlegt werden. In der Tat ist nicht zu erkennen, wie die frühen Disambiguierungseffekte aus Experiment 3 überhaupt durch das Modell von GHS erfaßt werden können, ohne an den Grundfesten dieser Theorie zu rütteln. Wie die Daten nahelegen, präferiert der Parser eine Subjektanalyse der ambigen w-Phrase schon dann, wenn nichts weiter als die w-Phrase eingelesen wurde. Welche Faktoren aber sollten eine Subjekt-Objekt-Struktur an dieser Stelle für einen parallelen Parser bereits attraktiver machen als eine Objekt-Subjekt-Struktur?

In Schwierigkeiten bringen unsere Ergebnisse zudem die *Immediate Association Hypothesis*. Auch die IAH sagt fälschlicherweise vorher, daß eine frühe Disambiguierung ambiger w-Fragen zugunsten der Objekt-Subjekt-Struktur keine Garden-Path-Effekte elizitieren sollte. Und auch in diesem Falle scheint es, als sei der Defekt der Theorie nicht nur oberflächlicher Natur. Folgt man den spezifischen Verarbeitungsannahmen von Pickering (1994), dann verfügt der Parser nach Einlesen der w-Phrase lediglich über eine NP, genauer gesagt über das kategorialgrammatische Pendant einer NP, nicht aber über eine globale Satzstruktur. Es scheint im Rahmen der bislang offengelegten Annahmen von Pickering und Kollegen kaum möglich abzuleiten, daß diese NP präferiert mit der syntaktischen Funktion Subjekt assoziiert wird, ohne umfangreiche Zusatzannahmen einführen zu müssen.

6.4.1.4 *Weitere Beobachtungen*

Abschließend wollen wir auf zwei weitere Beobachtungen der Experimente 1-3 hinweisen, die unerwartet kamen und bisher noch nicht eingehender thematisiert worden sind. Zum einen kann rückblickend festgestellt werden, daß allen untersuchten Satztypen präferiert eine Subjekt-Objekt-Struktur zugewiesen wird. Während aber lokal ambige Objekt-Subjekt-Sätze wie in (13a) (Experiment 1) und (13b) (Experiment 3) zu deutlich nachweisbaren Verarbeitungsschwierigkeiten führen, fallen die Effekte bei Sätzen wie in (13c) (Experiment 2) wesentlich schwächer aus. Disambiguierungen zugunsten der Objekt-Subjekt-Struktur führen offenbar zu Garden-Path-Effekten unterschiedlicher Stärke.

(13) a. Niemand wollte wissen, welche Politikerin die Minister kritisiert <u>haben</u>.
   GP stark

   b. Welche Politikerin der Opposition <u>haben</u> die Minister kritisiert?
   GP stark

   c. Welche Politikerin glaubst du, kritisierte <u>der Minister</u>?
   GP schwach

Was (13a) und (13b) von (13c) unterscheidet, ist die Art der Disambiguierung. In (13a) und (13b) sind es Kongruenzmerkmale, speziell die Numerusmerkmale des finiten Verbs, welche dem Parser signalisieren, daß die präferierte Subjekt-Objekt-Struktur nicht beibehalten werden kann. In (13c) hingegen besorgen die morphologischen Kasusmerkmale einer weiteren NP innerhalb des eingebetteten Satzes die Disambiguierung zugunsten der Objekt-Subjekt-Struktur. Unterschiedliche Effekte am Punkte der Disambiguierung in Abhängigkeit von der Art des disambiguierenden Material wurden auch andernorts bemerkt. Bereits hingewiesen wurde auf die Beobachtung von Schlesewsky *et al.* (erscheint), daß zwar in (14c), nicht aber in (14b) robuste Garden-Path-Effekte direkt am Punkt der Disambiguierung auftraten.

(14) a. Welche Frau sah <u>den Mann</u> am Freitag?

   b. Welche Frau sah <u>der Mann</u> am Freitag?

   c. Welche Frau <u>sahen</u> die Männer am Freitag?

In zwei weiteren Experimenten, in denen ebenfalls die Kasusmorphologie einer nachfolgenden NP für die Disambiguierung zuständig war, stellte sich überhaupt kein Verarbeitungseffekt ein. Diese Daten deuten ebenfalls darauf hin, daß es Unterschiede in der Stärke von Garden-Path-Effekten bei Objekt-Subjekt-Sätzen gibt, die mit Unterschieden des disambiguierenden Materials zu tun haben. Auch Friederici, Steinhauer, Mecklinger & Meyer (1998) weisen darauf hin, daß Unterschiede im disambiguierenden Material zu unterschiedlichen Verarbeitungseffekten führen. Während für Objekt-Subjekt-Sätze wie (15a) eine Positivierung (P350) am Punkt der Disambiguierung zu beobachten war, stellte sich in (15b) überraschenderweise eine Negativierung (N400) ein.[7]

(15) a. Das ist die Direktorin, die die Sekretärinnen gesucht <u>haben</u>.

   b. Das sind die Sekretäre, die <u>der Direktor</u> gesucht hat.

---

[7] Friederici *et al.* (1998) registrierten für (15b) jedoch eine Positivierung am Satzende. Auch Schlesewsky *et al.* (erscheint) berichten, daß in (14b) Disambiguierungseffekte auf dem letzten Segment der Präsentation (dem Fragezeichen) zu beobachten waren. Wie stabil dieser Befund ist, bleibt allerdings abzuwarten. In den gerade eben angesprochenen zwei weiteren Experimenten aus Schlesewsky *et al.*, in denen per Kasusmorphologie disambiguiert wurde, blieb ein vergleichbarer Effekt am Satzende aus.

Desweiteren zeigten sich in Experiment 2, nicht aber in Experiment 1, Unsicherheiten bei der Beurteilung eindeutig ungrammatischer Sätze, die insbesondere Strukturen des Typs *Welcher Schüler glaubst du, sah der Lehrer* betrafen. Beide Beobachtungen verlangen eine Erklärung, sollen aber an dieser Stelle nicht weiter diskutiert werden. Diese Phänomene werden im Mittelpunkt der Kapitel 7 und 8 stehen.

6.4.2 Parsingstrategien und die Struktur des deutschen Satzes

6.4.2.1 Der Status der IP im Deutschen und die Prinzipien der Kasuspräferenz

Verarbeitungsstrategien wie die AFS nehmen lediglich Bezug auf phrasenstrukturelle Eigenschaften von Sätzen. Die AFS regelt nicht, daß eine Füllerkonstituente im Deutschen, Niederländischen oder Englischen initial als Subjekt des Satzes analysiert wird. Sie legt allein fest, daß für eine Füllerkonstituente die erstmögliche phrasenstrukturell legitime Position als Lückenposition reserviert wird. Und nur weil es sich bei dieser erstmöglichen Position um SpecIP handelt, die kanonische Subjektposition, wird die Füllerkonstituente mit der grammatischen Funktion Subjekt assoziiert. Die Ableitung der Subjekt-Objekt-Präferenz mit Hilfe der AFS setzt also bestimmte syntaktische Annahmen voraus, insbesondere, daß eine Konstituente in SpecIP aufgrund ihrer Position im Strukturbaum automatisch als Subjekt identifiziert werden kann. Es muß eine distinkte Subjektposition in der phrasenstrukturellen Repräsentation geben, soll die AFS sinnvoll zur Anwendung kommen.

Im Englischen - einer Sprache mit strikter Subjekt-Verb-Objekt Abfolge - scheint die Annahme distinkter phrasenstruktureller Positionen für unterschiedliche grammatische Funktionen gut motiviert. Das Deutsche aber ist in Hinblick auf die Abfolge von Subjekt und Objekt weit weniger strikt organsiert, und es kommt daher nicht überraschend, daß die Adäquatheit einer distinkten Subjektposition für das Deutsche alles andere als unumstritten ist. Wie wir in Abschnitt 2.1.1.3 bereits diskutiert haben, kann die Abfolge von Subjekt und Objekt im Deutschen durch die Applikation von Bewege-α abgewandelt werden, aber nicht nur - wie im Englischen - durch die Voranstellung von Konstituenten in Frage- oder Relativsätzen, sondern auch durch Umordnungen innerhalb des Mittelfeldes. Wichtiger aber ist in diesem Zusammenhang eine Beobachtung, auf die in Abschnitt 2.1.1.3 ebenfalls bereits hingewiesen wurde. In bestimmten Konstruktionen des Deutschen weicht bereits die basisgenerierte Abfolge der Argumente vom Stellungsmuster Subjekt-Objekt ab. Deutlich zeigt sich dies beim Passiv ditransitiver Verben. Wie der Fragetest zeigt, geht in dieser Konstruktion das Dativobjekt dem Subjekt im unmarkierten Falle voraus (16).

(16) Was war los?

    b. Dem Jungen wurde das FAHRRAD geklaut.

    b.#Das Fahrrad wurde dem JUNGEN geklaut.

Neben dem Passiv ditransitiver Verben gibt es eine Reihe von Verben, die auch in aktivischer Form die „normale" Grundabfolge Subjekt-Objekt umdrehen. So ergibt der Fragetest z.B. bei ergativen Verben wie *entfallen*, daß der Nominativ einer dativmarkierten Konstituente nicht vorangeht, sondern nachfolgt (vgl. (17)), während ein Verb wie *helfen* die „normale" Abfolge von Subjekt und Objekt verlangt (18).

(17) Was war los?

    a. Dem Schauspieler ist der TEXT entfallen.

    b. #Der Text ist dem SCHAUSPIELER entfallen.

(18) Was war los?

    a. #Dem Vater hat der JUNGE geholfen.

    b. Der Junge hat dem VATER geholfen.

Beispiele wie in (16), (17) und (18) verdeutlichen, daß im Deutschen Subjekte und Objekte auf der D-Struktur unabhängig vom Eingreifen der Umstellungsoperation Bewege-α nicht immer in gleicher Weise linearisiert werden müssen. Die Beispiele zeigen aber auch, daß die Grundabfolge nicht frei variiert. Vielmehr ist sie für jedes Verb genau festgelegt. Es gibt also, anders als im Englischen, keine universell festgelegtes Stellungsmuster für Subjekt und Objekt, sondern eines, das abhängig ist von lexikalischen Variablen. Je nach Verb muß das Subjekt Objekten auf der D-Struktur vorangehen oder nachfolgen.

Beobachtungen wie diese legen zwei Dinge nahe. Wenn das Subjekt, wie etwa im Falle ergativer Verben oder beim Passiv, auf der D-Struktur dem Objekt nachfolgt, dann muß es möglich sein, Subjekte auch innerhalb der VP basiszugenerieren und nicht, wie bislang angenommen, ausschließlich in SpecIP. Aber nicht nur, daß Subjekte innerhalb der VP generiert werden: Sie können offenbar dort verbleiben. Es muß also zudem prinzipiell möglich sein, den Nominativ nicht nur an SpecIP, sondern auch in die VP hinein zuzuweisen.

Blicken wir noch einmal auf die Verhältnisse im Englischen, wo die Abfolge von Subjekt und Objekt verbunabhängig geregelt ist. Auch im Englischen gibt es Hinweise darauf, daß Subjekte zunächst einmal innerhalb der VP generiert werden (Burton & Grimshaw, 1992; Koopman & Sportiche, 1991). Deutlich zeigt sich dies an Beispielen mit sogenanntem *Quantoren-floating* (19), in denen ein syntaktisch zur Subjekt-NP gehörender Quantor (*all*) innerhalb der VP gestrandet werden kann. Eine Struktur wie in (19a) hätte daher die phrasenstrukturelle Repräsentation wie in (20) (Sportiche, 1988).

(19) a. All the children have eaten.

    b. The children have all eaten.

(20) [$_{CP}$ [$_{IP}$ [All the children]$_i$ have [$_{VP}$ t$_i$ eaten]]]

Dieser Analyse zufolge werden Subjekte innerhalb der VP basisgeneriert. Anders als im Deutschen scheint das Subjekt im Englischen die VP obligatorisch verlassen zu müssen. Offenbar kann es also nicht innerhalb der VP den Nominativ empfangen, sondern nur in SpecIP. Wenn nun aber Subjekte innerhalb der VP generiert werden und im Deutschen die Zuweisung des Nominativs an VP-interne Positionen prinzipiell möglich ist, warum sollte der Nominativ

dann nicht generell VP-intern zugewiesen werden? Unter dieser Voraussetzung wäre eine Anhebung des Subjekts nach SpecIP aus Kasusgründen, wie im Englischen, nicht mehr nötig.
Eine Theorie, die auf diesen Prämissen aufbaut, wurde in Haider (1993) entwickelt. Haider zufolge kann der Nominativ im Deutschen VP-intern zugewiesen werden, weil der V- und der I-Knoten im Deutschen - im Gegensatz zum Englischen - eine gemeinsame Projektion bilden.[8] Die Grundstruktur des deutschen Satzes unterscheidet gemäß Haider (1993) von der des Englischen hinsichtlich eines ganz wichtigen Punktes: Im Deutschen gibt es nur eine funktionale Projektion oberhalb der VP, nämlich eine CP (in Haiders Terminologie *FP*). Eine davon separate IP hingegen gibt es nicht.[9]

Wenn die Zuweisung abstrakten Kasus nicht an eine fixe Position gebunden ist, dann muß eine Konstituente, die mit abstraktem Nominativ oder Akkusativ markiert werden soll, auch nicht immer die gleiche phrasenstrukturelle Position okkupieren. Im Deutschen können also grammatische Funktionen wie Subjekt und Objekt nicht rein strukturell definiert werden. Dann aber gibt es auch keine kanonische Subjekt- oder Objektposition mehr. Die Basispositionen für Subjekt und Objekt hängen vielmehr vom Verb des Satzes ab.

Welche Konsequenzen hat eine solche Theorie der deutschen Satzstruktur für die Verarbeitung? Wenn grammatische Funktionen nicht mehr über verbunabhängige distinkte Positionen abgeleitet werden können, dann folgt, daß die Anbindungsstelle z.B. für eine NP innerhalb der phrasenstrukturellen Repräsentation allein nicht ausreicht festzulegen, ob diese NP als Subjekt oder Objekt des Satzes fungiert. Schauen wir uns dazu die Struktur an, die einem der in Experiment 3 verwendeten ambigen Fragesätze unter diesen Voraussetzungen gemäß der AFS zugewiesen werden würde.

(21) [$_{CP}$ [Welche Referentin des Kanzlers]$_i$ [$_{VP}$ t$_i$]]

Dem Parser steht nun bei Einlesen der w-Phrase nicht mehr die CP-IP-VP-, sondern lediglich eine CP-VP-Projektion zur Verfügung. Die erstbeste Lückenposition für die w-Phrase befindet sich damit zwangsläufig innerhalb der VP. Kandidat ist eine unmittelbar von der maximalen V-Projektion dominierte Anbindungsstelle. Diese Anbindungsstelle verrät nun noch nichts darüber, welche syntaktische Funktion die w-Phrase auszufüllen hat. Dies hängt allein vom Verb ab, über welches der Parser aber in (21) noch nicht verfügt. Je nach Verb können in der von VP unmittelbar dominierten Position Subjekte oder Objekte stehen.

(22) a. Welche Referentin des Kanzlers hat das Statement geärgert.

b. Welche Referentin des Kanzlers hat das Statement dementiert.

Akzeptiert man also die Theorie der deutschen Satzstruktur nach Haider (1993), reicht die AFS nicht mehr aus, Wortstellungspräferenzen abzuleiten, wie sie z.B. in den hier vorgestellten Experimenten berichtet wurden. Nötig wird unter diesen Umständen ein Verarbei-

---

[8] Für ähnliche Vorschläge vgl. Bayer & Kornfilt (1994) und Reuland (1990). Im Unterschied zu Haider (1993) bleiben in diesen Arbeiten jedoch zumindest Reste einer IP erhalten.
[9] Wie Haider (1993) argumentiert, ist diese Annahme auch eher mit der Beobachtung verträglich, daß im Deutschen unabhängige Evidenz für die Existenz einer zweiten funktionalen Projektion oberhalb der VP nur schwer beizubringen ist.

tungsprinzip, daß die Zuordnung grammatischer Funktionen ohne Rekurs auf phrasenstrukturelle Gegebenheiten bewerkstelligt. Ein solches strukturunabhängiges Verarbeitungsprinzip ist aber in einigen Fällen vermutlich selbst dann vonnöten, wenn die traditionelle CP-IP-VP-Struktur beibehalten wird. Betrachten wir dazu die ambigen Sätze in (23).

(23) a. [Menschen, die in Not geraten sind]$_i$ sollte man t$_i$ unterstützen.

b. ¿[Menschen, die in Not geraten sind]$_i$ sollte man t$_i$ helfen.

Diese Sätze enthalten eine komplexe topikalisierte NP, die als Plural markiert ist. Aufgrund ihrer kasusmorphologischen Ambiguität ist jedoch nicht sofort entscheidbar, ob diese Phrase als Subjekt oder als Objekt fungiert. Mit Erreichen des finiten Verbs kann der Parser jedoch erstere Option ausschließen: Da finites Verb und topikalisierte NP nicht kongruieren, kann die NP nur als Objekt, nicht als Subjekt des Satzes analysiert werden. Der Parser muß nun für die topikalisierte NP eine Lückenposition in unmittelbarer Nachbarschaft des V-Knotens postulieren. Offen bleibt allerdings, ob die Topik-Phrase als Objekt im Akkusativ oder als Objekt im Dativ anzusehen ist. Dies wird erst am Satzende offenbar. Die lexikalischen Eigenschaften des Verbs legen fest, daß *Menschen, die ...* in (23a) den Akkusativ trägt, in (23b) hingegen den Dativ. Sätze wie (23) enthalten also nicht nur eine lokale Subjekt-Objekt-Ambiguität, sondern darüber hinaus eine lokale Objekt-Objekt-Ambiguität, die erst am Satzende durch das Verb aufgelöst wird. Hinsichtlich der phrasenstrukturellen Position der mit der Topik-NP verbundenen Lückenposition unterscheiden sich beide Sätze aber nicht. Dennoch gibt es in Fällen wie (23) eine schon intuitiv wahrnehmbare Verarbeitungspräferenz zugunsten der Auflösung in (23a), die Bader, Bayer, Hopf & Meng (1996) auch experimentell nachweisen konnten (vgl. zudem Hopf, Bader, Bayer & Meng, 1998). Dies zeigt, daß sich der Parser vor Erreichen des Verbs nicht nur darauf festlegt, daß die Topik-NP als Objekt fungiert. Vielmehr trifft der Parser auch schon eine Vorentscheidung bezüglich des Kasusmerkmals, welches der NP zugewiesen werden muß. Da sich Dativ- und Akkusativobjekt hinsichtlich ihrer phrasenstrukturellen Position nicht unterscheiden, muß es sich hierbei um eine reine Präferenz zugunsten bestimmter Kasuszuweisungen handeln.

Präferenzen wie diese sind mit einem strukturorientierten Verarbeitungsmodell wie der AFS auch unter Rekurs auf die elaboriertere CP-IP-VP-Satzstruktur nicht ableitbar. Aus diesem Grunde haben Bader *et al.* (1996) ein allgemeineres Verarbeitungsprinzip vorgeschlagen, dem zufolge der Parser explizite Annahmen bezüglich des abstrakten Kasusmerkmals treffen kann, das einer NP zugewiesen wird. Die Hypothesen des Parsers bezüglich der Zuweisung von Kasusmerkmalen steuern die *Prinzipien der Kasuspräferenz* (*Case Preference Principles*, (24)). Diese Prinzipien explizieren, welche Kasusmerkmale der Parser an eine NP *per default* zuweist, d.h. immer dann, wenn die kasusmorphologische Markierung der NP noch keine eindeutige Entscheidung zuläßt.

(24) *Prinzipien der Kasuspräferenz*

a. Ziehe die Zuweisung von strukturellem Kasus der Zuweisung von lexikalischem Kasus vor.

b. Ziehe die Zuweisung abstrakten Nominativs der Zuweisung abstrakten Akkusativs vor.

Teilsatz (24a) bezieht sich auf die innerhalb der generativen Grammatik vorgenommene Unterscheidung von strukturellem und lexikalischem Kasus (Chomsky, 1986a; Chomsky & Lasnik, 1993). Als strukturell gelten jene Kasus, deren Zuweisung an bestimmte strukturelle Konfigurationen, nicht aber an die Zuweisung einer thematischen Rolle gebunden ist. Die Zuweisung lexikalischen Kasus hingegen geht stets auch mit der Zuweisung einer bestimmten thematischen Rolle einher. Nominativ und Akkusativ sind die strukturellen Kasus für Subjekt und Objekt, Dativ ein lexikalischer Kasus für Objekte. Es gibt eine Reihe von Konstruktionen, die den Unterschied zwischen strukturellem und lexikalischem Kasus deutlich zutage treten lassen.[10] NP-Argumente, die einen strukturellen Kasus tragen, unterliegen Kasusalternationen. Ein prominentes Beispiel ist die Kasusalternation beim Passiv. NP-Argumente, die in Aktivsätzen den Akkusativ erhalten, erscheinen bei Passivierung mit dem Nominativ, obschon sich die thematische Rolle, die sie tragen, nicht ändert (25). Dies zeigt, daß die Zuweisung strukturellen Kasus von der Zuweisung thematischer Rollen unabhängig ist. NP-Argumente hingegen, die in Aktivsätzen den Dativ erhalten, bewahren dieses Kasusmerkmal auch bei Passivierung (26).

(25) a. Hans schreibt einen Brief.

b. Der Brief scheint geschrieben worden zu sein.

(26) a. Hans half einem Patienten.

b. Dem Patienten scheint geholfen worden zu sein.

Während also ein Verb wie *schreiben* keine spezifische Festlegung dahingehend trifft, welchen Kasus sein internes Argument zu tragen hat, wird die Zuweisung des Dativs an das interne Argument von *helfen* offenbar explizit erzwungen. Akkusativ kann daher als *Default*-Kasus für Objekte betrachtet werden, während die Zuweisung des Dativs im Lexikoneintrag eines Verbs verankert werden muß.

Die Unterscheidung zwischen strukturellem und lexikalischem Kasus - und damit Teilsatz (24a) der Kasuspräferenzprinzipien - ist für die Erklärung der Verarbeitungspräferenzen bei Objekt-Objekt-Ambiguitäten wie in (23) einschlägig: In Abwesenheit eines lexikalischen Lizenzierers, der die Zuweisung des Dativ erzwingen würde, präferiert der Parser die Zuweisung strukturellen Kasus. Eine als Objekt identifizierte NP erhält daher den Akkusativ, den strukturellen Objektskasus, und nicht den Dativ als lexikalischen Objektskasus.

Bei der Auflösung von Subjekt-Objekt-Ambiguitäten wie z.B. in den in diesem Kapitel vorgestellten Experimenten kommt hingegen Teilsatz (24b) ins Spiel. Dieser Bedingung zufolge weist der Parser einer satzinitialen ambigen w-Phrase oder Topik-NP präferiert den No-

---

[10] Vgl. auch Schütze (1997) für eine detaillierte Diskussion.

minativ zu. Da eine als Nominativ ausgezeichnete NP automatisch mit der grammatischen Funktion Subjekt assoziiert wird, kann die Subjekt-Objekt-Präferenz mit Rekurs auf die Prinzipien der Kasuspräferenz abgeleitet werden, ohne daß die Annahme einer distinkten phrasenstrukturellen Subjektposition notwendig wäre. Die Subjekt-Objekt-Präferenz wird nicht auf eine bestimmte strukturelle Entscheidung des Parsers zurückgeführt, sondern direkt auf Präferenzen für die Zuweisung bestimmter Kasusmerkmale. Auch die zweite Bedingung der Kasuspräferenzprinzipien läßt sich unabhängig motivieren. Teilsatz (24b) reflektiert die Tatsache, daß im Deutschen die Zuweisung des strukturellen Akkusativ an eine NP nur dann erfolgen kann, wenn bereits eine NP vorhanden ist, an die der Nominativ vergeben worden ist.[11]

Diese Diskussion abschließend soll noch kurz erörtert werden, in welcher Relation die Prinzipien der Kasuspräferenz zu Verarbeitungsstrategien wie der AFS stehen. Auch bei Voraussetzung von (24) kann nicht auf Mechanismen verzichtet werden, die sicherstellen, daß Lücken für Füller in der erstmöglichen phrasenstrukturell legitimen Position postuliert werden, daß also die Spur einer w- oder Topikphrase innerhalb der VP die strukturell prominenteste Position einnimmt. Mit Blick auf die Behandlung von Füller-Lücken-Ambiguitäten ersetzen die Prinzipien der Kasuspräferenz die AFS also nicht. Sie können vielmehr als Erweiterung der AFS verstanden werden, und zwar dahingehend, daß der Parser seine Entscheidung bezüglich einer Lückenposition mit einer Entscheidung bezüglich des Kasusmerkmals, das dieser Position zugewiesen wird, verknüpft. Anders aber als die AFS sind die Prinzipien der Kasuspräferenz nicht nur bei der Auflösung von Füller-Lücken-Ambiguitäten applikabel, sondern sie regulieren die Auflösung syntaktischer Funktionsambiguitäten allgemein, auch solcher, die keinerlei Füller-Lücken-Ambiguität enthalten. In dieser Hinsicht gehen die Prinzipien der Kasuspräferenz auch über de Vincenzis *Minimal Chain Principle* hinaus (vgl. Abschnitt 4.1.2.1).

6.4.2.2 Eine asymmetrische Analyse für w-Fragen und Structural Simplicity

Eine alternative Sicht auf die der Verarbeitung von Subjekt-Objekt-Ambiguitäten zugrundeliegenden Mechanismen hat Gorrell (erscheint, a, b) eröffnet, und auch diese Alternative geht davon aus, daß die Annahme einer einheitlichen CP-IP-VP-Satzstruktur für das Deutsche nicht angemessen ist. Ausgangspunkt von Gorrells Überlegungen ist die asymmetrische Analyse von subjekt- und objektinitialen Deklarativsätzen des Deutschen und Niederländischen, die in Travis (1984, 1991) und anderen Arbeiten vertreten worden ist (vgl. Abschnitt 2.1.3.2).

Der "klassischen" Analyse deklarativer Hauptsätze zufolge weist jeder Hauptsatz prinzipiell die gleiche Struktur auf. Alle Hauptsätze werden quasi als Topikalisierungen betrachtet, unabhängig davon, ob die initiale Konstituente zum Beispiel als Subjekt (27a) oder als Objekt (27b) fungiert.

(27) a. [$_{CP}$ Peter$_i$ fuhr [$_{IP}$ t$_i$ [$_{VP}$ das Auto in die Garage]]]

b. [$_{CP}$ Das Auto$_i$ fuhr [$_{IP}$ Peter [$_{VP}$ t$_i$ in die Garage]]]

Travis (1984, 1991) und andere haben vorgeschlagen, daß zwar Sätze wie (27b) auf die eben beschriebene Weise zu analysieren sind, nicht jedoch subjektinitiale Sätze wie in (27a). Travis zufolge hat ein subjektinitialer deklarativer Hauptsatz wie (27a) eine einfachere Struktur

---

[11] Dies zwingt dazu, den Akkusativ in Sätzen wie *Mich friert* als lexikalischen Kasus anzusehen.

als Hauptsätze wie in (27b), in denen Objekte oder andere Satzglieder die Position vor dem finiten Verb einnehmen.

(28) [IP Peter fuhr [VP das Auto in die Garage]]

Wenn sich eine Analyse wie diese als korrekt erweisen sollte, hat dies natürlich Auswirkungen auf die Definition der Verarbeitungsstrategie, die für die Subjekt-Objekt-Präferenz bei ambigen Deklarativsätzen zuständig ist. Eine Theorie der Satzstruktur wie die von Travis angenommene vorausgesetzt, könnte die von Hemforth *et al.* (1993) im Deutschen sowie Frazier & Flores d'Arcais (1989) im Niederländischen experimentell nachgewiesene Subjektpräferenz nicht auf eine Strategie wie die AFS zurückgeführt werden, die die Auswahl einer Lückenposition steuert. Vielmehr wäre die Entscheidung zwischen einer subjekt- und objektinitialen Struktur mit einer Entscheidung darüber verknüpft, ob eine Füller-Lücken-Beziehung angenommen werden soll oder nicht. Damit fällt die Verarbeitung ambiger Deklarativsätze in den Zuständigkeitsbereich von Verarbeitungsprinzipien, die den Aufbau von Strukturen ohne Füller-Lücken-Beziehung dem Aufbau von Strukturen mit Füller-Lücken-Beziehung vorziehen: die *Superstrategy*, das *Minimal Chain Principle*, oder - noch allgemeiner - Gorrells Bedingung der *Structural Simplicity* (Gorrell, 1995:83; vgl. Abschnitt 4.2.1).[12]

(29) *Structural Simplicity*
No vacuous structure building.

Gorrell weist nun auf eine parallele Diskussion hin, die um die korrekte Analyse subjekt- und objektinitialer Fragesätze im Englischen geführt wurde und noch immer geführt wird. Insbesondere von den Proponenten von Phrasenstrukturgrammatiken wie z.B. der (Gazdar, 1981; Gazdar *et al.*, 1985), und in jüngerer Zeit im Rahmen der Optimalitätstheorie (Grimshaw 1997) wurde für eine vergleichbar asymmetrische Analyse argumentiert, der zufolge die Struktur eines subjektinitialen w-Satzes weniger komplex ist als die Struktur eines objektinitialen w-Satzes. Subjektfragesätze wie in (30a) enthalten - im Gegensatz zu Objektfragesätzen (30a) - keine CP-Projektion: Die w-Phrase verbleibt in SpecIP.[13] Diese Analyse ist auch im Rahmen der Generativen Grammatik gelegentlich auf die Tagesordnung gesetzt worden, ohne sich allerdings wirklich durchzusetzen (Ross, 1967; Chomsky, 1986b).

(30) a. [IP Who will [VP see John]]

b. [CP Who₁ will [IP John [VP see t₁]]]

In der Tat gibt es einige interessante Motive, die eine Analyse wie in (30) im Englischen rechtfertigen. Grimshaw (1997) z.B. skizziert mit Rekurs auf diese strukturelle Differenz eine einfache Erklärung für die Grammatikalitätskontraste in (31) und (32) aus optimalitätstheoretischer Sicht. In Subjektfragesätzen ist *do-support* nicht notwendig (31a), und in der Tat auch

---

[12] Überlegungen dieser Art werden auch in Hemforth *et al.* (1993) angestellt.
[13] Man beachte, daß (30) lediglich die strukturelle Differenz widerspiegelt, die man Subjekt- und Objektfragen in GPSG zuschreiben würde. Die Repräsentation für (30) im Rahmen dieser Theorien sähe anders aus.

nicht erlaubt (31b).[14] In Objektfragesätzen ist *do-support* hingegen obligatorisch. Grimshaw zufolge resultiert dieser Unterschied aus der Tatsache, daß ein Subjekt bereits in seiner basisgenerierten Position eine für Operatoren obligatorische Spezifikatorposition okkupiert. Objekte hingegen werden in einer Komplementposition basisgeneriert. W-Phrasen, die als Objekt fungieren, müssen daher obligatorisch in eine Spezifikatorposition bewegt werden.[15]

(31) a. Who saw John?

b. *Who did see John?

(32) a. *Who John saw?

b. Who did John see?

Gorrell (erscheint, a, b) folgt im wesentlichen den Annahmen Grimshaws und schlägt vor, die asymmetrische Analyse auch auf w-Abhängigkeiten im Deutschen auszudehnen. Subjekt- und Objektfragesätze hätten dementsprechend die Strukturen in (33).

(33) a. [$_{IP}$ Welche Frau hat [$_{VP}$ den Mann geküßt]]

b. [$_{CP}$ [Welchen Mann]$_i$ hat [$_{IP}$ die Frau [$_{VP}$ t$_i$ geküßt]]]

Eine damit verbundene Vereinheitlichung der syntaktischen Analyse von Deklarativsätzen und w-Abhängigkeiten in Frage- und Relativsätzen gestattet nun auch wieder eine einheitliche Erklärung der Subjekt-Objekt-Präferenz, die für ambige Sätze jeder dieser Konstruktionstypen attestiert worden ist. Bereits Gazdar (1981) weist darauf hin, daß der Komplexitätsunterschied zwischen subjekt- und objektinitialen w-Sätzen korrespondierende Unterschiede in der Verarbeitungskomplexität direkt erklären würde. Gorrell betont, daß unter den oben skizzierten theoretischen Prämissen die AFS für die Herleitung von Subjekt-Objekt-Präferenzen im Deutschen und Niederländischen nicht mehr benötigt wird. Die Subjekt-Objekt-Präferenz läßt sich vollständig auf *Structural Simplicity* reduzieren und damit auf eine Präferenz für möglichst einfache Strukturen.

Für die Erklärung der Subjekt-Objekt-Präferenz stehen damit drei Strategien zur Verfügung: zum einen die AFS, eine Vorschrift speziell für die Auflösung von Füller-Lücken-Ambiguitäten; zum anderen die etwas allgemeineren Prinzipien der Kasuspräferenz und schließlich das sehr allgemeine Prinzip *Structural Simplicity*, dem das Streben nach Ökonomie als grundlegende Eigenschaft des Parsers wie auch der Grammatik zugrundeliegt. Es ist ziemlich klar, daß alle diese Strategien im Bereich der Subjekt-Objekt-Ambiguitäten die gleichen empirischen Vorhersagen machen. Eine Entscheidung darüber, welcher Ansatz der geeignetste ist, dürfte daher experimentell kaum herbeizuführen sein. Vielmehr wird die Partie auf dem Felde der Syntax entschieden. Die entscheidende Frage ist daher, welche syntaktische Analyse sich bei

---

[14] *Do-support* ist in Subjektfragen lediglich bei emphatischer Betonung des Auxiliars erlaubt, wie z.B. in *Who DID see John?*.

[15] Für weitere Argumente zugunsten einer asymmetrischen Analyse von subjekt- und objektinitialen w-Abhängigkeiten vgl. Gazdar (1981), Chung & McCloskey (1983) sowie Chomsky (1986b).

der Repräsentation von Deklarativsätzen und w-Abhängigkeiten letztendlich als die angemessenste erweist.

6.5 Zusammenfassung

In diesem Kapitel wurden die Ergebnisse dreier experimenteller Untersuchungen zur Verarbeitung von w-Fragen im Deutschen mit lokaler Subjekt-Objekt-Ambiguität vorgestellt. Diese Experimente förderten im wesentlichen zwei Ergebnisse zutage: Zum einen konnte gezeigt werden, daß der Parser lokal ambigen w-Fragen auch im Deutschen bevorzugt eine Subjekt-Objekt-Struktur zuweist. Disambiguierungen, die dieser Präferenz zuwiderlaufen, elizitieren Garden-Path-Effekte. Zum anderen haben wir nachgewiesen, daß die Präferenz zugunsten der Subjekt-Objekt-Abfolge bereits sehr frühzeitig entsteht, und zwar direkt mit Einlesen der w-Phrase.

Diese Ergebnisse unterstützen serielle Verarbeitungsmodelle, die davon ausgehen, daß sich der Parser sofort und auf der Grundlage struktureller Information für die Zuweisung einer Subjekt-Objekt-Struktur entscheidet. Abhängig von den genauen Annahmen bezüglich der Satzstruktur des Deutschen kann diese Präferenz letztlich auf eine strukturorientierte Parsingstrategie wie die AFS, auf Prinzipien der Kasuszuweisung oder aber auf eine Präferenz für möglichst ökonomische strukturelle Repräsentationen zurückgeführt werden. Die Ergebnisse dieses Kapitels sind zumindest bedingt mit dem thetagetriebenen Modell der Füller-Lücken-Verarbeitung vereinbar, vorausgesetzt, die Zuweisung tentativer thematischer Rollen hat sofortige strukturelle Konsequenzen. In Schwierigkeiten bringen unsere Daten hingegen das parallele Modell von Gibson *et al.* sowie die *Immediate Association Hypothesis* von Pickering und Mitarbeitern.

7 Disambiguierungseffekte I: Die Rolle von Kongruenz- und Kasusmerkmalen

Im vorherigen Kapitel wurde gezeigt, daß der Parser w-Fragen mit lokaler Subjekt-Objekt-Ambiguität bevorzugt eine Struktur zuweist, in der das Subjekt dem Objekt vorangeht. Erzwingt die Disambiguierung eine Objekt-Subjekt-Struktur, entstehen Garden-Path-Effekte. Unsere bisherigen Untersuchungen förderten jedoch einen weiteren, eher unerwarteten Befund zutage: Disambiguierungen zugunsten der Objekt-Subjekt-Struktur führen zu Garden-Path-Effekten unterschiedlicher Stärke. Während ambige Objekt-Subjekt-Sätze wie (1a) (Experiment 1) und (1b) (Experiment 3) zu deutlichen Verarbeitungsschwierigkeiten führen, fallen die Effekte bei Sätzen wie (1c) (Experiment 2) wesentlich schwächer aus.

(1) a. Niemand wollte wissen, welche Politikerin die Minister kritisiert <u>haben</u>.
   GP stark

   b. Welche Politikerin der Opposition <u>haben</u> die Minister kritisiert?
   GP stark

   c. Welche Politikerin glaubst du, kritisierte <u>der Minister</u>?
   GP schwach

Ein adäquates Modell der Verarbeitung solcher Strukturen muß daher nicht nur erklären, warum ambige Objekt-Subjekt-Strukturen wie in (1), und nicht Subjekt-Objekt-Strukturen Schwierigkeiten verursachen, sondern auch, weshalb das Ausmaß der Schwierigkeiten innerhalb von (1) variiert. Diese Frage wird im Mittelpunkt des nun folgenden Kapitels stehen.

In Abschnitt 7.1 beleuchten wir den theoretischen Hintergrund des Problems. Wir werden zeigen, daß Erklärungsversuche, die sich bereits vorhandener theoretischer Instrumentarien bedienen, d.h. Unterschiede in der Garden-Path-Stärke auf Unterschiede im Reanalyseprozeß zurückführen, nicht weit genug greifen (Abschnitt 7.1.1). Vielmehr muß - wie wir in Abschnitt 7.1.2 zeigen werden - eine adäquate Erklärung auf Prozesse Bezug nehmen, die direkt am Punkt der Disambiguierung ablaufen. Eine entscheidende Rolle kommt der Art der Disambiguierung zu: ob es Kongruenz- oder Kasusmerkmale sind, die dem Parser den Garden-Path signalisieren. Angeregt wird unsere Erklärung durch die Beobachtung, daß Verarbeitungsunterschiede zwischen den Garden-Path-Sätzen mit Verarbeitungsunterschieden zwischen den korrespondierenden eindeutig ungrammatischen Sätzen einhergehen, ein Zusammenhang, den wir als *Mismatch-Effekt* bezeichnen (2).

(2) *Mismatch-Effekt*
Je salienter eine temporäre Ungrammatikalität, desto stärker der Garden-Path-Effekt.

Der zweite Teil dieses Kapitels untermauert die empirische Seite unserer Erklärung, speziell die Behauptung, daß Garden-Path-Effekte in Abhängigkeit von der Art der Disambiguierung variieren (Abschnitt 7.2), und daß die Verarbeitung von Garden-Path-Sätzen und ungrammatischen Sätzen in dem durch die Generalisierung (2) ausgedrückten Verhältnis stehen (Abschnitt 7.3).

7.1 Garden-Path-Effekte und die Art der Disambiguierung

7.1.1 Mögliche Erklärungsversuche

Wie in Kapitel 3.2.1.1 bereits ausführlich dargelegt, werden Garden-Path-Effekte im Rahmen serieller Modelle darauf zurückgeführt, daß der Parser bei Enstehen einer strukturellen Ambiguität nur eine der möglichen Strukturfortsetzungen berechnet. Wird diese Ambiguität zuungunsten der vom Parser ausgewählten Strukturfortsetzung aufgelöst, entsteht am Punkte der Disambiguierung eine temporäre Ungrammatikalität. Der Parser empfängt ein Inputitem, welches nicht auf syntaktisch legitime Weise in die phrasenstrukturelle Repräsentation integriert werden kann. Das Eintreffen eines solchen inkompatiblen Items ist Symptom dafür, daß die bisher berechnete Struktur falsch war. Die temporäre Ungrammatikalität löst einen Prozeß der Reanalyse aus, dessen Ziel es ist, eine neue phrasenstrukturelle Repräsentation für die bisher eingelesene Inputkette zu finden. Der Prozeß der Reanalyse selbst kann in zwei Teilkomponenten zerlegt werden (vgl. Abschnitt 3.3.1.2): Zunächst muß der Parser herausfinden, welche zuvor getroffene Verarbeitungsentscheidung fehlerhaft war und welche Entscheidung stattdessen hätte getroffen werden müssen (*Diagnose*). Ist der Fehler entdeckt und eine Alternative gefunden worden, sind die entsprechenden Konsequenzen zu ziehen: Die Struktur muß revidiert und der neuen Verarbeitungsentscheidung angepaßt werden (*Revision*). (3) faßt noch einmal zusammen, was einem seriellen Modell zufolge am Punkte der Disambiguierung passiert.

(3)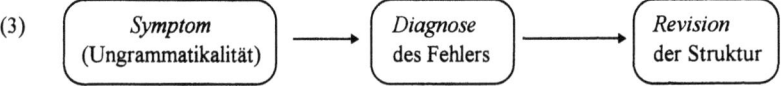

Dieses Modell macht plausibel, weshalb Garden-Path-Effekte überhaupt auftreten. Um auch erklären zu können, weshalb Garden-Path-Effekte hinsichtlich ihrer Stärke variieren, sind zusätzliche Annahmen nötig. Traditionell geht man davon aus, daß die unterschiedliche Stärke von Garden-Path-Effekten mit Bezug auf Unterschiede in der Komplexität der Reanalyseprozesse erklärt werden kann. Schwierige Garden-Path-Effekte entstehen, wenn die Disambiguierung sehr komplexe Reanalyseoperationen notwendig macht. Reichen weniger komplexe Reanalyseoperationen aus, um die temporäre Ungrammatikalität zu beheben, resultieren lediglich leichte Verarbeitungsschwierigkeiten.

In Abschnitt 3.3.1.2 wurden eine Reihe von Modellen diskutiert, mit deren Hilfe sich Unterschiede in der Stärke von Garden-Path-Effekten, basierend auf der Prämisse serieller Verarbeitung, prinzipiell erklären lassen, wobei sich diese Modelle insbesondere dahingehend unterscheiden, ob sie Komplexitätsunterschiede eher in der Diagnose- oder in der Revisionskomponente des Reanalyseprozesses lokalisieren. Im folgenden soll nun geprüft werden, ob eines dieser Reanalysemodelle in der Lage ist, die unterschiedlich starken Garden-Path-Effekte in Fällen wie (1) zu erklären.

7.1.1.1 Die Rolle struktureller Revisionen

In diesem Abschnitt werden wir der Frage nachgehen, ob die unterschiedlich starken Garden-Path-Effekte in (1) über Unterschiede in den jeweils notwendig werdenden strukturellen Revisionen erklärt werden können. Als Ausgangspunkt der Diskussion möge ein Befund dienen, anhand dessen wir bereits auf das Problem der Reanalyse bei der Verarbeitung von Füller-Lükken-Ambiguitäten zu sprechen gekommen sind: die *Filled-Gap*-Effekt-Asymmetrie im Englischen. Stowe (1986) hatte gezeigt, daß erhebliche Verarbeitungsschwierigkeiten entstehen, wenn sich eine potentielle Lücke in Objektposition als lexikalisch besetzt erweist. Keine solchen Effekte resultieren, wenn die Subjektposition gefüllt ist. Während in (4a) daher die Lesezeiten für die Objekts-NP *us* relativ zum Kontrollsatz (4b) deutlich ansteigen, zeigen sich an der Subjekt-NP *Ruth* keinerlei Unterschiede (vgl. die Abschnitte 4.1.2.2 und 5.1.4).

(4) a. My brother wanted to know who, <u>Ruth</u> brought <u>us</u> home to t, at Christmas.

b. My brother wanted to know if <u>Ruth</u> brought <u>us</u> home to Mom at Christmas.

Der *Filled-Gap*-Effekt an der Objektposition wird gemeinhin als Anzeichen dafür gewertet, daß der Parser die Objektposition als Lückenposition für die w-Phrase reserviert, diese Entscheidung jedoch zu revidieren gezwungen ist, wenn eine NP wie *us* eintrifft. Der AFS zufolge sollte aber die w-Phrase zunächst einmal mit der ersten erreichbaren Lückenposition assoziiert werden, d.h. mit der Subjektposition. Erwartbar wäre daher, daß sich an der Subjektposition ähnliche Reanalyseprozesse bemerkbar machen wie an der Objektposition.

In der Tat hat die *Filled-Gap*-Effekt-Asymmetrie in der Literatur zu kontroversen Deutungen Anlaß gegeben. So ist zum Beispiel verschiedentlich behauptet worden, die *Filled-Gap*-Effekt-Asymmetrie zeige an, daß w-Phrasen im Englischen präferiert nicht mit der Subjekt-, sondern mit der Objektposition assoziiert werden und also Evidenz *gegen* die Gültigkeit einer Verarbeitungsstrategie wie der AFS im Englischen liefern (Berwick, Epstein & Weinberg, 1996; Farke, 1994; Farke & Felix, 1994). Am nachdrücklichsten hat Phillips (1995) diese Auffassung vetreten. Phillips zufolge werden ambige w-Phrasen im Deutschen und Niederländischen initial als Subjekt interpretiert, im Englischen hingegen als Objekt. Interessanterweise muß Phillips diesen Unterschied nicht stipulieren, sondern er folgt aus einer sorgfältig begründeten Verarbeitungstheorie, die dem Parser eine allgemeine Präferenz für den Aufbau maximal rechtsverzweigender Strukturen unterstellt. Phillips Prinzip *Generalized Right Association*, sorgt dafür, daß rechtsseitige Anbindungen linksseitigen Anbindungen vorgezogen werden und sich der Parser nur im Falle mehrerer rechts- bzw- linksseitiger Anbindungsmöglichkeiten für möglichst lokale Anbindungen entscheidet. Dies impliziert, daß in einer SVO-Sprache wie Englisch w-Phrasen bevorzugt als Objekt interpretiert werden sollten, denn Objekte sind rechtsseitig, Subjekte hingegen linksseitig anzubinden. Im Deutschen und Niederländischen - jeweils dem allgemeinen Stellungsmuster SOV folgend - erscheinen Subjekt wie Objekt links vom Verb. Daher zieht der Parser die Verknüpfung ambiger w-Phrasen mit der lokaleren beider Positonen vor, der Subjektposition.

Problematisch für Phillips' Theorie ist allerdings der Befund von de Vincenzi (1991), daß auch im Italienischen eine Subjektpräferenz bei der Verarbeitung ambiger w-Phrasen beobachtet werden kann (vgl. Abschnitt 5.1.3). Da Italienisch, wie das Englische, das allgemeine Stellungsmuster SVO aufweist, sollte der Parser z.b. für die w-Phrase *chi* in (5) eigentlich bevorzugt eine Lücke in Objektposition postulieren, denn dies ermöglicht eine rechtsseitige Anbindung. Offenbar präferiert der Parser jedoch eine linksseitige Anbindung und assoziiert die w-Phrase mit einer Spur in Subjektposition.

(5)   Chi ha chiamato il venditore?
      "Wer hat den Verkäufer angerufen?"
      "Wen hat der Verkäufer angerufen?"

Problematisch für die Annahme, im Englischen würden Lücken in Objektposition bevorzugt, ist zudem die Tatsache, daß es für diese Behautptung keine positive Evidenz gibt, sondern eben nur die Beobachtung, daß ein Garden-Path-Effekt ausbleibt, der bei Annahme einer Subjektpräferenz zu erwarten wäre. Wir haben jedoch in Abschnitt 5.1.4 ebenfalls darauf hingewiesen, daß zwar bei Stowe (1986) in Sätzen wie (4a) kein Verarbeitungseffekt an der Subjektposition zu sehen war, andere Studien in vergleichbaren Kontexten jedoch zumindest Anzeichen für eine Verarbeitungsschwierigkeit entdeckten (Sedivy, 1991, zitiert in Goodluck & Finney, 1993; vgl. auch King & Kutas, 1995). Zwar ist die direkte Evidenz zugunsten einer Subjektpräferenz im Englischen bislang zugegebenermaßen nicht überwältigend, doch deuten die verfügbaren Daten zumindest in die aus dieser Perspektive erwartete Richtung.

Unter Voraussetzung serieller Verarbeitung sowie einer allgemeinen Subjektpräferenz bei der Verarbeitung von Subjekt-Objekt-Ambiguitäten auch im Englischen sind verschiedentliche Erklärungen für die *Filled-Gap*-Effekt-Asymmetrie vorgeschlagen worden, die Unterschiede im Revisionsaufwand für die unterschiedliche Stärke der *Filled-Gap*-Effekte verantwortlich machen. Schon Stowe (1986) hat darauf hingewiesen, daß die Revision einer Füller-Lücken-Beziehung zwischen w-Phrase und Objektposition vermutlich mehr semantische Konsequenzen hat als die Revision einer Beziehung zwischen w-Phrase und Subjektposition. Postuliert der Parser, wie in (6a), eine Lücke in Objektposition, kann für den eingebetteten Fragesatz eine semantische Repräsentation entwickelt werden, die eine vollständige Proposition enthält. Außerdem kann in (6a) die w-Phrase eine thematische Rolle erhalten, denn das entsprechende Verb ist bereits bekannt. In (6b) hingegen muß die semantische Repräsentation für den eingebetteten Fragesatz noch sehr unspezifisch bleiben, und auch die Zuweisung einer thematischen Rolle an die w-Phrase ist noch nicht möglich.

(6)   a.   My brother wanted to know who$_i$ Ruth brought t$_i$ (us ...)
      b.   My brother wanted to know who$_i$ t$_i$ (Ruth ...)

Konzentriert man sich insbesondere auf die bereits erfolgte bzw. noch nicht erfolgte Zuweisung thematischer Rollen, kann für die Erklärung der *Filled-Gap*-Effekt-Asymmetrie ein Prinzip wie das *Late-Revisions Principle* (Frazier, 1990) herangezogen werden, welches in (7) noch einmal wiederholt wird (vgl. Abschnitt 3.3.1.2).

(7) *Late-Revisions Principle*
Confirmed processing decisions take longer to revise than unconfirmed ones.

Die Füller-Lücken-Beziehung in (6a) kann durch die Zuweisung einer mit der w-Phrase semantisch kompatiblen thematischen Rolle bestätigt werden, während dies in (6b) aufgrund des fehlenden Verbs noch nicht möglich ist. Erweist sich daher die Lückenposition als gefüllt, sind dem *Late-Revisions Principle* zufolge in (6a) größere Schwierigkeiten zu erwarten als in (6b). Einen inhaltlich verwandten Erklärungsvorschlag unterbreiten Goodluck & Finney unter Rückgriff auf ihr *Completeness Constraint on Binding* (Goodluck & Finney, 1993:130).

(8) *Completeness Constraint on Binding (CCB)*
Gaps are located at all potential positions in the incoming string but are (in the normal case) bound to the antecedent only at positions that are potential ends of sentences.

Das CCB impliziert, daß der Parser potentielle Positionen innerhalb der phrasenstrukturellen Repräsentation sofort als Lückenposition für einen Füller reservieren kann, ohne jedoch auch sofort eine Bindungsbeziehung zwischen Füller und Lücke herzustellen. Diese zu konstruieren ist erst möglich, wenn der Parser das Ende des jeweiligen Teilsatzes bzw. des Satzes insgesamt potentiell erreicht hat, d.h. einen Punkt, an dem alle obligatorisch zu erwartenden Konstituenten in die phrasenstrukturelle Repräsentation des (Teil)satzes integriert worden sind.[1] An das CCB knüpft sich die Behauptung, daß eine Revision von Füller-Lücken-Beziehungen nur dann zu Schwierigkeiten führt, wenn zwischen Füller und Lücke bereits eine Bindungsrelation aufgebaut wurde, der Parser also ein potentielles Satzende erreicht hat (vgl. Bourdages, 1992, für einen ähnlichen Vorschlag).[2]

In (6a) führt die Annahme einer Lücke in Position des direkten Objekts von *bring* dazu, daß ein potentielles Satzende erreicht worden ist. Da das Verb *bring* lediglich das direkte Objekt notwendigerweise syntaktisch realisieren muß, könnte der eingebettete Fragesatz - und in diesem Falle auch der Satz insgesamt - mit Erreichen des Verbs tatsächlich aufhören, ohne eine Ungrammatikalität herbeizuführen. Der Parser darf daher eine Bindungsrelation zwischen Spur und w-Phrase konstruieren. Muß die Lückenposition wieder aufgegeben werden, sollten erhebliche Verarbeitungsschwierigkeiten zu beobachten sein. In (6b) hingegen hat der Parser noch kein potentielles Satzende erreicht. Dem eingebetteten Satz fehlt zumindest noch ein Prädikat. In diesem Falle erfolgt also die Disambiguierung, bevor eine Bindungsrelation zwischen w-Phrase und Spur aufgebaut werden konnte. Folglich bleibt das Eintreffen der tatsächlichen Subjekts-NP *Ruth* ohne Effekt.

Es ist offensichtlich, daß die durch das *Late-Revisions Principle* und das CCB eröffneten Erklärungsansätze Parallelen aufweisen. In beiden Fällen wird die *Filled-Gap*-Effekt-Asym-

---

[1] Das CCB revitalisiert damit eine zentrale Idee des Modells in Fodor *et al.* (1974), gemäß der Teilsatzgrenzen ein privilegierter Status bei der Sprachverarbeitung zukommt.
[2] Die im CCB enthaltene Einschränkung, daß die Herstellung einer Bindungsbeziehung zwischen Füller und Lücke nur im Normalfall bis an ein potentielles Satzende verschoben wird, ist eine Reaktion auf die bereits erwähnte Beobachtung von Sedivy (1991), daß Sätze mit komplexer w-Phrase auch an der Subjektsposition zu einem *Filled-Gap*-Effekt führen können. Goodluck & Finney vermuten, daß der Parser in solch einem Falle aufgrund einer besonders hohen Speicherbelastung gezwungen sein könnte, die entsprechende Bindungsrelation vorfristig aufzubauen.

metrie unter Rekurs auf unterschiedliche semantische Konsequenzen erklärt, welche die jeweils notwendig werdenden syntaktischen Revisionen zeitigen. Muß eine Lücke in Objektposition aufgegeben werden, sind die semantischen Konsequenzen beträchtlich, und es resultieren daher Schwierigkeiten. Muß hingegen eine Lücke in Subjektposition aufgegeben werden, sind die semantischen Konsequenzen unerheblich, und die syntaktische Revision bleibt daher ohne ernsthafte Folgen.

Was haben diese Modelle zu den Kontrasten in (1) zu sagen, die zu erklären im Mittelpunkt dieses Kapitels steht?

(1) a. Niemand wollte wissen, welche Politikerin die Minister kritisiert <u>haben.</u>
GP stark

b. Welche Politikerin der Opposition <u>haben</u> die Minister kritisiert?
GP stark

c. Welche Politikerin glaubst du, kritisierte <u>der Minister</u>?
GP schwach

Wenden wir uns zunächst Fällen wie (1c) zu. Eine Erklärung, die auf dem CCB beruht, sagt korrekt vorher, daß nur geringe Verarbeitungsschwierigkeiten zu beobachten sind, da die disambiguierende NP *der Minister* eintrifft, bevor ein potentielles Ende dieses Teilsatzes erreicht worden ist. Folgen wir zudem Frazier (1990) sowie Rayner, Carlson & Frazier (1983) in der Annahme, daß der Parser thematische Rollen nicht schon zuweist, wenn das entsprechende Verb eingelesen wurde, sondern erst dann, wenn alle Argumente, die dem ausgewählten thematischen Raster zufolge vorhanden sein müssen, bereits verarbeitet worden sind, macht auch das *Late-Revisions Principle* für (1c) die richtige Vorhersage: Vor Eintreffen der disambiguierenden NP waren noch nicht alle notwendigen Argumente des Verbs *kritisieren* vorhanden. Aus diesem Grunde ist an die w-Phrase noch keine thematische Rolle vergeben worden und eine Reanalyse der Füller-Lücken-Beziehung daher einfach zu bewerkstelligen.

Zumindest für das *Late-Revisions Principle* käme auch der weitaus stärkere Garden-Path-Effekt in (1a) nicht unerwartet. Mit Einlesen des Partizips können sowohl der w-Phrase wie auch der zweite NP des Teilsatzes die entsprechenden thematischen Rollen zugewiesen werden. Eine Disambiguierung zugunsten der Objekt-Subjekt-Struktur sollte daher in diesen Fällen zu größeren Verarbeitungsschwierigkeiten führen als in (1c).[3]

Beide Modelle machen jedoch falsche Vorhersagen für Fälle wie (1b). In (1b) erfolgt die Disambiguierung zugunsten der Objekt-Subjekt-Struktur bereits sehr früh, und zwar zu einem Zeitpunkt, an dem noch kein potentielles Satzende erreicht worden ist und auch noch keine Gelegenheit zur Zuweisung thematischer Rollen bestand. Die Disambiguierung in (1b) sollte daher beiden Modellen zufolge besonders einfach sein, was jedoch durch die experimentellen Befunde nicht bestätigt wird.

---

[3] Eine Klärung der Frage, welche Vorhersagen das CCB für Sätze wie (1c) macht, setzt eine präzise Definition des Begriffes "potentielles Satzende" voraus. Goodluck & Finney (1993) belassen es bei der hier vorausgesetzten intuitiven Umschreibung dieses Konzepts.

7.1.1.2 Die Rolle von Diagnoseprozessen

In Abschnitt 3.3.1.2 haben wir zwei Reanalysemodelle kennengelernt (*Ranked-Flagged Serial Parsing* und das *Diagnose-Modell*), die nicht unterschiedlichen Revisionsaufwand, sondern Unterschiede im Diagnoseprozeß für Variation hinsichtlich der Stärke von Garden-Path-Effekten verantwortlich machen. Starke Garden-Path-Effekte entstehen, wenn der Parser - nachdem eine temporäre Ungrammatikalität entdeckt worden ist - Schwierigkeiten hat herauszufinden, welche der vorherigen Verarbeitungsentscheidungen falsch war und welche Änderungen notwendig sind, um die Ungrammatikalität zu beheben. Welche Vorhersagen machen diese Modelle bezüglich der Kontraste in (1)?

Dem *Ranked-Flagged Serial Parsing* Modell (Inoue & Fodor, 1995) zufolge markiert der Parser bei der Verarbeitung von Sätzen wie (1), daß die ambige w-Phrase zur Entstehung einer strukturellen Ambiguität beigetragen hat und sich der Parser für eine von mehreren Varianten entscheiden mußte. Im Falle eines Garden-Paths könnte der Parser also an diesen Entscheidungspunkt zurückkehren, um eine andere Strukturoption zu verfolgen. Da aber (1a) und (1b) zu stärkeren Garden-Path-Effekten führen als (1c), müßte dieses Modell annehmen, daß der Entscheidungspunkt in (1c) zugänglicher und damit im Reanalyseprozeß sichtbarer ist als in (1a) und (1b). Solch einen Unterschied in der Zugänglichkeit der Entscheidungspunkte zu motivieren scheint in (1) jedoch kaum möglich zu sein. Inoue & Fodor (1995) betonen z.B., daß die Zugänglichkeit eines Entscheidungspunktes davon abhängt, wie sicher sich der Parser bei der Auswahl einer der möglichen Strukturfortsetzungen war. Sowohl in (1b) als auch in (1c) jedoch leitet die w-Phrase den Satz ein. Es gibt zu diesem Zeitpunkt noch keine strukturellen Unterschiede zwischen beiden Sätzen. Es ist daher nicht zu erkennen, weshalb sich der Parser bei der Wahl der Subjektposition als Lückenposition für den Füller in (1b) sicherer sein sollte als in (1c). Das *Ranked-Flagged Serial Parsing* Modell scheitert im Falle von (1) vermutlich deshalb, weil es Unterschiede in Garden-Path-Stärke an Unterschieden festzumachen sucht, die den Punkt betreffen, an dem die strukturelle Ambiguität entsteht. In (1) scheinen aber eher Unterschiede am Punkt der Disambiguierung eine Rolle zu spielen.

Unterschiede am Punkt der Disambiguierung betont das Diagnose-Modell (Fodor & Inoue, 1994). Wird eine Ambiguität zuungunsten der präferierten Struktur aufgelöst, entsteht ein Fehler, eine temporäre Ungrammatikalität, die Symptom dafür ist, daß der Parser eine falsche Struktur berechnet hat. Eine wesentliche Annahme des Diagnose-Modells besteht darin, daß diese Fehler unterschiedlich effektiv sein können: Manche Fehler ermöglichen dem Parser eine rasche Korrektur der temporären Ungrammatikalität, während andere Fehler den Parser systematisch in die Irre führen und geradezu daran hindern zu erkennen, welche Maßnahmen ergriffen werden müssen, um den Fehler zu beheben. Die Sätze in (1) werden auf unterschiedliche Art und Weise disambiguiert, geben also am Punkte der Disambiguierung zu unterschiedlichen Fehlern Anlaß. In (1a) und (1b) sind es die Numerusmerkmale des finiten Verbs, die dem Parser signalisieren, daß die zugewiesene Subjekt-Objekt-Struktur nicht korrekt sein kann. Diese Art der Disambiguierung soll im folgenden als *verbale Disambiguierung* bezeichnet werden. In (1c) hingegen erfolgt die Disambiguierung durch das morphologisch eindeutig festgelegte Kasusmerkmal der zweiten NP. Dies werden wir im folgenden als *nominale Disambiguierung* bezeichnen. Sind verbale und nominale Disambiguierung im Sinne des Diagnose-Modells unterschiedlich effektiv? Auf einen in diesem Zusammenhang möglicherweise relevanten Aspekt hat unlängst Kaan (1996) unter Bezugnahme auf Strukturen wie in (9) hingewiesen.

(9)   a. Welche Frau hat <u>der Mann</u> ...

       b. Welche Frau <u>haben</u> die Männer ...

Sowohl durch nominale als auch durch verbale Disambiguierung wird dem Parser signalisiert, daß die ambige w-Phrase nicht als Subjekt des Satzes angesehen werden kann. Nominale Disambiguierung wie in (9a) gibt dem Parser jedoch zusätzlich einen direkten Hinweis darauf, welche NP das Subjekt des Satzes ist, wenn schon nicht die w-Phrase. In (9b) hingegen weiß der Parser am Punkt der Disambiguierung, welche NP nicht als Subjekt fungiert (nämlich die w-Phrase), aber vom tatsächlichen Subjekt fehlt noch jede Spur. Während dieser Ansatz für Fälle wie (9) sicher als recht plausibel angesehen werden kann, macht er doch falsche Vorhersagen für solche Strukturen, in denen verbale Disambiguierung erst am Satzende erfolgt, zu einem Zeitpunkt also, an dem dem Parser eine alternative NP für die Besetzung der Subjektposition zur Verfügung steht.

Überlegen wir nun, wie Sätze mit nominaler bzw. verbaler Disambiguierung gemäß den Vorstellungen von Fodor & Inoue's Diagnose-Modell verarbeitet werden. Bei nominaler Disambiguierung trifft der Parser auf ein finites Verb, dessen Anbindungsstelle unstrittig ist, welches aber mit der w-Phrase als dem vermuteten Subjekt nicht kongruiert (10). Der Parser registriert den Kongruenzfehler und startet zwecks dessen Behebung einen Reparaturprozeß. Ausschau gehalten werden muß nach einer anderen NP, die als Subjekt fungieren könnte. Diese ist entweder schon vorhanden (10a) oder noch zu erwarten (10b). In jedem Falle muß die Spur der w-Phrase in Subjektposition entfernt werden. Für die w-Phrase gilt es also abschließend noch, eine alternative Lückenposition zu suchen, wofür sich die Komplementposition des Verbs anbietet.

(10) a. ..., welche Frau die Männer besucht <u>haben</u>

        b. Welche Frau <u>haben</u> die Männer besucht?

Im Falle nominaler Disambierung (11) begegnet der Parser einer NP, die eine overte Kennzeichnung für den Nominativ trägt und daher phrasenstrukturell in die Subjektposition zu integrieren ist. Da die Subjektposition durch die Spur der w-Phrase okkupiert wird, steht für diese Nominativ-NP keine legitime Anbindungsstelle zur Verfügung. Sie wird aber - gemäß der Maxime *Attach Anyway* - dennoch in die Phrasenstruktur hineingezwängt, und zwar auf eine Weise, die möglichst wenig Schaden anrichtet, also vermutlich in die Objektposition. Der Parser startet nun einen neuerlichen Reparaturprozeß, um diesen Fehler zu beheben. Wiederum entfernt er die Spur der w-Phrase aus der Subjektposition, um dort Platz zu schaffen für die disambiguierende Nominativ-NP. Dies erzeugt jedoch ein neues Problem: Die w-Phrase hat noch keine korrespondierende Lückenposition. Wiederum aber bietet sich die Objektposition als mögliche Alternative an.

(11) a. ..., welche Frau <u>der Mann</u> besucht hat

        b. Welche Frau hat <u>der Mann</u> besucht?

Diese Erläuterungen lassen schon erkennen, daß sich nominale wie verbale Disambiguierung hinsichtlich der von Fodor & Inoue spezifizierten Kriterien für "Effektivität" nicht in relevanter Weise unterscheiden. In beiden Fällen hat es der Parser mit einem overten Symptom zu tun (im Gegensatz zu koverten Symptomen, vgl. Abschnitt 3.3.1.2), welches zudem syntaktischer und nicht semantisch/pragmatischer Natur ist. In beiden Fällen entsteht zudem ein produktiver Konflikt, der den Reparaturprozeß *Adjust* gleichermaßen in Gang setzt. Beide Arten von Disambiguierung sollten daher zu gleichermaßen leichten Garden-Path-Effekten führen. Ungelöst bleibt daher die Frage, weshalb die Disambiguierung bei w-Fragen nicht immer leichte, sondern manchmal relativ schwere Garden-Path-Effekte nach sich zieht. Zu einer Erklärung der Kontraste in (1), die den Ausgangspunkt dieses Kapitels bildeten, ist das Diagnose-Modell daher - zumindest in der vorliegenden Form - ebenfalls nicht in der Lage.

7.1.2 Kasus- und Numerusmerkmale im Reanalyseprozeß: Der *Mismatch-Effekt*

Fassen wir die bisherige Diskussion zusammen: Was passiert einem seriellen Modell zufolge am Punkte der Disambiguierung? (i) Der Parser registriert eine temporäre Ungrammatikalität, ein Symptom. (ii) Dieses Symptom triggert Diagnose, die Suche nach dem Verarbeitungsfehler. (iii) Abhängig vom diagnostizierten Fehler muß die Struktur revidiert werden.

(3)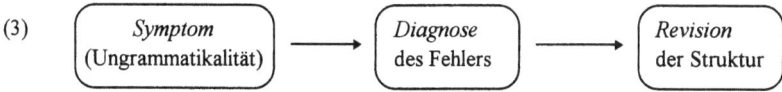

Wie unsere Diskussion gezeigt hat, kann die variierende Garden-Path-Stärke in Fällen wie (1) mit Bezug auf jeweils unterschiedliche Revisionsprozesse nicht befriedigend erklärt werden. In allen Beispielen sind im wesentlichen gleiche Änderungen der syntaktischen Repräsentation notwendig (die w-Phrase wird zum Objekt, eine andere NP zum Subjekt), und auch die Konsequenzen der syntaktischen Revisionen für bereits aufgebaute semantische Repräsentationen unterscheiden sich nicht in einer Weise, die das beobachtete Ergebnismuster nachvollziehbar werden ließe. Erfolgversprechender erscheint zunächst eine Betrachtung der jeweils ablaufenden Diagnoseprozesse, speziell der Ansatz von Fodor & Inoue. Je nach Symptom (verbale versus nominale Disambiguierung) variiert auch die Garden-Path-Stärke. Aber trotz der Unterschiedlichkeit der Symptome gibt es doch - wie im vorigen Abschnitt gezeigt worden ist - in allen Fällen eine relativ klare Verbindung zwischen Symptom und verursachendem Verarbeitungsfehler, nämlich der Entscheidung, die w-Phrase mit einer Lücke in Subjektposition zu assoziieren.

7.1.2.1 Die Grundidee

In folgenden wollen wir zeigen, daß eine befriedigende Erklärung der Garden-Path-Kontraste in (1) möglich wird, wenn wir uns nicht auf Diagnose- bzw. Revisionsprozesse konzentrieren, sondern direkt auf diejenigen Prozesse, die bei Entdeckung einer temporären Ungrammatikalität ablaufen und somit der Reanalyse im eigentlichen Sinne vorangehen. Daß dies von Bedeutung sein könnte, wird bereits durch Resultate aus den Experimenten 1 und 2 signalisiert, die in der bisherigen Diskussion noch nicht thematisiert worden sind. In Experiment 1 und 2 wurden nicht nur unterschiedlich starke Garden-Path-Effekte bei ambigen Objekt-Subjekt-Sätzen ermittelt. Erhebliche Unterschiede gab es auch bei der Beurteilung eindeutig ungrammatischer Sätze.

In (12) wiederholen wir noch einmal die ambigen sowie eindeutig grammatischen Objekt-Subjekt-Sätze aus Experiment 1 zusammen mit den eindeutig ungrammatischen Sätzen, die dieser Bedingung zugeordnet wurden.

(12) a. ... welche Lehrerin die Schüler gesehen haben *ambig*

b. ... welchen Lehrer die Schüler gesehen haben *grammatisch*

c. ... welcher Lehrer die Schüler gesehen haben *ungrammatisch*

Ambige Sätze in Experiment 1 wurden verbal disambiguiert. Diese Disambiguierung elizitierte bei ambigen Sätzen einen robusten Garden-Path-Effekt, sichtbar in einem deutlichen Abfall des prozentualen Anteils korrekter Antworten gegenüber eindeutig grammatischen Sätzen. Zudem war die Leistung bei der Beurteilung eindeutig ungrammatischer Sätze nicht schlechter als bei eindeutig grammatischen Sätzen (vgl. Abbildung 7.1, linke Seite).

(13) zeigt die korrespondierenden Sätze aus Experiment 2, in dem ambige Sätze nominal disambiguiert wurden. Der Garden-Path-Effekt war sehr schwach, sichtbar vor allem in erhöhten Reaktionszeiten für ambige Sätze, bei gegenüber eindeutig grammatischen Sätzen nur leichtem Abfall des prozentualen Anteils korrekter Antworten. Auffällig aber hier, daß korrespondierende ungrammatische Sätze wesentlich seltener korrekt erkannt wurden als eindeutig grammatische Sätze (vgl. Abbildung 7.1, rechte Seite).

(13) a. Welche Lehrerin glaubst du, sah der Schüler? *ambig*

b. Welchen Lehrer glaubst du, sah der Schüler? *grammatisch*

c. Welcher Lehrer glaubst du, sah der Schüler? *ungrammatisch*

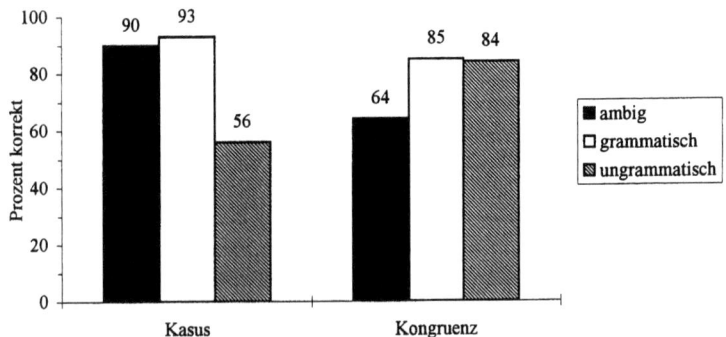

Abbildung 7.1: Prozentualer Anteil korrekter Antworten für ambige, grammatische und ungrammatische Objekt-Subjekt-Sätze aus Experiment 1 (verbale Disambiguierung) sowie Experiment 2 (nominale Disambiguierung)

Nicht nur die ambigen Sätze verhalten sich in Experiment 1 und 2 unterschiedlich, sondern auch die eindeutig ungrammatischen Sätze. Von Interesse ist diese Beobachtung deshalb, weil die ungrammatischen Sätze in (12c) und (13c) zu einer Ungrammatikalität gleichen Typs führen wie die ambigen Sätze in (12a) und (13a). In allen Fällen hat es der Parser mit einer w-Phrase zu tun, die das Kasusmerkmal *Nominativ* trägt und mit einer Spur in Subjektposition verbunden ist. Bei ambigen Sätzen ist diese Konstellation Resultat der Anwendung einer Parsingstrategie wie der AFS oder z.B. der Prinzipien der Kasuspräferenz. Bei ungrammatischen Sätzen wird die Assoziation der w-Phrase mit der Subjektposition durch die morphologische Kasusmarkierung der w-Phrase erzwungen.

In (12) entsteht die Ungrammatikalität mit Erreichen des finiten Verbs. W-Phrase und finites Verb kongruieren nicht. Die w-Phrase kann also weder im ambigen noch im wirklich ungrammatischen Satz das Subjekt sein. In (13) wird die Ungrammatikalität durch die Kasusmorphologie der satzfinalen NP ausgelöst (*der Schüler*). Diese eindeutig als Nominativ ausgezeichnete NP muß in die Subjektposition integriert werden, zeigt also an, daß nicht die w-Phrase als Subjekt fungieren kann. In (12) und (13) hat es der Parser daher bei ambigen und bei ungrammatischen Sätzen jeweils mit der gleichen Ungrammatikalität zu tun: einem *Kongruenz-Fehler* (12) bzw. einem *Kasus-Fehler* (13). Der einzige Unterschied zwischen ambigen und ungrammatischen Sätzen besteht darin, daß die Ungrammatikalität in (12a) und (13a) behoben werden kann, somit lediglich temporärer Natur ist, während es in (12c) und (13c) keine Möglichkeit gibt, der Ungrammatikalität zu entfliehen. Sie ist permanent.

Was uns Experiment 1 und 2 zeigen, ist demnach folgendes: Kongruenz-Fehler sind sehr salient, d.h. ungrammatische Sätze mit Kongruenz-Fehler werden vom Parser gut erkannt. Garden-Path-Effekte, die durch einen Kongruenz-Fehler ausgelöst werden, sind relativ stark. In Kontrast dazu werden ungrammatische Sätze mit Kasus-Fehler vom Parser nicht so sicher erkannt. Kasus-Fehler sind insalient. Bei lokal ambigen Sätzen führen Kasus-Fehler nur zu einem schwachen Garden-Path-Effekt. Diesen Zusammenhang zwischen der Salienz der Ungrammatikalität und der Stärke des Garden-Path-Effekts bei ambigen Sätzen drückt die (empirische) Generalisierung in (14) aus.

(14) *Mismatch-Effekt*
Je salienter eine temporäre Ungrammatikalität, desto stärker der Garden-Path-Effekt.

Im folgenden soll nun die Hypothese verfolgt werden, daß die Generalisierung in (14) nicht lediglich eine oberflächliche Korrespondenz, sondern einen kausalen Zusammenhang zwischen der Salienz einer Ungrammatikalität und der Stärke des Garden-Path-Effekts reflektiert. Die Kontraste in (1), welche zu erklären wir in diesem Kapitel angetreten sind, haben nicht mit unterschiedlichen Revisions- oder Diagnoseprozessen zu tun, sondern vielmehr damit, daß die Disambiguierung der Sätze in (1) Ungrammatikalitäten unterschiedlicher Salienz involviert. Ambige Sätze wie in (1a) und (1b), in denen die Objekt-Subjekt-Struktur durch verbale Disambiguierung erzwungen wird, führen zu einem stärkeren Garden-Path als ambige Objekt-Subjekt-Sätze wie (1c) mit nominaler Disambiguierung, *weil* verbale Disambiguierung durch einen Kongruenz-Fehler bewerkstelligt wird und damit eine saliente Ungrammatikalität involviert, nominaler Disambiguierung hingegen ein Kasus-Fehler zugrundeliegt und damit eine weniger saliente Ungrammatikalität. Die Behauptung ist also, daß die Stärke eines Garden-

Path-Effekts von der Salienz der Ungrammatikalität *abhängt*, die dem Parser den Garden-Path signalisiert.

Um diese Hypothese substantiieren zu können, müssen zunächst zwei Aufgaben gelöst werden. Zum einen ist zu zeigen, weshalb es überhaupt einen Zusammenhang zwischen der Salienz einer Ungrammatikalität und der Stärke von Garden-Path-Effekten geben sollte. Zum anderen müssen die Faktoren bestimmt werden, welche für die Salienz einer Ungrammatikalität verantwortlich sind. Insbesondere gilt es zu klären, was Kongruenz-Fehler von Kasus-Fehlern unterscheidet, warum also die Ungrammatikalität in (1a) und (1b) salienter sein soll als die Ungrammatikalität in (1c). Diese beiden Fragen stehen im Mittelpunkt des folgenden Abschnitts.

7.1.2.2 Erklärung des Mismatch-Effekts

Wird ein lokal ambiger Satz zuungunsten der präferierten Struktur disambiguiert, empfängt der Parser ein Inputitem, welches auf syntaktisch legitime Weise in die phrasenstrukturelle Repräsentation zu integrieren nicht möglich ist. Obschon dieser Punkt nur selten explizit gemacht wird, gehen Reanalysetheorien davon aus, daß diese Ungrammatikalität den Reanalyseprozeß automatisch initiiert. In Reaktion auf die Ungrammatikalität beginnt der Parser mit der Suche nach alternativen Strukturzuweisungen. Dieser Reanalyseprozeß kann mehr oder weniger aufwendig sein. Je höher der Reanalyseaufwand, desto stärker der Garden-Path-Effekt.

Es gibt jedoch eine zweite Option, die der Parser wahrnehmen könnte, wenn er auf eine Ungrammatikalität stößt. Er könnte den Satz sofort als ungrammatisch klassifizieren, ohne überhaupt den Versuch einer Reanalyse zu starten. In einem solchem Falle behandelt der Parser einen ambigen Garden-Path-Satz nicht anders als einen wirklich ungrammatischen Satz. Statt von einer temporären Ungrammatikalität geht der Parser sofort von einer permanenten Ungrammatikalität aus. Diese Vorstellung zwingt zu einer Erweiterung des in (3) vorgestellten Reanalysemodells. Die erweiterte Fassung zeigt (15).

(15)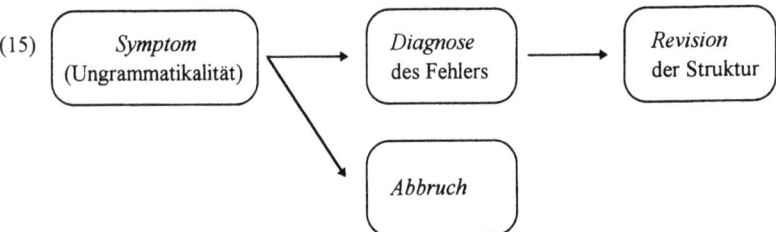

Diesem Modell zufolge tragen prinzipiell zwei Faktoren zur Entstehung von Garden-Path-Effekten bei, abhängig davon, für welche der beiden Optionen sich der Parser nach Entdecken einer Ungrammatikalität entscheidet. Zum einen kann der Parser einen Reanalyseprozeß starten. Garden-Path-Effekte entstehen, wenn Reanalyse sehr aufwendig ist oder sogar ohne Erfolg abgebrochen werden muß. Der Parser kann aber auch sofort nach Entdecken der Ungrammatikalität die Verarbeitung abbrechen, ohne die Möglichkeit einer Reanalyse in Betracht zu ziehen. Unter dieser Annahme reflektieren Garden-Path-Effekte nicht einen besonders hohen Reanalyseaufwand, sondern vielmehr die Tatsache, daß der Parser davon ausgeht, es mit einer fehlerhaften Struktur zu tun zu haben.

Welchen Weg der Parser bei Entdecken einer Ungrammatikalität einschlägt, hängt von der Salienz dieser Ungrammatikalität ab. Ist die Salienz der Ungrammatikalität sehr groß, neigt der Parser dazu, die Verarbeitung abzubrechen. Ist die Salienz der Ungrammatikalität sehr gering, entscheidet sich der Parser sehr viel öfter dafür, die Suche nach einer alternativen Strukturzuweisung zu starten.

Wenden wir nun diese Überlegungen auf die Sätze in (12) und (13) an. (Die ambigen Sätze in (12) und (13) entsprechen den Beispielsätzen (1a) und (1c) dieses Kapitels.)

(12) a. ... welche Lehrerin die Schüler gesehen haben   *ambig*

     c. ... welcher Lehrer die Schüler gesehen haben   *ungrammatisch*

(13) a. Welche Lehrerin glaubst du, sah der Schüler?   *ambig*

     c. Welcher Lehrer glaubst du, sah der Schüler?   *ungrammatisch*

Dem hier entwickelten Vorschlag zufolge sind die Verarbeitungsunterschiede zwischen (12) und (13) auf Unterschiede in der Salienz der Ungrammatikalität zurückzuführen, die am Punkt der Disambiguierung entsteht. In (12a) nimmt der Parser einen Kongruenz-Fehler wahr. Wie die Verarbeitung eindeutig ungrammatischer Sätze mit Kongruenz-Fehler (12c) gezeigt hat, sind Kongruenz-Fehler sehr salient. Der Parser entscheidet sich daher bei Eintreffen des finiten Verbs in (12a) sehr häufig dafür, die Verarbeitung abzubrechen, ohne nach alternativen Strukturzuweisungen zu suchen. Es resultiert ein robuster Garden-Path-Effekt. In (13a) entsteht am Punkt der Disambiguierung ein Kasus-Fehler. Kasus-Fehler werden bei eindeutig ungrammatischen Sätzen (13c) ziemlich schlecht erkannt, sind somit relativ insalient. In (13a) wird der Parser daher nur selten dazu gedrängt, die Verarbeitung abzubrechen. Es entsteht daher nur ein leichter Garden-Path-Effekt. Von entscheidender Bedeutung ist nun zu klären, in welcher Hinsicht sich die in (12) entstehende Ungrammatikalität von der in (13) unterscheidet. Warum sind Kongruenz-Fehler salienter, d.h. leichter zu entdecken, als Kasus-Fehler?

Wir schlagen vor, daß dieser Unterschied auf unterschiedliche Eigenschaften der Merkmale (Kasus- bzw. Kongruenzmerkmale) zurückgeführt werden sollte, die die Ungrammatikalität signalisieren. Im folgenden werden wir einen Erklärungsansatz skizzieren, der insbesondere den unterschiedlichen morphosyntaktischen Status der involvierten Kasus- bzw. Numerusmerkmale betont. Alternative Szenarien diskutieren wir in Abschnitt 7.1.2.3.

Beginnen wir zunächst mit den Verarbeitungskonsequenzen von Kasus-Fehlern. In (13) trifft der Parser am Punkt der Disambiguierung auf eine NP (*der Schüler*), die kasusmorphologisch als Nominativ ausgezeichnet ist und daher die Subjektposition okkupieren sollte. Aber die Subjektposition ist bereits besetzt, nämlich durch eine Spur, mit der die w-Phrase koindiziert ist. Der w-Phrase wurde daher (qua koindizierter Spur) das Merkmal *Nominativ* bereits zugewiesen. Bei Kasus-Fehlern wie in (13) ist es also das Nominativ-Merkmal der satzinitialen NP, welches dem Parser die Ungrammatikalität signalisiert.

Trägt die w-Phrase als die satzinitiale NP das Merkmal *Nominativ*, kann dies prinzipiell zwei Ursachen haben. Zum einen kann dem Parser die Zuweisung des Nominativs an die w-

Phrase "aufgezwungen" worden sein. Dies ist genau dann der Fall, wenn diese NP morphologisch für den Nominativ markiert ist. In diesem Falle hat der Parser keine Wahl. Die Zuweisung des Nominativs wird durch parserexterne (in diesem Falle: morphologische) Faktoren reguliert. Ist die satzinitiale w-Phrase jedoch kasusmorphologisch ambig, wird dem Parser die Entscheidung, ihr das Merkmal *Nominativ* zuzuweisen, nicht aufgezwungen. Vielmehr erhält sie das Merkmal *Nominativ*, weil sie der Parser mit einer Lücke in der Subjektposition verbunden hat. Das Merkmal *Nominativ* ist daher in diesem Fall auf eine parserinterne *Default*-Entscheidung zurückzuführen, nämlich auf die Anwendung einer Parsingstrategie wie z.b. die AFS oder die Prinzipien der Kasuspräferenz.

Ist die Zuweisung des Nominativs an die satzinitiale w-Phrase parserextern (i.e. kasusmorphologisch) begründet, kann dieses Merkmal nicht durch ein anderes Kasusmerkmal, z.B. *Akkusativ*, ersetzt werden. Geht das Merkmal *Nominativ* hingegen auf eine parserintern zu verantwortende *Default*-Entscheidung zurück, i.e. die Applikation einer Parsingstrategie, wäre eine Änderung dieses Kasusmerkmals prinzipiell möglich. Der Parser muß also in (13) mit Eintreffen der NP *der Schüler* Information darüber aktivieren, wie das Merkmal *Nominativ* an der w-Phrase zustande gekommen ist, ganz konkret: ob die w-Phrase kasusmorphologisch für den Nominativ ausgezeichnet ist oder nicht. Finden sich Anzeichen für eine kasusmorphologische Markierung an der w-Phrase, muß die Verarbeitung abgebrochen werden; finden sich keine solchen Anzeichen, ist eine Reanalyse der Struktur möglich.

In (13a) ist die w-Phrase kasusmorphologisch ambig. Es spricht also nichts dagegen, das Nominativ-Merkmal an dieser w-Phrase als Resultat einer *Default*-Entscheidung zu betrachten und durch ein neues Merkmal zu überschreiben. In (13c) hingegen trägt die w-Phrase ein morphologisches Kennzeichen für den Nominativ. Wie nun die relativ schlechte Performanz bei eindeutig ungrammatischen Sätzen wie (13c) nahelegt, ist der Parser unter Zeitdruck offenbar nicht immer in der Lage, diese Information ausreichend schnell zu aktivieren, oder aber er versucht, den zusätzlichen komputationellen Aufwand, der dafür notwendig wäre, zu umgehen. In jedem Falle hat dies zur Konsequenz, daß der Parser auch in (13c) in vielen Fällen davon ausgeht, das Merkmal *Nominativ* an der w-Phrase sei einer *Default*-Entscheidung zuzuschreiben und daher prinzipiell durch ein anderes Merkmal ersetzbar. Ungrammatische Sätze werden also häufig reanalysiert, obschon dies eigentlich gar nicht möglich ist.

Wenden wir uns nun den Fällen in (12) zu, in denen ein Kongruenz-Fehler entsteht. Mit Einlesen des finiten Verbs stellt der Parser wiederum einen Merkmalskonflikt fest. In diesem Falle betrifft der Merkmalskonflikt jedoch nicht Kasusmerkmale, sondern Kongruenzmerkmale, speziell die des Numerus. Das finite Verb ist für den Plural ausgezeichnet und auch das Subjekt sollte daher das Merkmal *Plural* tragen. Die w-Phrase, in (12a) wie (12c) jeweils das vermeintliche Subjekt, trägt aber das Merkmal *Singular*. Im Gegensatz zu Kasusmerkmalen kann die Numerusmarkierung einer NP jedoch niemals durch parserinterne *Default*-Entscheidungen zustande gekommen sein. Ob eine NP für den Singular oder den Plural ausgezeichnet ist, wird immer durch morphologische Information determiniert. Insbesondere ist dies völlig unabhängig davon, welche phrasenstrukturelle Position der Parser dieser NP zuweist. Parsingstrategien können daher für die Numerusmerkmale einer NP keinesfalls verantwortlich sein. Der Parser muß davon ausgehen, daß diese Merkmale parserextern determiniert werden. Für ambige Sätze wie (12a) bedeutet dies, daß der Parser sehr oft von der Möglichkeit Gebrauch macht, die

Struktur für ungrammatisch zu erklären. Der Kongruenz-Fehler blockiert Reanalyse und führt dazu, daß deutlich nachweisbare Verarbeitungsschwierigkeiten entstehen. Eindeutig ungrammatische Sätze (12c) werden in der Tat sicher als ungrammatisch erkannt.

Ein Kongruenz-Fehler entsteht auch in (1b), ein Satzbeispiel, welches die bisherige Diskussion noch nicht direkt berührt hat, auf das die hier entwickelte Analyse jedoch ohne Modifikation ausgedehnt werden kann. Das Pluralmerkmal des finiten Verbs *haben* kollidiert mit dem Singularmerkmal der w-Phrase. Wie in (12) führt dies zu einer salienten Ungrammatikalität und daher zu einer deutlich nachweisbaren Verarbeitungsschwierigkeit.

(1) b. Welche Politikerin der Opposition haben die Minister kritisiert?

In Experiment 3, in welchem die *Self-Paced-Reading* Methode zum Einsatz kam, schlug sich diese Verarbeitungsschwierigkeit in erhöhten Lesezeiten auf dem finiten Verb und dem nachfolgenden Artikel nieder. Unsere Analyse impliziert, daß diese Erhöhung der Lesezeiten nicht als Reflex aufwendiger Reanalyseprozesse zu betrachten ist, sondern einfach als Zeichen dafür, daß der Parser überrascht ist, einen grammatischen Fehler entdeckt zu haben.

Fassen wir die bisherige Diskussion zusammen. Kasus- und Kongruenz-Fehler involvieren Merkmalskonflikte. Ein Merkmal des disambiguierenden Inputitems steht mit einem Merkmal der w-Phrase in Widerspruch. Eine insaliente Ungrammatikalität entsteht, wenn ein Merkmal des disambiguierenden Inputitems mit einem Merkmal der w-Phrase konfligiert, welches durch eine *Default*-Entscheidung zustande gekommen sein könnte. Bei einem Kasusfehler konfligiert das Nominativmerkmal der disambiguierenden NP mit dem Nominativmerkmal, welches der Parser bereits der satzinitialen w-Phrase zugewiesen hat. Dieser Konflikt führt zu einer insalienten Ungrammatikalität, da die Zuweisung des Merkmals *Nominativ* an die satzinitiale NP prinzipiell als Resultat einer *Default*-Entscheidung des Parsers aufgefaßt werden kann. *Default*-Entscheidungen aber sind auf die Applikation von Parsingstrategien zurückführbar und somit rein parserinterner Natur. Eine saliente Ungrammatikalität resultiert, wenn ein Merkmal des disambiguierenden Inputitems mit einem Merkmal der w-Phrase konfligiert, welches unmöglich auf eine *Default*-Entscheidung zurückgeführt werden kann. Dies ist bei Kongruenz-Fehlern der Fall. Kongruenz-Fehler involvieren einen Konflikt zwischen dem Numerusmerkmal des finiten Verbs und dem Numerusmerkmal der w-Phrase. Anders als Kasusmerkmale sind Numerusmerkmale niemals auf parserinterne Entscheidungsprozesse zurückführbar. Folge ist eine saliente Ungrammatikalität.

Abschließend wollen wir kurz auf einen weiteren Aspekt eingehen, der in diesem Zusammenhang möglicherweise eine Rolle spielt. Aus der Spezifikation des Numerus- bzw. des Kasusmerkmals einer satzeinleitenden w-Phrase können unterschiedlich konkrete Erwartungen bezüglich nachfolgenden Inputs abgeleitet werden. Ist das Numerusmerkmal einer w-Phrase bekannt, entsteht aufgrund der obligatorischen Subjekt-Verb-Kongruenz eine klare Erwartungshaltung bezüglich des Numerusmerkmals des finiten Verbs, vorausgesetzt natürlich, daß der Parser die w-Phrase mit der Subjektfunktion assoziiert. Trägt die w-Phrase das Merkmal *Singular*, wird ein konkretes Merkmal am finiten Verb vorhergesagt, nämlich ebenfalls *Singular*. Die relativ hohe Salienz eines Kongruenz-Fehlers kann deshalb auch damit zu tun haben, daß diese Erwartungshaltung im Falle einer Objekt-Subjekt-Disambiguierung enttäuscht wird, das finite Verb also z.B. das Merkmal *Plural* trägt, obschon der Parser im Falle einer w-Phrase im Singular das Merkmal *Singular* erwartet. Anders verhält es sich bei den hier diskutierten Kasus-Fehlern. Aus der Kasuskennzeichnung der w-Phrase ergeben sich keine Vorerwartungen bezüglich der Merkmale eventuell nachfolgender Nominalphrasen, die ähnlich konkret wären wie die Vorhersage des Numerusmerkmals am finiten Verb. Der Parser kann nicht einmal sicher sein, daß überhaupt weitere Nominalphrasen folgen. Auch dieser Umstand kann daher - neben den obern erläuterten morphosyntaktischen Faktoren - dazu beitragen, daß Kasus-Fehler weniger salient sind als Kongruenz-Fehler.

7.1.2.3 Alternative Erklärungen und weitere Evidenz

Mit der im vorigen Abschnitt entwickelten Erklärung haben wir den Versuch unternommen, Garden-Path-Unterschiede bei Sätzen mit verbaler bzw. nominaler Disambiguierung auf unterschiedliche morphosyntaktische Eigenschaften der Merkmale (Kasus- bzw. Kongruenzmerkmale) zurückzuführen, welche dem Parser die temporäre Ungrammatikalität signalisieren. In diesem Abschnitt wollen wir zwei alternative Erklärungsansätze für die zur Debatte stehenden Effekte skizzieren und mit unserem Modell kontrastieren.

Zum einen könnte eine alternative Erklärung auf die Beobachtung rekurrieren, daß sich Kasus- und Kongruenzmerkmale bereits hinsichtlich der Eindeutigkeit ihrer morphologischen Kodierung beträchtlich unterscheiden. Die Numerusmerkmale einer NP werden (in der Regel) eindeutig morphologisch signalisiert. Zu den (seltenen) Ausnahmen gehören z.B. die Pronominalformen *sie* und *ihr* sowie einige NPs mit pränominaler Ergänzung im Genitiv (*Peters Wagen*, usw.). Für das Kasusmerkmal *Nominativ* fehlt jedoch häufig ein eindeutiger morphologischer Reflex. In allen Flexionsklassen für feminine und neutrale Nomen fallen die Formen des Nominativs mit denen des Akkusativs zusammen (vgl. dazu auch Abschnitt 8.1.2). Auf der Grundlage dieses rein morphologischen Unterschieds zwischen Kongruenzmerkmalen auf der einen Seite und dem Merkmal *Nominativ* auf der anderen Seite könnte man die Salienzunterschiede bei temporären Ungrammatikalitäten folgendermaßen erklären: Das Merkmal *Nominativ* wird bereitwillig durch das Merkmal *Akkusativ* überschrieben, da die Wahrscheinlichkeit, es mit einer w-Phrase zu tun zu haben, die Nominativ und Akkusativ ohnehin nicht morphologisch unterscheidet, sehr groß ist. *Singular* wird jedoch niemals in gleicher Weise automatisch durch *Plural* ersetzt, da numerusambige Formen außerordentlich selten sind.

Evidenz gegen eine solche alternative Erklärung der Salienzunterschiede ergibt sich jedoch aus der Betrachtung eines weiteren Befundes aus Experiment 1. Während ungrammatische Sätze des Typs (16a) häufig irrtümlicherweise als grammatisch beurteilt werden, führen ungrammatische Sätze wie in (16b) weitaus seltener zu Fehlern dieser Art.

(16) a. *Welcher Lehrer glaubst du, sah <u>der Schüler</u>?   56% „ungrammatisch"

b. *Welchen Lehrer glaubst du, sah <u>den Schüler</u>?   74% „ungrammatisch"

Beide Sätze elizitieren einen Kasus-Fehler. In (16a) kollidiert die Nominativmarkierung der zweiten NP mit der Tatsache, daß das Kasusmerkmal *Nominativ* bereits an die w-Phrase zugewiesen wurde. In ähnlicher Weise kommt es in in (16b) zu einem Konflikt zwischen der Akkusativmarkierung der zweiten NP und der Tatsache, daß die w-Phrase ebenfalls den Akkusativ trägt. Erklärt man nun die geringe Salienz der Ungrammatikalität in (16a) strikt morphologisch, d.h. mit Rekurs auf die Annahme, daß der Parser *Nominativ* automatisch durch *Akkusativ* ersetzt, weil die morphologischen Formen beider Kasusmerkmale oft zusammenfallen, dann gerät man angesichts der weitaus größeren Salienz der Ungrammatikalität in (16b) in arge Schwierigkeiten. Wenn der Parser den Nominativ automatisch durch den Akkusativ ersetzen kann, warum dann nicht auch den Akkusativ durch den Nominativ?

Die von uns in Abschnitt 7.1.2.2 entwickelte Erklärung kann den Kontrast zwischen (16a) und (16b) hingegen durchaus erfassen. Die Ungrammatikalität in (16a) ist insalient, weil ein Merkmal der zweiten NP mit einem Merkmal der w-Phrase in Konflikt steht, welches vom Parser prinzipiell als Ergebnis einer *Default*-Entscheidung gedeutet werden kann. Erreicht der Parser die satzfinale NP *der Schüler*, muß er feststellen, daß die Subjektposition - und damit das Merkmal *Nominativ* - bereits der satzinitialen NP (der w-Phrase) zugeordnet worden ist. Die Verknüpfung der w-Phrase mit der Subjektposition kann aber prinzipiell als *Default*-Entscheidung gedeutet und damit revidiert werden. Offenbar macht der Parser unter Zeitdruck von dieser Entscheidung sehr oft Gebrauch, auch dann, wenn die Zuweisung des Nominativs an die w-Phrase durch kasusmorphologische Merkmale erzwungen wird. In (16b) muß der Parser am Satzende feststellen, daß die Position des direkten Objekts, an welche die satzfinale NP angebunden werden muß, bereits durch die Spur der w-Phrase okkupiert wird. Dies aber kann unmöglich *per default* geschehen sein. Eine satzinitiale NP würde *per default*, d.h. durch die Anwendung einer Parsingstrategie, allenfalls mit der Subjektposition, niemals aber mit der Objektposition verbunden werden. Der Parser hat also keinen Grund, diese syntaktische Entscheidung anzuzweifeln und weitere Überprüfungen vorzunehmen. Die Beurteilung von (16b) ist daher weniger fehleranfällig.

Wir wollen im folgenden einen weiteren Erklärungsansatz für die unterschiedlich starken Garden-Path-Effekte bei verbaler und nominaler Disambiguierung ansprechen, der im Geiste dem Diagnose-Modell von Fodor & Inoue (1994) verpflichtet ist. Dieser Erklärungsansatz könnte von der unterschiedlichen Distanz zwischen dem Symptom dafür, daß die vom Parser präferiert berechnete Struktur falsch ist (i.e. der Ungrammatikalität), und dem Verarbeitungsfehler, welcher ursächlich zum Symptom führt, ausgehen. In Garden-Path-Sätzen mit verbaler Disambiguierung fungiert der Konflikt der Numerusmerkmale von w-Phrase und finitem Verb als Symptom. Der ursächliche Verarbeitungsfehler bestand jedoch darin, daß die w-Phrase mit einer Lücke in der Subjektposition des Satzes assoziiert wurde. Symptom (Numerus-Konflikt) und Verarbeitungsfehler (Zuweisung des Nominativs an die w-Phrase) klaffen also auseinander, auch wenn sie natürlich über eine einfache grammatische Inferenz miteinander in Verbindung gebracht werden können. Im Falle nominaler Disambiguierung fallen Symptom (Nominativ wurde bereits an die w-Phrase vergeben) und Verarbeitungsfehler (Zuweisung des Nominativs an die w-Phrase) quasi zusammen: Der Verarbeitungsfehler wird durch das Symptom direkt signalisiert. Von diesem Unterschied ausgehend ließe sich argumentieren, daß verbale Disambiguierung einen stärkeren Garden-Path-Effekt verursacht, weil in diesen Fällen der Verarbeitungsfehler nicht direkt durch das Symptom signalisiert wird, sondern erst unter Rekurs auf die Grammatik inferiert werden muß.

Zugunsten unserer Theorie aus Abschnitt 7.1.2.2 können wir jedoch ins Feld führen, daß sie nicht nur Unterschiede bei nominaler versus verbaler Disambiguierung erfaßt, sondern auch zur Erklärung von Verarbeitungskontrasten herangezogen werden kann, auf die Bader (1997) aufmerksam gemacht hat und die vermutlich nur sehr schwer in ein Diagnose-basiertes Modell integriert werden könnten. Bader (1997) untersuchte lokal ambige Sätze wie in (17) und (18), die durch das satzfinale Auxiliar entweder zugunsten einer Aktiv-Struktur mit der Abfolge Subjekt-Objekt, oder zugunsten einer Passiv-Struktur mit der Abfolge Objekt-Subjekt disambiguiert werden.

(17) a. ... daß Maria, die ich übrigens neulich traf, ein Päckchen geschickt hat

b. ... daß Maria, die ich übrigens neulich traf, ein Päckchen geschickt wurde

(18) a. ... daß Maria, der ich übrigens erst neulich begegnet bin, ein Päckchen geschickt hat

b. ... daß Maria, der ich übrigens erst neulich begegnet bin, ein Päckchen geschickt wurde

Wie Bader zeigen konnte, gibt es in (17) eine Präferenz für die Aktivstruktur (17a) mit der Abfolge Subjekt-Objekt. Genau dieses Verarbeitungsmuster wird z.B. durch die Prinzipien der Kasuspräferenz vorhergesagt. In (18) hingegen wurde eine Präferenz für die Abfolge Objekt-Subjekt beobachtet, also für die Passivdisambiguierung in (18b). Wenn aber in (18) die Passivdisambiguierung bevorzugt wird, dann impliziert dies, daß der ersten NP dieses Teilsatzes nicht, wie im Normalfall zu erwarten, das Merkmal *Nominativ* zugewiesen wurde, sondern das Merkmal *Dativ*. Bader (1997) zufolge kann dies mit Rekurs auf einen unabhängig motivierten Mechanismus der Merkmalsattraktion - speziell: Kasusattraktion - erklärt werden, welcher dafür sorgt, daß in (18) das Dativ-Merkmal des Relativpronomens (*der*) an das Kopfnomen der ersten NP des Satzes (*Maria*) vererbt wird. Diese erste NP wird daher vom Parser nicht, wie in (17), als Nominativ-NP analysiert, sondern als Dativ-NP (vgl. auch Meng & Bader, 1997).

Wichtig ist in diesem Zusammenhang eine zweite Beobachtung. In (17) führt die der Präferenz entgegenlaufende Disambiguierung nur zu einem relativ leichten Garden-Path-Effekt. Der Garden-Path-Effekt entsteht in (17b), da das Passivauxiliar *wurde* offenbart, daß die komplexe NP *Maria + Relativsatz* statt des Nominativs den Dativ tragen muß. In (18) führt die Disambiguierung (18a) zu einem Garden-Path-Effekt. Wie gesagt trägt die komplexe NP *Maria + Relativsatz* in (18) aufgrund der Kasusattraktion das Merkmal *Dativ*, was mit der Disambiguierung (18a) nicht kompatibel ist. (18a) elizitiert aber einen viel stärkeren Garden-Path-Effekt als (17b).

Weder das Diagnose-Modell noch Erklärungen, die sich auf Unterschiede in den Revisionsprozessen als Begründung für unterschiedlich starke Garden-Path-Effekte berufen, können diesen Kontrast erklären. In (18a) wie auch (17b) entsteht ein Kasus-Fehler: die erste NP des Satzes trägt das Merkmal *Nominativ* statt *Dativ* (17b) bzw. umgekehrt das Merkmal *Dativ* statt *Nominativ* (18a). In jedem Falle entsteht eine temporäre Ungrammatikalität, d.h. der Verarbeitungsfehler wird durch ein overtes, syntaktisches Symptom signalisiert. Auch die notwendigen Revisionen unterscheiden sich nicht, jedenfalls ist nicht erkennbar, weshalb es schwieriger sein sollte, ein Dativ-Merkmal - wie in (18a) gefordert - durch ein Nominativ-Merkmal zu ersetzen, als ein Nominativ-Merkmal durch ein Dativ-Merkmal zu ersetzen (17b).

Es liegt also nahe, auch diesen Garden-Path-Kontrast direkt auf Prozesse zurückzuführen, die bei Entdeckung der temporären Ungrammatikalität ablaufen.

Interessanterweise geht mit dem Unterschied bezüglich der Garden-Path-Stärke auch wieder ein Unterschied bezüglich der Verarbeitung ungrammatischer Sätze einher. Mit (17b) korrespondiert der ungrammatische Satz (19a). Die erste NP dieses Satzes (*die Frau*) wird vom Parser als Nominativ analysiert; das Auxiliar erzwingt hingegen die Zuweisung des Dativs, was jedoch in (19a), im Gegensatz zu (17b), nicht möglich ist. In (19b) ist die erste NP des Satzes (*der Frau*) morphologisch eindeutig als Dativ ausgezeichnet, so wie auch in (18a) die erste NP den Dativ trägt. (19b) wird ungrammatisch, weil das Auxiliar *hat* die Zuweisung des Nominativs an diese NP erzwingt. Wie Bader (unveröffentlicht) in einem *Speeded-Grammaticality-Judgement*-Experiment gezeigt hat, produzieren ungrammatische Sätze wie (19a) mehr fehlerhafte Antworten als (19b).

(19) a. ...*daß die Frau ein Päckchen geschickt wurde   61% „ungrammatisch"

      b. ...*daß der Frau ein Päckchen geschickt hat   90% „ungrammatisch"

Aus diesem Kontrast kann geschlußfolgert werden, daß die Ungrammatikalität in (19b) salienter ist als die Ungrammatikalität in (19a). Mit anderen Worten: Der starke Garden-Path-Effekt (18a) korrespondiert mit einer salienten Ungrammatikalität, der schwache Garden-Path-Effekt (17b) mit einer weniger salienten Ungrammatikalität. Dies entspricht der Generalisierung (14), dem *Mismatch-Effekt*.

Werfen wir nun einen genaueren Blick auf die Merkmalskonflikte, die in (17), (18) und (19) entstehen. In (17b) und (19a) erzwingt das Auxiliar *wurde* eine Passivstruktur und damit die Zuweisung des Merkmals *Dativ* an die erste NP des Satzes, welche aber das Merkmal *Nominativ* trägt. Wie schon im vorherigen Abschnitt betont wurde, kann das Merkmal *Nominativ* der ersten NP des Satzes entweder einer *Default*-Entscheidung (d.h. Anwendung einer Parsingstrategie) geschuldet sein, oder aber es wurde durch die kasusmorphologische Markierung dieser NP erzwungen. Ersteres ist in (17b) der Fall, letzteres in (19a). Da es möglich ist, das konfligierende Merkmal *Nominativ* einer *Default*-Entscheidung zuzuschreiben, kann der Parser dieses Markmal für revidierbar halten. Die Ungrammatikalität ist daher insalient und der Garden-Path-Effekt leicht. In (18a) und (19b) erzwingt das Auxiliar *hat* eine Aktivstruktur und damit die Zuweisung des Nominativs an die NP *Maria + Relativsatz*. Diese aber trägt das Merkmal *Dativ*. Da ihr dieses Merkmal unmöglich *per default* zugewiesen worden sein kann, muß der Parser den Merkmalskonflikt für unrevidierbar halten. Die Ungrammatikalität ist salient, der Garden-Path-Effekt relativ stark. Die von Bader (1997) entdeckten Effekte lassen sich also mit Hilfe der gleichen Maschinerie erklären, die schon bei der Modellierung der Garden-Path-Unterschiede zwischen Sätzen mit nominaler und verbaler Disambiguierung zum Einsatz gekommen ist. Wie werten dies nicht nur als ein Argument gegen Theorien im Geiste des Diagnose-Modells. Jeder Erklärungsansatz, der den Kontrast zwischen verbaler und nominaler Disambiguierung auf morphologische und/oder syntaktische Unterschiede allein zwischen Kongruenz- und Kasusmerkmalen zu reduzieren versucht, greift notwendigerweise zu kurz. Was wir brauchen ist eine Theorie, die den *Mismatch-Effekt* erklärt, unabhängig davon, in welcher Konstellation er entsteht.

7.1.2.4 Zusammenfassung

Im Mittelpunkt von Abschnitt 7.1 stand die Frage, weshalb die in (1) zu beobachtenden Garden-Path-Effekte hinsichtlich ihrer Stärke variieren.

(1) a. Niemand wollte wissen, welche Politikerin die Minister kritisiert haben.
GP stark

b. Welche Politikerin der Opposition haben die Minister kritisiert?
GP stark

c. Welche Politikerin glaubst du, kritisierte der Minister?
GP schwach

Zu Beginn wurde gezeigt, daß Erklärungen, welche sich allein auf Unterschiede im Reanalyseaufwand zwischen (1a) und (1b) auf der einen Seite sowie (1c) auf der anderen Seite berufen, dieses Ergebnismuster nicht befriedigend erklären können. Nachfolgend haben wir eine Analyse entwickelt, die die Kontraste in (1) in Beziehung zu Prozessen setzt, die direkt am Punkt der Disambiguierung ablaufen. Am Punkt der Disambiguierung entdeckt der Parser eine Ungrammatikalität. Ausgangspunkt unserer Überlegungen war die Beobachtung, daß sich die in (1) jeweils entstehenden Ungrammatikalitäten hinsichtlich ihrer Salienz unterscheiden: Saliente Ungrammatikalitäten korrespondieren mit starken Garden-Path-Effekten, insaliente Ungrammatikalitäten mit schwachen Garden-Path-Effekten (*Mismatch-Effekt*). Diese Korrespondenz reflektiert einen kausalen Zusammenhang. Ein erweitertes Verarbeitungsmodell wie in (15) vorausgesetzt, führen saliente Ungrammatikalitäten zu starken Garden-Path-Effekten, weil sie - im Gegensatz zu insalienten Ungrammatikalitäten - Reanalyse blockieren. Die Frage, weshalb in (1) Garden-Path-Effekte unterschiedlicher Stärke beobachtet werden können, reduziert sich somit darauf zu erklären, weshalb sich die in (1) am Punkt der Disambiguierung entstehenden Ungrammatikalitäten hinsichtlich ihrer Salienz unterscheiden. Wie wir gezeigt haben, entsteht in (1c) eine insaliente Ungrammatikalität, weil das disambiguierende Inputitem mit einem Merkmal der w-Phrase in Konflikt steht, welches prinzipiell auf eine *Default*-Entscheidung zurückgeführt werden kann. Der Parser kann deshalb sofort davon ausgehen, daß dieser Merkmalskonflikt revidierbar ist. In (1a) und (1b) steht ein Merkmal des disambiguierenden Inputitems in Konflikt mit einem Merkmal der w-Phrase, welches keinesfalls als Ergebnis einer *Default*-Entscheidung gedeutet werden kann. Der Parser muß daher diesen Merkmalskonflikt zunächst für unrevidierbar halten. Weitere Evidenz für diese Argumentation präsentierten wir in Abschnitt 7.1.2.3.

Bislang lagen unserer Diskussion allerdings einige Idealisierungen bezüglich der empirischen Faktenlage zugrunde. Die für unsere obige Argumentation sehr wichtige Behauptung, verbale Disambiguierung wie in (1a) und (1b) würde zu stärkeren Garden-Path-Effekten Anlaß geben als nominale Disambiguierung wie in (1c) beruht auf einem Vergleich unterschiedlicher Experimente, in denen sehr unterschiedliche syntaktische Strukturen getestet wurden, zudem mit unterschiedlichen experimentellen Methoden. Ziel der nachfolgenden Abschnitte ist es daher, die empirische Seite unserer Argumentation weiter zu untermauern.

In Experiment 4 werden verbale und nominale Disambiguierung einem möglichst direkten Vergleich unterzogen, um feststellen zu können, ob sich tatsächlich unterschiedlich starke Garden-Path-Effekte beobachten lassen. Experiment 5 unterwirft den *Mismatch-Effekt* einem empirischen Test, indem die Verarbeitung ambiger, eindeutig grammatischer sowie eindeutig ungrammatischer Objekt-Subjekt-Sätze mit Kongruenz-Fehler bzw. Kasus-Fehler untersucht werden.

7.2 Experiment 4: Nominale versus verbale Disambiguierung

Experiment 4 hatte zum Ziel, unter Verwendung der *Self-Paced-Reading*-Methode zu testen, ob die Garden-Path-Stärke bei lokal ambigen Fragesätzen mit Objekt-Subjekt-Struktur tatsächlich in Abhängigkeit von der Art der Disambiguierung (nominal bzw. verbal) variiert. Zwar geben die Ergebnisse der Experimente 1-3 bereits gewisse Hinweise darauf, daß verbale Disambiguierung stärkere Garden-Path-Effekte hervorruft als nominale Disambiguierung. Zum einen aber wurden die Effekte nominaler Disambiguierung bisher noch nicht mittels der *Self-Paced-Reading*-Methode untersucht. Zum anderen bedarf es, um sich des vermuteten Unterschieds sicher sein zu können, eines direkten Vergleichs.

Den direkten Vergleich verbaler und nominaler Disambiguierung erschwert allerdings ein methodisches Problem. Beide Disambiguierungsvarianten werden durch unterschiedliche Satzbestandteile bewerkstelligt. Für nominale Disambiguierung ist eine kasusmorphologisch eindeutig markierte NP verantwortlich, für verbale Disamiguierung ein finites Verb. Vergleicht man nun beide Arten der Disambiguierung innerhalb ein und derselben Struktur, vergleicht man auch zwangsläufig Verarbeitungsprozesse an unterschiedlichen Positionen. Verbale Disambiguierung erfolgt, je nach Satztyp, früher bzw. später als nominale Disambiguierung. Will man, daß beide Arten der Disambiguierung an der gleichen Satzposition stattfinden, z.B. direkt am Satzende, muß man auf unterschiedliche Strukturtypen zurückgreifen.

In diesem Experiment wurde ersterer Weg beschritten. Getestet wurden lokal ambige Objekt-Subjekt-Sätze wie in (20) mit verbaler bzw. nominaler Disambiguierung.

(20) a. Welche Vertreterin der Gewerkschaft <u>haben</u> die Minister vorhin heftig kritisiert?

b. Welche Vertreterin der Gewerkschaft hat <u>der Minister</u> vorhin heftig kritisiert?

Struktur (20a) war bereits Gegenstand der Untersuchung in Experiment 3. Wie dort berichtet, konnten deutliche Anzeichen für einen Garden-Path-Effekt direkt am Punkt der Disambiguierung - dem finiten Verb - sowie am nachfolgenden Wort festgestellt werden (vgl. (21a)).

(21) a. Welche Vertreterin der Gewerkschaft (***haben die***) (Minister vorhin) ...

b. Welche Vertreterin der Gewerkschaft (hat der) (***Minister vorhin***) ...

In parallel aufgebauten Strukturen mit nominaler Disambiguierung (20b) erwarten wir direkt am finiten Verb keinen Verarbeitungseffekt, und auch nicht am nachfolgenden Wort, dem Artikel der Subjekts-NP *der Minister*. Der definite Artikel *der* ist morphologisch mehrdeutig und kann in Kontexten wie (20b) auch als Bestandteil einer Dativ-NP mit femininem Kopfnomen gedeutet werden. Erst das Nomen *Minister* gestattet es, die NP in (20b) eindeutig als Nominativ zu identifizieren. In Strukturen mit nominaler Disambiguierung erwarten wir Verarbeitungsschwierigkeiten daher erst auf dem Nomen der zweiten NP und möglicherweise ebenfalls - bedingt durch *Spill-Over*-Effekte - auf dem nachfolgenden Wort (*vorhin*) (21b). In dieser Region nun sollten sich Strukturen mit verbaler Disambiguierung unauffällig verhalten, eine Annahme, die durch die Ergebnisse aus Experiment 3 gestützt wird. Diese klare Trennung der Regionen, in denen - abhängig von der Art der Disambiguierung - Anzeichen für Verarbeitungsschwierigkeiten zu erwarten sind, macht sich das nun folgende Experiment zunutze. In beiden kritischen Regionen sollten die jeweils auftretenden Verarbeitungsschwierigkeiten registriert und anschließend das Ausmaß der Verarbeitungsschwierigkeiten zwischen den beiden Regionen verglichen werden.

7.2.1 Material

Experiment 4 untersuchte die Verarbeitung lokal ambiger Sätze mit Objekt-Subjekt-Struktur, die entweder verbal oder nominal disambiguiert wurden. Als Vergleichsgrundlage dienten strukturell parallele Sätze, in denen das Vorliegen einer Objekt-Subjekt-Struktur eindeutig zu erkennen war. Einen vollständigen Stimulussatz zeigt Tabelle 7.1.

Alle Sätze wurden von einer komplexen w-Phrase im Singular eingeleitet. Wie schon in Experiment 3 enthielt die w-Phrase eine NP im Genitiv. Auf die w-Phrase folgte das finite Auxiliar. Bei Sätzen mit verbaler Disambiguierung wurde stets die Pluralform *haben* eingesetzt, welche anzeigt, daß die w-Phrase nicht als Subjekt des Satzes fungieren kann. Bei Sätzen mit nominaler Disambiguierung erschien hingegen die Auxiliarform *hat*. Diese ist mit einer Subjektanalyse der w-Phrase kompatibel.

Unmittelbar auf die w-Phrase folgte eine NP, bestehend aus definitem Artikel und einem maskulinen Nomen. Diese NP trug bei Sätzen mit verbaler Disambiguierung das Merkmal *Plural*, kongruierte daher mit dem finiten Verb und war somit als Subjekt des Satzes identifizierbar. Bei Vorliegen nominaler Disambiguierung trug die NP das Merkmal *Singular*. Aus diesem Grunde war sie kasusmorphologisch eindeutig als Nominativ zu erkennen und damit ebenfalls zwangsläufig Subjekt des Satzes.

Der mittelfeldeinleitenden definiten NP wurde in jedem Falle ein Adverbial nachgestellt, in der Regel ein Modal- oder Temporaladverb. Bis zu dieser Stelle waren die experimentellen Sätze strukturell parallel aufgebaut. Um die Natürlichkeit der Sätze zu erhöhen, verzichteten wir auf eine vollständige Parallelisierung. Hinsichtlich der weiteren Satzfortführung traten daher zwischen experimentellen Sätzen Unterschiede auf. Der jeweils parallel gehaltene Abschnitt ist in Tabelle 7.1 durch Kursivdruck hervorgehoben.

Wie Tabelle 7.1 zeigt, erschien jeder Satz in 4 unterschiedlichen Versionen: mit nominaler oder verbaler Disambiguierung (Faktor DISAMBIGUIERUNG) sowie in ambiger oder in eindeutiger Form (Faktor SATZART). Diesem Muster folgend wurden 28 Satzquartette kreiert und gleichmäßig auf vier experimentelle Listen verteilt, so daß jede Liste nur eine Version eines jeden experimentellen Satzes enthielt. In jeder Liste wurden die 28 experimentellen Sätze durch 66 Distraktorsätze ergänzt.

Tabelle 7.1
Ein vollständiger Stimulussatz für Experiment 4

verbale Disambiguierung

ambig	*Welche Vertreterin der Gewerkschaft haben die Minister vorhin heftig kritisiert?*
eindeutig	*Welchen Vertreter der Gewerkschaft haben die Minister vorhin heftig kritisiert?*

nominale Disambiguierung

ambig	*Welche Vertreterin der Gewerkschaft hat der Minister vorhin heftig kritisiert?*
eindeutig	*Welchen Vertreter der Gewerkschaft hat der Minister vorhin heftig kritisiert?*

Wie schon in Experiment 3 folgte auf die Hälfte aller Sätze eine Verständnisfrage. Die Verständnisfragen bezogen sich auf sehr unterschiedliche Aspekte des Satzinhalts. Um der Gefahr vorzubeugen, daß Probanden die strukturelle Mehrdeutigkeit der experimentellen Sätze bemerken, wurde darauf verzichtet, das korrekte Verständnis thematischer Relationen systematisch zu testen.

7.2.2 Prozedur

Versuchspersonen:
Insgesamt nahmen 48 Versuchspersonen an Experiment 4 teil, allesamt Studierende der Universität Jena. Ein Teil der Versuchspersonen erfüllte mit der Teilnahme am Experiment Studienanforderungen im Fach Psychologie. Alle anderen Versuchspersonen erhielten 5,- DM.

Versuchsaufbau:
Die Durchführung des Experiments entsprach dem in Experiment 3 beschriebenen Vorgehen. Jede experimentelle Sitzung dauerte ca. 30 Minuten.

7.2.3 Resultate

Verständnisfragen:
90.3 % der Verständnisfragen wurden korrekt beantwortet. Für korrekte Antworten wurde eine durchschnittliche Entscheidungszeit von 4260 ms benötigt. Wie eine varianzanalytische Auswertung ergab, hatten weder die Art der Disambiguierung noch die Eindeutigkeit der Satzgliedabfolge einen bedeutsamen Einfluß auf die Reaktionszeiten bzw. den prozentualen Anteil korrekter Antworten.

Datenanalyse:

Wortpositionen und Regionen:
   Lesezeiten wurden für alle 8 Wortpositionen innerhalb der parallelisierten Region separat ermittelt (vgl. Tabelle 7.2): für die vier Wortpositionen innerhalb der w-Phrase (w-Pron, w-Nom, Det1, Nomen1), für das finite Auxiliar (Aux), für die auf das Auxiliar folgende NP (Det2, Nomen2), sowie das der zweiten NP nachgestellte Adverbial (Adverb, vgl. Tabelle 7.2). Disambiguierungseffekte bei Sätzen der Bedingung verbale Disambiguierung sind an Wortposition 5 (Aux) sowie - aufgrund eventueller *Spill-Over*-Effekte - an Wortposition 6 zu erwarten (*verbale Region*). Disambiguierungseffekte bei Sätzen der Bedingung nominale Disambiguierung sollten sich an Wortposition 7 und 8 bemerkbar machen (*nominale Region*).

Residuelle Lesezeiten und Ausreißerkorrektur:
   Entsprechend dem Vorgehen in Experiment 3 berechneten wir anhand der reinen Lesezeiten die residuellen Lesezeiten und unterzogen die residuellen Lesezeiten einer Ausreißerkorrektur (vgl. den Abschnitt *Datenanalyse* in Experiment 3). Die Ausreißerkorrektur wurde für jede Wortposition und jedes Subjekt individuell vorgenommen. Durch dieses Verfahren wurden im Schnitt insgesamt 40 Datenpunkte pro Wortposition verändert. Die korrigierten residuellen Lesezeiten für alle 8 Wortpositionen zeigt Abbildung 7.2. Gemittelt über alle Versuchspersonen ermittelten wir eine allgemeine Leserate von 426 ms + 10.59 ms * n; n = Länge eines Wortes in Buchstaben.

   Lesezeitunterschiede an den einzelnen Wortpositionen wurden in separaten varianzanalytischen Untersuchungen auf ihre Bedeutsamkeit hin untersucht. In die Varianzanalysen gingen die festen Faktoren DISAMBIGUIERUNG und SATZART sowie jeweils Subjekte (Subjektanalyse, F1) bzw. experimentelle Items (Itemanalyse: F2) als zufällige Faktoren ein. Wortpositionen, an denen signifikante Lesezeitunterschiede zwischen einzelnen Bedingungen beobachtet werden können, sind in Abbildung 7.2 durch einen Stern hervorgehoben.

Tabelle 7.2
Auswertungspositionen und kritische Regionen für Sätze der Bedingung *verbal* bzw. *nominal*

				verbale Region		nominale Region	
W-Pron	W-Nom	Det1	Nomen1	**Aux**	**Det2**	**Nomen2**	**Adverb**
(1)	**(2)**	**(3)**	**(4)**	**(5)**	**(6)**	**(7)**	**(8)**
welche/ welchen	*Vertreterin /Vertreter*	*der*	*Gewerkschaft*	*hat/haben*	*die/der*	*Minister*	*vorhin*

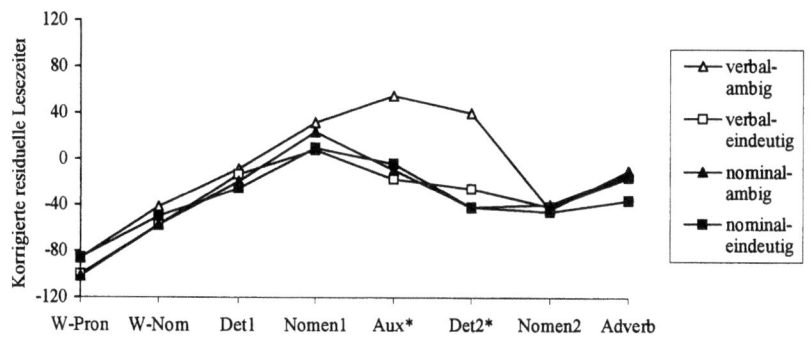

Abbildung 7.2: Korrigierte residuelle Lesezeiten für die ersten 8 Wortpositionen (Experiment 4)

Ergebnisse der Einzelwortanalyse:

Lesezeiten für das finite Auxiliar (Wortposition 5, Aux)

Die an Wortposition 5 (Aux) ermittelten Lesezeiten sind in Tabelle 7.3 wiedergegeben. Die varianzanalytische Auswertung ergab einen robusten Effekt des Faktors DISAMBIGUIERUNG (F1(1,47) = 4.38; F2(1,27) = 7.69, beide p<.05), sowie einen etwas schwächeren Effekt des Faktors SATZART, der lediglich in der Itemanalyse deutlich hervortrat (F1(1,47) = 2.26, p<.15; F2(1,27) = 5.22, p<.05). Zudem standen beide Haupteffekte in einer signifikanten Wechselwirkung (Interaktion: F1(1,47) = 5.52; F2(1,27) = 6.61, beide p<.05).

Tabelle 7.3
Korrigierte residuelle Lesezeiten für das Auxiliar (Aux)

Disambiguierung	Satzart		Mittelwert
	ambig	eindeutig	
verbal	55,0	-17,0	18,8
nominal	-9,4	-4,0	-6,4
Mittelwert	22,8	-11.0	6,03

Wie die Daten zeigen, gehen die Lesezeitunterschiede zwischen ambigen und eindeutigen Sätzen je nach Art der Disambiguierung in unterschiedliche Richtungen. Bei nominaler Disambiguierung werden ambige Sätze etwas schneller gelesen als eindeutige Sätze. Dieser Unterschied ist allerdings - wie eine bloße Inspektion der Mittelwerte bereits vermuten läßt - vernachlässigbar (SATZART, bezogen auf *nominal*: F1/F2<1). Bei verbaler Disambiguierung hingegen führen ambige Sätze zu gegenüber eindeutigen Sätzen deutlich erhöhten Lesezeiten (SATZART, bezogen auf *verbal*: F1(1,47) = 10.24; F2(1,27) = 17.77, beide p<.01). Auch der Einfluß des Faktors DISAMBIGUIERUNG fällt in Abhängigkeit von der Satzart unterschiedlich aus. Während ambige Sätze mit verbaler Disambiguierung deutlich langsamer gelesen wurden als ambige Sätze mit nominaler Disambiguierung (DISAMBIGUIERUNG, bezogen auf *ambig*: F1(1,47) = 7.21; F2(1,27) = 16.67, beide p<.01), zeigte sich bei eindeutigen Sätzen kein solcher Unterschied (DISAMBIGUIERUNG, bezogen auf *eindeutig*: F1/F2<1). Beide Haupteffekte können damit vollständig auf die Interaktion zurückgeführt werden.

Lesezeiten für den Determinierer (Wortposition 6, Det2)
An Wortposition 6 (Det2) konnte ein nahezu identisches Ergebnismuster beobachtet werden, mit einer aber insgesamt noch deutlicheren Ausprägung der Effekte. Die entsprechenden Mittelwerte finden sich in Tabelle 7.4.

Tabelle 7.4
Korrigierte residuelle Lesezeiten für den Determinierer (Det2)

	Satzart		Mittelwert
Disambiguierung	*ambig*	*eindeutig*	
verbal	40,1	-26,0	7,12
nominal	-42,0	-42,0	-42,0
Mittelwert	-0,7	-34,0	-17,0

Wiederum führten beide Faktoren zu signifikanten Haupteffekten sowie zu einem deutlichen Interaktionseffekt (DISAMBIGUIERUNG: F1(1,47) = 15.7; F2(1,27) = 19.4, beide p<.01; SATZART: F1(1,47) = 8.56; F2(1,27) = 15.0, beide p<.01; Interaktion: F1(1,47) = 11.7, F2(1,27) = 11.0, beide p<.01). Wie aber schon an der vorherigen Wortposition lassen sich beide Haupteffekte vollständig auf den Interaktionseffekt reduzieren. Die Satzart wirkt sich nur bei verbaler Disambiguierung auf die Lesezeiten aus: Ambige Sätze führen zu einer deutlichen Erhöhung der Lesezeiten (SATZART, bezogen auf *verbal*: F1(1,47) = 17.06; F2(1,27) = 30.41, beide p<.01). Bei nominaler Disambiguierung bleiben die Lesezeiten dagegen unverändert. Konsistent mit dieser Beobachtung sind die Lesezeiten für ambige Sätze bei verbaler Disambiguierung höher als bei nominaler Disambiguierung (DISAMBIGUIERUNG, bezogen auf *ambig*: F1(1,47) = 22.11; F2(1,27) = 27.07, beide p<.01), während sie bei eindeutigen Sätzen nicht in Abhängigkeit von der Disambiguierung variieren (DISAMBIGUIERUNG, bezogen auf *eindeutig*: F1<1; F2(1,27) = 1.07, n.s.).

Lesezeiten für Nomen und Adverb (Wortpositionen 7 und 8; Nomen2, Adverb)
Die Lesezeiten an den Wortpositionen 7 (Nomen2) sowie 8 (Adverb) finden sich in Tabelle 7.5 bzw. Tabelle 7.6. An keiner der beiden Wortpositionen zeigten sich signifikante oder wenigstens marginale Haupteffekte bzw. Wechselwirkungen zwischen den Faktoren DISAMBIGUIERUNG und SATZART. Die Ergebnisse der varianzanalytischen Untersuchung faßt Tabelle 7.7 zusammen.

Tabelle 7.5
Korrigierte residuelle Lesezeiten für das Nomen (Nomen2)

Disambiguierung	Satzart		Mittelwert
	ambig	eindeutig	
verbal	-43	-41	-42
nominal	-39	-56	-48
Mittelwert	-41	-49	-45

Tabelle 7.6
Korrigierte residuelle Lesezeiten für das Adverb (Adverb)

Disambiguierung	Satzart		Mittelwert
	ambig	eindeutig	
verbal	-10	-16	-13
nominal	-13	-36	-25
Mittelwert	-12	-26	-19

Tabelle 7.7
F-Werte für die Wortpositionen 7 (Nomen2) und 8 (Adverb)
(Format: F1 [F2]; df: F1(1,47), F2(1,27); alle p>.1)

	Wortposition	
	7 (Nomen2)	8 (Adverb)
DISAMBIGUIERUNG	0.22 [0.24]	1.30 [2.11]
SATZART	0.82 [0.61]	1.93 [1.79]
Interaktion	0.69 [1.01]	0.66 [0.63]

Zwar zeigen sich an beiden Wortpositionen Unterschiede zwischen eindeutigen und ambigen Sätzen in der Bedingung *nominal*, die in die erwartete Richtung gehen: Ambige Sätze elizitieren jeweils etwas höhere Lesezeiten als eindeutige Sätze. Aber nicht nur, daß diese Differenzen in den Haupteffekten keinen Niederschlag fanden. Auch Einzelvergleiche zwischen ambigen und eindeutigen Sätzen bei nominaler Disambiguierung erbrachten keine oder nur sehr schwache Anzeichen für einen bedeutsamen Unterschied (SATZART, bezogen auf *nominal*, für Wortposition 7 [Nomen2]: $F1(1,47) = 1.97$; $F2(1,27) = 1.39$, beide n.s.; für Wortposition 8 [Adverb]: $F1(1,47) = 2.51$; $F2(1,27) = 2.47$, beide $p<.15$)

Ergebnisse der Regionenanalyse:
Wie die bisherige Auswertung gezeigt hat, führen ambige Sätze mit verbaler Disambiguierung zu einem robusten Garden-Path-Effekt. Dieser Garden-Path-Effekt machte sich sowohl direkt am Punkte der Disambiguierung wie auch eine Wortposition später in einem signifikanten Interaktionseffekt der Faktoren Disambiguierung und Satzart bemerkbar, welcher darauf zurückgeführt werden konnte, daß ambige Sätze mit verbaler Disambiguierung langsamer gelesen wurden als die Sätze in den anderen drei Bedingungen. Werden ambige Sätze hingegen nominal disambiguiert, führen sie zwar im Gegensatz zu eindeutigen Sätzen ebenfalls zu leicht erhöhten Lesezeiten, jedoch ließen sich die Differenzen weder am Punkt der Disambiguierung (Wortposition 7) noch an Wortposition 8 statistisch absichern.

Dieses Ergebnismuster mag bereits zu dem Schluß verleiten, daß der Garden-Path-Effekt bei verbaler Disambiguierung stärker ist als bei nominaler Disambiguierung. Eine solche Schlußfolgerung kann jedoch allein auf der Basis separater Einzelwortanalysen nicht gezogen werden. Vielmehr wäre es notwendig zu zeigen, daß der Lesezeitunterschied zwischen ambigen und eindeutigen Sätzen in der Bedingung verbale Disambiguierung tatsächlich signifikant größer ist als gleicher Unterschied in der Bedingung nominale Disambiguierung. Diesen Nachweis anzutreten hatte die nun folgende Regionenanalyse zum Ziel. Mit der Regionenanalyse sollte überprüft werden, ob sich der Interaktionseffekt an den für die verbale Disambiguierung kritischen Wortpositionen 5 und 6 tatsächlich in bedeutsamer Weise vom Interaktionseffekt an den Wortpositionen 7 und 8 unterscheidet.

Design:
Garden-Path-Effekte für ambige Sätze mit verbaler bzw. nominaler Disambiguierung wurden jeweils in unterschiedlichen kritischen Regionen erwartet: für verbale Disambiguierung an den Wortpositionen 5 und 6, für nominale Disambiguierung an den Wortpositionen 7 und 8. Zunächst einmal wurde daher der Faktor REGION definiert, mit den Faktorstufen *verbal* (für die Positionen 5 /6) sowie *nominal* (für die Positionen 7/8).

Innerhalb jeder Region gibt es ein kritisches Paar ambiger und eindeutiger Sätze, zwischen denen Lesezeitunterschiede (Garden-Path-Effekte) erwartet werden, während das andere Satzpaar als Kontrollbedingung fungiert. In der Region *verbal* konstituieren ambige bzw. eindeutige Sätze mit verbaler Disambiguierung das kritische Garden-Path-Satzpaar, während für Sätze mit nominaler Bedingung kein Effekt erwartet wird, sie also eine Kontrollbedingung darstellen. In der Region *nominal* sind die Verhältnisse genau umgekehrt: Sätze mit nominaler Disambiguierung bilden das kritische Garden-Path-Satzpaar, Sätze mit verbaler Disambiguierung die Kontrollbedingung. Es wurde daher der neue Faktor SATZTYP definiert, mit den Faktorstufen *GP-Sätze* bzw. *Kontrollsätze*. Schließlich geht auch in die Regionenanalyse der Faktor SATZART ein, der ambige und hinsichtlich der Satzgliedabfolge eindeutig markierte Sätze unterscheidet. Alles in allem umfaßte die Regionenanalyse somit drei feste Faktoren:

- REGION: (kritische Region für *verbale* bzw. *nominale* Disambiguierung)
- SATZTYP: (GP-Sätze bzw. Kontrollsätze)
- SATZART: (ambige bzw. eindeutige Sätze)

Hypothese:

Treten Garden-Path-Effekte auf, sollten diese sich in den jeweiligen kritischen Regionen in Form einer Interaktion der Faktoren SATZTYP und SATZART bemerkbar machen, analog zur Interaktion DISAMBIGUIERUNG versus SATZART bei den Einzelwortanalysen. Für Sätze mit verbaler Disambiguierung ist diese Interaktion in der Region *verbal* zu erwarten, für Sätze mit nominaler Disambiguierung in der Region *nominal*. Je stärker der Garden-Path-Effekt ausfällt, desto stärker sollte auch der Interaktionseffekt ausfallen. Um die Stärke des Garden-Path-Effekts zwischen den Regionen *verbal* und *nominal* vergleichen zu können, muß daher die Stärke des in den jeweiligen Regionen beobachteten Interaktionseffektes SATZTYP versus SATZART verglichen werden. Ist dieser Interaktionseffekt (und damit der Garden-Path-Effekt) bei Sätzen mit verbaler Disambiguierung tatsächlich größer als bei Sätzen mit nominaler Disambiguierung, dann sollte die Regionenanalyse eine 3fach-Interaktion der Faktoren REGION, SATZTYP und SATZART zutagefördern.

Durchführung und Ergebnisse:

Für die Regionenanalyse wurden die unkorrigierten residuellen Lesezeiten für die Positionen 5 und 6 (Region *verbal*) sowie 7 und 8 (Region *nominal*) zusammenaddiert und anschließend einer Ausreißerkorrektur nach dem üblichen Verfahren unterzogen. Die Ergebnisse dieser Analyse zeigt Tabelle 7.8. Man beachte, daß sich diese Werte nicht automatisch per Addition der Lesezeiten in Tabelle 7.3/Tabelle 7.4 sowie Tabelle 7.5/

Tabelle 7.6 ergeben, da nicht die Daten für einzelne Wortpositionen, sondern nur für die gesamte Region auf Ausreißer behandelt wurden.

Tabelle 7.8
Korrigierte residuelle Lesezeiten für die Regionenanalyse

Satztyp	Region: verbal (5 + 6)		Region: nominal (7 + 8)	
	ambig	eindeutig	ambig	eindeutig
Garden-Path-Satz	110	-38	-45	-85
Kontrollsatz	-47	-41	-51	-49

Im folgenden sollen nicht alle, sondern nur die wichtigsten Ergebnisse der Regionenanalyse berichtet werden.

Wie erwartet zeigte sich bei den Garden-Path-Sätzen in der Region *verbal* ein signifikanter Unterschied zwischen ambigen und eindeutigen Sätzen (SATZTYP, bezogen auf Garden-Path-Sätze der Region *verbal*: $F1(1,47) = 25.11$; $F2(1,27) = 45.97$, beide $p<.01$). Ambige Sätze führen bei verbaler Disambiguierung also zu deutlichen Verarbeitungsschwierigkeiten. Bei Garden-Path-Sätzen in der Region *nominal* war dieser Unterschied weitaus geringer, und statistisch gesehen nur von allenfalls marginaler Bedeutung (SATZTYP, bezogen auf Garden-Path-Sätze der Region *nominal*: $F1(1,47) = 3.62$, $p<.1$; $F2(1,27) = 2.7$, $p<.15$). Konsistent damit zeigte sich eine signifikante Wechselwirkung zwischen den Faktoren SATZTYP und SATZART nur in der Region *verbal*, nicht aber in der Region *nominal* (Interaktion SATZTYP x SATZART, bezogen auf *verbal*: F1(1,47) = 16.04; F2(1,27) = 15.8, beide p<.01; bezogen auf *nominal*: F1(1,47) = 1.3; F2(1,27) = 2.27, beide n.s.). Von besonderem Interesse ist, daß auch eine bedeutsame 3fach-Interaktion zwischen den Faktoren REGION, SATZTYP und SATZART festgestellt werden konnte (F1(1,47) = 4.2; F2(1,27) = 5.79, beide p<.05). Alles in allem können wir daraus den Schluß ziehen, daß die Interaktion der Faktoren SATZTYP und SATZART - und damit der Garden-Path-Effekt - in der Region *verbal* größer ausfällt als in der Region *nominal*. Ambige Sätze mit verbaler Disambiguierung führen tatsächlich zu einem signifikant stärkeren Garden-Path-Effekt als ambige Sätze mit nominaler Disambiguierung.

7.2.4 Diskussion

Experiment 4 hat gezeigt, daß die Garden-Path-Stärke bei lokal ambigen Fragesätzen mit Objekt-Subjekt-Struktur in Abhängigkeit von der Art der Disambiguierung variiert. Sätze mit verbaler Disambiguierung elizitieren am Punkt der Disambiguierung einen robusten Garden-Path-Effekt, sichtbar in einer relativ zu Kontrollsätzen deutlichen Erhöhung der Lesezeiten für ambige Sätze mit Objekt-Subjekt-Abfolge. Dieser Befund bestätigt damit auch die Ergebnisse aus Experiment 3, zeigt also aufs neue, daß bereits sehr frühe Disambiguierung Verarbeitungsschwierigkeiten nach sich zieht. Das Ausmaß der Verarbeitungsschwierigkeiten hängt jedoch von der Art der Disambiguierung ab: Im Falle nominaler Disambiguierung ließen sich nur schwache Anzeichen für einen Garden-Path-Effekt isolieren. Zwar gingen Lesezeitdifferenzen zwischen ambigen und Kontrollsätzen in die bei Vorliegen eines Garden-Path-Effekts zu erwartende Richtung. Sie konnten jedoch nicht statistisch abgesichert werden. Wie der direkte Vergleich der Lesezeitunterschiede zwischen den für verbale und nominale Disambiguierung kritischen Regionen schließlich gezeigt hat, zieht verbale Disambiguierung in der Tat größere Verarbeitungsschwierigkeiten nach sich als nominale Disambiguierung. Dieses Ergebnis bestätigt unsere anhand der Resultate von Experiment 1-3 aufgestellte Behauptung nachdrücklich.

7.3 Experiment 5: Garden-Path-Stärke und Ungrammatikalität

Die im einleitenden Abschnitt dieses Kapitels präsentierte Erklärung für die unterschiedlich starken Garden-Path-Effekte, die lokal ambige Sätze mit verbaler bzw. nominaler Disambiguierung auslösen, nahm sehr wesentlich auf die Annahme Bezug, daß es einen weiteren wichtigen Unterschied zwischen verbaler und nominaler Disambiguierung gibt. Die jeweils am Punkt der Disambiguierung entstehende Ungrammatikalität ist von unterschiedlicher Salienz. Der bei verbaler Disambiguierung entstehende Kongruenz-Fehler ist salienter als der bei nominaler Disambiguierung entstehende Kasus-Fehler. Dieser Unterschied hinsichtlich der Salienz der Ungrammatikalität wurde letztlich für die Unterschiede in der Garden-Path-Stärke verantwortlich gemacht. Die relevante Generalisierung bezeichneten wir als *Mismatch-Effekt*.

(14) *Mismatch-Effekt*
Je salienter eine temporäre Ungrammatikalität, desto stärker der Garden-Path-Effekt.

Motiviert wurde der *Mismatch-Effekt* durch die aus den Experimenten 1 und 2 erwachsene Beobachtung, daß eindeutig ungrammatische Sätze, die den gleichen Fehlertyp wie ambige

Garden-Path-Sätze involvieren, in Abhängigkeit vom Fehlertyp unterschiedlich sicher erkannt wurden. Die in Experiment 1 erzielten Leistungen bei ungrammatischen Sätzen mit Kongruenz-Fehler (22a) waren weitaus besser als die Leistungen in Experiment 2 bei der Beurteilung ungrammatischer Sätze mit Kasus-Fehler (22b).

(22) a. *Niemand wollte wissen, welcher Politiker die Minister kritisiert haben.

b. *Welcher Politiker glaubst du, kritisierte der Minister?

In Experiment 1 und 2 wurden jedoch Strukturen sehr unterschiedlichen Typs untersucht. Das nun folgende Experiment hatte daher zum Ziel, unter Verwendung der *Speeded-Grammaticality-Judgements*-Methode das Verhältnis zwischen Garden-Path-Stärke sowie Salienz der Ungrammatikalität - quantifiziert durch die Beurteilungsleistung für die korrespondierenden ungrammatischen Strukturen - bei Sätzen mit verbaler und nominaler Disambiguierung direkt zu vergleichen.

Da in diesem Experiment, wie schon in den Experimenten 1 und 2, die Methode der *Speeded-Grammaticality-Judgements* zum Einsatz kommen soll, muß nun zuallererst wieder ein methodisches Problem angesprochen werden, welches durch die Tatsache verursacht wird, daß für nominale und verbale Disambiguierung unterschiedliche Satzbestandteile verantwortlich sind. Da bei der *Speeded-Grammaticality-Judements*-Methode in der hier verwendeten Version Grammatikalitätsbeurteilungen stets erst am Satzende abgenommen werden, kann nicht verhindert werden, daß zwischen dem Punkt der Disambiguierung und dem Satzende je nach Disambiguierungsart unterschiedlich viel Material interveniert (23). Werden z.B. Verb-Zweit Sätze verwendet (23a), erfolgt die verbale Disambiguierung früher als die nominale Diambiguierung. Während letztere der Grammatikalitätsbeurteilung unmittelbar vorangeht, interveniert im Falle verbaler Disambiguierung zwischen disambiguierendem Verb und dem Satzende noch eine NP. Dies heißt aber auch, daß dem Parser bei verbaler Disambiguierung mehr Zeit für Reanalyseprozesse zur Verfügung steht als bei nominaler Disambiguierung. Im Falle von eingebetteten Strukturen mit Letztstellung des finiten Verbs entsteht das gleiche Problem, nur mit umgekehrten Vorzeichen (23b).

(23) a. Welche Frau sah der Mann? / Welche Frau sahen die Männer?

b. welche Frau der Mann gesehen hat / welche Frau die Männer gesehen haben

Man beachte, daß die *Speeded-Grammaticality-Judgements*-Methode so, wie sie hier zum Einsatz kommt, auch Garden-Path-Effekte, die nicht durch Disambiguierung direkt am Satzende ausgelöst werden, zu erfassen in der Lage ist (z.B. Frazier & Flores d'Arcais, 1989). Hat der Parser jedoch in Abhängigkeit von der Disambiguierungsart unterschiedlich viel Zeit für Reanalyseprozesse zur Verfügung, behindert dies natürlich den direkten Vergleich der Garden-Path-Stärke zwischen verbaler und nominaler Disambiguierung, macht ihn aber nicht unmöglich. Wir haben uns daher entschlossen, die Fragestellungen dieses Experiments in zwei separaten Teilexperimenten sowohl anhand von Sätzen mit Verb-Zweit Stellung als auch anhand von Sätzen mit Verb-Letzt Stellung zu untersuchen. Auf diese Teilexperimente wird im folgenden mit den Bezeichnungen *Verb-Zweit* und *Verb-Letzt* referiert.

7.3.1 Material

7.3.1.1 Verb-Zweit

Im Mittelpunkt des Teilexperiments *Verb-Zweit* standen Sätze wie in (24).

(24) a. Welche Politikerin aus der Opposition attackierte der Minister?
  b. Welche Politikerin aus der Opposition attackierten die Minister?

Alle Sätze wurden von einer komplexen w-Phrase mit dem Merkmal *Singular* eingeleitet. Auf die w-Phrase folgte ein finites Vollverb. Abgeschlossen wurden die Sätze durch eine einfache NP, bestehend aus definitem Artikel und Nomen. Es wurden ambige, eindeutig grammatische und eindeutig ungrammatische Sätze gestestet (vgl. Tabelle 7.9).

Bei ambigen Sätzen wie in (24) bildete ein feminines Nomen den Kopf der w-Phrase. Die w-Phrase blieb daher kasusmorphologisch mehrdeutig, was die Entstehung einer Subjekt-Objekt-Ambiguität zur Folge hat. Die mit der w-Phrase entstehende Subjekt-Objekt-Ambiguität wurde entweder durch nominale oder durch verbale Disambiguierung aufgelöst. Die Disambiguierung erfolgte in jedem Falle zugunsten der Objekt-Subjekt-Struktur. In Sätzen wie (24a) wurde dies durch die overte Markierung der postverbalen NP als Nominativ signalisiert (nominale Disambiguierung). Das finite Verb trug das Merkmal *Singular* und ist daher sowohl mit einer Subjekt-Objekt- als auch mit einer Objekt-Subjekt-Struktur vereinbar. Bei Sätzen mit verbaler Disambiguierung (24b) war das Verb stets mit dem Merkmal *Plural* markiert. Somit lieferten also die Numerusmerkmale des finiten Verbs die für die Disambiguierung kritische Information (verbale Disambiguierung).

Eindeutig grammatische Sätze enthielten statt einer ambigen w-Phrase eine w-Phrase, die kasusmorphologisch als Akkusativ ausgezeichnet war. Sie wurden aus ambigen Sätzen erstellt, indem das feminine Kopfnomen der w-Phrase durch ein semantisch möglichst ähnliches maskulines Kopfnomen ersetzt wurde. Bei eindeutig grammatischen Sätzen war somit das Vorliegen einer Objekt-Subjekt-Struktur von Beginn an zweifelsfrei zu erkennen. Bei eindeutig ungrammatischen Sätzen war die w-Phrase eindeutig als Nominativ ausgezeichnet. Tabelle 7.9 zeigt einen vollständigen Stimulussatz.

Wie Tabelle 7.9 zu entnehmen ist, wurden die experimentelle Sätze hinsichtlich der Faktoren SATZART mit den Faktorstufen *ambig, grammatisch, ungrammatisch* sowie DISAMBIGUIERUNG *(nominal, verbal)* variiert. Entsprechend diesem Muster wurden 30 Sextette konstruiert und auf 6 experimentelle Listen verteilt, so daß jede Liste nur eine Version eines Sextetts enthielt, im ganzen also 30 experimentelle Sätze. Zu diesen 30 experimentellen Sätzen wurden 106 Distraktorsätze hinzugefügt. Insgesamt befanden sich damit 136 Sätze in jeder Liste.

7.3.1.2 Verb-Letzt

Verb-Letzt Sätze wurden auf der Grundlage des im Teilexperiment *Verb-Zweit* verwendeten Materials erstellt (vgl. Tabelle 7.10). Alle Fragesätze wurden in einen Matrixsatz eingebettet. Aus diesem Grunde veränderte sich in den Fragesätzen die Abfolge von finitem Verb und definiter NP. Unmittelbar auf die w-Phrase folgte jetzt eine definite NP. Das finite

Verb schloß den Satz ab. Um die Sätze möglichst natürlich zu halten, wurden die im Teilexperiment Verb-Zweit verwendeten einfachen Verbformen im Präsens durch periphrastische Perfektformen ersetzt. Es wurde darauf geachtet, die Matrixsätze möglichst neutral zu halten. Sie boten weder Teilen der w-Phrase oder der zweiten NP des Satzes die Möglichkeit referentiellen Bezugs. Den Kombinationsmöglichkeiten der Faktoren SATZART und DISAMBIGUIERUNG entsprechend erschien jeder experimentelle Satz in 6 Versionen. Es wurden 30 Sextette erstellt und gleichmäßig auf 6 experimentelle Listen verteilt. Neben den 30 experimentellen Sätzen enthielt jede Liste 106 Distraktorsätze, insgesamt damit 136 Items.

7.3.2 Hypothesen

In beiden Teilexperimenten erwarten wir, daß Sätze mit verbaler Disambiguierung einen stärkeren Garden-Path-Effekt verursachen als Sätze mit nominaler Disambiguierung. Wie bereits in Experiment 1 und 2 deutlich geworden ist, schlagen sich Garden-Path-Effekte in *Speeded-Grammaticality-Judgements*-Experimenten vor allem im prozentualen Anteil korrekter Antworten nieder. In unserem Experiment würde ein Garden-Path-Effekt dazu führen, daß ambige Objekt-Subjekt-Sätze im Vergleich zu den eindeutig markierten Kontrollsätzen einen deutlich niedrigeren Anteil korrekter Grammatikalitätsbeurteilungen erzielen. Wenn nun der Garden-Path-Effekt bei verbaler Disambiguierung an Stärke zunimmt, dann sollte die Differenz im prozentualen Anteil korrekter Antworten zwischen ambigen und eindeutig grammatischen Sätzen in der Bedingung *verbal* größer ausfallen als in der Bedingung *nominal*.

Desweiteren läßt der *Mismatch-Effekt* damit in Zusammenhang stehende Unterschiede in der Verarbeitung eindeutig ungrammatischer Sätze erwarten. Ungrammatische Sätze der Bedingung *verbal* sollten sicherer erkannt werden als ungrammatische Sätze der Bedingung *nominal*. Die Differenz im prozentualen Anteil korrekter Antworten zwischen eindeutig grammatischen und eindeutig ungrammatischen Sätzen muß in solchem Falle in der Bedingung *verbal* kleiner sein als in der Bedingung *nominal*.

7.3.3 Prozedur

Versuchspersonen:
Die beiden Teilexperimente wurden in getrennten Sitzungen durchgeführt. Am Teilexperiment *Verb-Zweit* nahmen insgesamt 36 Versuchspersonen teil, am Teilexperiment *Verb-Letzt* 30 Versuchspersonen. Keine Versuchsperson beteiligte sich an beiden Teilexperimenten. Alle Versuchspersonen waren Studenten der Universität Jena. Die Versuchspersonen nahmen entweder teil, um Studienanforderungen im Fach Psychologie zu erfüllen oder aber sie erhielten 5,- DM.

Versuchsaufbau:
Die Versuchsdurchführung war in allen Punkten mit der in Experiment 1 beschriebenen Verfahrensweise identisch. Die Durchführung der Teilexperimente nahm jeweils ca. 30 Minuten in Anspruch.

Tabelle 7.9
Ein vollständiger Stimulussatz für Experiment 5 (Teilexperiment *Verb-Zweit*)

nominal

ambig	Welche Politikerin aus der Opposition attackierte der Minister?
grammatisch	Welchen Politiker aus der Opposition attackierte der Minister?
ungrammatisch	Welcher Politiker aus der Opposition attackierte der Minister?

verbal

ambig	Welche Politikerin aus der Opposition attackierten die Minister?
grammatisch	Welchen Politiker aus der Opposition attackierten die Minister?
ungrammatisch	Welcher Politiker aus der Opposition attackierten die Minister?

Tabelle 7.10
Ein vollständiger Stimulussatz für Experiment 5 (Teilexperiment *Verb-Letzt*)

nominal

ambig	Niemanden schien besonders zu interessieren, welche Politikerin aus der Opposition der Minister attackiert hat.
grammatisch	Niemanden schien besonders zu interessieren, welchen Politiker aus der Opposition der Minister attackiert hat.
ungrammatisch	Niemanden schien besonders zu interessieren, welcher Politiker aus der Opposition der Minister attackiert hat.

verbal

ambig	Niemanden schien besonders zu interessieren, welche Politikerin aus der Opposition die Minister attackiert haben.
grammatisch	Niemanden schien besonders zu interessieren, welchen Politiker aus der Opposition die Minister attackiert haben.
ungrammatisch	Niemanden schien besonders zu interessieren, welcher Politiker aus der Opposition die Minister attackiert haben.

7.3.4 Resultate

Die beiden Teilexperimente *Verb-Zweit* und *Verb-Letzt* wurden getrennt ausgewertet. In die Analyse gingen sowohl der prozentuale Anteil korrekter Antworten wie auch die Reaktionszeiten für korrekte Antworten ein. Die Datenanalyse erfolgte jeweils nach dem gleichen Verfahren.

Datenanalyse:
In die Analyse des prozentualen Anteils korrekter Antworten gingen alle abgegebenen Grammatikalitätsurteile ein. Grammatikalitätsurteile, die 2000 ms oder mehr in Anspruch nahmen, wurden als "inkorrekt" bewertet. Bei der Auswertung der Reaktionszeiten fanden nur korrekte Antworten Berücksichtigung. Dem Vorgehen in Experiment 1 und 2 entsprechend wurde individuell für jede Versuchsperson eine Ausreißerkorrektur vorgenommen (vgl. Experiment 1). Im Teilexperiment *Verb-Zweit* betraf die Ausreißerkorrektur 47 Datenpunkte (4.5 %), im Teilexperiment *Verb-Letzt* 33 Datenpunkte (4.3 %).

7.3.4.1 Verb-Zweit

Die im Teilexperiment *Verb-Zweit* erzielten Resultate zeigen Abbildung 7.3 und Abbildung 7.4. Der prozentuale Anteil korrekter Antworten sowie die Reaktionszeiten wurden varianzanalytisch auf Einflüsse der Faktoren SATZART und DISAMBIGUIERUNG hin überprüft. Die Ergebnisse dieser Analyse werden im folgenden separat diskutiert (Subjektanalyse: F1; Itemanalyse: F2).

Prozentualer Anteil korrekter Antworten:
Der der folgenden Auswertung zugrundeliegenden Mittelwertkombinationen sind in Tabelle 7.11 noch einmal zusammengefaßt.

Tabelle 7.11
Prozentualer Anteil korrekter Antworten (Experiment 5, Teilexperiment *Verb-Zweit*)

Satzart	Disambiguierung		Mittelwert
	nominal	verbal	
ambig	91	72	82
grammatisch	92	91	91
ungrammatisch	39	66	52
Mittelwert	74	76	75

Die Gesamtanalyse ergab einen signifikanten Einfluß des Faktors SATZART (F1(2,70) = 40.5, p<.01; F2(2,58) = 62.4, p<.01), während sich zwischen den Mittelwerten für Sätze mit nominaler bzw. verbaler Disambiguierung kein Unterschied zeigte (DISAMBIGUIERUNG: F1/F2<1). Beide Faktoren stehen jedoch in einer signifikanten Wechselwirkung (Interaktion: F1(2,70) = 30.5, p<.01; F2(2,58) = 30.7, p<.01). Mit Hilfe nachfolgender Einzelvergleiche wurde den Ursachen für diese Wechselwirkung nachgegangen.

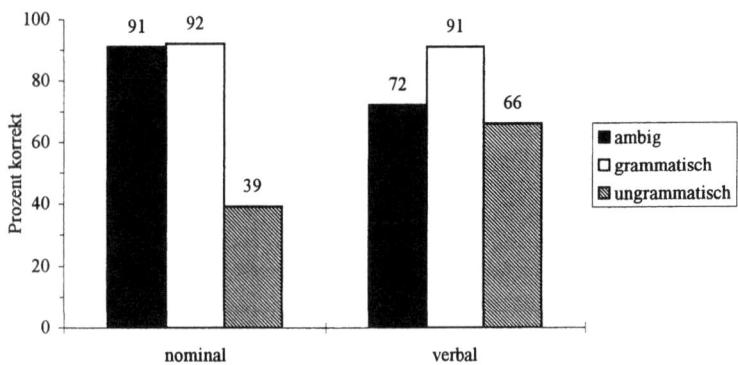

Abbildung 7.3: Prozentualer Anteil korrekter Antworten (Experiment 5, Teilexperiment *Verb-Zweit*)

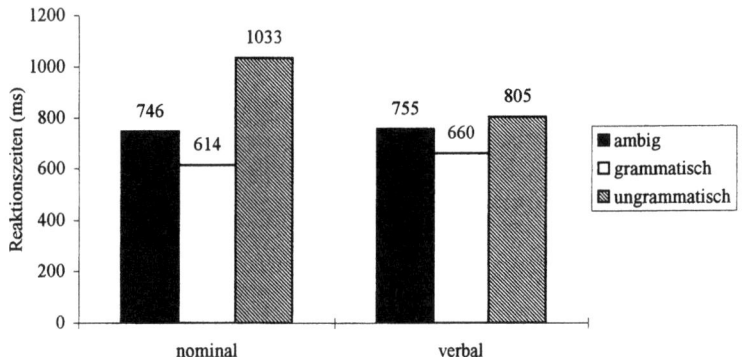

Abbildung 7.4: Reaktionszeiten für korrekte Antworten (Experiment 5, Teilexperiment *Verb-Zweit*)

Garden-Path-Effekte:
Zunächst einmal wurde untersucht, ob sich bei Sätzen mit nominaler bzw. verbaler Disambiguierung Anzeichen für Garden-Path-Effekte feststellen lassen und ob die Stärke der Garden-Path-Effekte in Abhängigkeit von der Art der Disambiguierung variiert. Als Maß für die Stärke des Garden-Path-Effektes wurde die Differenz zwischen eindeutig grammatischen und ambigen Sätzen zugrundegelegt Wie bereits eine bloße Inspektion der Mittelwerte erkennen läßt, werden im Falle nominaler Disambiguierung ambige Sätze kaum schlechter beurteilt als eindeutig grammatische Sätze (Differenz gram - ambig für *nominal*: 1%). In dieser Bedingung gibt es keine Anzeichen für einen Garden-Path-Effekt. Bei Sätzen mit verbaler Disambiguierung werden hingegen ambige Sätze deutlich schlechter beurteilt als eindeutig grammatische Sätze (Differenz gram - ambig für *verbal*: 19%, t1(70) = 2.9, p<.01; t2(58) = 2.9, p<.01). Ein direk-

ter Vergleich dieser Differenzwerte bestätigte, daß die Differenz bei Sätzen mit verbaler Disambiguierung deutlich größer ausfällt als bei Sätzen mit nominaler Disambiguierung (Interaktion amb/gram vs. DISAMBIGUIERUNG: $t1(70) = 3.01$, $p<.01$; $t2(58) = 3.41$, $p<.01$).

ungrammatische Sätze:
Auch die Ergebnisse für die ungrammatischen Sätze wurden an den Werten für eindeutig grammatische Sätze relativiert. Zunächst einmal kann festgestellt werden, daß unabhängig von der Art der Disambiguierung ungrammatische Sätze seltener korrekt erkannt wurden als grammatische Sätze (Einzelvergleich gram vs. amb, bezogen auf *nominal*: $t1(70) = 8.2$; $t2(58) = 10.2$, beide $p<.01$; bezogen auf *verbal*: $t1(70) = 4.0$; $t2(58) = 5.1$, beide $p<.01$). Jedoch fällt die Differenz zwischen grammatischen und ungrammatischen Sätzen bei nominaler Disambiguierung größer aus als bei verbaler Disambiguierung (Interaktion gram/ungram vs. DISAMBIGUIERUNG: $t1(70) = 4.7$; $t2(58) = 4.4$, beide $p<.01$). Ungrammatische Sätze werden in ersterer Bedingung also schlechter erkannt als in letzterer Bedingung.

Reaktionszeiten für korrekte Antworten:
Die Auswertung der Reaktionszeiten gestaltete sich problematisch, da 8 Versuchspersonen in jeweils einer Faktorstufenkombination alle Sätze falsch beurteilten und somit keine Datenpunkte lieferten. Dies betraf allerdings ausschließlich die Beurteilung ungrammatischer Sätze. Da es sicher unverhältnismäßig wäre, diese 8 Versuchspersonen - mithin fast ein Drittel der Probanden - auszuschließen, haben wir uns dazu entschlossen, alle Versuchspersonen im Datenpool zu belassen, die Analyse jedoch auf ambige und grammatische Sätze zu beschränken und Werte für ungrammatische Sätze auszuschließen. Es werden daher im folgenden nur die Stufen *ambig* sowie *grammatisch* des Faktors SATZART berücksichtigt. Tabelle 7.12 zeigt die im folgenden untersuchten Werte.

Tabelle 7.12
Reaktionszeiten für korrekte Antworten (Experiment 5, Teilexperiment *Verb-Zweit*)

Satzart	Disambiguierung		Mittelwert
	nominal	verbal	
ambig	746	755	750
grammatisch	614	660	637
Mittelwert	680	702	690

Ein signifikanter Effekt konnte lediglich für den Faktor SATZART ermittelt werden ($F1(1,35) = 12.6$, $p<.01$; $F2(1,29) = 13.9$, $p<.01$). Die Art der Disambiguierung hatte keinen Einfluß auf die Reaktionszeiten, und auch die Wechselwirkung beider Faktoren war nicht bedeutsam. Unabhängig von der Art der Disambiguierung elizitieren ambige Sätze also höhere Reaktionszeiten als eindeutig grammatische Sätze.

7.3.4.2 Verb-Letzt

Den prozentualen Anzeil korrekter Antworten zeigt Abbildung 7.5. Wie schon im vorherigen Teilexperiment wurde die Auswertung der Reaktionszeiten durch unbesetzte Zellen erschwert. Allerdings fanden sich leere Zellen diesmal auch bei ambigen bzw. grammatischen Sätzen. Es wurden daher die Werte von 3 Versuchspersonen entfernt, die bei ambigen oder grammatischen Sätzen eine oder mehrere leere Zellen produziert hatten. Entfernt werden mußten aus diesem Grunde zusätzlich die Werte eines experimentellen Satzes. Reaktionszeiten (Abbildung 7.6) beziehen sich daher lediglich auf 27 Versuchspersonen und 29 experimentelle Sätze.

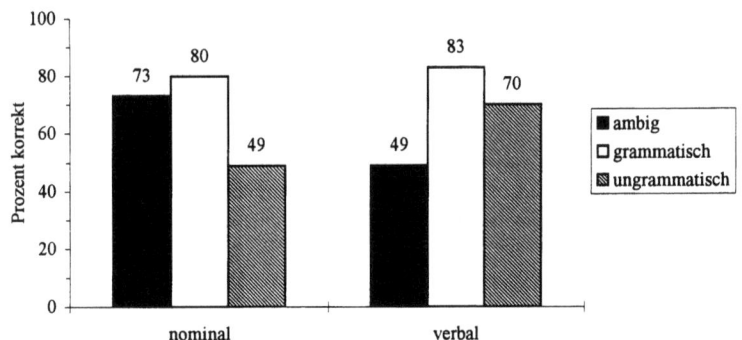

Abbildung 7.5: Prozentualer Anteil korrekter Antworten (Experiment 5, Teilexperiment *Verb-Letzt*)

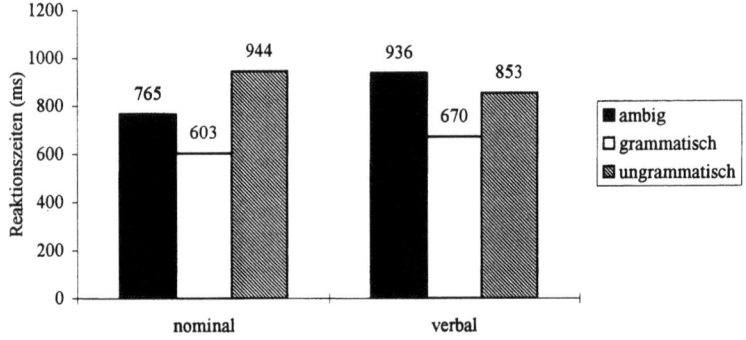

Abbildung 7.6: Reaktionszeiten für korrekte Antworten (Experiment 5, Teilexperiment *Verb-Letzt*)

Prozentualer Anteil korrekter Antworten:
Die statistische Analyse bezog sich auf die in Tabelle 7.13 angegebenen Mittelwerte.

Tabelle 7.13
Prozentualer Anteil korrekter Antworten (Experiment 5, Teilexperiment *Verb-Letzt*)

Satzart	Disambiguierung		Mittelwert
	nominal	*verbal*	
ambig	73	49	61
grammatisch	80	83	82
ungrammatisch	49	70	59
Mittelwert	67	67	67

Das varianzanalytisch ermittelte Ergebnismuster entspricht den im Teilexperiment *Verb-Zweit* erzielten Resultaten in allen wesentlichen Punkten. Es wurde ein signifikanter Einfluß des Faktors SATZART festgestellt (F1(2,58) = 10.0, p<.01; F2(2,58) = 20.2, p<.01), sowie eine signifikante Wechselwirkung zwischen SATZART und DISAMBIGUIERUNG (F1(2,58) = 15.2, p<.01; F2(2,58) = 19.9, p<.01). Die Gesamtmittelwerte in den Bedingungen *nominale* bzw. *verbale* Disambiguierung unterschieden sich nicht (F1/F2<1).

Garden-Path-Effekte:
Die Differenz zwischen eindeutig grammatischen und ambigen Sätzen betrug in der Bedingung *nominal* lediglich 7% (Einzelvergleich amb vs. gram, bezogen auf *nominal*: t1(58) = 1.1, n.s.; t2(58) = 1.8, p<.1) Wiederum fanden sich allenfalls schwache Anzeichen für einen Garden-Path-Effekt. In der Bedingung *verbal* konnte hingegen ein Garden-Path-Effekt beobachtet werden. Die Differenz zwischen grammatischen und ambigen Sätzen von 34% war signifikant (Einzelvergleich amb vs. gram, bezogen auf *verbal*: t1(58) = 4.4; t2(58) = 5.8, beide p<.01) und zugleich deutlich größer als die Differenz bei Sätzen mit nominaler Disambiguierung (Interaktion amb/gram vs. DISAMBIGUIERUNG: t1(58) = 3.31, p<.01; t2(58) = 3.67, p<.01).

ungrammatische Sätze:
Auch bei Verb-Letzt Sätzen wurden ungrammatische Strukturen insgesamt seltener korrekt erkannt als eindeutig grammatische Strukturen (Einzelvergleich gram vs.ambig, bezogen auf *nominal*: t1(58) = 3.8; t2(58) = 5.4, beide p<.01; bezogen auf *verbal*: t1(58) = 1.7, p<.1; t2(58) = 2.5, p<.05). Mit 31% fällt die Differenz zwischen eindeutig grammatischen und ungrammatischen Sätzen in der Bedingung nominale Disambiguierung jedoch signifikant größer aus als in der Bedingung verbale Disambiguierung, in der die Differenz lediglich 13% betrug (Interaktion gram/ungram vs. DISAMBIGUIERUNG: t1(58) = 2.1, t2(58) = 2.6, beide p<.05).

Reaktionszeiten für korrekte Antworten:
Wie schon im vorherigen Teilexperiment wurden bei der statistischen Auswertung lediglich Reaktionszeiten für ambige und eindeutig grammatische Sätze berücksichtigt, um möglichst

wenige Daten ausschließen zu müssen. Tabelle 7.14 faßt die entsprechenden Mittelwertkombinationen noch einmal zusammen.

Tabelle 7.14
Reaktionszeiten für korrekte Antworten (Experiment 5, Teilexperiment *Verb-Letzt*)

Satzart	*Disambiguierung*		*Mittelwert*
	nominal	verbal	
ambig	765	936	838
grammatisch	603	670	637
Mittelwert	680	775	726

Im Unterschied zu den Ergebnissen des Teilexperimentes *Verb-Zweit* hatte neben dem Faktor SATZART auch der Faktor DISAMBIGUIERUNG einen bedeutsamen Einfluß auf die Reaktionszeiten (SATZART: $F1(1,26) = 31.1$, $p<.01$; $F2(1,28) = 16.8$, $p<.01$; DISAMBIGUIERUNG: $F1(1,26) = 9.67$, $p<.01$; $F2(1,28) = 8.78$, $p<.01$). Eine Wechselwirkung zwischen beiden Faktoren blieb aus. Wir können damit zum einen festhalten, daß Sätze in der Bedingung verbale Disambiguierung höhere Reaktionszeiten verursachten als Sätze in der Bedingung nominale Disambiguierung. Konsistent aber mit den Ergebnissen aus dem Teilexperiment *Verb-Zweit* führten ambige Sätze zu höheren Reaktionszeiten als eindeutig grammatische Sätze.

7.3.5 Zusammenfassung

Experiment 5 testete in zwei Teilexperimenten das Verhältnis zwischen der Verarbeitung ambiger Objekt-Subjekt-Sätze mit verbaler bzw. nominaler Disambiguierung und der Verarbeitung der korrespondierenden ungrammatischen Sätze. Beide Teilexperimente bestätigten den schon im vorherigen Experiment erzielten Befund, daß die Stärke des Garden-Path-Effekts in Abhängigkeit von der Art der Disambiguierung variiert. Verbale Disambiguierung führt zu ernsthafteren Verarbeitungsschwierigkeiten als nominale Disambiguierung. Bei Sätzen mit verbaler Disambiguierung schlägt sich der Garden-Path-Effekt in einem deutlichen Abfall des prozentualen Anteils korrekter Grammatikalitätsurteile nieder, während der Garden-Path-Effekt bei Sätzen mit nominaler Disambiguierung lediglich zu einer Erhöhung der Reaktionszeiten für korrekte Antworten Anlaß gibt, wobei deren prozentualer Anteil relativ zur Performanz bei eindeutigen Sätzen nahezu unverändert bleibt.

Da sich dieses Muster in beiden Teilexperimenten gleichermaßen zeigte, können wir schlußfolgern, daß das Verhältnis zwischen Garden-Path-Stärke und Art der Disambiguierung nicht davon beeinflußt wird, welche der beiden Disambiguierungen früher bzw. später erfolgt. Speziell bedeutet dies, daß die Ergebnisse in Experiment 4 nicht darauf zurückgeführt werden können, daß der Parser bei verbaler Disambiguierung in Sätzen mit Zweit-Stellung des finiten Verbs noch keinen direkten Hinweis darauf erhält, welche NP anstelle der w-Phrase als Subjekt des Satzes fungiert.

Desweiteren demonstrierte Experiment 5, daß mit den Unterschieden bei der Verarbeitung ambiger Sätze Unterschiede bei der Verarbeitung eindeutig ungrammatischer Sätze einhergehen. Sätze, deren Ungrammatikalität auf einen Kongruenz-Fehler zurückgeht, wurden in beiden Teilexperimenten korrekter beurteilt als Sätze, die einen Kasus-Fehler enthalten. Kongruenz-Fehler elizitieren also in der Tat eine salientere Ungrammatikalität als Kasus-Fehler. Da Garden-Path-Sätze der Bedingung *verbal* ebenfalls einen Kongruenz-Fehler enthalten, Garden-Path-Sätze der Bedingung *nominal* hingegen einen Kasus-Fehler, können wir nun auch mit einiger Sicherheit davon ausgehen, daß sich das Verhältnis zwischen Garden-Path-Stärke und Salienz der Ungrammatikalität genau so darstellt, wie durch den *Mismatch-Effekt* vorhergesagt: Kongruenz-Fehler werden gut erkannt und führen in Garden-Path-Sätzen zu robust nachweisbaren Verarbeitungsschwierigkeiten; Kasus-Fehler werden weniger gut erkannt. Dementsprechend ziehen sie in ambigen Sätzen auch nur leichte Garden-Path-Effekte nach sich. Dieses Experiment untermauert also nicht nur unsere Behauptung, die Garden-Path-Stärke würde in Abhängigkeit von der Art der Disambiguierung variieren. Die Experimente bestätigen zudem die im *Mismatch-Effekt* festgehaltene Generalisierung bezüglich des Verhältnisses von Garden-Path-Stärke und der Salienz der Ungrammatikalität.

7.4 Allgemeine Diskussion

7.4.1 Zusammenfassung der Resultate

Die in diesem Kapitel vorgestellten experimentellen Untersuchungen testeten die Stärke von Garden-Path-Effekten, die bei verbaler bzw. nominaler Disambiguierung von w-Fragen entgegen der präferierten Subjekt-Objekt-Struktur entstehen. Alles in allem erhärten die erzielten Ergebnisse zwei Beobachtungen, auf die wir bereits durch eine zusammenfassende Betrachtung der Experimente 1- 3 gestoßen waren:

- Die Stärke des Garden-Path-Effekts variiert in Abhängigkeit von der Art der Disambiguierung. Entsteht am Punkt der Disambiguierung ein Konflikt zwischen dem Numerusmerkmal der w-Phrase und dem Numerusmerkmal des finiten Verbs, resultieren deutliche Verarbeitungsprobleme. Wird die Disambiguierung hingegen durch die kasusmorphologische Auszeichnung der zweiten NP als Nominativ bewerkstelligt, können zwar auch Garden-Path-Effekte nachgewiesen werden - zumindest bei Einsatz der *Speeded-Grammaticality-Judgements*-Methode. Jedoch fallen die Garden-Path-Effekte bedeutend schwächer aus. Gezeigt werden konnte auch, daß die durch Unterschiede in der Art der Disambiguierung hervorgerufene Variation der Garden-Path-Stärke unabhängig davon ist, ob verbale Disambiguierung innerhalb des Satzes früher erfolgt als nominale Disambiguierung oder umgekehrt.

- Unterschiede in der Verarbeitung von Garden-Path-Sätzen werden von Unterschieden in der Verarbeitung ungrammatischer Sätze begleitet. Ungrammatische Sätze, die einen Kongruenz-Fehler involvieren, d.h. einen Konflikt zwischen dem Numerusmerkmal der w-Phrase und dem Numerusmerkmal des finiten Verbs, werden korrekter beurteilt als Sätze, deren Ungrammatikalität auf einen Kasus-Fehler zurückgeht, auf einen Konflikt also zwischen der kasusmorphologischen Kennzeichnung der zweiten NP und der Annahme des Parsers, die w-Phrase würde als Subjekt fungieren. Wir können daran sehen, daß Kongruenz-Fehler in der Tat zu salienteren Ungrammatikalitäten Anlaß geben als Kasus-Fehler.

7.4.2 Theoretische Implikationen

Die hier vorgestellten experimentellen Ergebnisse werfen zwei Fragen auf: Zum einen muß begründet werden, weshalb verbale Disambiguierungen zu stärkeren Garden-Path-Effekten führen als nominale Disambiguierungen. Zum anderen benötigen wir eine Antwort auf die Frage, warum es korrespondierend dazu Unterschiede bei der Verarbeitung ungrammatischer Sätze gibt. Wie kann der *Mismatch-Effekt* in Fällen wie (25) und (26) erklärt werden?

(25) a. Welche Lehrerin riefen die Schüler?   starker GP

b. Welche Lehrerin rief der Schüler?   schwacher GP

(26) a. *Welcher Lehrer riefen die Schüler?   gute Performanz

b.* Welcher Lehrer rief der Schüler?   schlechte Performanz

Unser Hauptanliegen in diesem Kapitel bestand darin zu zeigen, daß dem *Mismatch-Effekt* eine kausale Beziehung zwischen der Salienz einer Ungrammatikalität und der Stärke resultierender Garden-Path-Effekte zugrundeliegt. Verbale Disambiguierung elizitiert einen starken Garden-Path-Effekt, weil Kongruenz-Fehler zu einer salienten Ungrammatikalität führen, die vom Parser problemlos entdeckt werden kann. Nominale Disambiguierung elizitiert einen schwächeren Garden-Path-Effekt, weil Kasus-Fehler, die bei nominaler Disambiguierung entstehen, vom Parser schlechter entdeckt werden und somit weniger salient sind. Eine Verbindung zwischen der Salienz von Ungrammatikalitäten und der Stärke von Garden-Path-Effekten kann unter Voraussetzung zweier Annahmen hergestellt werden.

Zum einen sind wir davon ausgegangen, daß der Parser seriell arbeitet. Serielle Parser berechnen im Falle einer strukturellen Ambiguität nur eine der möglichen Strukturzuweisungen. Erweist sich die vom Parser berechnete Strukturzuweisung am Punkt der Disambiguierung als falsch, entsteht eine Ungrammatikalität. Seriellen Verarbeitungsmodellen zufolge gibt es daher erhebliche Parallelen zwischen der Verarbeitung von Garden-Path-Sätzen und der Verarbeitung eindeutig ungrammatischer Sätze: In jedem Falle erreicht der Parser im Verlaufe des Verarbeitungsprozesses einen Punkt, an dem die bisher berechnete Struktur mit dem Input in Konflikt gerät. Bei Garden-Path-Sätzen ist dieser Konflikt lösbar, die Ungrammatikalität daher nur temporärer Natur. Bei eindeutig ungrammatischen Sätzen kann dieser Konflikt nicht behoben werden, die Ungrammatikalität ist permanent. Wichtig aber ist, daß der Parser unter Voraussetzung serieller Verarbeitung unmittelbar nach Entdecken einer Ungrammatikalität nicht entscheiden kann, ob er es mit einem Garden-Path-Satz oder einem wirklich ungrammatischen Satz zu tun hat.

Was passiert, nachdem der Parser eine Ungrammatikalität entdeckt hat? In der bisherigen Forschung ging man davon aus, daß die Entdeckung einer Ungrammatikalität Reanalyseprozesse in Gang setzt, die zum Ziel haben, eine neue, syntaktisch legitime Strukturzuweisung für den Input zu finden. Wir wir aber am Anfang dieses Kapitels gezeigt haben, kann der Unterschied zwischen verbaler und nominaler Disambiguierung mit Rekurs auf Reanalyseprozesse nicht erklärt werden. Unsere zweite Annahme bestand deshalb darin, dem Parser in Erweiterung bisheriger Vorstellungen am Punkt der Disambiguierung zwei Optionen einzuräumen (vgl. (15)): Der Parser kann, wie bisher angenommen, die Verarbeitung fortsetzen, in dem ein Reanalyseprozeß gestartet wird. Alternativ dazu kann der Parser die Verarbeitung unterbrechen und den Satz als ungrammatisch einstufen. Welche dieser Optionen der Parser bevorzugt wählt, hängt ab von der Salienz der Ungrammatikalität. Ist die Ungrammatikalität insalient, wird bevorzugt Reanalyse initiiert, während der Parser im Falle salienter Ungrammatikalitäten eher zu einem Abbruch bzw. einer Unterbrechung der Verarbeitung tendiert. Ein solches erweitertes Verarbeitungsmodell vorausgesetzt, führen saliente Ungrammatikalitäten zu starken Garden-Path-Effekten, weil sie - im Gegensatz zu insalienten Ungrammatikalitäten - Reanalyse blockieren.

Akzeptiert man diese beiden Annahmen, reduziert sich die Frage, weshalb in (25) Garden-Path-Effekte unterschiedlicher Stärke beobachtet werden können, darauf zu erklären, weshalb sich die in (25) am Punkt der Disambiguierung entstehenden Ungrammatikalitäten hinsichtlich ihrer Salienz unterscheiden. Wie wir gezeigt haben, entsteht in (25b) eine insaliente Ungrammatikalität, weil das disambiguierende Inputitem mit einem Merkmal der w-Phrase in Konflikt steht, welches prinzipiell auf eine *Default*-Entscheidung zurückgeführt werden kann. Die kasusmorphologische Kennzeichnung der disambiguierenden NP konfligiert mit der Tatsache, daß das Merkmal *Nominativ* bereits an die w-Phrase vergeben worden ist. Die Zuweisung des Nominativs an die w-Phrase kann aber prinzipiell als Ergebnis einer *Default*-Entscheidung gedeutet werden. Der Parser hat daher Grund anzunehmen, daß dieser Merkmalskonflikt revidierbar ist. Um sicher herausfinden zu können, ob es sich tatsächlich um einen ungrammatischen Satz handelt oder nicht, müßte der Parser prüfen, ob die Zuweisung des Nominativs an die w-Phrase auf die Applikation einer Parsingstrategie wie die AFS zurückgeht, oder durch kasusmorphologische Merkmale der w-Phrase erzwungen wurde. Im Falle ambiger Sätze wie (25b) führt dies zu automatischer Reanalyse. Und wie die schlechte Performanz bei Sätzen wie (26b) zeigt, tendiert der Parser unter Zeitdruck offenbar dazu, das Merkmal *Nominativ* der w-Phrase einer *Default*-Entscheidung zuzuschreiben, ohne sich dessen wirklich zu vergewissern. Mit anderen Worten: Auch eindeutig ungrammatische Sätze werden vom Parser sehr häufig "irrtümlich" reanalysiert, d.h. in Objekt-Subjekt-Strukturen verwandelt.

In (25a) hingegen steht ein Merkmal des disambiguierenden Inputitems (*Plural*) in Konflikt mit einem Merkmal der w-Phrase (*Singular*), welches keinesfalls als Ergebnis einer *Default*-Entscheidung gedeutet werden kann. Numerusmerkmale werden niemals *per default* zugewiesen, sondern beruhen stets auf lexikalischer Information. Der Parser wird daher - ohne daß weitere Überprüfungen nötig wären - diesen Merkmalskonflikt zunächst für unrevidierbar halten. Bei ambigen Sätzen hat dies einen Abbruch oder ein zeitweiliges Aussetzen des Verarbeitungsprozesses zur Folge, und es überrascht aus dieser Sicht auch nicht, daß eindeutig ungrammatische Sätze wie (26a) relativ sicher erkannt werden. Abhängig von der Salienz der Ungrammatikalität werden also ungrammatische Sätze wie ambige Sätze verarbeitet, d.h. "versehentlich" reanalysiert, oder aber ambige Sätze werden wie ungrammatische Sätze verarbeitet, d.h. "versehentlich" als ungrammatisch betrachtet, ohne die Möglichkeit der Reanalyse auszuschöpfen.

7.4.3 Eine alternative Erklärung für den *Mismatch-Effekt*?

Bevor wir dieses Kapitel abschließen, soll kurz ein potentielles Problem für den hier präsentierten Erklärungsansatz angesprochen werden. Eine sehr wichtige Rolle innerhalb unseres Erklärungsansatzes spielt die Annahme, daß der Parser im Falle verbaler wie nominaler Disambiguierung am Punkte der Disambiguierung in jedem Falle eine Ungrammatikalität bemerkt, auf diese Ungrammatikalität jedoch, je nach Art des Fehlers, unterschiedlich reagiert. Wichtiges Indiz für diese Annahme war die Beobachtung, daß eindeutig ungrammatische Sätze mit Kasus-Fehler (27b) weniger akkurat beurteilt werden als ungrammatische Sätze mit Kongruenz-Fehler (27a).

(27) a. *Welcher Lehrer riefen die Schüler?

b. *Welcher Lehrer rief der Schüler?

Warum werden bei der Beurteilung von (27b) unter experimentellen Bedingungen so viele Fehler gemacht? Unserer Deutung zufolge bemerken Probanden auch in (27b) die Ungrammatikalität sehr wohl, jedoch tendiert der Parser dazu, die Zuweisung des Nominativs an die w-Phrase für eine *Default*-Entscheidung zu halten und automatisch zu korrigieren. Da er dies auch im Falle ambiger Sätze macht, elizitieren Sätze mit nominaler Disambiguierung nur einen schwachen Garden-Path-Effekt. Dieser Vorschlag geht also davon aus, daß die automatische Reanalyse einer Subjekt-Objekt- zugunsten einer Objekt-Subjekt-Struktur ein fast kostenfreies Unterfangen, wie dies durch Garden-Path-Sätze mit nominaler Disambiguierung angezeigt wird. Im Falle verbaler Disambiguierung nehmen Garden-Path-Effekte an Stärke zu, weil die saliente Ungrammatikalität automatische Reanalyse blockiert.

Man könnte allerdings aus dem Kontrast zwischen (27a) und (27b) auch eine andere Schlußfolgerung ziehen und damit zu einer viel einfacheren Erklärung des Unterschieds zwischen Garden-Path-Effekten bei nominaler und verbaler Disambiguierung gelangen. Denkbar wäre es, den Kontrast in (27) dahingehend zu deuten, daß der Parser nur in (27a), nicht aber in (27b) eine Ungrammatikalität bemerkt). Der Parser erwartet, daß die zweite NP in (27b) das Merkmal *Akkusativ* trägt. Weil diese Erwartung so stark ist, "übersieht" der Parser die kasusmorphologische Markierung der zweiten NP in der Regel (Schlesewsky, 1997) oder aber er repariert sie entsprechend seinen Erwartungen (Konieczny, Hemforth, Scheepers & Strube, 1996), d.h. überschreibt *Nominativ* mit *Akkusativ*. In beiden Fällen baut der Parser eine Repräsentation auf, die statt *der Schüler* als zweite NP *den Schüler* enthält. Der Garden-Path-Effekt wäre bei nominaler Disambiguierung daher deshalb so schwach, weil der Parser in vielen Fällen die Nominativmarkierung der zweiten NP überliest bzw. korrigiert. In solchen Fällen erkennt der Parser gar nicht, daß es sich um einen Garden-Path-Satz handelt und setzt daher auch keine Reanalyseprozesse in Gang. Einer solchen *Reparaturhypothese* zufolge wären also Garden-Path-Effekte bei w-Fragen mit Subjekt-Objekt-Ambiguität prinzipiell relativ schwierig, wie angezeigt durch Sätze mit verbaler Disambiguierung. Reparaturprozesse sorgen aber dafür, daß die Stärke des Garden-Path-Effekts bei Sätzen mit nominaler Disambiguierung abnimmt.

In einem in Zusammenarbeit mit Markus Bader durchgeführten Experiment wurde versucht, diese beiden Erklärungsansätze empirisch zu trennen. Ausgangspunkt unserer Bemühungen war folgende Fragestellung: Welche Repräsentation haben Probanden gespeichert, die einen ungrammatischen Satz wie in (28) unter experimentellen Bedingungen irrtümlich für grammatisch halten? Wenn sie ihn für grammatisch halten, müssen sie eine interne Korrektur vorgenommen haben. Welcher Teil des Satzes wird korrigiert? Dem hier vertretenen Ansatz zufolge bemerkt der Parser die Ungrammatikalität in (28), neigt aber dazu, der w-Phrase das Merkmal *Akkusativ* zuzuweisen, ohne sich zu vergewissern, ob dies legitim ist oder nicht. Probanden sollten also, wenn sie (28) für grammatisch halten, diesem Satz eine Repräsentation zuweisen, die (29b) entspricht (O-S Korrektur). Die Reparaturhypothese hingegen geht davon aus, daß der Parser den Fehler in (28) in vielen Fällen nicht bemerkt. Die Erwartung einer Akkusativ-NP läßt den Parser übersehen, daß die zweite NP eine eindeutige Markierung für den Nominativ enthält. Dies ließe erwarten, daß einem Satz wie (28) eine Repräsentation analog zu (29a) zugewiesen wird (S-O Korrektur).

(28) *Welcher Lehrer rief der Schüler?

(29) a. Welcher Lehrer rief <u>den Schüler</u>? S-O Korrektur
     b. <u>Welchen Lehrer</u> rief der Schüler? O-S Korrektur

Um die unterschiedlichen Vorhersagen beider Erklärungsansätze zu testen, wurde die Verarbeitung von Sätzen wie (28) zusammen mit eindeutig grammatischen Sätzen wie (29) in einem *Speeded-Grammaticality-Judgements*-Experiment getestet (vgl. Bader & Meng, in Vorb.). Versuchspersonen waren in diesem Experiment jedoch nicht nur aufgefordert, die Grammatikalität der ihnen präsentierten Sätze so schnell wie möglich zu beurteilen. Nach Abgabe des Grammatikalitätsurteils mußten sie den jeweils gelesenen Satz laut und deutlich wiederholen Die kritische Frage war nun, ob die Versuchspersonen, wenn sie einen Satz wie (28) irrtümlicherweise für grammatisch halten, eine interne S-O Korrektur oder eine interne O-S Korrektur vorgenommen haben, ob sie also bei der anschließenden Wiederholung Sätze wie (29a) oder (29b) produzieren.

Zum einen zeigte sich auch in diesem Experiment, daß die Beurteilung ungrammatischer Sätze des Typs (28) weit fehleranfälliger ist als die Beurteilung von Ungrammatikalitäten anderen Typs. Von Sätzen wie (28) wurden lediglich 63% korrekt als ungrammatisch beurteilt, während ungrammatische Sätze mit Kongruenz-Fehler (vergleichbar mit (27a)) 82% korrekte Antworten elizitierten. Auch unter den veränderten experimentellen Bedingungen finden wir also den gleichen Kontrast zwischen Sätzen mit Kasus- bzw. Kongruent-Fehler. Wie nun die Inspektion der Wiederholungen nach fehlerhaften Antworten sichtbar werden ließ, gab es einen signifikanten Vorteil von O-S Korrekturen gegenüber S-O Korrekturen. Insgesamt wurden Sätze wie (28) in 43 Fällen falsch beurteilt. In 10 Fällen folgte auf falsche Antworten eine Wiederholung wie in (29a), in 33 Fällen hingegen eine Wiederholung wie in (29b). Dieses Ergebnis zeigt deutlich, daß die zweite NP in Sätzen wie (28) nicht einfach überlesen wird. Der Parser registriert sehr wohl, daß es sich um eine nominativmarkierte NP handelt. Dieses Ergebnis zeigt ebenso deutlich, daß nicht die zweite NP manipuliert wird, sondern die w-Phrase. Offenbar zieht der Parser aus dem Kasus-Fehler relativ häufig den Schluß, daß der w-Phrase das Merkmal *Nominativ per default* zugewiesen wurde und diese Entscheidung daher prinzipiell revidierbar ist. Die Ergebnisse dieses Experiments bestätigen damit die Vorhersage, die sich aus unserem Erklärungsansatz ableitet, und widerlegen gleichzeitig beide hier vorgestellte Varianten der Reparaturhypothese.

7.5 Zusammenfassung

Kapitel 7 widmete sich der Frage, weshalb Garden-Path-Effekte bei der Verarbeitung lokal ambiger w-Fragen hinsichtlich ihrer Stärke variieren. Wie gezeigt worden ist, konstituiert die Art der Disambiguierung einen wichtigen Faktor, der Einfluß auf die Stärke von Garden-Path-Effekten nehmen kann: Verbale Disambiguierung induziert größere Schwierigkeiten als nominale Disambiguierung. Diesen Kontrast befriedigend zu erklären ist unter Rückgriff auf Diagnose- oder Revisionsprozesse unmöglich. Die von uns vorgeschlagene Erklärung geht vielmehr davon aus, daß es Unterschiede in der Salienz der Ungrammatikalität sind, die im Falle eines Garden-Path-Satzes direkt am Punkt der Disambiguierung entsteht, welche für die beobachtete Variation der Stärke der Garden-Path-Effekte verantwortlich gemacht werden muß. Je salienter die Ungrammatikalität, desto stärker der Garden-Path-Effekt (*Mismatch-Effekt*).

Im Falle verbaler Disambiguierung entsteht ein Kongruenz-Fehler. Die Ungrammatikalität ist salient. Sie blockiert den Reanalyseprozeß: Der Parser hält den Satz nicht für ambig und damit reanalysierbar, sondern für ungrammatisch. Nominale Disambiguierung hingegen involviert einen Kasus-Fehler, eine insaliente Ungrammatikalität. Dies hat zur Folge, daß der Parser die Ungrammatikalität prinzipiell für behebbar hält. Entscheidende Motivation, Unterschiede in der Stärke von Garden-Path-Effekten bei verbaler und nominaler Disambiguierung mit der Salienz der Ungrammatikalität in Verbindung zu bringen, entsprang der Beobachtung, daß eindeutig ungrammatische Sätze, die den gleichen Fehler enthalten, der auch bei Garden-Path-Sätzen am Punkt der Disambiguierung entsteht, unter experimentellen Bedingungen unterschiedlich gut erkannt werden können: Ungrammatische Sätze mit Kongruenz-Fehler werden korrekter beurteilt als ungrammatische Sätze mit Kasus-Fehler.

8 Disambiguierungseffekte II: Der Dativ-Effekt

In Kapitel 7 wurde gezeigt, daß die Unterscheidung zwischen syntaktisch markierten und syntaktisch unmarkierten Merkmalen bei der Charakterisierung der Verarbeitungsprozesse am Punkt der Disambiguierung eine wichtige Rolle spielt. Führt das disambiguierende Inputitem zu einem Konflikt mit einem Merkmal, welches syntaktisch markiert ist, d.h. nicht auf eine *Default*-Entscheidung des Parsers zurückgehen kann, dann wird die Reanalyse der Struktur blokkiert und es resultiert ein robuster Garden-Path-Effekt. Kongruenz-Fehler, die bei verbaler Disambiguierung auftreten, führen daher zu erheblichen Verarbeitungsschwierigkeiten. Entsteht am Punkt der Disambiguierung hingegen ein Konflikt mit einem Merkmal, welches prinzipiell auf eine *Default*-Entscheidung des Parsers zurückführbar ist, kommt es nicht zu einer Blockade der Reanalyse. Der resultierende Garden-Path-Effekt ist schwächer. Dies ist bei Strukturen mit nominaler Disambiguierung der Fall, in denen das disambiguierende Inputitem zu einem Konflikt mit dem Merkmal *Nominativ* der w-Phrase führt. Den entscheidenden Hinweis darauf, daß der Parser bei Garden-Path-Sätzen mit verbaler bzw. nominaler Disambiguierung auf die temporäre Ungrammatikalität verschieden reagiert, lieferte die Beobachtung, daß Unterschiede in der Garden-Path-Stärke von Unterschieden in der Verarbeitung eindeutig ungrammatischer Sätze mit Kongruenz- bzw. Kasus-Fehler in systematischer Weise begleitet werden (*Mismatch-Effekt*).

In diesem Kapitel soll die Untersuchung von Prozessen am Punkt der Disambiguierung auf eine andere empirische Domäne ausgedehnt werden. Wir werden die Verarbeitung von zwei Satztypen vergleichen, die sich nicht hinsichtlich der Art der Disambiguierung unterscheiden, augenscheinlich aber hinsichtlich der konkreten Reanalyseoperationen, die am Punkt der Disambiguierung notwendig werden. Zur Charakterisierung dieses Unterschieds hinsichtlich der Reanalyseoperationen wird die Distinktion zwischen markierten und unmarkierten Merkmalen erneut bedeutsam werden. Im Mittelpunkt stehen im folgenden Markiertheitsunterschiede innerhalb des Kasussystems, speziell die Distinktion zwischen strukturellem und lexikalischem Kasus. Betrachten wir die Beispiele in (1).

(1) a. Wessen Frau glaubst du, *sah der Mann*?
    b. Wessen Frau glaubst du, *half der Mann*?

Beide Strukturen induzieren eine Subjekt-Objekt-Ambiguität, da die satzinitiale w-Phrase kasusmorphologisch mehrdeutig ist, werden jedoch zugunsten der Objekt-Subjekt-Struktur disambiguiert. Beide Strukturen werden auf gleiche Weise, nämlich nominal, disambiguiert. Auf der Grundlage der Erläuterungen in Kapitel 7 müssen wir daher davon ausgehen, daß sich auch die Fehler, die in (1a) und (1b) am Punkt der Disambiguierung entstehen, nicht voneinander unterscheiden. Die kasusmorphologische Kennzeichnung der disambiguierenden NP *der Mann* als Nominativ steht in Konflikt mit der Tatsache, daß das syntaktische Merkmal *Nominativ* bereits an die w-Phrase vergeben wurde. Da aber das Merkmal *Nominativ* an der w-

Phrase per *Default*-Entscheidung zustande gekommen sein könnte, ist die Bereitschaft des Parsers sehr groß, dieses Merkmal und die damit verbundene syntaktische Entscheidung zu ändern. Unterschiedlich sind jedoch die Änderungen, die der Parser in (1a) und (1b) am Punkt der Disambiguierung vornehmen muß, um die Ungrammatikalität zu beheben. In beiden Sätzen fungiert die w-Phrase als Objekt des eingebetteten Satzes, in (1a) jedoch als Akkusativobjekt, in (1b) als Dativobjekt. Dies bedeutet, daß zwar bei Auflösung der Ambiguität jeweils die gleichen phrasenstrukturellen Änderungen nötig sind - der Parser muß die w-Phrase statt mit einer Lücke in Subjektposition mit einer Lücke in der Komplementposition des Verbs verbinden - die w-Phrase jedoch jeweils ein unterschiedliches Kasusmerkmal erhält. In (1a) wird das Merkmal *Nominativ* der w-Phrase durch das Merkmal *Akkusativ* ersetzt, in (1b) durch das Merkmal *Dativ*. Unterschiedlich ist also bei (1a) und (1b) vor allem, daß die Reanalyse von (1a) die Zuweisung eines strukturellen Kasus an die w-Phrase involviert, während in (1b) die Zuweisung eines lexikalischen Kasus notwendig wird.

Wie in Abschnitt 6.4.2.1 bereits begründet wurde, kann die Zuweisung eines strukturellen Kasus (Akkusativ) an ein Objekt als die *Default*-Option betrachtet werden. Akkusativ ist der unmarkierte Kasus für Objekte. Die Zuweisung des Dativs hingegen ist eine markierte Option. Sie erfolgt nur dann, wenn dies durch lexikalische Eigenschaften des Verbs explizit erzwungen wird. Hat dieser Unterschied Auswirkungen auf die Schwierigkeit der Reanalyse in (1a) und (1b)? Diese Frage wird im Mittelpunkt des folgenden Kapitels stehen. In Abschnitt 8.1 erörtern wir die theoretischen Hintergründe dieser Fragestellung. Aufbauend auf einigen linguistisch motivierten Erwägungen bezüglich der morphosyntaktischen Repräsentation des Akkusativs und des Dativs werden wir darlegen, welche Verarbeitungsschritte die Zuweisung von lexikalischem bzw. strukturellem Kasus im Prozeß der Reanalyse jeweils notwendig macht. Daran anknüpfend diskutieren wir die *Lexical-Reaccess-Hypothese*, die auf frühere Untersuchungen zur Verarbeitung von Objekt-Objekt-Ambiguitäten zurückgeht (Bader *et al.*, 1996). Der *Lexical-Reaccess*-Hypothese zufolge sollte eine Disambiguierung wie in (1b) in der Tat zu weitaus größeren Schwierigkeiten führen als eine Disambiguierung wie in (1a), da die Zuweisung des Dativs zu einer Reaktivierung lexikalischer Information zwingt. In den Abschnitten 8.3 - 8.4 unterwerfen wir die *Lexical-Reaccess*-Hypothese verschiedenen experimentellen Tests.

8.1 Der Dativ im Reanalyseprozeß

8.1.1 Objekt-Objekt-Ambiguitäten im Deutschen

Warum sollte es Unterschiede hinsichtlich der Stärke der durch (1) ausgelösten Garden-Path-Effekte geben? Zunächst einmal wollen wir darlegen, welche Gründe es für die Annahme gibt, der Parser würde die grammatisch begründete Unterscheidung zwischen strukturellem und lexikalischem Kasus respektieren. Wie wir bereits gesehen habe, spielt die Unterscheidung zwischen strukturellem und lexikalischem Kasus bei der Auflösung von Ambiguitäten, durchaus eine Rolle. Einschlägig ist in diesem Zusammenhang eine Beobachtung, die bereits in Abschnitt 6.4.2.1 dieser Arbeit Erwähnung gefunden hat.

Bader et al. (1996) (vgl. auch Bader, 1994; Hopf et al., 1998) diskutieren den Status lexikalischer und struktureller Kasusmerkmale anhand der Verarbeitung lokaler Füller-Lücken-Ambiguitäten mit Objekt-Objekt-Ambiguität wie in (2). Die topikalisierte komplexe NP *Menschen + Relativsatz* ist kasusindifferent und daher sowohl mit der Zuweisung des Nominativs, des Akkusativs, des Dativs und des Genitivs kompatibel.[1] Mit Erreichen des Verbs, welches mit der initialen NP nicht kongruiert, verfügt der Parser über Information darüber, daß diese NP nicht als Subjekt fungiert, also nicht mit einer Lückenposition in SpecIP verbunden werden kann. Wenn die Topik-NP nicht als Subjekt fungiert, dann als Objekt. Für sie muß daher eine Lücke in Komplementposition des Verbs reserviert werden. Damit aber verschwindet die Ambiguität noch nicht restlos, denn es kann nicht sofort entschieden werden, ob die Topik-NP als Akkusativ- oder als Dativobjekt zu analysieren ist. Darüber entscheidet erst das satzfinale Verb (2).

(2) a. [Menschen, die in Not sind]$_i$, sollte man t$_i$ unterstützen.

b. ¿[Menschen, die in Not sind]$_i$, sollte man t$_i$ helfen.

Wie Bader et al. zeigen konnten, führt die Verarbeitung von (2b) relativ zu (2a) zu Verarbeitungsschwierigkeiten, ein Kontrast, der von vielen Informanten auch intuitiv nachvollzogen werden kann. Die Topik-NP wird präferiert als Akkusativobjekt analysiert. Disambiguierung durch ein Verb, welches wie *helfen* in (2b) ein Dativobjekt subkategorisiert, verursacht einen Garden-Path-Effekt.

Wie kann diese Präferenz erklärt werden? Geht man davon aus, daß sich die Lückenpositionen in (2a) und (2b) phrasenstrukturell nicht unterscheiden, dann folgt, daß der Vorteil von (2a) gegenüber (2b) auch nicht als Ausdruck der Applikation strukturorientierter Parsingprinzipien wie der *Active-Filler Strategy* aufgefaßt werden kann. Die Verarbeitungsdaten belegen also zwei Dinge. Zum einen zeigen sie, daß sich der Parser auch ohne strukturell eindeutige Hinweise vor Eintreffen disambiguierender Information auf die Zuweisung eines der möglichen Kasusmerkmale festlegt. Zum anderen zeigen sie, daß der Parser offenbar die Zuweisung des Akkusativs der Zuweisung des Dativs vorzieht. Diese Präferenz kann erklärt werden, wenn man dem Parser unterstellt, daß er ganz allgemein der Zuweisung von strukturellem Kasus gegenüber der Zuweisung von lexikalischem Kasus den Vorzug gibt. Genau dies haben die Prinzipien der Kasuspräferenz zum Ziel (Bader et al., 1996), auf die wir in Abschnitt 6.4.2.1 bereits zu sprechen gekommen sind.

(3) *Prinzipien der Kasuspräferenz*

a. Ziehe die Zuweisung von strukturellem Kasus der Zuweisung von lexikalischem Kasus vor.

b. Ziehe die Zuweisung abstrakten Nominativs der Zuweisung abstrakten Akkusativs vor.

---

[1] Der Genitiv, welcher als Kasus für Ergänzungen des Verbs im Deutschen kaum noch Verwendung findet, soll in den folgenden Erörterungen vernachlässigt werden.

Der Verarbeitungskontrast in (2) kann also erklärt werden, nimmt man an, daß der Parser die Unterscheidung zwischen strukturellem und lexikalischem Kasus respektiert. Eine ganz andere Frage ist allerdings, weshalb die Disambiguierung in (2b) Schwierigkeiten bereitet. Konzentrieren wir uns zunächst einmal auf den Merkmalskonflikt, den die Disambiguierung in (2b) hervorruft. Dem Verb *helfen* zufolge muß die Objekt-NP das Merkmal *Dativ* tragen; sie trägt aber das Merkmal *Akkusativ*. Das Merkmal *Akkusativ* kann aber, wie wir gerade gesehen haben, Ergebnis einer *Default*-Zuweisung sein. Der Parser sollte diesen Fehler daher für behebbar halten; der Merkmalskonflikt aus diesem Grunde Reanalyse nicht blockieren.

Dennoch scheint die Disambiguierung in (2b) zu erheblichen, oft genug sogar bewußt wahrnehmbaren Verarbeitungsproblemen zu führen. Für den Garden-Path-Effekt müssen daher Eigenschaften des in (2b) notwendig werdenden Reanalyseprozesses verantwortlich sein. Bader *et al.* (vgl. auch Bader, erscheint, a) entwickeln eine Hypothese bezüglich des Reanalyseprozesses in (2b), welche eine prinzipielle Erklärung des Garden-Path-Effekts ermöglicht. Diese Hypothese nimmt wesentlich Bezug auf die Unterscheidung zwischen der syntaktischen und der morphologischen Seite von Kasus. Die für die Darstellung des Verarbeitungsablaufes relevanten Aspekte werden im folgenden Abschnitt kurz diskutiert.

8.1.2 Nominativ, Akkusativ und Dativ: Einige morphosyntaktische Eigenschaften

Kasusmerkmale wie *Nominativ* und *Dativ* sind syntaktisch als abstrakte Merkmale aufzufassen, die einer Phrase - bestimmte phrasenstrukturelle Bedingungen vorausgesetzt - zugewiesen werden. Jede Phrase des Typs NP muß über ein solches abstraktes Kasusmerkmal verfügen. Von dieser syntaktischen Seite des Kasus zu trennen ist die morphologische Realisierung des Kasus innerhalb einer NP. NPs können, müssen aber nicht das ihnen zugewiesene Kasusmerkmal morphologisch realisieren. Sehr viele NPs bleiben *kasusindifferent* (Gallmann, 1996), d.h. sie können unterschiedliche syntaktische Kasusmerkmale erhalten. Wie wir bereits gesehen haben, zerfallen Kasusmerkmale hinsichtlich ihrer syntaktischen Eigenschaften in zwei Klassen: strukturelle sowie lexikalische Kasus. Bader *et al.* betonen nun, daß Nominativ und Akkusativ als strukturelle Kasus sowie Dativ als lexikalischer Kasus sich auch bezüglich ihrer Anforderungen an die morphologische Realisierung des Kasus unterscheiden. Ein Dativ-Merkmal *muß* morphologisch realisiert werden, ein Merkmal für Nominativ oder Akkusativ *kann* morphologisch realisiert werden.[2] Mit anderen Worten: Eine Phrase kann das Merkmal *Dativ* nur dann tragen, wenn sie über ein morphologisches Merkmal für den Dativ verfügt. Den Nominativ oder Akkusativ kann sie jedoch immer dann tragen, wenn ihre morphologische Markierung dem nicht widerspricht.

(4) Das Kasusmerkmal *Dativ* muß morphologisch realisiert werden.

Zum einen zeigt sich dies darin, daß die strukturellen Kasus morphologisch gesehen oft ununterscheidbar sind, während der Dativ morphologisch distinkt markiert wird. Tabelle 8.1 illustriert dies anhand des Flexionsparadigmas für definite Artikel. Während die morphologischen Markierungen für Nominativ und Akkusativ oft zusammenfallen, ist die morphologische

---

[2] Vgl. Vogel & Steinbach (1995) für eine ähnliche Schlußfolgerung, aufbauend auf einer in Teilen ähnlichen Argumentation.

Kennzeichnung des Dativs in den meisten Bedingungen eindeutig. Wenn die Formen des Dativs mit denen eines anderen Kasus zusammenfallen, dann nicht mit den Formen des Nominativs oder Akkusativs, sondern mit denen des Genitivs.

Tabelle 8.1
Flexionsparadigma für definite Artikel

	Singular			Plural
	maskulin	feminin	neutral	
Nominativ	der	die	das	die
Akkusativ	den	die	das	die
Dativ	dem	der	dem	den
Genitiv	des	der	des	der

Vogel & Steinbach (1995:113) weisen zudem darauf hin, daß einige dialektale Varianten des Deutschen die Unterscheidung zwischen Nominativ und Akkusativ bereits völlig aufgegeben haben. Im Zürich-Deutschen, einer hochalemannischen Variante des Deutschen, sind Nominativ und Akkusativ völlig ununterscheidbar, jedoch distinkt vom Dativ (Cooper, 1995:15). Haag-Merz (1995) dokumentiert ähnliche Erscheinungen im Schwäbischen.

Tabelle 8.2
Flexionsparadigma für definite Artikel (Zürich-Deutsch)

	Singular			Plural
	maskulin	feminin	neutral	
Nom/Akk	de	d	s	d
Dativ	em	de	em	de

Besonders wichtig für die Verteidigung der Generalisierung in (4) ist folgende Beobachtung: Das Kasusmerkmal *Dativ* kann nur an Phrasen vergeben werden, die Kasus prinzipiell auch morphologisch realisieren können. Strukturelle Kasus unterliegen dieser Beschränkung nicht. Betrachten wir dazu die Beispiele in (5) - (7) (vgl. auch Fanselow & Felix, 1987: 85f.; Vogel & Steinbach, 1995:115f.). Diese enthalten jeweils Verben, die die thematische Rolle *Proposition* selegieren. Diese thematische Rolle kann auf zweierlei Weise syntaktisch realisiert werden: als NP oder als Teilsatz. Ein Satz kann aber nur dann auftreten, wenn an die entsprechende syntaktische Position der Nominativ oder der Akkusativ vergeben wird (vgl. (5), (6)). Verknüpft das Verb die Zuweisung der thematischen Rolle 'Proposition' mit der Zuweisung des Dativs, kann nur eine NP auftreten, nicht aber ein sententiales Komplement (7). Dies wird durch Generalisierung (4) korrekt erfaßt, weil Sätze keine morphologische Kasusmarkierung tragen können.

(5) a. Er glaubte, daß es regnen würde.

b. Er glaubte die Behauptung, daß es regnen würde.

(6) a. Ihn freute, daß Maria kommen würde.

b. Ihn freute die Ankündigung, daß Maria kommen würde.

(7) a. *Peter widersprach, daß es regnen würde.

b. Peter widersprach der Behauptung, daß es regnen würde.

Wenn allerdings die Verknüpfung zwischen thematischer Rolle und Kasus aufgehoben wird, wie im Falle des sogenannten Dativ-Passivs mit *bekommen*, können sententiale Argumente wieder auftreten (Webelhuth, 1990: 45f.; Vogel & Steinbach, 1995:116).

(8) a. Ihr meßt der Tatsache, daß Peter abgesagt hat, zu große Bedeutung bei.

b. Die Tatsache, daß Peter abgesagt hat, bekam zu große Bedeutung beigemessen.

(9) a. *Ihr meßt zu große Bedeutung bei, daß Peter abgesagt hat.

b. Daß Peter abgesagt hat, bekam zu große Bedeutung beigemessen.

Ist die Generalisierung in (4) korrekt, wirft dies natürlich sofort die Frage auf, wie mit NPs zu verfahren ist, die hinsichtlich ihrer morphologischen Spezifikation allesamt völlig kasusindifferent bleiben, aber dennoch ein Dativ-Merkmal tragen können: artikellose NPs im Plural (vgl. (2)); NPs, deren Spezifikatorposition durch eine Genitiv-NP okkupiert wird (*Peters Frau*, vgl. auch (1)), sowie Eigennamen, sofern sie ohne Artikel erscheinen. Bader *et al.* nehmen an, daß derartige NPs die morphologische Lizenzierung des Dativs mittels eines koverten morphologischen Merkmals bewerkstelligen können. Dies impliziert, daß NPs wie *Menschen*, *Peters Frau* oder *Maria* in zwei Varianten anzutreffen sind: in einer tatsächlich kasusindifferenten Variante ohne kasusmorphologisches Merkmal, die in Kontexten, in denen struktureller Kasus zugewiesen wird, zum Einsatz kommt, und in einer Variante, die das koverte kasusmorphologische Merkmal enthält, welches für die Lizenzierung des Dativs nötig ist.

Wenigstens als Indiz für diese Annahme mag gelten, daß einige kasusindifferente Formen zwar die Kasusmerkmale *Nominativ* und *Akkusativ* tragen können, nicht aber das Kasusmerkmal *Dativ*.[3] Diese Beispiele deuten an, daß manche Formen wie *was* oder *nichts* lediglich eine kasusindifferente Variante besitzen, nicht aber eine Variante, die das dativlizenzierende abstrakte morphologische Merkmal enthält.

(10) a. Was hast du unterstützt?

b. *Was hast du widersprochen?

(11) a. Er hat nichts abgelehnt.

b. *Er hat nichts widersprochen.

---

[3] Vgl. zu diesem Problembereich auch Pittner (1996) sowie Gallmann (1990).

Pronominale Elemente wie *viel* können sowohl mit oder ohne Flexionsmorphem auftreten, ohne Flexionsmorphem jedoch nur im Akkusativ. In Kontexten, die die Zuweisung des Dativs erforderlich machen, ist overte Flexionsmorphologie unverzichtbar.

(12) a. Der Bürgermeister hat viel angesprochen.

b. *Der Bürgermeister hat viel widersprochen.

(13) a. Der Bürgermeister hat vieles gesagt.

b. Der Bürgermeister hat vielem widersprochen.

8.1.3 Konsequenzen für die Verarbeitung: Die *Lexical-Reaccess*-Hypothese

Generalisierung (4) zufolge kann der Dativ nur Phrasen zugewiesen werden, die diesen Kasus auch morphologisch zu lizenzieren in der Lage sind. In der Regel erfolgt diese Lizenzierung mittels sichtbarer Kasusmorphologie. NPs, die keine entsprechenden overten Marker enthalten, dürfen das Merkmal *Dativ* nur dann tragen, wenn sie über ein kovertes morphologisches Merkmal verfügen, welches den Lizenzierungsanforderungen des Dativs Genüge tut. Überlegen wir nun, wie sich auf dem Hintergrund dieser Annahmen die Verarbeitung von Garden-Path-Sätzen wie (2b) ausnimmt.

(2) b. [Menschen, die in Not sind]$_i$, muß man t$_i$ helfen.

Die komplexe NP *Menschen + Relativsatz* gehört zu jener Gruppe von NPs, die über keinerlei overte Kasusmorphologie verfügen. Wir gehen daher davon aus, daß diese NP in zwei oberflächlich nicht unterscheidbaren Varianten auftreten kann: in einer kasusindifferenten Variante, die in Kontexten zum Einsatz kommt, in denen dieser NP struktureller Kasus zugewiesen wird, sowie in einer Variante mit kovertem morphologischen Merkmal für den Dativ. In (2b) wird zunächst die kasusindifferente Variante ausgewählt, da der Parser der NP *Menschen + Relativsatz* den Akkusativ zuweist.[4] Am Punkt der Disambiguierung stellt sich heraus, daß diese NP anstelle des Akkusativs das Merkmal *Dativ* erhalten muß. Der Dativ erfordert eine morphologische Lizenz. Eine solche ist aber an der Topik-NP nicht erkennbar. Der Parser muß daher zunächst überprüfen, ob es eine Variante dieser NP gibt, die über ein dativlizenzierendes morphologisches Merkmal verfügt. Dies zwingt den Parser dazu, lexikalische Information bezüglich des Nomens *Menschen* zu reaktivieren, speziell Information bezüglich der Frage, ob und wie ein solches Nomen den Dativ morphologisch auszudrücken vermag.

In Bader *et al.* (1996) wird nun behauptet, daß eine Verarbeitungsschwierigkeit in (2b) genau deshalb entsteht, weil der Parser, bevor die syntaktische Verarbeitung fortgesetzt werden kann, lexikalische Information reaktivieren muß, Information also, deren Berechnung in den Verantwortungsbereich eines vom Parser distinkten, ihm vorgelagerten Verarbeitungsmoduls fällt. Diese Hypothese soll im folgenden als *Lexical-Reaccess*-Hypothese bezeichnet werden.

---

[4] Man beachte, daß der topikalisierten NP vermutlich zunächst einmal das Kasusmerkmal *Nominativ* zugewiesen wird. Erst mit Erreichen des finiten Verbs wird deutlich, daß die topikalisierte NP nicht als Subjekt, sondern als Objekt des Satzes fungiert.

Die *Lexical-Reaccess*-Hypothese ist nicht nur auf die Verarbeitung von Objekt-Objekt-Ambiguitäten des gerade diskutierten Typs anwendbar. In Bader (erscheint, a) (vgl. auch Bader, 1997) wird dieser Ansatz auf die Erklärung von Garden-Path-Effekten bei Subjekt-Objekt-Ambiguitäten wie in (14) übertragen.

(14) a. ... daß Maria ein Päckchen geschickt hat

b. ... daß Maria ein Päckchen geschickt wurde

Wie Bader (erscheint, a) mit Hilfe eines *Speeded-Grammaticality-Judgements*-Experiments zeigen konnte, führt die Passivdisambiguierung in (14b), welche eine Objekt-Subjekt-Struktur erzwingt, zu Schwierigkeiten, während die Aktivdisambiguierung, d.h. die Subjekt-Objekt-Struktur, problemlos verarbeitet werden kann. Mit Haider (1993) geht Bader davon aus, daß sich (14a) und (14b) phrasenstrukturell nicht unterscheiden, beide Satztypen also basisgeneriert werden. Dies hat zur Folge, daß weder die beobachtete Subjekt-Objekt-Präferenz noch die Verarbeitungsschwierigkeiten, die (14b) hervorruft, mit Rekurs auf phrasenstrukturelle Unterschiede zwischen (14a) und (14b) erklärt werden können. Die Präferenz zugunsten der Aktivdisambiguierung führt Bader auf die Prinzipien der Kasuspräferenz zurück (vgl. Abschnitt 6.4.2.1): Da der Parser ganz generell der Zuweisung von strukturellem Kasus gegenüber der Zuweisung von lexikalischem Kasus den Vorzug gibt, und speziell der Zuweisung des Nominativs gegenüber der Zuweisung des Akkusativs, wird für Sätze wie (14) zunächst eine Subjekt-Objekt-Struktur berechnet. Die in (14b) entstehenden Verarbeitungsschwierigkeiten erklärt Bader mit Hilfe der *Lexical-Reaccess*-Hypothese. Aufgrund der Subjekt-Objekt-Präferenz wird in (14) zunächst einmal die kasusindifferente Variante der NP Maria aktiviert, da der Parser dieser NP das Merkmal *Nominativ* zuweist. Die Passivdisambiguierung (14b) erzwingt jedoch die Zuweisung eines anderen Kasusmerkmals, nämlich des Dativs. Da die NP Maria über keinerlei morphologische Kasuskennziechnung verfügt, muß der Parser also - wie schon in (2b) - herausfinden, ob die NP Maria den Dativ mittels eines abstrakten Merkmals zu lizenzieren in der Lage ist. Auch bei der Passivdisambiguierung in (14b) ist also die Reaktivierung lexikalischer Information vonnöten.

Der *Lexical-Reaccess*-Hypothese zufolge sind in manchen Fällen nicht die am Punkt der Disambiguierung notwendig werdenden syntaktischen Revisionen für den Garden-Path-Effekt verantwortlich, sondern die Tatsache, daß neuerliche Berechnungen außerhalb der Domäne des Parsers angestellt werden müssen, nämlich innerhalb des lexikalischen Verarbeitungsmoduls. Unabhängige Evidenz für die Plausibilität der *Lexical-Reaccess*-Hypothese erwächst aus einer Reihe von Beobachtungen in der psycholinguistischen Literatur, in denen gezeigt wird, daß der Rückgriff auf lexikalische Information auch in anderen Verarbeitungsdomänen zu Schwierigkeiten führt.

Evidenz zugunsten der *Lexical-Reaccess*-Hypothese entspringt z.B. experimentellen Untersuchungen, die sich mit der Verarbeitung sogenannter *sense ambiguities* befaßt haben (vgl. Simpson, 1994 für einen Überblick). So kann etwa das Verb *set* in (15) in zwei unterschiedlichen Bedeutungsvarianten auftreten: im Sinne von *die Uhr einstellen* (15a) oder im Sinne von *positionieren*, wobei im Kontext der NP *the alarm clock* eine deutliche Präferenz zugunsten ersterer Bedeutungsvariante entsteht. In (15a) wird die *sense ambiguity* daher zugunsten der präferierten Bedeutungsvariante aufgelöst, in (15b) zugunsten der nicht-präferierten Lesart. Wie in Carlson & Tanenhaus (1988) berichtet wird, führt eine Disambiguierung wie in (15b) in der Tat zu nachweisbaren Verarbeitungsschwierigkeiten. Die Autoren begründen dies damit, daß der Parser sich im Kontext der NP *the alarm clock* auf genau die Bedeutungsvarianten festlegt, die in (15a) unterstützt wird. Im Falle einer Disambiguierung wie in (15b) muß der Parser daher lexikalische Information bezüglich des Inputitems *set* reaktivieren, d.h. nachprüfen, ob *set* auch in einem Kontext wie (15b) Verwendung finden kann.[5]

(15) a. Bill *set* the alarm clock <u>for six in the morning</u>.

b. Bill *set* the alarm clock <u>onto the shelf</u>.

Auch Ferreira & Henderson (1991a, b) greifen - wie bereits in Abschnitt 3.3.1.2 diskutiert wurde - auf Mechanismen lexikalischer Reaktivierung zurück, um zu erklären, weshalb (16b) zu einem stärkeren Garden-Path-Effekt führt als (16a).

(16) a. Since Jay always jogs *a mile* <u>seems</u> like a short distance to him.

b. Since Jay always jogs *a mile and a half* <u>seems</u> like a short distance to him.

Ihren Vorstellungen zufolge aktiviert der Parser mit Erreichen des Verbs *jog* zunächst einmal alle Subkategorisierungsvarianten parallel. Der Parser präferiert eine transitive Analyse von *jog*; am Punkt der Disambiguierung stellt sich jedoch heraus, daß *jog* in (16) intransitiv verwendet werden muß. Am Punkt der Disambiguierung muß deshalb Information darüber reaktiviert werden, ob das Verb *jog* auch intransitiv verwendet werden kann. In (16a) ist die entsprechende Information noch einigermaßen aktiv. Die lexikalischen Reaktivierungsprozesse sind aus diesem Grunde wenig aufwendig; der Garden-Path-Effekt ist relativ mild. In (16b) jedoch ist die Information, daß *jog* auch intransitiv verwendet werden kann, aufgrund der Länge der ambigen Region am Punkt der Disambiguierung bereits sehr verblaßt. Die Reaktivierung dieser Information erfordert daher mehr Aufwand. Folglich kommt es in (16b) zu einer stärkeren Verzögerung des syntaktischen Verarbeitungsprozesses und daher auch zu einem stärkeren Garden-Path-Effekt.

Interessanterweise lassen sich vergleichbare Garden-Path-Unterschiede auch bei Sätzen mit Dativ-Effekt bei Objekt-Objekt- bzw. Subjekt-Objekt-Ambiguitäten beobachten. Bader *et al.* weisen z.B. darauf hin, daß sich zumindest auf rein intuitiver Ebene Unterschiede zwischen Sätzen wie (17a) und der "Kurzversion" eines solchen Satzes (17b) feststellen lassen. (17a) führt zu größeren Schwierigkeiten als (17b).

(17) a. Professoren, die ausschließlich an das eigene Fortkommen denken, sollte man mißtrauen.

b. Professoren sollte man mißtrauen.

In Anlehnung an die Argumentation von Ferreira & Henderson gehen Bader *et al.* deshalb davon aus, daß der Parser in (17b) zunächst einmal beide Lexikoneinträge des Nomens *Profes-*

---

[5] Ähnliche Fakten, die zur gleichen Schlußfolgerung führen, werden in Tanenhaus & Carlson (1989) diskutiert.

soren aktiviert: sowohl die kasusindifferente Variante als auch die Variante mit abstraktem morphologischen Merkmal für den Dativ. Da die ambige Region in (17b) relativ kurz ist, kostet die Reaktivierung des dativlizenzierenden Lexikoneintrags den Parser wenig Mühe. Der Garden-Path-Effekt bleibt daher relativ schwach. In (17a) hingegen ist der dativlizenzierende Lexikoneintrag von *Professoren* aufgrund der Länge der ambigen Region bereits wieder "deaktiviert". Ein erneuter Zugriff auf diesen Lexikoneintrag kostet daher mehr Zeit. Die am Punkt der Disambiguierung entstehenden Verarbeitungsschwierigkeiten sind dementsprechend größer.

Möglicherweise kann auf diese Weise auch erklärt werden, weshalb Passivdiambiguierungen wie in (18b) (vgl. auch (14b)) nur einen relativ schwachen Garden-Path-Effekt verursachen, sich also eher wie (17b) verhalten und nicht wie (17a). In *Speeded-Grammaticality-Judgements*-Experimenten z.B. führen Passivdisambiguierungen lediglich zu einer Erhöhung der Reaktionszeiten (im Vergleich zu eindeutigen Kontrollsätzen), kaum zu einem Abfall des prozentualen Anteils korrekter Antworten (Bader, 1997, erscheint, a). Man beachte, daß auch in (18b) die ambige Region relativ kurz ist. Wird die ambige Region verlängert (18a), nimmt auch der Garden-Path-Effekt leicht an Stärke zu (Bader, 1997).[6]

(18) a. ... daß Maria, die ich übrigens neulich erst getroffen habe, ein Päckchen geschickt wurde

b. ... daß Maria ein Päckchen geschickt wurde

Fassen wir kurz zusammen: Der *Lexical-Reaccess*-Hypothese zufolge sind Schwierigkeiten am Punkt der Disambiguierung wie in (2b) oder bei Passivsätzen allein auf die notwendig werdende Reaktivierung lexikalischer Information zurückzuführen. Die *Lexical-Reaccess*-Hypothese kann nicht nur aufgrund der morphosyntaktischen Eigenschaften des Dativs motiviert werden, sondern auch durch unabhängige Evidenz aus anderen Bereichen der Verarbeitung. Zudem erlaubt die *Lexical-Reaccess*-Hypothese zumindest prinzipiell eine Erklärung für längenabhängige Garden-Path-Unterschiede bei Sätzen mit Dativ-Effekt.

Ist die hier skizzierte *Lexical-Reaccess*-Hypothese aber für die Erklärung des Garden-Path-Effekts in (2b) tatsächlich *notwendig*? Um dies zu zeigen, müßte Evidenz dafür erbracht werden, daß nicht schon die bloße Änderung eines Kasusmerkmals zu Schwierigkeiten führt, sondern Schwierigkeiten nur dann entstehen, wenn ein Kasusmerkmal wie *Nominativ* oder *Akkusativ* durch das Merkmal *Dativ* überschrieben werden muß. In den folgenden Abschnitten sollen zwei Szenarien untersucht werden, die die *Lexical-Reaccess*-Hypothese auf die Probe stellen. Einen relevanten Testfall konstituieren die Beispiele, deren Diskussion am Anfang dieses Kapitels stand.

(19) a. Wessen Frau glaubst du, sah der Mann?

b. Wessen Frau glaubst du, half der Mann?

---

[6] Allerdings sind Garden-Path-Effekte bei ambigen Passivsätzen mit langer ambiger Region intuitiv immer noch schwächer als die Garden-Path-Effekte bei langen Objekt-Objekt-Ambiguitäten. Es sind also neben dem Faktor "Länge der ambigen Region" vermutlich auch noch andere Faktoren im Spiel, die entweder den Effekt lexikalischer Reaktivierung im Falle von Passivsätzen abschwächen, oder im Falle von Objekt-Objekt-Ambiguitäten des hier diskutierten Typs verstärken.

Beide Strukturen werden zugunsten der Objekt-Subjekt-Abfolge disambiguiert. Ausgehend davon, daß sowohl in (19a) als auch in (19b) die w-Phrase präferiert als Subjekt des eingebetteten Satzes analysiert wird, sollte jeweils ein Garden-Path-Effekt resultieren. Wie eingangs dieses Kapitels bereits erläutert wurde, entsteht in beiden Fällen am Punkte der Disambiguierung ein Fehler gleichen Typs. Auch die notwendig werdende Reanalyse ist in wesentlichen Zügen identisch: Der Parser muß die Lücke in Subjektposition des eingebetteten Satzes aufgeben und die w-Phrase stattdessen mit einer Lücke der Komplementposition verbinden. Unterschiede gibt es lediglich bezüglich des neuen Kasusmerkmals, das der jeweiligen w-Phrase zugewiesen wird: In (19a) wird Nominativ durch Akkusativ ersetzt, in (19b) Nominativ durch Dativ. Die *Lexical-Reaccess*-Hypothese macht daher eine klare Vorhersage bezüglich der relativen Stärke der zu erwartenden Garden-Path-Effekte: In (19b) sind größere Schwierigkeiten zu erwarten als in (19a). In (19b) erfordert die Zuweisung des Dativmerkmals Reaktivierung lexikalischer Information. Geklärt werden muß, ob die w-Phrase *wessen Frau* über eine Variante mit einem abstrakten morphologischen Merkmal verfügt, welches die Lizenzierung des Dativs ermöglicht. In (19a) ist dies nicht nötig, denn der Akkusativ bedarf nicht notwendigerweise einer morphologischen Realisierung. Der Parser muß sich lediglich vergewissern, ob die w-Phrase eventuell ein morphologisches Merkmal enthält, welches mit der Zuweisung des Merkmals *Akkusativ* konfligieren würde. Dies aber kann bewerkstelligt werden, ohne Prozesse lexikalischer Verarbeitung erneut zu aktivieren. Der Überprüfung dieser Vorhersage werden sich die Experimente 6 und 7 annehmen.

Auch bezüglich der Verarbeitung der korrespondierenden eindeutig ungrammatischen Sätze lassen sich aus der *Lexical-Reaccess*-Hypothese testbare Vorhersagen ableiten. Schon im vorherigen Kapitel lieferten Unterschiede in der Akkuratheit, mit der unterschiedliche Typen ungrammatischer Strukturen unter experimentellen Bedingungen beurteilt werden, wichtige Hinweise auf Prozesse bei der Verarbeitung von Garden-Path-Sätzen. Wie wir bereits gesehen haben, elizitieren ungrammatische Sätze wie in (20a) inkorrekte Grammatikalitätsurteile in beträchtlichem Maße. Ein Erklärungsversuch für die auffallend schlechte Performanz bei Sätzen wie (20a) wurde in Abschnitt 7.1.2.2 präsentiert. Dieser Erklärung zufolge tendiert der Parser in (20a) dazu, das mit der disambiguierenden NP konfligierende Kasusmerkmal *Nominativ* automatisch zu ändern, und zwar deshalb, weil es prinzipiell möglich ist, daß die w-Phrase als erste NP des Satzes das Merkmal *Nominativ* in Folge einer *Default*-Entscheidung des Parsers erhalten hat. Der Parser kann dieses Merkmal daher für revidierbar halten, und der w-Phrase wird konsequenterweise *Akkusativ* als neues Merkmal zugewiesen, verbunden mit der Zuweisung einer neuen Lückenposition.

(20) a. *Welcher Junge glaubst du, sah der Mann?

b. *Welcher Junge glaubst du, half der Mann?

Obschon dies bei Garden-Path-Sätzen letztlich zu einer korrekten Strukturzuweisung führt: In (20a) ist die Änderung illegitim. Offenbar aber versäumt es der Parser unter Zeitdruck zu überprüfen, ob die Änderung des Kasusmerkmals mit der morphologischen Form der w-Phrase kompatibel ist. In (20b) nun entsteht zwar am Punkt der Disambiguierung ein Fehler gleichen Typs, und wir müssen daher erwarten, daß der Parser auch in (20b) geneigt ist, das

Merkmal *Nominativ* der w-Phrase zu ändern. Aus der *Lexical-Reaccess*-Hypothese folgt jedoch, daß der w-Phrase nicht einfach das Merkmal *Dativ* zugewiesen wird. Da der Dativ notwendigerweise einer morphologischen Lizenz bedarf, muß der Parser darüber hinaus sicherstellen, daß die w-Phrase über eine entsprechende morphologische Lizenz verfügt. Wenn aber die Zuweisung des Dativs an die w-Phrase die Reaktivierung mit der w-Phrase assoziierter lexikalischer Information ohnehin erzwingt, dann sollte die Ungrammatikalität von (20b) auch sicherer erkannt werden als die Ungrammatikalität von (20a). Die *Lexical-Reaccess*-Hypothese läßt daher bei einer vergleichenden Betrachtung ambiger (19) und korrespondierender ungrammatischer Sätze (20) ein Ergebnismuster erwarten, welches dem *Mismatch-Effekt* entspricht: Die etwas stärkeren Garden-Path-Effekte in (19b) sollten mit besserer Performanz bei ungrammatischen Sätzen wie (20b) gekoppelt sein, schwache Garden-Path-Effekte für (19a) mit schlechterer Performanz in (20a). Die Überprüfung dieser Vorhersage steht im Mittelpunkt von Experiment 8.

8.2 Experiment 6: Fragesätze und der Dativeffekt I

Experiment 6 sollte ambige Sätze mit Dativ-Verb einem ersten Test unterziehen. Das Ziel dieses Experiments bestand darin, unter Verwendung der *Speeded-Grammaticality-Judgements*-Methode herauszufinden, ob ambige Sätze mit Dativ-Verb überhaupt einen sicher nachweisbaren Garden-Path-Effekt verursachen. Verglichen wurde daher die Verarbeitung ambiger Sätze wie (19a), die die Zuweisung einer Objekt-Subjekt-Struktur erzwingen, mit der Verarbeitung lokal ambiger Sätze mit Subjekt-Objekt-Struktur. Relativiert wurde dieser Vergleich anhand der Verarbeitung eindeutig markierter Subjekt-Objekt- und Objekt-Subjekt-Sätze.

8.2.1 Material

Einen vollständigen Stimulussatz für Experiment 6 zeigt Tabelle 8.3. Wie schon in Experiment 2 verwendeten wir zusammengesetzte Sätze, in denen die w-Phrase aus einem eingebetteten Satz mit Zweitstellung des finiten Verbs extrahiert wurde. Innerhalb des eingebetteten Satzes fungierte die w-Phrase entweder als Subjekt oder aber alternativ als Objekt eines den Dativ zuweisenden Verbs. Um zu erreichen, daß die w-Phrase nicht nur mit der Zuweisung des Nominativs bzw. Akkusativs, sondern auch mit der Zuweisung des Dativs kompatibel ist, begannen ambige Sätze mit einer w-Phrase der Struktur *wessen + Nomen*. Sätze, die hinsichtlich der Abfolge von Subjekt und Objekt eindeutig markiert waren, begannen mit einer *welche*-Phrase.

Auf die w-Phrase folgten das finite Verb sowie das Subjekt des Matrixsatzes. Als Subjekt kam in jedem Falle das Personalpronomen *du* zum Einsatz, als Prädikat die flektierte Präsensform des Verbs *denken*. Die Flexionsmerkmale des Matrixverbs lassen sofort erkennen, daß die w-Phrase nicht mit der Subjektposition des Matrixsatzes assoziiert werden kann. Zudem steht bereits zu diesem Zeitpunkt Information darüber zur Verfügung, daß die aufzubauende Struktur einen eingebetteten Satz enthalten wird.

Den eingebetteten Satz leitete dessen Prädikat ein, ein finites Vollverb. Auf das Prädikat des einbetteten Satzes folgte eine weitere NP, die aus definitem Artikel und Nomen bestand. Als Prädikat des eingebetteten Satzes fungierten ausschließlich Dativ-Verben. Die NP des eingebetteten Satzes war eindeutig entweder für den Nominativ oder für den Dativ markiert und stellte somit klar, ob die w-Phrase als Subjekt (Subjekt-Objekt-Struktur) oder Objekt (Objekt-Subjekt-Struktur) des eingebetteten Satzes fungiert.

Tabelle 8.3
Ein vollständiger Stimulussatz für Experiment 6

ambig	
Subjekt-Objekt	Wessen Sekretärin denkst du, dankte dem Chef?
Objekt-Subjekt	Wessen Sekretärin denkst du, dankte der Chef?
eindeutig	
Subjekt-Objekt	Welche Sekretärin denkst du, dankte dem Chef?
Objekt-Subjekt	Welcher Sekretärin denkst du, dankte der Chef?

Experimentelle Sätze erschienen mit Subjekt-Objekt- oder mit Objekt-Subjekt-Struktur (Faktor STRUKTUR). Zudem waren sie hinsichtlich der relativen Abfolge von Subjekt und Objekt des eingebetteten Satzes entweder lokal ambig oder eindeutig markiert (Faktor SATZART). Anhand dieses Schemas wurden 20 Satzquartette erstellt und gleichmäßig auf 4 experimentelle Listen verteilt. Jede Liste enthielt jeweils eine Version eines Satzquartetts und war hinsichtlich der Faktorstufenkombinationen balanciert. Jeder experimentellen Liste wurden 118 Distraktorsätze hinzugefügt.

8.2.2 Hypothesen

Wenn - was aufgrund unserer bisherigen Befunde kaum bezweifelt werden kann - lokal ambigen Sätzen der hier getesteten Form präferiert eine Subjekt-Objekt-Struktur zugewiesen wird, dann ist mit erhöhten Verarbeitungsschwierigkeiten für Objekt-Subjekt-Sätzen zu rechnen. Dieser sollte sich in Form eines Effekts des Faktors STRUKTUR bemerkbar machen, der durch eine Interaktionseffekt STRUKTUR vs. SATZART moduliert wird oder sogar ganz auf einen solchen Interaktionseffekt zurückgeführt werden kann. Da die ambige Region in den experimentellen Sätzen relativ kurz ist, sollten sich diese Garden-Path-Effekt, ähnlich wie bei lokal ambigen Passivsätzen, vornehmlich im Reaktionszeitmuster bemerkbar machen. Erwartet wird also ein Anstieg der Reaktionszeiten bei der Beurteilung ambiger Objekt-Subjekt-Sätze.

8.2.3 Prozedur

Versuchspersonen:
20 Versuchspersonen nahmen an Experiment 6 teil. Alle Versuchspersonen waren Studierende der Universität Jena. Sie erfüllten mit ihrer Teilnahme Studienanforderungen im Fach Psychologie oder erhielten alternativ 5,- DM.

Versuchsaufbau:
Die Durchführung des Versuchs entsprach in allen Punkten dem in Experiment 1 beschriebenen Verfahren. Jede Sitzung dauerte etwa 25 Minuten.

8.2.4 Resultate

Datenanalyse:
Wie schon in den vorhergehenden Experimenten, in denen die Methode der *Speeded-Grammaticality-Judgements* zum Einsatz kam, wurde zunächst der prozentuale Anteil korrekter Antworten für die einzelnen Faktorstufenkombinationen ermittelt (Abbildung 8.1). Bei der Auswertung der Reaktionszeiten konnten die Daten für einen experimentellen Satz nicht berücksichtigt werden, da dieser in einer Faktorstufenkombination (ambig, Objekt-Subjekt) ausschließlich inkorrekt beurteilt wurde. Die verbleibenden Daten wurden analog dem Verfahren in Experiment 1 einer Ausreißerkorrektur unterzogen. Diese Prozedur hatte Einfluß auf 16 Datenpunkte (4.2 %). Die auf diese Weise korrigierten Reaktionszeiten zeigt Abbildung 8.2. Beide abhängigen Variablen wurden varianzanalytischen Tests unterworfen, um Effekte der Faktoren STRUKTUR und SATZART feststellen zu können (Subjektanalyse: F1; Itemanalyse: F2). Die entsprechenden Mittelwerte faßt Tabelle 8.4 zusammen.

Tabelle 8.4
Prozentualer Anteil korrekter Antworten mit Reaktionszeiten (Experiment 6)

	Struktur		Mittelwert
Verbtyp	Sub-Obj	Obj-Sub	
ambig	88 (878)	58 (993)	73 (923)
eindeutig	77 (764)	76 (800)	76 (782)
Mittelwert	82 (825)	67 (883)	75 (851)

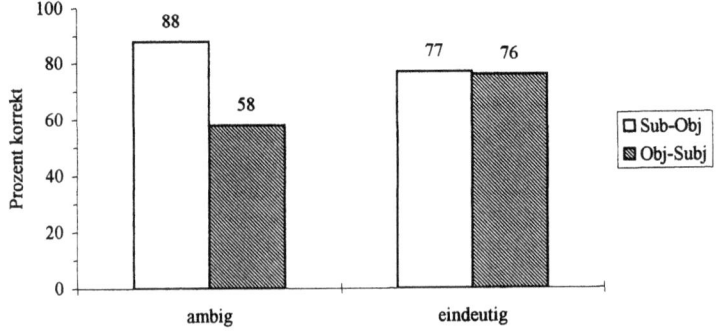

Abbildung 8.1: Prozentualer Anteil korrekter Antworten (Experiment 6)

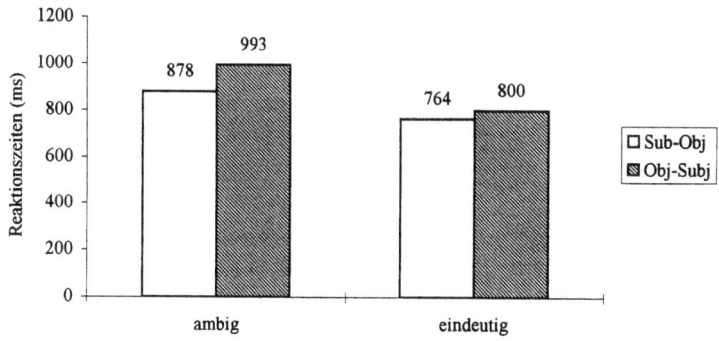

Abbildung 8.2: Reaktionszeiten für korrekte Antworten (Experiment 6)

Prozentualer Anteil korrekter Antworten:
Die Linearisierung von Subjekt und Objekt hatte einen signifikanten Einfluß auf den prozentualen Anteil korrekter Antworten (STRUKTUR: $F1(1,19) = 12,8$, $p<.01$; $F2(1,19) = 11.3$, $p<.01$). Dieser Effekt wurde jedoch durch den Einfluß des Faktors SATZART moduliert (Interaktion: $F1(1,19) = 16.7$, $p<.01$; $F2(1,19) = 13.1$, $p<.01$). Der Faktor SATZART selbst war nicht signifikant ($F1/F2<1$). Die Interaktion beider Faktoren zeigt an, daß sich die Variation der Abfolge von Subjekt und Objekt abhängig von der Satzart in unterschiedlichem Maße bemerkbar machte. Wie schon eine bloße Inspektion der Mittelwerte erkennen läßt, führen Objekt-Subjekt-Sätze lediglich bei ambigen Sätzen zu einem Abfall des prozentualen Anteils korrekter Antworten, während die Werte für eindeutige Sätze nahezu unverändert bleiben. Diese Vermutung wurde durch nachfolgende Einzelüberprüfungen des Faktors STRUKTUR bei ambigen und eindeutigen Sätzen bestätigt (STRUKTUR, bezogen auf *ambig*: $F1(1,19) = 21.7$; $F2(1,19) = 20.4$, beide $p<.01$; STRUKTUR, bezogen auf *eindeutig*: $F1/F2 < 1$).

Reaktionszeiten für korrekte Antworten:
Wirkung auf die Reaktionszeiten hatte lediglich der Faktor SATZART. Korrekte Grammatikalitätsurteile nahmen nach ambigen Sätzen mehr Zeit in Anspruch als nach eindeutigen Sätzen (SATZART: $F1(1,19) = 10.3$, $p<01$; $F2(1,18) = 4.4$, $p=.05$). Zwar legen die Mittelwerte nahe, daß auch Objekt-Subjekt-Sätze im Vergleich zu Subjekt-Objekt-Sätzen generell zu höheren Reaktionszeiten führen. Dieser Befund läßt sich jedoch statistisch nicht absichern (STRUKTUR: $F1(1,19) = 2,74$, $p<1.5$; $F2(1,18) = 2.66$, $p<1.5$). Eine Interaktion beider Faktoren konnte nicht beobachtet werden ($F1/F2 < 1$).

8.2.5 Diskussion

Experiment 6 hat gezeigt, daß auch lokal ambigen w-Fragen mit Dativ-Verb präferiert eine Subjekt-Objekt-Struktur zugewiesen wird. Disambiguierungen, die dieser Präferenz zuwiderlaufen, verursachen Verarbeitungsschwierigkeiten. Darüber hinaus hat Experiment 6 erste

Hinweise darauf erbringen können, daß lokal ambige w-Fragen mit Dativ-Verb zu relativ starken Garden-Path-Effekten Anlaß geben. Im Gegensatz zu den bisherigen Befunden zur Verarbeitung von Sätzen mit nominaler Disambiguierung, in denen Garden-Path-Effekte oft nur im Reaktionszeitmuster sicher nachgewiesen werden konnten, führten die ambigen Objekt-Subjekt-Sätze in Experiment 6 zu einem erheblichen Abfall des prozentualen Anteils korrekter Antworten.

8.3 Experiment 7: Fragesätze und der Dativ-Effekt II

Ermutigt durch die Befunde des vorherigen Experiments avisierte Experiment 7 einen direkten Test der *Lexical-Reaccess*-Hypothese. In diesem Experiment wird die Verarbeitung von Sätzen wie (19) direkt kontrastiert, um eine Antwort auf die Frage geben zu können, ob diese Sätze Garden-Path-Effekte unterschiedlicher Stärke produzieren.

(19) a. Wessen Frau glaubst du, sah der Mann?

b. Wessen Frau glaubst du, half der Mann?

8.3.1 Material

Das Material für Experiment 7 wurden auf Grundlage der in Experiment 6 verwendeten lokal ambigen Sätze mit Dativ-Verb entwickelt. Als Kontrollbedingung für die Schätzung der Stärke des Garden-Path-Effekts dienten jeweils die korrespondierenden ambigen Subjekt-Objekt-Strukturen. In Experiment 7 wurden daher ausschließlich lokal ambige Satzstrukturen getestet. Einen vollständigen Stimulussatz zeigt Tabelle 8.5.

Als Prädikat des eingebetteten Satzes wurden alternativ Dativ-Verben oder Akkusativ-Verben verwendet. Dativ-Verben weisen ihrem Objekt den Dativ als lexikalischen Kasus zu. Das Objekt der Akkusativ-Verben erhält den Akkusativ als strukturellen Kasus. Löst die satzfinale NP die Ambiguität zugunsten der Objekt-Subjekt-Struktur auf, fungiert die w-Phrase je nach Verbtyp als Dativ- oder als Akkusativobjekt.

Tabelle 8.5
Ein vollständiger Stimulussatz für Experiment 7

Dativ-Verb	
Subjekt-Objekt	Wessen Schwester denkst du, gratulierte dem Pfarrer?
Objekt-Subjekt	Wessen Schwester denkst du, gratulierte der Pfarrer?
Akkusativ-Verb	
Subjekt-Objekt	Wessen Schwester denkst du, lobte den Pfarrer?
Objekt-Subjekt	Wessen Schwester denkst du, lobte der Pfarrer?

Alle experimentellen Sätze erschienen in vier Versionen, die sich aus der Kombination zweier Faktoren ergaben. Zum einen erzwang die Disambiguierung eine Subjekt-Objekt- oder eine Objekt-Subjekt-Struktur (Faktor STRUKTUR). Zum anderen enthielt der eingebettete Satz entweder ein Dativ-Verb oder ein Akkusativ-Verb (Faktor VERBTYP). Diesem Schema folgend wurden 20 Satzquartette konstruiert und vollständig balanciert auf 4 experimentelle Listen verteilt. Jeder Satz war in jeder Liste mit nur einer Version vertreten. Jede Liste enthielt neben den 20 experimentellen Sätzen zusätzlich 116 Distraktorsätze.

8.3.2 Hypothesen

Es ist zu erwarten, daß sich - unabhängig vom Verbtyp - Verarbeitungsschwierigkeiten bei Sätzen einstellen, in denen die Disambiguierung die w-Phrase in die Rolle des Objekts zwingt. Dieser Garden-Path-Effekt sollte zu einem deutlichen Effekt des Faktors STRUKTUR führen. Wenn jedoch, wie durch die *Lexical-Reaccess*-Hypothese vorhergesagt, der Garden-Path-Effekt in Sätzen mit Dativ-Verb stärker ausfällt als in Sätzen mit Akkusativ-Verb, dann sollte der Effekt des Faktors STRUKTUR durch eine signifikante Interaktion zwischen den Faktoren STRUKTUR und VERBTYP qualifiziert werden.

8.3.3 Prozedur

Versuchspersonen:
An Experiment 7 nahmen 36 Studenten der Universität Jena als Versuchspersonen teil. Versuchspersonen erfüllten mit ihrer Teilnahme Studienanforderungen im Fach Psychologie oder erhielten alternativ 5,- DM.

Versuchsaufbau:
Die Durchführung des Versuchs entsprach in allen Punkten dem in Experiment 1 beschriebenen Verfahren. Für die Durchführung wurden ca. 25 Minuten benötigt.

8.3.4 Resultate

Datenanalyse:
Die Berechnung des prozentualen Anteils korrekter Antworten folgte der in Experiment 1 beschriebenen Prozedur. Die Ergebnisse zeigt Abbildung 8.3. Von der Analyse der Reaktionszeiten für korrekte Antworten wurden die Daten zweier Versuchspersonen ausgeschlossen, da sie in jeweils einer Faktorstufenkombination alle Sätze falsch beurteilt hatten. Die verbliebenen Daten wurden entsprechend der Praxis in den vorherigen Experimenten einer Ausreißerkorrektur unterzogen. Insgesamt affizierte die Ausreißerkorrektur 22 Datenpunkte (3.3%). Die auf diese Weise ermittelten Reaktionszeiten für 34 Versuchspersonen zeigt Abbildung 8.4. In separaten varianzanalytischen Untersuchung testeten wir den Einfluß der Faktoren STRUKTUR und VERBTYP auf die beiden abhängigen Variablen (Subjektanalyse: F1, Itemanalyse: F2). Tabelle 8.6 faßt die der Analyse zugrundeliegenden Mittelwerte noch einmal zusammen.

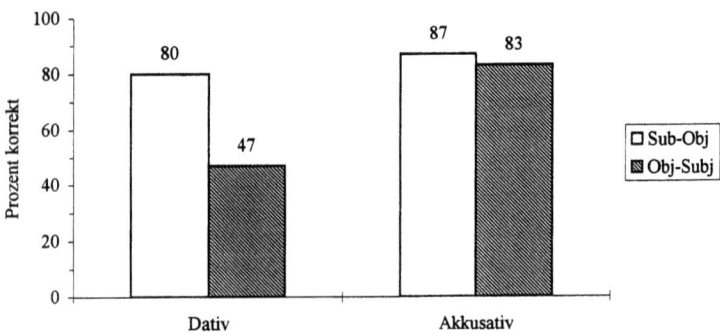

Abbildung 8.3: Prozentualer Anteil korrekter Antworten (Experiment 7)

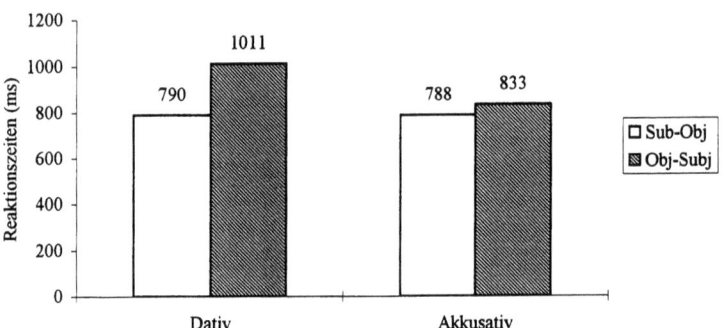

Abbildung 8.4: Reaktionszeiten für korrekte Antworten (Experiment 7)

Tabelle 8.6
Prozentualer Anteil korrekter Antworten mit Reaktionszeiten (Experiment 7)

Verbtyp	Struktur		Mittelwert
	Sub-Obj	Obj-Sub	
Dativ	80 (790)	47 (1011)	64 (874)
Akkusativ	87 (788)	83 (833)	85 (810)
Mittelwert	83 (789)	65 (900)	74 (838)

Prozentualer Anteil korrekter Antworten:
Sowohl die Abfolge von Subjekt und Objekt als auch der Verbtyp hatten einen signifikanten Einfluß auf den prozentualen Anteil korrekter Antworten (STRUKTUR: $F1(1,35) = 30.7$; $F2(1,19) = 17.7$, beide $p<.01$; VERBTYP: $F1(1,35) = 37.6$; $F2(1,19) = 14.9$, beide $p<.01$). Zusätzlich konnte ein robuster Interaktionseffekt ermittelt werden (Interaktion: $F1(1,35) = 24.2$, $p<.01$; $F2(1,19) = 8.23$, $p=.01$).

Diese Interaktion kann vor allem darauf zurückgeführt werden, daß der Einfluß des Faktors STRUKTUR abhängig vom Verbtyp unterschiedlich groß ausfiel. Während bei Sätzen mit Dativ-Verb Objekt-Subjekt-Strukturen deutlich schlechtere Werte erzielten als Subjekt-Objekt-Strukturen (STRUKTUR, bezogen auf *Dativ*: $F1(1,35) = 43.9$ $F2(1,19) = 23.0$, beide $p<.01$), war diese Differenz bei Sätzen mit Akkusativ-Verb deutlich kleiner und verfehlte das Signifikanzniveau klar (STRUKTUR, bezogen auf *Akkusativ*: $F1(1,35) = 1.5$; $F2(1,19) = 0.5$, beide n.s.). Ein Garden-Path-Effekt tritt demnach bei Objekt-Subjekt-Sätzen nur dann auf, wenn die Struktur ein Dativ-Verb enthält.

Reaktionszeiten für korrekte Antworten:
Die Auswertung der Reaktionszeiten führte insgesamt zum gleichen Ergebnismuster. Beide Faktoren wie auch deren Interaktion verursachten signifikante Effekte (STRUKTUR: $F1(1,33) = 12.2$; $F2(1,19) = 54.6$, beide $p<.01$; VERBTYP: $F1(1,33) = 6.54$; $F2(1,19) = 4.46$, beide $p<.05$; Interaktion: $F1(1,33) = 5.16$; $F2(1,19) = 4.95$, beide $p<.05$). Die Interaktion weist darauf hin, daß der Einfluß des Faktors STRUKTUR auf die Reaktionszeiten ebenfalls in Abhängigkeit vom Verbtyp variierte. Nur bei Vorliegen eines Dativ-Verbs elizitieren Objekt-Subjekt-Sätze deutlich höhere Reaktionszeiten als Subjekt-Objekt-Sätze (STRUKTUR, bezogen auf *Dativ*: $F1(1,33) = 18.0$ $F2(1,19) = 23.2$, beide $p<.01$). Enthalten Objekt-Subjekt-Sätze ein Akkusativ-Verb, nehmen die Reaktionszeiten gegenüber Subjekt-Objekt-Sätzen nicht zu (STRUKTUR, bezogen auf *Akkusativ*: F1: 0.7; F2: 1.9, beide n.s.).

8.3.5 Diskussion

Experiment 7 lieferte Resultate, die mit den Ergebnissen unserer bisherigen Experimente kompatibel sind und zugleich die Vorhersagen der *Lexical-Reaccess*-Hypothese bestätigen. Lokal ambige w-Fragen verursachen einen Garden-Path-Effekt in Objekt-Subjekt-Sätzen. Konsistent mit den Befunden aus den Experimenten 2, 4 und 5 wurde festgestellt, daß der Effekt bei Sätzen mit Akkusativ-Verb nicht besonders stark ausgeprägt ist, sich also vor allem im Reaktionszeitmuster zeigt und nicht zu einem nennenswerten Abfall des prozentualen Anteils korrekter Antworten führt. Im Gegensatz dazu verursachen w-Fragen mit Dativ-Verb einen Garden-Path-Effekt beträchtlicher Stärke. Wie schon in Experiment 6 provozieren ambige Objekt-Subjekte Sätze mit Dativ-Verb nicht nur erhöhte Reaktionszeiten, sondern auch sehr viele falsche Grammatikalitätsbeurteilungen. Wie auf Grundlage der *Lexical-Reaccess*-Hypothese zu erwarten war, stellte sich bei Sätzen mit Dativ-Verb ein stärkerer Garden-Path-Effekt ein als bei Sätzen mit Akkusativ-Verb.

8.4 Experiment 8: Garden-Path-Sätze und ungrammatische Sätze

Wie wir in Abschnitt 8.1.3 erläutert haben, lassen sich aus der *Lexical-Reaccess*-Hypothese sehr präzise Vorhersagen bezüglich der Verarbeitung von mit Garden-Path-Sätzen korrespondierenden ungrammatischen Strukturen ableiten. Die im Verlaufe des Reanalyseprozesses notwendig werdende Zuweisung des Dativs an die w-Phrase hat andere Konsequenzen als die Zuweisung des Akkusativs. Da das Kasusmerkmal *Dativ* in jedem Falle morphologisch lizenziert sein muß, ist der Parser gezwungen zu überprüfen, ob die w-Phrase über ein solches morphologisches Merkmal verfügt. Zu einer vergleichbaren Überprüfung ist der Parser in Sätzen mit Akkusativ-Verb nicht gezwungen. Wir dürfen daher nicht nur erwarten, daß ambige Objekt-Subjekt-Sätze mit Dativ-Verb einen stärkeren Garden-Path-Effekt auslösen als Objekt-Subjekt-Sätze mit Akkusativ-Verb, sondern auch, daß korrespondierende ungrammatische Sätze mit Dativ-Verb akkurater erkannt werden als ungrammatische Sätze mit Akkusativ-Verb. Es sollte sich daher ein Szenario einstellen, welches uns bereits im Zusammenhang mit der Untersuchung des *Mismatch-Effekts* in Experiment 5 begegnet ist: Starke Garden Path Effekte gehen mit guter Performanz bei ungrammatischen Strukturen einher, schwache Garden-Path-Effekte mit schlechterer Performanz bei ungrammatischen Sätzen. Dieses Szenario zu überprüfen war Ziel von Experiment 8.

8.4.1 Material

Experiment 8 griff auf das gleiche Design zurück, das bereits in Experiment 5 zum Einsatz kam. Getestet wurden ambige, eindeutig grammatische sowie eindeutig ungrammatische Sätze mit Dativ- bzw. Akkusativ-Verb. Einen vollständigen Stimulussatz zeigt Tabelle 8.7.

Ambige Sätze wurden in jedem Falle nominal disambiguiert. Für die Disambiguierung sorgte die satzfinale NP, die kasusmorphologisch als Nominativ und somit als Subjekt des eingebetteten Satzes markiert war. In ambigen wie auch eindeutig grammatischen Sätzen fungierte die satzinitiale w-Phrase als Objekt des eingebetteten Satzes, abhängig vom Verbtyp als Objekt im Dativ oder als Objekt im Akkusativ. In ungrammatischen Sätzen trug auch die w-Phrase eine kasusmorphologische Markierung für den Nominativ.

Experimentelle Sätze wurden auf Grundlage des bereits in den beiden vorhergehenden Experimenten verwendeten Materials konstruiert. Zwecks eindeutiger Markierung der ungrammatischen Sätze wurden innerhalb der w-Phrase jedoch sämtliche feminine Nomen durch maskuline Nomen ersetzt.

Wie Tabelle 8.7 erkennen läßt, erschien jeder experimentelle Satz in 6 Versionen, abhängig vom VERBTYP (Dativ, Akkusativ) sowie von der SATZART (ambig, grammatisch, ungrammatisch). Insgesamt wurden gemäß diesem Muster 30 Sextette erstellt und gleichmäßig auf 6 experimentelle Listen verteilt. Die 30 experimentell relevanten Sätze in jeder Liste wurden durch 90 Distraktorsätze ergänzt.

Tabelle 8.7
Ein vollständiger Stimulussatz für Experiment 8

Dativ-Verb	
ambig	Wessen Untermieter denkst du, drohte der Hausmeister?
grammatisch	Welchem Untermieter denkst du, drohte der Hausmeister?
ungrammatisch	Welcher Untermieter denkst du, drohte der Hausmeister?

Akkusativ-Verb	
ambig	Wessen Untermieter denkst du, bedrohte der Hausmeister?
grammatisch	Welchen Untermieter denkst du, bedrohte der Hausmeister?
ungrammatisch	Welcher Untermieter denkst du, bedrohte der Hausmeister?

8.4.2 Hypothesen

Ambige Sätze sollten einen Garden-Path-Effekt verursachen. Dies bedeutet, daß bei ambigen Sätzen - relativ zu dem Niveau, das eindeutig grammatische Sätze erreichen - mit einem Abfall des prozentualen Anteils korrekter Antworten, zumindest aber mit einem Anstieg der Reaktionszeiten für korrekte Antworten zu rechnen ist. Der *Lexical-Reaccess*-Hypothese zufolge und auch aufgrund der Befunde des vorherigen Experiments dürfen wir erwarten, daß dieser Garden-Path-Effekt in der Bedingung *Dativ* stärker ausfällt als in der Bedingung *Akkusativ*. Unterschiede in Abhängigkeit vom Verbtyp werden durch die *Lexical-Reaccess*-Hypothese auch für die Verarbeitung der korrespondierenden ungrammatischen Sätze prognostiziert. Ungrammatische Sätze der Bedingung *Akkusativ* sollten mehr inkorrekte Beurteilungen hervorrufen als ungrammatische Sätze der Bedingung *Dativ*.

8.4.3 Prozedur

Versuchspersonen:
Insgesamt nahmen 36 Personen an Experiment 8 teil. Alle Versuchspersonen waren Studenten der Universität Jena. Die Versuchspersonen erfüllten mit ihrer Teilnahme Studienanforderungen im Fach Psychologie oder erhielten alternativ 5,- DM.

Versuchsaufbau:
Die Durchführung des Versuchs entsprach in allen Punkten dem in Experiment 1 beschriebenen Verfahren. Jede Sitzung dauerte etwa 25 Minuten.

8.4.4 Resultate

Datenanalyse:
Die Auswertung des Experiments berücksichtigte den prozentualen Anteil korrekter Antworten sowie die Reaktionszeiten für korrekte Antworten. Den prozentualen Anteil korrekter Antworten für die einzelnen Faktorstufenkombinationen zeigt Abbildung 8.5. Die Berechnung der Reaktionszeiten wurde, wie schon in Experiment 5, durch die Tatsache erschwert, daß sowohl bei der Mittelung der Reaktionszeiten über Versuchspersonen als auch bei der Mittelung über Sätze leere Zellen entstanden. Insgesamt 5 Versuchspersonen hatten in einer Faktorstufenkombination inkorrekte Antworten für alle Sätze abgegeben. Bei 4 Versuchspersonen betraf dies ausschließlich Sätze der Bedingung *ungrammatisch*, bei einer Versuchsperson ambige Sätze mit Dativ-Verb. Wir entschlossen uns daher in Anlehnung an die Praxis aus Experiment 5, die Analyse auf ambige und grammatische Sätze zu beschränken, um so Daten möglichst vieler Versuchspersonen bei der statistischen Auswertung berücksichtigen zu können. Zusätzlich allerdings mußten noch die Daten für drei der experimentellen Sätze entfernt werden, da diese Sätze in mindestens einer Faktorstufenkombination von keiner Versuchsperson korrekt beurteilt worden waren und somit einzelne Zellen des Designs (bei der Itemanalyse) unbesetzt bleiben würden. Leere Zellen entstanden ausschließlich bei ambigen Sätzen, in Strukturen also, die einen Garden-Path-Effekt auslösen und daher erwartetermaßen zu größeren Verarbeitungsschwierigkeiten führen. Alles in allem beruht die Analyse der Reaktionszeiten also auf den Daten für 35 Versuchspersonen, jedoch lediglich unter Berücksichtigung von 27 experimentellen Sätzen. Reaktionszeiten wurden analog dem Verfahren in Experiment 1 auf Ausreißer behandelt. Das Ergebnis dieser Analyse zeigt Abbildung 8.6.

Der prozentuale Anteil korrekter Antworten sowie die Reaktionszeiten wurden in separaten Varianzanalysen auf Einflüsse der Faktoren VERBTYP und SATZART untersucht (Subjektanalyse: F1; Itemanalyse: F2).

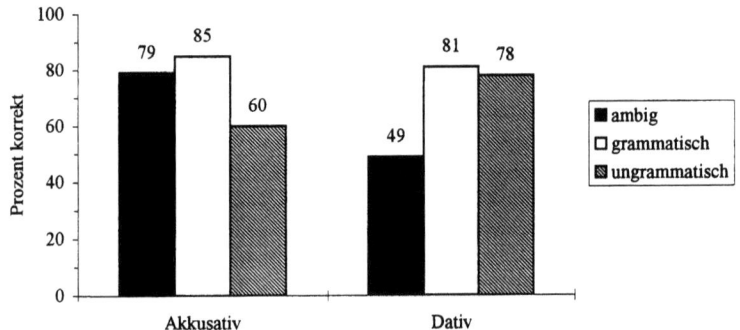

Abbildung 8.5: Prozentualer Anteil korrekter Antworten (Experiment 8)

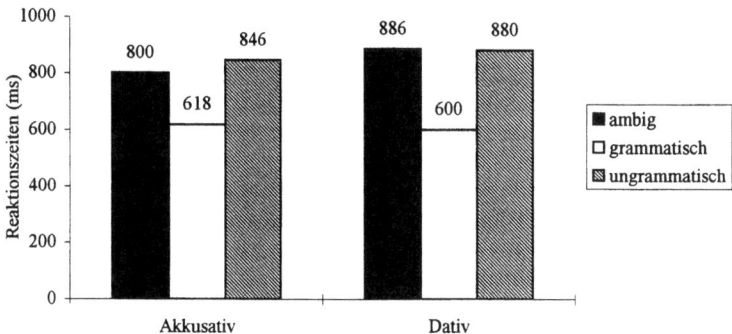

Abbildung 8.6: Reaktionszeiten für korrekte Antworten (Experiment 8)

Prozentualer Anteil korrekter Antworten:
Tabelle 8.8 faßt die Mittelwerte zusammen, die in die statistische Analyse eingegangen sind.

Tabelle 8.8
Prozentualer Anteil korrekter Antworten (Experiment 8)

Satzart	Verbtyp		Mittelwert
	Dativ	Akkusativ	
ambig	49	79	64
grammatisch	81	85	83
ungrammatisch	78	60	69
Mittelwert	69	75	72

Die Gesamtanalyse ergab einen signifikanten Einfluß des Faktors SATZART (F1(2,70) = 8.65; F2(2,58) = 15.0, beide p<.01), während sich zwischen den Mittelwerten für Sätze in Abhängigkeit vom Verbtyp nur ein allenfalls marginaler Unterschied zeigte (VERBTYP: F1(1,35) = 2.67, p<.15; F2(1,29) = 3.14, p<.1). Beide Faktoren stehen jedoch in einer signifikanten Wechselwirkung (Interaktion: F1(2,70) = 19.9; F2(2,58) = 15.9, beide p<.01). Mit Hilfe nachfolgender Einzelvergleiche wurde den Ursachen für diese Wechselwirkung nachgegangen.

Garden-Path-Effekte:
Zunächst einmal wurde überprüft, ob ambige Sätze einen Garden-Path-Effekt elizitierten und ob die Stärke des Garden-Path-Effekts in Abhängigkeit vom Verbtyp variiert. Als Maß für die Stärke des Garden-Path-Effekts diente die Differenz im prozentualen Anteil korrekter Antworten zwischen ambigen und eindeutigen Sätzen. Im Falle von Dativ-Verben war diese Differenz relativ groß und - wie ein Einzelvergleich zeigt - statistisch hochsignifikant (Differenz amb - gram: 32%; t(70) = 4.6; t2(58) = 5.59, beide p<.01). Deutlich kleiner fiel die

Differenz bei Akkusativ-Verben aus (Differenz amb - gram: 6%; t(70) = 1.0, n.s.; t2(58) = 1.7, p<.1). Wie ein nachfolgender Einzelvergleich zeigte, ist die Differenz zwischen ambigen und grammatischen Sätzen - und damit die Stärke des Garden-Path-Effekts - bei Dativ-Verben in der Tat signifikant größer als bei Akkusativ-Verben (Interaktion amb/gram vs. SATZTYP: t1(70) = 3.5; t2(58) = 2.78, beide p<.01).

ungrammatische Sätze:
Enthielten die Sätze ein Dativ-Verb, wurden ungrammatische Sätze ebenso akkurat beurteilt wie eindeutig grammatische Sätze (Differenz amb - gram: 3%; beide t<1). Große Unterschiede wurden hingegen bei Sätzen beobachtet, in denen Objekte das Kasusmerkmal *Akkusativ* tragen müssen (Differenz amb - gram: 25%; t(70) = 3.58; t2(58) = 4.95, beide p<.01). Wie schon anhand der Unterschiede vermutet werden kann, fällt die Differenz bei Akkusativ-Verben größer aus als bei Dativ-Verben (Interaktion gram/ungram vs. SATZTYP: t1(70) = 2.8; t2(58) = 2.86, beide p<.01).

Reaktionszeiten für korrekte Antworten:
Wie bereits gesagt, blieben bei der Analyse der Reaktionszeiten für korrekte Antworten die Daten für ungrammatische Sätze unberücksichtigt. Die Mittelwerte für die verbliebenen Faktorstufenkombinationen zeigt Tabelle 8.9 (35 Versuchspersonen, 27 Sätze).

Tabelle 8.9
Reaktionszeiten für korrekte Antworten (Experiment 8)

Satzart	Verbtyp		Mittelwert
	Dativ	Akkusativ	
ambig	886	800	836
grammatisch	600	618	609
Mittelwert	712	705	709

Ein signifikanter Effekt konnte lediglich für den Faktor SATZART ermittelt werden (SATZART: F1(1,34) = 40.6; F2(1,26) = 19.8, beide p<.01). Der Faktor VERBTYP war nicht signifikant (beide F<1). Zwar ließ sich bei Dativ-Verben ein etwas höherer Anstieg der Reaktionszeiten ambiger gegenüber grammatischer Sätzen verzeichnen als bei Akkusativ-Verben. Die Interaktion der Faktoren SATZART und VERBTYP war jedoch nur von (sehr) marginaler Bedeutung (Interaktion: F1(1,34) = 2.41, p=.13; F2(1,26) = 3.08, p<.1). Unabhängig von der Art des Verbs elizitieren ambige Sätze also höhere Reaktionszeiten als eindeutig grammatische Sätze.

8.4.5 Diskussion

Beide Vorhersagen der *Lexical-Reaccess*-Hypothese wurden durch die Ergebnisse von Experiment 8 bestätigt. Ambige Sätze mit Dativ-Verb verursachen einen weitaus stärkeren Garden-

Path-Effekt als ambige Sätze mit Akkusativ-Verb. Reanalyse kann also relativ einfach bewerkstelligt werden, wenn die Disambiguierung die Zuweisung des Akkusativs an die w-Phrase erforderlich macht. Reanalyse führt hingegen zu beträchtlichen Schwierigkeiten, wenn an die w-Phrase der Dativ zuzuweisen ist.

Unterschiede in Abhängigkeit vom Verbtyp wurden auch bei der Verarbeitung korrespondierender ungrammatischer Sätze beobachtet. Ungrammatische Sätze mit Dativ-Verb werden korrekter beurteilt als ungrammatische Sätze mit Akkusativ-Verb.

8.5 Allgemeine Diskussion

8.5.1 Zusammenfassung der Resultate

Die experimentellen Untersuchungen dieses Kapitels führten zusammenfassend zu folgenden Ergebnissen:

- Lokal ambige w-Fragen mit Objekt-Subjekt-Struktur, die am Punkte der Disambiguierung die Zuweisung des Dativs an die w-Phrase erzwingen, führen zu robusten Garden-Path-Effekten. In allen drei präsentierten Experimenten verursachten ambige Objekt-Subjekt-Sätze auffällig hohe Anteile an fehlerhaften Antworten bei Grammatikalitätsbeurteilungen unter Zeitdruck.

- Die Stärke des Garden-Path-Effekts bei der Verarbeitung ambiger Objekt-Subjekt-Sätze variiert in Abhängigkeit davon, welches Kasusmerkmal die w-Phrase in Folge der Disambiguierung erhält. Wird die Zuweisung des Dativs erforderlich, entstehen stärkere Garden-Path-Effekte als in Fällen, in denen die w-Phrase mit dem Kasusmerkmal *Akkusativ* ausgestattet wird.

- Wiederum konnte festgestellt werden, daß Unterschiede hinsichtlich der Garden-Path-Stärke bei ambigen Sätzen mit Unterschieden bei der Verarbeitung korrespondierender ungrammatischer Sätze einhergehen. Ungrammatische Sätze mit Dativ-Verb führen unter experimentellen Bedingungen zu korrekteren Grammatikalitätsbeurteilungen als ungrammatische Sätze mit Akkusativ-Verb.

8.5.2 Dativeffekte bei w-Fragen und die *Lexical-Reaccess*-Hypothese

Warum führen Sätze mit Dativ-Verb wie in (21b) zu stärkeren Garden-Path-Effekten als vergleichbare Strukturen mit Akkusativ-Verb (21a)?

(21) a. Wessen Frau glaubst du, sah der Mann?

b. Wessen Frau glaubst du, half der Mann?

Wie bereits in der Diskussion eingangs dieses Kapitels betont wurde, scheint es nicht möglich zu sein, Verarbeitungsunterschiede zwischen (21a) und (21b) ähnlich wie die durch nominale und verbale Disambiguierung induzierten Differenzen auf Unterschiede bezüglich der Art der Disambiguierung zurückzuführen. Beide Satztypen werden nominal disambiguiert. Die kasusmorphologische Kennzeichnung der disambiguierenden NP *der Mann* als Nominativ steht in Konflikt mit der Tatsache, daß das syntaktische Merkmal *Nominativ* bereits an die w-Phrase vergeben wurde. Da aber das Merkmal *Nominativ* an der w-Phrase per *Default*-Entscheidung zustande gekommen sein könnte, ist die Bereitschaft des Parsers sehr groß, dieses Merkmal und die damit verbundene syntaktische Entscheidung zu ändern. Unterschiede gibt es aber bezüglich der Änderungen, die die Disambiguierung an der bisher berechneten Struktur erzwingt. Bei Auflösung der Ambiguität erhält die w-Phrase jeweils ein unterschiedliches Kasusmerkmal. In (21a) wird das Merkmal *Nominativ* der w-Phrase durch das Merkmal *Akkusativ* ersetzt, in (21b) durch das Merkmal *Dativ*. Wenn es also Unterschiede zwischen (21a) und (21b) gibt, muß dies offenbar auf Unterschiede in den jeweils notwendig werdenden Reanalyseprozessen zurückgeführt werden. Unterschiede betreffen aber allein die Frage, durch welchen Kasus das Merkmal *Nominativ* der w-Phrase zu ersetzen ist. Unsere Ergebnisse zwingen daher zu der Schlußfolgerung, daß Reanalyse einfach bewerkstelligt werden kann, wenn Nominativ durch Akkusativ ersetzt werden muß, und relativ schwierig, wenn die w-Phrase den Dativ anstelle des Nominativs erhält.

Mit Hilfe der *Lexical-Reaccess*-Hypothese läßt sich erklären, weshalb die Zuweisung des Dativs an die w-Phrase den Reanalyseaufwand erhöht. Die *Lexical-Reaccess*-Hypothese macht sich dabei sowohl die Unterscheidung zwischen abstraktem und morphologischem Kasus zunutze wie auch Unterschiede, die morphosyntaktische Eigenschaften des Dativs auf der einen Seite und des Akkusativs auf der anderen Seite betreffen. Eine NP, die das (abstrakte) Kasusmerkmal *Dativ* trägt, muß auch morphologisch für den Dativ markiert sein (wobei das morphologische Merkmal nicht unbedingt sichtbar werden muß). Das Merkmal *Akkusativ* hingegen kann eine NP immer schon dann erhalten, wenn ihre kasusmorphologische Ausstattung dem nicht widerspricht. NPs ohne jegliche (overte wie koverte) Kasusmorphologie können den Akkusativ ebenso realisieren wie NPs, die auch morphologisch für den Akkusativ ausgezeichnet sind. Mit anderen Worten: Der Dativ, nicht aber der Akkusativ, bedarf notwendigerweise einer morphologischen Lizenz. Dieser Unterschied bewirkt, daß die Disambiguierung in (21a) andere Verarbeitungsschritte notwendig macht als in (21b).

Wie schon gesagt wurde, tendiert der Parser in beiden Fällen dazu, das Merkmal *Nominativ* an der w-Phrase zu ändern (und damit auch die mit der w-Phrase assoziierte Lückenposition). In (21a) erhält die w-Phrase alternativ den Akkusativ. Da der Akkusativ keiner morphologischen Lizenz bedarf, muß der Parser lediglich überprüfen, ob die morphologische Markierung der w-Phrase dieser Entscheidung widerspricht. Dies bedeutet, daß der Parser die Revision als legitim betrachten kann, solange keine konfligierende Information gefunden wurde. In (21b) hingegen muß der Parser sicherstellen, daß die w-Phrase, welche das Merkmal *Dativ* erhalten soll, über eine passende morphologische Lizenz verfügt. Er ist also zu einer Überprüfung der morphologischen Merkmale der w-Phrase gezwungen. Erst wenn diese Überprüfung mit Erfolg abgeschlossen wurde, kann der Parser die Revision des Kasusmerkmals als legitim betrachten. Warum aber sollte es schwierig sein, morphologische Merkmale der w-Phrase zu überprüfen? Schwierig ist diese Überprüfung der *Lexical-Reaccess*-Hypothese zufolge genau deshalb, weil sie zu neuerlichen Berechnungen innerhalb des lexikalischen Prozessors zwingt und aus diesem Grunde den Fortgang der syntaktischen Verarbeitung behindert. Im Gegensatz zu Fällen wie in (21a) reicht es in (21b) nicht aus zu erkennen, daß die w-Phrase *wessen Mutter* keine overte Kasusmorphologie besitzt. Der Parser benötigt Information darüber, ob die w-Phrase über eine Repräsentation verfügt, die den Dativ zu lizenzieren in der Lage ist, d.h. über eine Repräsentation mit koverter morphologischer Realisierung des Dativs. Diese Information ist nicht in der phrasenstrukturellen Repräsentation enthalten, die der Parser aufgebaut hat. Vielmehr ist der Parser gezwungen, diesbezüglich beim lexikalischen Prozessor "anzufragen". Es wird ein neuerlicher Rückgriff auf Information auf lexikalische Information nötig, die mit der w-Phrase assoziiert ist. Reanalyse ist also bei ambigen Sätzen mit Dativ-Verb verarbeitungsaufwendiger als bei Sätzen mit Akkusativ-Verb.

Akzeptiert man eine solche Erklärung, wird auch verständlich, weshalb (22a) unter experimentellen Bedingungen schlechter abschneidet als (22b).

(22) a.*Welcher Junge glaubst du, sah der Mann?

b.*Welcher Junge glaubst du, half der Mann?

Die schlechte Performanz bei Sätzen wie (22a) wurde in Abschnitt 7.4.2 als Hinweis darauf gewertet, daß der Parser unter Zeitdruck dazu tendiert, das Merkmal *Nominativ* der w-Phrase einer *Default*-Entscheidung zuzuschreiben und die w-Phrase daher als mit der Zuweisung des Akkusativs kompatibel anzusehen. Die bloße Annahme, das Merkmal *Nominativ* gehe auf eine *Default*-Entscheidung zurück, impliziert hingegen nicht, daß die w-Phrase auch mit dem Merkmal *Dativ* kompatibel wäre. In (22b) ist der Parser in jedem Falle gezwungen zu überprüfen, ob die w-Phrase über eine morphologische Lizenz für den Dativ verfügt. Die Ungrammatikalität in (22b) wird ihm daher nur selten entgehen. Die Asymmetrie in (22) darf also als Bestätigung der Annahme der *Lexical-Reaccess*-Hypothese verstanden werden, daß die Zuweisung des Dativs im Verlaufe der Reanalyse zu einer gründlicheren Überprüfung der morphologischen Eigenschaften der w-Phrase führt als in Fällen, in denen die w-Phrase den Akkusativ erhält.

Man beachte, daß die Unterschiede bei der Beurteilung eindeutig ungrammatischer Sätze nicht nur ein Argument zugunsten der *Lexical-Reaccess*-Hypothese konstituieren, sondern gleichzeitig auch ein Argument gegen beide Varianten der Reparaturhypothese, welche zur Erklärung der relativ schlechten Performanz bei Sätzen wie (22a) ins Feld geführt worden sind (vgl. Abschnitt 7.4.3). Wenn die vielen durch (22a) elizitierten Fehler lediglich indizieren, daß der Parser die Kasusmarkierung der zweiten NP überliest oder repariert, dann sollte er dies in (22b) genauso tun. Aus Sicht der Reparaturhypothese gibt es u.E. keinen offensichtlichen Grund, weshalb der Parser nach einem Dativ-Verb eine weitaus geringere Tendenz zeigt, die kasusmorphologische Information der zweiten NP (*der Mann*) zu ignorieren bzw. zu überschreiben.

8.5.3 Fragen und Probleme

Während die Richtung der in den Experimenten 6-8 nachgewiesenen Effekte in die aus der Sicht der *Lexical-Reaccess*-Hypothese erwartete Richtung gehen, erscheinen doch wenigstens zwei Aspekte der Ergebnisse aus unserer Sicht bemerkenswert und erfordern eine eingehendere Diskussion. Zum einen zeigte sich, daß die Garden-Path-Effekte in ambigen Sätzen mit Dativ-Verb relativ stark ausfallen. Obschon bislang nur zu wenigen einschlägigen Strukturen vergleichbare experimentelle Daten vorliegen, so zeigte sich doch zumindest für lokal ambige Passivsätze wie (23), daß sich dort der Garden-Path-Effekt lediglich in einer Erhöhung der Reaktionszeiten wirklich sicher niederschlägt (vgl. die Diskussion in Abschnitt 8.1.3 und die dort angegebene Literatur).

(23) ... daß Maria ein Päckchen geschickt wurde

In den hier untersuchten Strukturen jedoch führte der Garden-Path bei Sätzen mit Dativ-Verb nicht nur zu einer Erhöhung der Reaktionszeiten, sondern auch (und vor allem) zu einem dramatischen Abfall des prozentualen Anteils korrekter Antworten. In der Tat: Die Garden-Path-Effekte sind mindestens ebenso stark wie die, welche durch ambige Sätze mit verbaler Disambiguierung hervorgerufen werden. Angesichts der Tatsache, daß die ambige Region in den untersuchten Sätzen nicht länger war als etwa in Beispiel (23), kommt die Stärke des beobachteten Garden-Path-Effekts unerwartet.

Unerwartet kommt aber auch, daß die korrespondierenden ungrammatischen Sätze mit Dativ-Verb zu quasi perfekter Performanz führen. Bei der Beurteilung ungrammatischer Sätze wurden nicht mehr Fehler gemacht als bei der Beurteilung eindeutig grammatischer Sätze. Zwar sagt die *Lexical-Reaccess*-Hypothese korrekt vorher, daß die Beurteilung ungrammatischer Sätze bei Sätzen mit Dativ-Verb akkurater ausfällt als bei Sätzen mit Akkusativ-Verb. Rekurs auf Prozesse lexikalischer Reaktivierung garantiert jedoch keineswegs *perfekte* Performanz. Dies zeigt sich zum Beispiel daran, daß ungrammatische Sätze wie in (24) - worauf bereits in Abschnitt 7.1.2.3 hingewiesen wurde - durchaus zu fehlerhaften Beurteilungen Anlaß geben.

(24) ...*daß die Frau ein Päckchen geschickt wurde   61% „ungrammatisch"

Daten wie diese haben z.B. Bader (1997) zu dem Schluß geführt, daß die Reaktivierung lexikalischer Information unter den Bedingungen der *Speeded-Grammaticality-Judgements*-Methode nicht immer vollständig durchgeführt wird. Die Beurteilung eines Satzes wird offenbar in vielen Fällen noch vor Abschluß lexikalischer Reaktivierung fixiert. Es ist daher zu fragen, welche Faktoren dazu beigetragen haben könnten, die Effekte lexikalischer Reaktivierung zu verstärken. Im folgenden sollen zwei solcher Faktoren angesprochen werden.

8.5.3.1 Einfluß von Verbinformation

Vergleicht man die Ergebnisse aus Experiment 8 mit denen aus Experiment 5, dann fällt zweierlei auf: zum einen, daß sich die Effekte bei Sätzen mit nominaler Disambiguierung und Akkusativ-Verb trotz der strukturellen Unterschiede durchaus ähneln; zum anderen aber, daß sich auch die Effekte, die Sätze mit verbaler Disambiguierung erzielen, kaum unterscheiden von den Effekten, welche wir bei Sätzen mit Dativ-Verb in Experiment 8 beobachtet haben. Die Stärke des Garden-Path-Effekts erreicht in etwa das gleiche Niveau und ebenso die Performanz bei eindeutig ungrammatischen Sätzen. Nach allem, was wir bisher gesagt haben, muß diese Ähnlichkeit als reiner Zufall erscheinen, denn für die Erklärung der Verarbeitungseffekte bei Sätzen mit verbaler Disambiguierung bzw. Sätzen mit Dativ-Verb haben wir völlig unterschiedliche Prozesse verantwortlich gemacht. Sätze mit verbaler Disambiguierung führen zu einem Kongruenz-Fehler, und dieser Kongruenz-Fehler blockiert automatische Reanalyse.

Sätze mit Dativ-Verb machen am Punkt der Disambiguierung Prozesse lexikalischer Reaktivierung notwendig, welche komputationell aufwendig sind und den Fortgang der Verarbeitung verzögern. Die auffällige Parallelität der Ergebnisse sollte jedoch Anlaß sein zu fragen, ob es bei der Auflösung der Ambiguität in diesen beiden Strukturtypen nicht doch mehr Gemeinsamkeiten gibt als bisher angenommen. Wird auch bei Sätzen mit Dativ-Verb - ähnlich wie bei verbaler Disambiguierung - Reanalyse blockiert?

Wir haben in Abschnitt 8.1.3 bereits darauf verwiesen, daß durch Prozesse lexikalischer Reaktivierung induzierte Garden-Path-Effekte nicht nur bei lokal ambigen Passivsätzen relativ schwach ausfallen (23), sondern auch bei Objekt-Objekt-Ambiguitäten mit kurzer ambiger Region ((25), vgl. Bader *et al.*, 1996).

(25)   Professoren sollte man mißtrauen.

Über experimentelle Ergebnisse, die diese auf der Basis intuitiver Urteile gewonnene Einschätzung bestätigen, berichten Scheepers, Konieczny & Hemforth (1997). In einer Untersuchung von Sätzen wie (26) mittels der *Self-Paced-Reading*-Methode stellten sie fest, daß Disambiguierungen durch Dativ-Verben (26a) nicht zu Lesezeiterhöhungen führten, die als Garden-Path-Effekt hätten interpretiert werden können.[7]

(26)   a.   Der Bürgermeister werde Pastor Steffens heute nicht begegnen, ...

        b.   Der Bürgermeister werde Pastor Steffens heute nicht antreffen, ...

Vergleicht man nun einmal die Strukturen, in denen der Dativ-Effekt schwach ausfällt oder gar auszubleiben scheint, mit den in den Experimenten 6-8 untersuchten Strukturen, in denen ein ziemlich robuster Dativ-Effekt beobachtet werden konnte (z.B. (27b)), dann gibt es einen augenfälligen Unterschied: In Sätzen mit starkem Dativ-Effekt wie (27b) erfolgt die Disambiguierung, nachdem bereits das Verb eingelesen worden ist, nachdem also bereits Information darüber vorliegt, daß eine Struktur mit Dativobjekt berechnet werden muß. In Sätzen mit schwachem Dativ-Effekt wird hingegen direkt durch die Verbform disambiguiert, welche das Vorliegen einer Struktur mit Dativobjekt überhaupt erst indiziert: *begegnen* in (26a), *wurde* in (23), *mißtrauen* in (25). Hat dieser Unterschied Konsequenzen für das Verhalten des Parsers am Punkt der Disambiguierung?

(27)   a.   Wessen Frau glaubst du, grüßte der Mann?

        b.   Wessen Frau glaubst du, half der Mann?

Die Verfügbarkeit von lexikalischer Verbinformation führt vielen Theorien zufolge dazu, daß der Parser konkrete Hypothesen über noch zu erwartende NP-Konstituenten formen kann (Crocker, 1992; Frazier & Fodor, 1978; Gibson & Hickok, 1993; Konieczny *et al.*, 1991). In (27b) kann der Parser mit Einlesen der Verbform *half* z.B. ermitteln, daß noch eine weitere NP-Konstituente zu erwarten ist. Dies allein kann natürlich nicht für den starken Dativ-Effekt

---

[7] Dativ-Verben führten durchaus zu einer Lesezeiterhöhung. Die Interpretation dieses Effekts wird aber durch die Tatsache erschwert, daß auch eindeutige Kontrollsätze mit Dativ-Verb höhere Lesezeiten als Sätze mit Akkusativ-Verb elizitierten. Es handelt sich also nicht um einen wirklichen Ambiguitätseffekt.

verantwortlich sein, denn dann sollte sich in (27a) - wo ja nach Einlesen der Verbform *grüßte* ebenfalls die Ankunft einer weiteren NP vorhergesagt werden kann - auch ein relativ starker Effekt einstellen. Zudem wird diese Vorerwartung ohnehin nicht enttäuscht, denn in beiden Varianten von (27) folgt ja auch noch eine weitere NP. Zwischen (27a) und (27b) gibt es aber einen entscheidenden Unterschied: Der Lexikoneintrag des Dativ-Verbs *helfen* in (27b) enthält nicht nur Information darüber, daß eine weitere NP zu erwarten ist. Es ist ebenfalls vermerkt, daß diese NP das Kasusmerkmal *Dativ* erhalten muß. Der Dativ ist der *markierte* Objektskasus und die Zuweisung des Dativs an eine NP daher im Lexikoneintrag des subkategorisierenden Verbs verankert (vgl. Abschnitt 6.4.2.1). Im Gegensatz zu Dativ-Verben wie *helfen* enthalten Akkusativ-Verben wie *grüßen* keine explizite Information bezüglich des Kasusmerkmals, welches an die subkategorisierte NP vergeben wird. Das Objekt solcher Verben erhält den Akkusativ *per default*, d.h. weil nichts Gegenteiliges im Lexikoneintrag des Verbs festgelegt wird.

Verarbeitungstechnisch könnte sich dieser Unterschied wie folgt auswirken. Das Einlesen einer Verbform wie *half* führt dazu, daß der Parser eine Dativ-NP erwartet. Möglicherweise projiziert der Parser bereits eine NP-Position, an die das Merkmal *Dativ* kopiert wird. Die Erwartung einer Dativ-NP wird in (27b) am Punkt der Disambiguierung jedoch enttäuscht. Es kommt zu einem lokalen Merkmalskonflikt. Dieser Merkmalskonflikt führt dazu, daß der Parser die Struktur für ungrammatisch hält, die Verarbeitung also abbricht, ohne den Versuch einer Reanalyse zu starten. Dies führt bei ambigen Sätzen zu einem relativ starken Garden-Path-Effekt. Dies erklärt zudem, weshalb die mit (27b) korrespondierenden eindeutig ungrammatischen Sätze so sicher erkannt werden. Verarbeitungstechnisch sind dieser Sicht zufolge in (27b) und Sätzen mit verbaler Disambiguierung in der Tat die gleichen Mechanismen am Werk

In (27a) kann allenfalls eine weitere NP erwartet werden. Der Lexikoneintrag verknüpft diese NP jedoch nicht mit einem bestimmten Kasusmerkmal. Da die Erwartung einer weiteren NP am Punkt der Disambiguierung nicht enttäuscht wird, kommt es nicht in gleicher Weise zu einem lokalen Merkmalskonflikt. Es gibt daher in dieser Hinsicht keinen Grund für einen sofortigen Abbruch der Verarbeitung. Gleiches gilt für die Fälle mit schwachem Dativ-Effekt ((23), (25), (26a)). Da Information über das Vorliegen einer Struktur mit Dativobjekt in diesen Fällen erst zusammen mit der Information darüber eintrifft, daß statt einer Subjekt-Objekt- eine Objekt-Subjekt-Struktur berechnet werden muß, kann kein lokaler Merkmalskonflikt wie in (27b) entstehen. Die relativ schwachen Effekte sind also eine reine Reflexion der Schwierigkeiten, welche durch Prozesse lexikalischer Reaktivierung im Verlaufe der Reanalyse verursacht werden. In (27b) hingegen wird unseren Spekulationen zufolge dieser reine *lexical-reaccess*-Effekt durch einen zusätzlichen Faktor verstärkt, nämlich durch einen lokalen Merkmalskonflikt, welcher Reanalyse blockiert.

Wie diese Idee technisch sauber und in einer mit anderen Erkenntnissen über die on-line Verwendung lexikalischer Information adäquaten Weise umgesetzt werden kann, muß an dieser Stelle offengelassen werden. Wir wollen aber auf wenigstens ein Szenario hinweisen, mittels dessen die hier entwickelte Hypothese getestet werden kann. Sind unsere Überlegungen auf der richtigen Spur, erwarten wir unter experimentellen Bedingungen einen deutlichen Kontrast bezüglich der Stärke des Garden-Path-Effekts in (28a) und (28b). Der Garden-Path-Effekt sollte in (28b) schwächer ausfallen als in (28a), denn nur in (28a) verfügt der Parser bereits vor Eintreffen der disambiguierenden Information über Hinweise auf das Vorliegen einer Struktur mit markiertem Objekt, einem Dativobjekt.

(28) a. Wessen Sekretärin glaubst du, half <u>die Direktorin</u>?

b. Wessen Sekretärin glaubst du, hat die Direktorin <u>geholfen</u>?

In parallelen Sätzen mit Akkusativ-Verb sollte sich hingegen kein vergleichbarer Einfluß der Stellung des Verbs relativ zur zweiten NP bemerkbar machen.

8.5.3.2 Komplexität der Struktur und lexikalische Reaktivierung

Abschließend wollen wir nun noch auf einen zweiten Faktor aufmerksam machen, der bei der Beurteilung der Ergebnisse der Experimente 6-8 möglicherweise berücksichtigt werden muß. Wir haben in Abschnitt 8.1.3 erwähnt, daß die Stärke von Garden-Path-Effekten, die durch Prozesse lexikalischer Reaktivierung ausgelöst werden, in Abhängigkeit von der Länge der ambigen Region variiert. Sätze mit längerer ambiger Region verursachen stärkere Garden-Path-Effekte. Zu erwarten wäre unter Voraussetzung der *Lexical-Reaccess*-Hypothese auch, daß nicht nur einfach die Länge, sondern ebenso die Komplexität der zwischen ambiger w-Phrase und Punkt der Disambiguierung intervenierenden Struktur Einfluß auf die Stärke von Garden-Path-Effekten haben kann. Je mehr Ressourcen die Verarbeitung der ambigen Region beansprucht, desto geringere Kapazitäten stehen für die Durchführung lexikalischer Reaktivierung zur Verfügung.

In den Experimenten 6-8 kamen jeweils Sätze zum Einsatz, in denen eine w-Phrase "lang" aus einem eingebetteten Satz extrahiert worden ist. Bei der Verarbeitung solcher Strukturen muß daher eine Füller-Lücken-Beziehung aufgebaut werden, die eine Teilsatzgrenze überschreitet. Dies führt zu komplexeren syntaktischen Strukturen als in Fällen, in denen lediglich einfache Sätze zu verarbeiten sind, wie z.B. bei den hier diskutierten ambigen Passivsätzen. Interessanterweise scheint die Komplexität der verwendeten Strukturen auf die Verarbeitung ambiger und ungrammatischer Sätze mit Akkusativ-Verb (bei nominaler Disambiguierung) keinen entscheidenden Einfluß zu haben. Die Garden-Path-Effekte bei Sätzen mit langer Extraktion (Experimenten 2, 7 und 8) waren nicht stärker als bei Sätzen mit "kurzer" Extraktion (Experiment 5). Dies ist nicht verwunderlich, denn die Überprüfung lexikalischer Information ist in diesen Fällen auch nicht zwingend erforderlich. Bei Sätzen mit Dativ-Verb ist der Parser hingegen zur Reaktivierung lexikalischer Information gezwungen. Auf genau diese Sätze könnten sich daher Veränderungen bezüglich der Komplexität der experimentellen Sätze auswirken. Die Struktursensitivität der Reanalyse bei Sätzen mit Dativ-Verb kann z.B. an Satzpaaren wie in (29) und (30) getestet werden.

(29) a. Wessen Sekretärin glaubst du, half <u>der Chef</u>

b. Wessen Sekretärin half <u>der Chef</u>

(30) a. Wessen Sekretärin glaubst du, grüßte <u>der Chef</u>

b. Wessen Sekretärin grüßte <u>der Chef</u>

Kommen unsere Spekulationen der Wahrheit nahe, dann sollte die Variation der Satzstruktur auf Sätze wie (30) keinen großen Einfluß haben, wohl aber auf Sätze wie (29). Wenn komplexere Satzstrukturen Prozesse lexikalischer Reaktivierung tatsächlich behindern, wären in (29a) deutlich stärkere Garden-Path-Effekte zu erwarten als in (29b).

8.6 Zusammenfassung

In Kapitel 8 wurde ein weiterer Faktor untersucht, der für Variation in der Stärke von Garden-Path-Effekten bei lokal ambigen w-Fragen verantwortlich ist. Im Mittelpunkt des Interesses standen lokal ambige Sätze, die jeweils nominal disambiguiert wurden, die jedoch alternativ ein Akkusativ- bzw. ein Dativ-Verb enthielten. Konsistent mit den Ergebnissen aus den Kapiteln 6 und 7 konnte anhand dreier experimenteller Untersuchungen nachgewiesen werden, daß in beiden Satztypen Garden-Path-Effekte entstehen, wenn die Disambiguierung die Zuweisung einer Objekt-Subjekt-Struktur erzwingt. Abhängig vom Verbtyp gibt es jedoch beträchtliche Unterschiede bezüglich der Garden-Path-Stärke: Lokal ambige Objekt-Subjekt-Sätze mit Dativ-Verb führen zu stärkeren Garden-Path-Effekten als Objekt-Subjekt-Sätze mit Akkusativ-Verb. Korrespondierend dazu fanden sich wiederum Unterschiede hinsichtlich der Performanz bei eindeutig ungrammatischen Sätzen. Bei der Beurteilung eindeutig ungrammatische Sätze mit Dativ-Verb werden weniger Fehler gemacht als bei der Beurteilung ungrammatischer Sätze mit Akkusativ-Verb.

Die Diskussion dieser Effekte konzentrierte sich zunächst auf Unterschiede in den Reanalyseprozessen, die bei ambigen Sätzen mit Dativ- bzw. Akkusativ-Verb notwendig werden. In beiden Satztypen wird die w-Phrase zunächst mit einer Lücke in Subjektposition assoziiert und muß daher per Reanalyse mit einer Lücke in Objektposition in Verbindung gebracht werden. Bei Vorliegen eines Dativ-Verbs wird die w-Phrase jedoch zum Dativobjekt, bei Vorliegen eines Akkusativ-Verbs zum Akkusativobjekt. Dativ und Akkusativ unterscheiden sich hinsichtlich ihrer morphologischen Lizenzierungsanforderungen. Das Kasusmerkmal *Dativ* darf einer NP nur dann zugewiesen werden, wenn diese über ein (overtes oder kovertes) Dativmorphem verfügt. Das Merkmal *Akkusativ* bedarf hingegen nicht notwendigerweise einer morphologischen Lizenz und kann daher auch an kasusindifferente NPs, d.h. NPs ohne overtes oder kovertes Kasusmorphem, zugewiesen werden. Aus diesen linguistisch motivierten Unterschieden folgt, daß der Parser bei Objekt-Subjekt-Sätzen mit Dativ-Verb gezwungen ist zu überprüfen, ob die w-Phrase über ein dativlizenzierendes Merkmal verfügt, während in Sätzen mit Akkusativ-Verb eine solche Überprüfung nicht erforderlich ist. Die *Lexical-Reaccess*-Hypothese von Bader *et al.* (1996) sagt deshalb nicht nur korrekt vorher, daß der Garden-Path-Effekt bei ambigen Objekt-Subjekt-Sätzen mit Dativ-Verb stärker ausfällt als bei Sätzen mit Akkusativ-Verb, sondern auch, daß ungrammatische Sätze mit Dativ-Verb akkurater beurteilt werden als ungrammatische Sätze mit Akkusativ-Verb. Während die *Lexical-Reaccess*-Hypothese die Richtung der beobachteten Effekte korrekt erfaßt, kam doch das Ausmaß dieser Effekte überraschend. Aus diesem Grunde wurden abschließend Faktoren diskutiert, welche möglicherweise die durch Prozesse lexikalischer Reaktivierung induzierten Effekte ergänzen oder verstärken.

9 Zusammenfassung und Schlußfolgerungen

Im Mittelpunkt dieser Arbeit standen Prozesse, die bei der syntaktischen Verarbeitung lokal ambiger Strukturen ablaufen. Lokal ambige Strukturen können temporär mit mehr als nur einer syntaktischen Strukturzuweisung versehen werden. Typischerweise aber präferiert der Parser eine der möglichen Strukturzuweisungen. Widerspricht die Disambiguierung dieser initialen Präferenz, kommt es zu Garden-Path-Effekten. Garden-Path-Effekte variieren jedoch beträchtlich hinsichtlich ihrer Stärke. Wie reagiert der Parser, wenn er einer strukturellen Ambiguität begegnet, und welche Prozesse laufen ab, wenn eine strukturelle Ambiguitäten entgegen der initial präferierten Strukturzuweisung aufgelöst wird? Was können wir daraus lernen über Verarbeitungseigenschaften des Parsers im speziellen und die Architektur des menschlichen Sprachverarbeitungssystems im allgemeinen?

Besonderes Augenmerk galt in dieser Arbeit der Verarbeitung von Ambiguitäten, zu denen Füller-Lücken-Konstruktionen Anlaß geben. Speziell widmeten wir uns Subjekt-Objekt-Ambiguitäten bei der Verarbeitung von Ergänzungsfragen (w-Fragen) im Deutschen. Diese Ambiguität zeichnet sich dadurch aus, daß eine Füllerkonstituente (bei Ergänzungsfragen die w-Phrase) zeitweilig alternativ mit einer Lückenposition (einer Spur) in Subjekt- oder in Objektposition assoziiert werden kann. Im einleitenden Kapitel wurden vier Fragestellungen formuliert, die sich auf Prozesse bei Entstehen und bei Auflösung von Füller-Lücken Ambiguitäten bezogen, und auf die die Untersuchung von Subjekt-Objekt-Ambiguitäten bei w-Fragen Antwort geben sollte.

(1) a. Welche Präferenzen lassen sich bei der Verarbeitung von Subjekt-Objekt-Ambiguitäten in w-Fragen beobachten?

b. Wie können die beobachteten Präferenzen theoretisch gefaßt und in Einklang mit anderen experimentellen Daten zur Verarbeitung von w-Fragen erklärt werden?

(2) a. Variieren Garden-Path-Effekte bei der Verarbeitung von Subjekt-Objekt-Ambiguitäten hinsichtlich ihrer Stärke?

b. Welche Faktoren sind gegebenenfalls für die unterschiedlich starken Garden-Path-Effekte verantwortlich?

Was nun haben wir in Beantwortung dieser Fragen mitzuteilen?

9.1 Präferenzeffekte

Wenden wir uns zunächst den Fragen in (1) zu. Anhand unserer experimentellen Untersuchungen haben wir den Nachweis erbringen können, daß auch bei der Verarbeitung von Subjekt-Objekt-Ambiguitäten in w-Fragen eine klare Präferenz zugunsten der Subjekt-Objekt-Struktur entsteht. Kann der Parser die w-Phrase temporär entweder mit einer Lücke in Subjektposition oder einer Lücke in Objektposition assoziieren, entscheidet er sich für eine Lückenposition in

Subjektposition. Sichtbar wurde diese Präferenz an robusten Garden-Path-Effekten, die entstehen, wenn die Disambiguierung die Zuweisung einer Objekt-Subjekt-Struktur erzwingt. Solche Garden-Path-Effekte konnten in allen hier vorgestellten experimentellen Untersuchungen nachgewiesen werden, zudem unter Verwendung unterschiedlicher Methoden (*Self-Paced-Reading, Speeded-Grammaticality-Judgements*) und unter Verwendung unterschiedlicher syntaktischer Strukturen (einfache Sätze, eingebettete Sätze, Sätze mit langer Extraktion aus V2-Komplementen).

Unser empirischer Befund steht in klarem Kontrast zu den Ergebnissen früherer Studien zur Verarbeitung von w-Fragen im Deutschen (Farke, 1994), befindet sich aber in Einklang sowohl mit Ergebnissen, die zur Verarbeitung vergleichbarer Konstruktionen in anderen Sprachen erzielt wurden (z.B. Niederländisch, Italienisch; Frazier & Flores d'Arcais, 1989; de Vincenzi, 1991), als auch mit Ergebnissen experimenteller Studien, welche sich syntaktisch verwandter Konstruktionen im Deutschen angenommen haben (Relativsätze, Topikalisierungen; Schriefers *et al.*, 1995; Hemforth *et al.*, 1993).

Des weiteren haben wir zeigen können, daß die Präferenz zugunsten der Subjekt-Objekt-Struktur nicht erst gegen Ende eines Satzes entsteht und auch nicht an die Verfügbarkeit lexikalischer Verbinformation geknüpft ist. Vielmehr entsteht sie unmittelbar mit Verarbeitung der w-Phrase. Garden-Path-Effekte beobachteten wir nicht nur bei Objekt-Subjekt-Disambiguierungen am Satzende, sondern auch dann, wenn die disambiguierende Information der w-Phrase unmittelbar folgt. Dieses Ergebnis befindet sich in Übereinstimmung mit Befunden, die bei der Verarbeitung von Topikalisierungen erzielt worden sind (Hemforth *et al.*, 1993).

Wie können diese experimentellen Beobachtungen in Einklang mit anderen Befunden zur Verarbeitung von Füller-Lücken-Beziehungen, etwa im Englischen, theoretisch gefaßt werden? Unsere Daten unterstützen die Annahme, daß sich der Parser sofort und scheinbar ohne jegliche Verzögerung darauf festlegt, die w-Phrase mit einer Lücke in Subjektposition zu verbinden, zu einem Zeitpunkt also, an dem noch keine weiteren Informationen über die Struktur des Satzes vorliegen. Diese Befunde sind daher ganz allgemein kompatibel mit Modellen, die dem Parser eine serielle Verarbeitungsweise unterstellen. Probleme werfen sie hingegen für das Modell paralleler Verarbeitung von Gibson (1991) auf. In Gibsons Modell gibt es keine Erklärung dafür, weshalb die Präferenz zugunsten der Subjekt-Objekt-Struktur bereits zu einem so frühen Zeitpunkt der Verarbeitung entsteht. Die Beobachtung, daß Subjekt-Objekt-Präferenzen ohne Verzögerung entstehen, deutet zudem darauf hin, daß der Parser Struktur in erheblichem Maße *top-down* projizieren kann, wäre also kompatibel z.B. mit der Annahme von Crocker (1992), daß dem Parser bereits zu Beginn der Verarbeitung eines Satzes eine komplette CP-IP-VP-Struktur zur Verfügung steht.

Schließlich zeigen unsere Ergebnisse auch, daß der Parser Entscheidungen bezüglich der Auflösung syntaktischer Ambiguitäten allein aufgrund struktureller Erwägungen fällen kann, insbesondere ohne über lexikalische Verbinformation zu verfügen. Daraus folgt, daß mit dem Aufbau syntaktischer Struktur nicht gewartet werden muß, bis das Verb eintrifft. Diese Schlußfolgerungen befindet sich in Einklang mit Befunden zur Auflösung von Füller-Lücken-Ambiguitäten im Englischen bei normaler und bei gestörter Verarbeitung, obschon die Datenlage im Englischen - wie wir ausführlich gezeigt haben - noch immer (oder mittlerweile?) kaum einheitlich interpretiert werden kann.

Zusammenfassung und Schlußbemerkungen

Alles in allem liefern unsere Daten damit ein Argument gegen "verbzentrierte" Verarbeitungstheorien, etwa die starke Version des thetagetriebenen Modells (Boland et al., 1995) und die *Immediate Association Hypothesis* von Pickering und Mitarbeitern (Pickering, 1994; Pickering & Barry, 1991). Vielmehr stützen sie Schlußfolgerungen und darauf basierende Modellannahmen, wie sie etwa von Bader (1994), Crocker (1992) und Frazier (1987a) entwickelt worden sind. Um eine schnellstmögliche Strukturierung des Inputs gewährleisten zu können, legt sich der Parser sofort und unter Verwendung nur eines Ausschnitts möglicher Informationsquellen auf eine syntaktische Struktur für den Input fest. Effizienter Verarbeitung zuliebe nimmt der Parser das Risiko falscher syntaktischer Entscheidungen in Kauf. Letztlich stärken unsere Daten damit Positionen, die von einer weitgehenden Autonomie syntaktischer Verarbeitung ausgehen, und sie unterstützen auch die damit verbundene Vorstellung von einer modularen Struktur des menschlichen Sprachverarbeitungssystems (Forster, 1979).

9.2 Disambiguierungseffekte

Kommen wir abschließend zum Fragekomplex (2). Obschon Objekt-Subjekt-Disambiguierungen bei w-Fragen in jedem Falle zu nachweisbaren Garden-Path-Effekten führen, gibt es doch erhebliche Unterschiede hinsichtlich deren Stärke. Unterschiede konnten wir in zwei Domänen dokumentieren.

Zum einen variiert das Ausmaß von Garden-Path-Effekten in Abhängigkeit von der Art des Strukturumbaus, der Reanalyse, die notwendig wird, wenn der Input die Aufrechterhaltung einer Subjekt-Objekt-Struktur unmöglich macht. Muß die w-Phrase statt als Subjekt als Dativ-Objekt analysiert werden, fallen Garden-Path-Effekte weit stärker aus als in Sätzen, in denen die w-Phrase die Funktion eines Akkusativ-Objekts übernimmt. Garden-Path-Unterschiede konnten wir aber selbst dann beobachten, wenn die Reanalyse der Struktur identische Operationen erforderte.

Die Stärke von Garden-Path-Effekten variiert auch in Abhängigkeit von der Art der disambiguierenden Information. Disambiguierung durch Kongruenz-Merkmale führt zu stärkeren Garden-Path-Effekten als Disambiguierung durch Kasus-Merkmale. Während Garden-Path-Unterschiede in Abhängigkeit von der Art der Reanalyse traditionell sehr intensiv diskutiert worden sind, wurden Unterschiede in Abhängigkeit von der Art der Disambiguierung bislang weniger beachtet.

Ergebnisse wie diese zeigen, daß bei der Analyse der Prozesse am Punkt der Disambiguierung eine alleinige Fokussierung auf Reanalyseoperationen nicht ausreicht. Vielmehr muß auch beachtet werden, wie der Parser mit temporären Ungrammatikalitäten umgeht, die den Garden-Path signalisieren. Anders als bislang im Rahmen serieller Modelle üblicherweise angenommen, scheint nicht jede Ungrammatikalität Reanalyse in gleicher Weise auszulösen. Im Gegenteil. Manche Arten temporärer Ungrammatikalität blockieren Reanalyse. Sie führen offenbar dazu, daß der Parser aufgibt, den Satz also für ungrammatisch hält. Auch auf diese Weise können starke Garden-Path-Effekte entstehen. Auf der anderen Seite haben wir feststellen können, daß in anderen Fällen eindeutig ungrammatische Sätze zum Teil „versehentlich" reanalysiert werden. Abhängig von der Art der temporären Ungrammatikalität werden also Garden-Path-Sätze wie ungrammatische Sätze behandelt, oder aber ungrammatische Sätze wie Garden-Path-Sätze.

Alles in allem können wir aus der Untersuchung von Disambiguierungseffekten Schlußfolgerungen ziehen, die mit denen, welche wir aus der Untersuchung von Präferenzeffekten abgeleitet haben, konvergieren. Zum einen unterstützen auch diese Befunde Modelle serieller Verarbeitung. Wir haben deutliche Anzeichen für Garden-Path-Effekte nachweisen können, obwohl diese Schwierigkeiten in aller Regel nicht bewußt wahrnehmbar waren. Dies unterstreicht eine zentrale Annahme serieller Verarbeitungsmodelle, speziell der Garden-Path-Theorie, daß nämlich Garden-Path-Effekte ein eher alltägliches, kein marginales Phänomen sind. Trotzdem Ambiguitäten der hier betrachteten Art allgegenwärtig sind: Der Parser weicht nicht von seiner Strategie ab, den Input sofort mit einer eindeutigen, vollständig spezifizierten syntaktischen Struktur zu versehen.

Der von uns breit thematisierte Zusammenhang zwischen der Verarbeitung ambiger und ungrammatischer Strukturen kann durch eine einfache Extension serieller Modelle erklärt werden. Er legt zudem die Annahme "reiner" serieller Modelle nahe, in denen auf Mechanismen, welche der Kennzeichnung von Entscheidungspunkten dienen, verzichtet wird, und damit gegen Varianten serieller Verarbeitung wie etwa *Serial Annotated Processing* (Frazier, 1978) oder *Ranked-Flagged Serial Parsing* (Inoue & Fodor, 1995). Wenn Ambiguitäten im Verlaufe der Verarbeitung explizit kenntlich gemacht werden, dann sollten ambige Sätze prinzipiell anders verarbeitet werden als eindeutig ungrammatische Sätze, in denen ja kein Ambiguitätsproblem entsteht. Gerade gegen diesen prinziellen Unterschied aber sprechen unsere Daten. Vielmehr gibt es bei der Verarbeitung ambiger und eindeutig ungrammatischer Sätze erhebliche Gemeinsamkeiten. In beiden Fällen ist es prinzipiell möglich, Reanalyse zu starten oder die Verarbeitung abzubrechen. Die präzise Klärung des Verhaltens des Parsers bei Entdecken einer Ungrammatikalität betrachten wir als eine wichtige Aufgabe zukünftiger Forschung.

Die von uns beobachtete Garden-Path-Variation in Abhängigkeit von der Art der Reanalyse liefert ein neuerliches Argument zugunsten der Annahme einer modularen Architektur des menschlichen Sprachverarbeitungssystems, speziell zugunsten der Trennung von Parser und einem dem Parser vorgeschalteten lexikalischen Verarbeitungsmodul (Bader, erscheint, a; Forster, 1979). Sätze mit Dativ-Verb sind schwieriger zu reanalysieren als Sätze mit Akkusativ-Verb, weil in ersteren Fällen Information darüber aktiviert werden muß, ob die w-Phrase über ein dativlizenzierendes kovertes Morphem verfügt. Dies aber fällt nicht in den Verantwortungsbereich des Parsers, sondern in die Domäne lexikalischer Verarbeitung. Versuche also, Prozesse lexikalischer und syntaktischer Verarbeitung gleichzusetzen und damit die Trennung von Parser und lexikalischem Verarbeitungsmodul aufzugeben (MacDonald *et al.*, 1994), müssen unseres Erachtens mit Skepsis beurteilt werden.

Schließlich zeigen auch die Daten aus dem Bereich der Disambiguierung, daß sich der Parser bei seinen Verarbeitungsentscheidungen nur auf einen begrenzten Ausschnitt an Informationen verläßt. So hält der Parser z.B. ambige Strukturen mit Kongruenz-Fehler häufig für ungrammatisch, obschon die korrekte und den Kongruenz-Fehler vermeidende Struktur sehr einfach zu inferieren ist (und vom Parser, wenn er zur Weiterverarbeitung gezwungen ist, ja auch in der Tat ohne große Probleme inferiert werden kann). In die gleiche Richtung deutet unsere (allerdings noch der experimentellen Absicherung harrende) Beobachtung, daß Garden-Path-Effekte in Sätzen mit Dativ-Objekt genau dann relativ schwierig sind, wenn das Verb bereits vor Eintreffen der disambiguierenden Information eingelesen worden ist und damit feststand, daß die aufzubauende Struktur ein Dativ-Objekt enthalten wird. Trifft diese Information erst zusammen mit der disambiguierenden Information ein (z.B. bei Passivsätzen), fallen die Garden-Path-Effekte schwächer aus. Die frühe Verfügbarkeit von Verbinformation scheint also bei Reanalyseoperationen nicht unbedingt Vorteile zu bringen.

Schließlich sei noch darauf hingewiesen, daß bei der Diskussion von Disambiguierungsphänomenen in dieser Arbeit weniger auf phrasenstrukturelle Gegebenheiten rekurriert wurde, sondern vor allem auf syntaktische Merkmale, ihre Markiertheit und Aspekte ihrer morphologischen Realisierung. Die Charakterisierung von Prozessen am Punkt der Disambiguierung kann bei zu starker Konzentration auf Eigenschaften der phrasenstrukturellen Repräsentation vermutlich nicht adäquat erfolgen. Diese allgemeine Schlußfolgerung befindet sich in Übereinstimmung mit Befunden aus anderen Bereichen der Sprachverarbeitung und Sprachproduktion, die ebenfalls darauf hindeuten, daß syntaktische Merkmale in Verarbeitungsprozessen eine eigenständige Rolle spielen, die nicht einfach auf phrasenstrukturelle Faktoren reduziert werden kann.[1] Zukünftige Forschung sollte daher der Untersuchung der Rolle syntaktischer Merkmale in Sprachverarbeitungsprozessen und Fragen der Interaktion von Syntax und Morphologie größeres Augenmerk schenken.

---

[1] Vgl. z.B. die Diskussion um Effekte der Attraktion von Kasusmerkmalen (Bader, 1997) bzw. Kongruenzmerkmalen (Bock & Miller, 1991; Hölscher, 1996).

10 Literaturverzeichnis

Aaronson, D. & Ferres, S. (1984) The word-by-word reading paradigm: An experimental and theoretical approach. In: D. Kieras & M. Just (Hgg.) *New methods in reading comprehension research*. Hillsdale, NJ: Lawrence Erlbaum.

Abney, S. (1987) *The English noun phrase in its sentential aspect*. Unpublished doctoral dissertation, MIT, Cambridge, MA.

Abney, S. (1989) A computational model of human parsing. *Journal of Psycholinguistic Research, 18*, 51-60.

Ades, A. & Steedman, M. (1982) On the order of words. *Linguistics and Philosophy, 4*, 517-558.

Altmann, G. & Steedman, M. (1988) Interaction with context during human sentence processing. *Cognition, 30*, 191-238.

Bader, M. (1990) *Syntaktische Prozesse beim Sprachverstehen*. Unveröffentlichte Magisterarbeit, Universität Freiburg.

Bader, M. (1994) *Sprachverstehen: Syntax und Prosodie beim Lesen*. Doktorarbeit, Universität Stuttgart.

Bader, M. (1994a) Syntactic-function ambiguities. *Folia Linguistica, 28*, 5-66.

Bader, M. (1997) Syntactic and morphological contributions to processing subject-object ambiguities. Unveröffentlichtes Manuskript, Universität Jena

Bader, M. (erscheint, a) On reanalysis: Evidence from German. In: B. Hemforth & L. Konieczny (Hgg.) *Cognitive parsing of German*. Dordrecht: Kluwer.

Bader, M. (erscheint, b) Prosodic influences on reading syntacically ambiguous sentences. In: J. D. Fodor & F. Ferreira (Hgg.) *Reanalysis in sentence processing*. Dordrecht: Kluwer.

Bader, M., Bayer, J., Hopf, J.-M. & Meng, M. (1996) Case-assignment in processing German verb-final clauses. In: C. Schütze (Hg.) *Proceedings of the NELS 26 Sentence Processing Workshop*, MIT Occasional Papers in Linguistics 9. MIT, Cambridge, MA.

Bader, M. & Meng, M. (erscheint) Subject-object ambiguities in German embedded clauses - An accross-the-board comparison. *Journal of Psycholinguistic Research*.

Bader, M. & Meng, M. (in Vorb.) Garden-path strength and ungrammaticality detection: The mismatch-effect. Manuskript in Vorbereitung, Universität Jena.

Barss, A. & Lasnik, H. (1986) A note on anaphora and double objects. *Linguistic Inquiry, 17*, 347-354.

Bayer, J. & Kornfilt, J. (1994) Against scrambling as an instance of move-α. In: N. Corver & H. van Riemsdijk (Hgg.) *Studies on scrambling*. Berlin: Mouton de Gruyter.

Bayer, J. & Marslen-Wilson, W. (1992) *Configurationality in the light of language comprehension: The order of arguments in German*. Unveröffentlichtes Manuskript, Universität Wien und Birkbeck College, London.

Belletti, A. (1988) The case of unaccusatives. *Linguistic Inquiry, 19*, 1-34.

Berwick, R., Epstein, S. & Weinberg, A. (1996) The minimalist program: Parsing and psycholinguistic implications. Vortrag, 9th CUNY Conference on Human Sentence Processing, CUNY, New York.

Berwick, R. & Weinberg, A. (1984) *The grammatical basis of linguistic performance*. Cambridge, MA: MIT Press.

Berwick, R. & Weinberg, A. (1985) Deterministic parsing: a modern view. *Proceedings of NELS, 15*, 15-33.

den Besten, H. (1977/1983) On the interaction of root transformations and lexical deletive rules. In: W. Abraham (Hg.) *On the formal syntax of the Westgermania*. Amsterdam: Benjamins.

Bever, T. (1970) The cognitive basis for linguistic structure. In: J. R. Hayes (Hg.) *Cognition and the development of language*. New York: Wiley and Sons.

de Bleser, R. & Bayer, R. (1993) Syntactic disorders in aphasia. In: G. Blanken, J. Dittmann, H. Grimm, J. Marshall & C.-W. Wallesch (Hgg.) *Linguistic pathologies and disorders. An international handbook*. Berlin: Walter de Gruyter.

Bock, K. & Miller, C. (1991) Broken agreement. *Cognitive Psychology, 23*, 45-93.

Boland, J., Tanenhaus, M., Garnsey, S. & Carlson, G. (1995) Verb-argument structure in parsing and interpretation: Evidence from wh-questions. *Journal of Memory and Language, 34*, 774-806.

Bourdages, J. (1992) Parsing complex NPs in French. In: H. Goodluck & M. Rochemont (Hgg.) *Island constraints: Theory, acquisition, and processing*. Dordrecht: Kluwer.

Bresnan, J. & Kaplan, R. (1982) Lexical Functional Grammar: A formal system for grammatical representation. In: J. Bresnan (Hg.) *The mental representation of grammatical relations*. Cambridge, MA: MIT Press.

Burton, S. & Grimshaw, J. (1992) Coordination and VP-internal subjects. *Linguistic Inquiry, 23*, 305-312.

Caplan, D. (1987) *Neurolinguistics and linguistic aphasiology*. Cambridge: Cambridge University Press.

Caplan, D. (1995) Issues arising in contemporary studies of disorders of syntactic comprehension in agrammatic patients. *Brain and Language, 50*, 325-338.

Caplan, D. & Hildebrandt, N. (1988) *Disorders of syntactic comprehension.* Cambridge, MA: MIT Press.

Caramazza, A. & Zurif, E. (1976) Dissociation of algorithmic and heuristic processes in language comprehension: Evidence from aphasia. *Brain and Language, 3,* 572-582.

Carlson, G. & Tanenhaus, M. (1988) Thematic roles and language comprehension. In: W. Wilkins (Hg.) *Syntax and semantics, Vol. 21: Thematic relations.* San Diego: Academic Press.

Chomsky, N. (1965) *Aspects of the theory of syntax.* Cambridge, MA: MIT Press.

Chomsky, N. (1970) Remarks on nominalization. In: R Jacobs & P. Rosenbaum (Hgg.) *Readings in English transformational grammar.* Washington: Georgetown University Press.

Chomsky, N. (1977) On Wh-movement. In: P. Culicover, T. Wasow & A. Akmajian (Hgg.) *Formal syntax.* New York: Academic Press.

Chomsky, N. (1981) *Lectures on government and binding.* Dordrecht: Foris.

Chomsky, N. (1986a) *Knowledge of language: Its nature, origin and use.* London: Praeger.

Chomsky, N. (1986b) *Barriers.* Cambridge, MA: MIT Press.

Chomsky, N. (1995) *The minimalist program.* Cambridge, MA: MIT Press.

Chomsky, N. & Lasnik, Howard (1993) The theory of principles and parameters. In: J. Jacobs, A. von Stechow, W. Sternefeld & T. Vennemann (Hgg.) *Syntax: An international handbook of contemporary research.* Berlin: Walter de Gruyter.

Chung, S. & McCloskey, J. (1983) On the interpretation of certain island facts in GPSG. *Linguistic Inquiry, 14,* 704-713.

Clark, H. (1973) The language-as-fixed-effect fallacy: A critique of language statistics in psychological research. *Journal of Verbal Learning and Verbal Behavior, 12,* 335-379.

Clark, H. & Clark, E. (1977) *Psychology of language.* New York: Harcourt, Brace & Jovanovich.

Clifton Jr., C. & Ferreira, F. (1989) Ambiguity in context. *Language and Cognitive Processes, 4,* SI 77-103.

Clifton Jr., C. & Frazier, L. (1989) Comprehending sentences with long-distance dependencies. In: G. Carlson & M. Tanenhaus (Hgg.) *Linguistic structure in language processing.* Dordrecht: Kluwer.

Clifton Jr., C., Frazier, L. & Connine, C. (1984) Lexical expectations in sentence comprehension. *Journal of Verbal Learning and Verbal Behaviour, 23,* 696-708.

Cooper, K. (1995) *Topics in Zurich German syntax.* Doctoral dissertation, University of Edinburgh (Groninger Arbeiten zur Germanistischen Linguistik 38).

Crain, S. & Fodor, J. D. (1985) How can grammars help parsers? In: D. Dowty, L. Karttunen & A. Zwicky (Hgg.) *Natural language parsing. Psychological, computational and theoretical perspectives*. Cambridge: Cambridge University Press.

Crain, S., Ni, W. & Conway, L. (1994) Learning, parsing, and modularity. In: C. Clifton Jr., L. Frazier & K. Rayner (Hgg.) *Perspectives on sentence processing*. Hillsdale, NJ: Lawrence Erlbaum.

Crain, S. & Steedman, M. (1985) On not being led up the garden path: the use of context by the psychological syntax processor. In: D. Dowty, L. Karttunen & A. Zwicky (Hgg.) *Natural language parsing. Psychological, computational and theoretical perspectives*. Cambridge: Cambridge University Press.

Crocker, M. (1992) *A logical model of competence and performance in the human sentence processor*. Doctoral dissertation, University of Edinburgh (HCRC-Report 34).

Cuetos, F. & Mitchell, D. (1988) Cross-linguistic differences in parsing: Restrictions on the use of the Late Closure strategy in Spanish. *Cognition, 30*, 73-105.

Dralle, Anette (1994) *Hinterlassen Fragen Spuren? Über die Verarbeitung von Füller-Lükken-Konstruktionen*. Magisterarbeit, Universität Stuttgart.

Druks, L. & Marshall, J. (1995) When passives are easier than actives: Two case studies of aphasic comprehension. *Cognition, 55*, 311-331.

Fanselow, G. (1987) *Konfigurationalität*. Tübingen: Narr.

Fanselow, G. (1990) Scrambling as NP-movement. In: G. Grewendorf & W. Sternefeld (Hgg.) *Scrambling and Barriers*. Amsterdam: Benjamins.

Fanselow, G. (1993) The return of the base generators. *Groninger Arbeiten zur Germanistischen Linguistik 36*, 1-74.

Fanselow, G. & Felix, S. (1987) *Sprachtheorie. Band 2: Die Rektions- und Bindungstheorie*. Tübingen: Francke.

Farke, H. (1994) *Grammatik und Sprachverarbeitung*. Opladen: Westdeutscher Verlag.

Farke, H. & Felix, S. (1994) Subjekt-Objekt Asymmetrien in der Sprachverarbeitung. In: S. Felix, C. Habel & S. Kanngießer (Hgg.) *Kognitive Linguistik*. Opladen: Westdeutscher Verlag.

Felix, S. (1990) The structure of functional categories. *Linguistische Berichte 125*, 46-71.

Ferreira, F. & Clifton Jr., C. (1986) The independence of syntactic processing. *Journal of Memory and Language, 25*, 348-368.

Ferreira, F. & Henderson, J. (1990) Use of verb information in syntactic parsing: Evidence from eye movements and word-by-word self-paced reading. *Journal of Experimental Psychology: Learning, Memory, and Cognition, 16*, 555-568.

Ferreira, F. & Henderson, J. (1991a) Recovery from misanalysis of garden-path sentences. *Journal of Memory and Language, 30*, 725-745.

Ferreira, F. & Henderson, J. (1991b) How is verb information used during syntactic parsing? In: G. Simpson (Hg.) *Understanding word and sentence*. Amsterdam: North-Holland.

Fodor, J. D. (1978) Parsing strategies and constraints on transformations. *Linguistic Inquiry, 9*, 427-473.

Fodor, J. D. (1979) Superstrategy. In: W. Cooper & E. Walker (Hgg.) *Sentence processing: Psycholinguistic studies presented to Merrill Garrett*. Hillsdale, NJ: Erlbaum.

Fodor, J. D. (1983) Constraints on gaps: Is the parser a significant influence? *Linguistics, 21*, 9-34

Fodor, J. D. (1985) Deterministic parsing and subjacency. *Language and Cognitive Processes, 1*, 3-43.

Fodor, J. D. (1989) Empty categories in sentence processing. *Language and Cognitive Processes, 4*, SI 155-209.

Fodor, J. D. (1990) Comments on the chapters by Frazier and Tanenhaus et al. In: G. Altmann (Hg.) *Cognitive models of speech processing. Psycholinguistic and computational perspectives*. Cambridge, MA: MIT Press.

Fodor, J.D. & Frazier, L. (1980) Is the human sentence processing mechanism an ATN? *Cognition, 8*, 417-459.

Fodor, J. D. & Inoue, A. (1994) The diagnosis and cure of garden paths. *Journal of Psycholinguistic Research, 23*, 407-434.

Fodor, J. A., Bever, T. & Garrett, M. (1974) *The psychology of language: An introduction to psycholinguistics and generative grammar*. New York: McGraw-Hill.

Ford, M. (1983) A method for obtaining measures of local parsing complexity throughout sentences. *Journal of Verbal Learning and Verbal Behavior, 22*, 203-218.

Ford, M. (1989) Parsing complexity and a theory of parsing. In: G. Carlson & M. Tanenhaus (Hgg.) *Linguistic structure in language processing*. Dordrecht: Kluwer.

Ford, M., Bresnan, J. & Kaplan, R. (1982) A competence-based theory of syntactic closure. In: J. Bresnan (Hg.) *The mental representation of grammatical relations*. Cambridge, MA: MIT Press.

Forster, K. (1979) Levels of processing and the structure of the language processor. In: W. Cooper & E. Walker (Hgg.) *Sentence processing: Psycholinguistic studies presented to Merrill Garrett*. Hillsdale, NJ: Lawrence Erlbaum.

Frazier, L. (1978) *On comprehending sentences: Syntactic parsing strategies*. Doctoral dissertation (Bloomingten, NI: Indiana University Linguistics Club).

Frazier, L. (1983) Processing sentence structure. In: K. Rayner (Hg.) *Eye movements in reading: Perceptual and language processes*. New York: Academic Press.

Frazier, L. (1987a) Sentence processing: A tutorial review. In: M. Coltheart (Hg.) *Attention and performance XII. The psychology of reading*. Hillsdale, NJ: Lawrence Erlbaum.

Frazier, L. (1987b) Syntactic processing: Evidence from Dutch. *Natural Language and Linguistic Theory, 5*, 519-559.

Frazier, L. (1990) Exploring the architecture of the language processing system. In: G. Altmann (Hg.) *Cognitive models of speech processing. Psycholinguistic and computational perspectives.* Cambridge, MA: MIT Press.

Frazier, L. (1990a) Identifying structure under X^0. In: G. Booij & J. van Marle (Hgg.) *Yearbook of Morphology 3.* Dordrecht: Foris.

Frazier, L. (1995) Constraint satisfaction as a theory of sentence processing. *Journal of Psycholinguistic Research, 24*, 437-468.

Frazier, L. (1998) Getting there (slowly). *Journal of Psycholinguistic Research, 27*, 123-146.

Frazier, L. & Clifton Jr., C. (1989) Successive cyclicity in the grammar and the parser. *Language and Cognitive Processes, 4*, 93-126

Frazier, L. & Clifton Jr., C. (1996) *Construal.* Cambridge, MA: MIT Press.

Frazier, L. & Clifton Jr., C. (erscheint) Sentence reanalysis, and visibility. In: J. D. Fodor & F. Ferreira (Hgg.) *Reanalysis in sentence processing.* Dordrecht: Kluwer.

Frazier, L. & Flores d'Arcais, G. (1989) Filler driven parsing: A study of gap filling in Dutch. *Journal of Memory and Language, 28*, 331-344.

Frazier, L. & Fodor, J. D. (1978) The sausage machine: A new two-stage parsing model. *Cognition, 6*, 291-325.

Frazier, L. & Rayner, K. (1982) Making and correcting errors during sentence comprehension: Eye movements in the analysis of structurally ambiguous sentences. *Cognitive Psychology, 14*, 178-210.

Frazier, L. & Rayner, K. (1987) Resolution of syntactic category ambiguities: Eye movements in parsing lexically ambiguous sentences. *Journal of Memory and Language, 26*, 505-526.

Freedman, S. & Forster, K. (1985) The psychological status of overgenerated sentences. *Cognition, 19*, 101-131.

Friederici, A. & Mecklinger, A. (1996) Syntactic parsing as revealed by brain responses: First-pass and second-pass parsing processes. *Journal of Psycholinguistik Research, 25*, 157-176.

Friederici, A., Steinhauer, K., Mecklinger, A. & Meyer, M. (1996) Working memory constraints on syntactic ambiguity resolution as revealed by electrical brain responses. *Biological Psychology, 47*, 193-221.

Gärtner, H.-M. & Steinbach, M. (1994) Economy, verb second, and the SVO-SOV distinction. *Working Papers in Scandinavian Syntax 53*, 1-59.

Gallmann, P. (1996) Die Steuerung der Flexion in der DP. *Linguistische Berichte 164*, 283-314.

Gallmann, P. (1990) *Kategoriell komplexe Wortformen*. Tübingen: Niemeyer.

Garnsey, S, Tanenhaus, M. & Chapman, R. (1989) Evoked potentials and the study of sentence comprehension. *Journal of Psycholinguistic Research, 18*, 51-60.

Gazdar, G. (1981) Unbounded dependencies and coordinate structure. *Linguistic Inquiry, 12*, 155-184.

Gazdar, G., Klein, E., Pullum, G. & Sag, I. (1985) *Generalized Phrase Structure Grammar*. London: Blackwell.

Gibson, E. (1991) *A computational theory of human linguistic processing*. Unpublished doctoral dissertation, Carnegie Mellon University, Pittsburgh, Pennsylvania.

Gibson, E. & Clark, R. (1987) Positing gaps in a parallel parser. *Proceedings of NELS 18*, 141-155.

Gibson, E. & Hickok, G. (1993) Sentence processing with empty categories. *Language and Cognitive Processes, 8*, 147-161.

Gibson, E., Hickok, G. & Schütze, C. (1994) Processing empty categories: A parallel approach. *Journal of Psycholinguistic Research, 23*, 381-405.

Gibson, E., Pearlmutter, N., Canseco-Gonzalez, E. & Hickok, G. (1996) Recency preference in the human sentence processing mechanism. *Cognition, 59*, 23-59.

Goodluck, H. & Finney, M. (1993) When are chains constructed? *Proceedings of NELS 23*, 129-141.

Gorrell, P. (1987) *Studies of human syntactic processing: Ranked-parallel versus serial models*. Unpublished doctoral dissertation, University of Connecticut.

Gorrell, P. (1993) Evaluating the direct association hypothesis: A reply to Pickering and Barry 1991. *Language and Cognitive Processes, 8*, 129-146.

Gorrell, P. (1995) *Syntax and parsing*. Cambridge: Cambridge University Press.

Gorrell, P. (1996) Parsing theory and phrase-order variation in German V2 clauses. *Journal of Psycholinguistic Research, 25*, 135-156.

Gorrell, P. (erscheint, a) The subject-before-object preference in German clauses. In: B. Hemforth & L. Konieczny (Hgg.) *Cognitive parsing of German*. Dordrecht: Kluwer.

Gorrell, P. (erscheint, b) Syntactic analysis and reanalysis in sentence processing. In: J. D. Fodor & F. Ferreira (Hgg.) *Reanalysis in sentence processing*. Dordrecht: Kluwer.

Grewendorf, G. (1988) *Aspekte der deutschen Syntax*. Tübingen: Narr.

Grewendorf, G. (1989) *Ergativity in German*. Dordrecht: Foris.

Grimshaw, J. (1997) Projection, heads, and optimality. *Linguistic Inquiry, 28*, 373-422.

Grodzinsky, Y. (1995) A restrictive theory of agrammatic comprehension. *Brain and Language, 50*, 27-51.

Grodzinsky, Y. & Finkel, L. (1998) The neurology of empty categories: Aphasics' failure to detect ungrammaticality. *Journal of Cognitive Neuroscience, 10,* 281-292.

Günther, H. (1983) Zur methodischen und theoretischen Notwendigkeit zweifacher statistischer Analyse sprachpsychologischer Experimente. *Sprache & Kognition, 4,* 279-285.

Günther, U. (1989) Lesen im Experiment. *Linguistische Berichte 122,* 283-320.

Haag-Merz, C. (1995) *Pronomen im Schwäbischen: Syntax und Erwerb.* Unveröffentlichte Doktorarbeit, Universität Stuttgart..

Haberlandt, K. (1994) Methods in reading research. In: M.A. Gernsbacher (Hg.) *Handbook of Psycholinguistics.* San Diego: Academic Press.

Haegeman, L. (1994) Introduction to government and binding theory. Oxford: Blackwell.

Hagoort, P., Brown, C. & Groothusen, J. (1993) The syntactic positive shift (SPS) as an ERP measurement of syntactic processing. *Language and Cognitive Processes, 8,* 439-483.

Haider, H. (1992) Branching and discharge. *Arbeitspapiere des Sonderforschungsbereichs 340, Nr. 23,* Universität Stuttgart.

Haider, H. (1993) *Deutsche Syntax - generativ. Vorstudien zu einer projektiven Theorie der Grammatik.* Tübingen: Narr.

Haider, H. (1993a) ECP-Etüden: Anmerkungen zur Extraktion aus eingebetteten Verb-Zweit Sätzen. *Linguistische Berichte 145,* 185-203.

Hemforth, B. (1993) *Kognitives Parsing: Repräsentation und Verarbeitung grammatischen Wissens.* Sankt Augustin: Infix Verlag.

Hemforth, B., Konieczny, L. & Strube, G. (1993) Incremental syntax processing and parsing strategies. In: *Proceedings of the XVth Annual Conference of the Cognitive Science Society.* Hillsdale, NJ: Lawrence Erlbaum.

Herrmann, T. (1995) *Allgemeine Sprachpsychologie. Grundlagen und Probleme.* Weinheim: Psychologie-Verlags-Union.

Hickok, G. (1993) Parallel parsing: Evidence from reactivation in garden-path sentences. *Journal of Psycholinguistic Research, 22,* 239-250.

Hickok, G. & Avrutin, S. (1996) Comprehension of wh-questions in two Broca's aphasics. *Brain and Language, 52,* 314-327.

Hickok, G., Canseco-Gonzalez, E., Zurif E. & Grimshaw, J. (1992) Modularity in locating wh-gaps. *Journal of Psycholinguistic Research, 21,* 545-559.

Hickok, G., Zurif, E. & Canseco-Gonzalez, E. (1993) Structural description of agrammatic comprehension. *Brain and Language, 45,* 371-395.

Höhle, T. (1982) Explikation für "normale Betonung" und "normale Wortstellung". In: W. Abraham (Hg.) *Satzglieder im Deutschen. Vorschläge zur syntaktischen, semantischen und pragmatischen Fundierung.* Tübingen: Narr.

Hoekstra, E. (1991) Binding, ditransitives and the structure of the VP. In: W. Abraham, W. Kosmeijer & E. Reuland (Hgg.) *Issues in Germanic syntax*. Berlin & New York: Mouton de Gruyter.

Hölscher, C. (1996) *Subjekt-Verb-Kongruenz in Produktion und Rezeption*. Unveröffentlichte Diplomarbeit, Ruhr-Universität Bochum.

Holmes, V., Stowe, L. & Cupples, L. (1989) Lexical expectations in parsing complement-verb sentences. *Journal of Memory and Language, 28*, 668-689.

Hopf, J.-M., Bayer, J., Bader, M. & Meng, M. (1998) Event-related brain potentials and case information in syntactic ambiguities. *Journal of Cognitive Neuroscience, 10*, 264-280.

Huber, W., Poeck, K. & Weniger, D. (1997) Aphasie. In: W. Hartje & K. Poeck (Hgg.) *Klinische Neuropsychologie*. Stuttgart: Thieme.

Inoue, A., & Fodor, J. D. (1995). Information-paced parsing of Japanese. In: R. Mazuka & N. Nagai (Hgg.) *Japanese syntactic processing*. Hillsdale, NJ: Lawrence Erlbaum.

Jackendoff, R. (1977) *X-bar syntax: A study of phrase structure*. Cambridge, MA: MIT Press.

Jackendoff, R. & Culicover, P. (1971) A reconsideration of dative movements. *Foundations of Language, 7*, 397-412.

Just, M. & Carpenter, P. (1980) A theory of reading: From eye fixations to comprehension. *Psychological Review, 87*, 329-354.

Just, M. & Carpenter, P. (1992) A capacity theory of comprehension: Individual differences in working memory? *Psychological Review, 99*, 122-149.

Just, M., Carpenter, P. & Wolley, J. (1982) Paradigms and processes in reading comprehension. *Journal of Experimental Psychology: General, 111*, 228-238.

Kaan, Edith (1996) *Processing subject-object ambiguities in Dutch*. Doctoral dissertation, University of Groningen (Groningen Dissertations in Linguistics 20).

Kayne, R. (1994) *The antisymmetry of syntax*. Cambridge, MA: MIT Press.

Kennedy, A., Murray, W., Jennings, F. & Reid, C. (1989) Parsing complements: Comments on the generality of the principle of Minimal Attachment. *Language and Cognitive Processes, 4*, SI 51-76.

Kennison, S. (1996) The role of verb-specific lexical information in syntactic ambiguity resolution. In: C. Schütze (Hg.) *Proceedings of the NELS 26 Sentence Processing Workshop*, MIT Occasional Papers in Linguistics 9. MIT, Cambridge, MA.

King, J. & Kutas, M. (1995) Who did what and when? Using word- and clause-level ERPs to monitor working memory usage in reading. *Journal of Cognitive Neuroscience, 7*, 376-395.

Kirk, R. (1995) *Experimental design: Procedures for the behavioral sciences*. Pacific Grove, CA: Brooks/Cole Publishing Company.

Kluender, R. & Kutas. M. (1993a) Bridging the gap: Evidence from ERPs on the processing of unbounded dependencies. *Journal of Cognitive Neuroscience, 3,* 196-214.

Kluender, R. & Kutas, M. (1993b) Subjacency as a processing phenomenon. *Language and Cognitive Processes, 8,* 573-633.

Konieczny, L. (1996) *Human sentence processing: A semantics-oriented approach.* Unveröffentlichte Doktorarbeit, Universität Freiburg.

Konieczny, L., Hemforth, B. & Strube, G. (1991) Psychologisch fundierte Prinzipien der Satzverarbeitung jenseits von Minimal Attachment. *Kognitionswissenschaft, 1,* 58-70.

Konieczny, L., Hemforth, B., Scheepers, C. & Strube, G. (1996) Reanalysen vs. interne Reparaturen beim Sprachverstehen. In: C. Habel, S. Kanngießer & G. Rickheit (Hgg.) *Perspektiven der kognitiven Linguistik.* Opladen: Westdeutscher Verlag.

Konieczny, L., Hemforth, B., Scheepers, C. & Strube, G. (1997) The role of lexical heads in parsing: Evidence from German. *Language and Cognitive Processes, 12,* 307-348.

Koopman, H. & Sportiche, D. (1991) The position of subjects. *Lingua, 85,* 211-258.

Kurtzman, H. (1985) *Studies in syntactic ambiguity resolution.* Doctoral dissertation (Bloomingten, NI: Indiana University Linguistics Club).

Kurtzman, H., Crawford, L. & Nychis-Florence, C (1991) Locating wh-traces. In: R. Berwick, S. Abney & C. Tenny (Hgg.) *Principle-based parsing: Computation and psycholinguistics.* Dordrecht: Kluwer.

Kutas, M. & Kluender, R. (1994) What is who violating? A reconsideration of linguistic violations in light of event-related potentials. In: H. Heinze, T. Münte & R. Mangun (Hgg.) *Cognitive Electrophysiology.* Boston, MA: Birkhäuser.

Kutas, M. & van Petten, C. (1994) Psycholinguistics electrified: Event-related brain potential investigations. In: M. A. Gernsbacher (Hg.) *Handbook of Psycholinguistics.* San Diego: Academic Press.

Lakoff, G. & Thompson, H. (1975a) Introducing Cognitive Grammar. In: C. Cogen, H. Thompson, G. Thurgood, K. Whistler & J. Wright (Hgg.) *Proceedings of the first annual meeting of the Berkeley Linguistics Society.* Berkeley, CA: Berkeley Linguistics Society.

Lakoff, G. & Thompson, H. (1975b) Dative questions in Cognitive Grammar. In: R. Grossman, L. San & T. Vance (Hgg.) *Papers from the parasession on functionalism.* Chicago, IL: Chicago Linguistic Society.

Lamers, M. (1996) Parsing Dutch sentences: Ambiguity resolution. In: R. Jonkers, E. Kaan & J. A. Wiegel (Hgg.) *Language and Cognition 5. Yearbook of the research group for theoretical and experimental linguistics.* University of Groningen.

Langendoen, D.T., Kalish-Landon, N. & Dore, J. (1974) Dative questions: A study in the relation of acceptability to grammaticality of an English sentence type. *Cognition, 2,* 451-478.

Larson, R. (1988) On the double object construction. *Linguistic Inquiry, 19,* 335-391.

Larson, R. (1990) Double objects revisited: Reply to Jackendoff. *Linguistic Inquiry, 21,* 589-632.

Lenerz, J. (1977) *Zur Abfolge nominaler Satzglieder im Deutschen.* Tübingen: Narr.

Lenerz, J. (1993) Zur Syntax und Semantik deutscher Personalpronomina. In: M. Reis (Hg.) *Wortstellung und Informationsstruktur.* Tübingen: Niemeyer.

Lenerz, J. (1994) Pronomenprobleme. In: B. Haftka (Hg.) *Was determiniert Wortstellungsvariation?* Opladen: Westdeutscher Verlag.

MacDonald, M., Just, M. & Carpenter, P. (1992) Working memory constraints on the processing of syntactic ambiguity. *Cognitive Psychology, 24,* 56-98.

MacDonald, M., Pearlmutter, N. & Seidenberg, M. (1994) Lexical nature of syntactic ambiguity resolution. *Psychological Review, 101,* 676-703.

Marcus, M. (1980) *A theory of syntactic recognition for natural language.* Cambridge, MA: MIT Press.

Marslen-Wilson, W. (1973) Linguistic structure and speech shadowing at very short latencies. *Nature, 244,* 522-523.

Marslen-Wilson, W. (1975) Sentence perception as an interactive parallel process. *Science, 253,* 226-227.

Mauner, G., Fromkin, V. & Cornell, T. (1993) Comprehension and acceptability judgements in agrammatism: Disruptions in the syntax of referential dependency. *Brain and Language, 45,* 340-370.

McCawley, J. (1982) Parentheticals and discontinuous constituent structure. *Linguistic Inquiry, 13,* 91-106.

McClelland, J., St. John., M. & Taraban, R. (1989) Sentence comprehension: A parallel distributed processing approach. *Language and Cognitive Process, 4,* SI 287-335.

McElree, B. & Griffith, T. (1998) Structural and lexical constraints on filling gaps during on-line comprehension: A time-course analysis. *Journal of Experimental Psychology: Learning, Memory and Cognition, 24,* 432-160.

McKinnon, R. & Osterhout, L. (1996) Constraints on movement phenomena in sentence processing: Evidence from event-related brain potentials. *Language and Cognitive Processes, 11,* 495-523.

Mecklinger, A., Schriefers, H., Steinhauer, K. & Friederici, A. (1995) Processing relative clauses varying on syntactic and semantic dimensions: An analysis with event-related potentials. *Memory & Cognition, 23,* 477-494.

Meng, M. & Bader, M. (1997) The role of case and agreement features in syntactic ambiguity resolution. Unveröffentlichtes Manuskript, Universität Jena.

Meyer, D. & Schvanefeldt, R. (1971) Facilitation in recognizing pairs of words: Evidence of a dependence between retrieval operations. *Journal of Experimental Psychology, 90*, 227-234.

Miller, G. & Isard, S. (1963) Some perceptual consequences of linguistic rules. *Journal of Verbal Learning and Verbal Behavior, 2*, 217-228.

Mitchell, D. (1984) An evaluation of subject-paced reading tasks and other methods for investigating immediate processes in reading. In: D. Kieras & M. Just (Hgg.) *New methods in reading comprehension research*. Hillsdale, NJ: Lawrence Erlbaum.

Mitchell, D. (1987) Lexical guidance in human parsing: Locus and processing characteristics. In: M. Coltheart (Hg.) *Attention and performance XII. The psychology of reading*. Hillsdale, NJ: Lawrence Erlbaum.

Mitchell, D. (1989) Verb guidance and other lexical effects in parsing. *Language and Cognitive Processes, 4*, SI 123-154.

Mitchell, D. (1994) Sentence parsing In: M.A. Gernsbacher (Hg.) *Handbook of Psycholinguistics*. San Diego: Academic Press.

Mitchell, D., Corley, M. & Garnham, A. (1992) Effects of context in human sentence parsing: Evidence against a discourse-based proposal mechanism. *Journal of Experimental Psychology: Learning, Memory, and Cognition, 18*, 69-88.

Mitchell, D., Cuetos, F., Corley, M. & Brysbaert, M. (1995) Exposure-based models of human parsing: Evidence for the use of coarse-grained (nonlexical) statistical records. *Journal of Psycholinguistic Research, 24*, 469-488.

Mitchell, D., Cuetos, F. & Zagar, D. (1990) Reading in different languages: Is there a universal mechanism for parsing sentences? In: D. Balota, G. Flores d'Arcais & K. Rayner (Hgg.) *Comprehension processes in reading*. Hillsdale, NJ: Lawrence Erlbaum.

Müller, G. & Sternefeld, W. (1993) Improper movement and unambiguous binding. *Linguistic Inquiry, 24*, 461-507.

Müller, G. & Sternefeld, W. (1994) Scrambling as A-bar movement. In: N. Corver & H. van Riemsdijk (Hgg.) *Studies on scrambling*. Berlin: Mouton de Gruyter.

Nagel, H.N., Shapiro, L. & Nawy, R. (1994) Prosody and the processing of filler-gap sentences. *Journal of Psycholinguistic Research, 23*, 473-485.

Nicol, J. (1993) Reconsidering reactivation. In: G. Altmann & R. Shillcock (Hgg.) *Cognitive models of speech processing*. Hillsdale, NJ: Lawrence Erlbaum.

Nicol, J. & Pickering, M. (1993) Processing syntactically ambiguous sentences: Evidence from semantic priming. *Journal of Psycholinguistic Research, 22*, 207-237.

Nicol, Janet & Swinney, D. (1989) The role of structure in coreference assignment during sentence comprehension. *Journal of Psycholinguistic Research, 18*, 5-19.

Osterhout, L. (1994) Event-related brain potentials as tools for comprehending language comprehension. In: C. Clifton Jr., L. Frazier & K. Rayner (Hgg.) *Perspectives on sentence processing*. Hillsdale, NJ: Lawrence Erlbaum.

Osterhout, L. & Holcomb, P. (1992) Event-related brain potentials elicited by syntactic anomaly. *Journal of Memory and Language, 31*, 785-806.

Osterhout, L., Holcomb, P. & Swinney, D. (1994) Brain potentials elicited by garden-path sentences: Evidence for the use of verb information during parsing. *Journal of Experimental Psychology: Learning, Memory, and Cognition, 20*, 786-803.

Partee, B., ter Meulen, A. & Wall, R. (1990) *Mathematical methods in linguistics*. Dordrecht: Kluwer.

Pesetsky, D. (1995) *Zero syntax*. Cambridge, MA: MIT Press.

Phillips, C. (1995) Right association in parsing and grammar. In: C. Schütze, J. Ganger & K. Broihier (Hgg.) *Papers on language processing and acquisition*. MIT Working Papers in Linguistics 26, Cambridge, MA.

Phillips, C (1996) *Order and structure*. Unpublished doctoral dissertation, MIT, Cambridge, MA.

Pickering, M. (1993) Direct association and sentence processing: A reply to Gorrell and to Gibson and Hickok. *Language and Cognitive Processes, 8*, 163-196.

Pickering, M. (1994) Processing local and unbounded dependencies: A unified account. *Journal of Psycholinguistic Research, 23*, 323-352.

Pickering, M. & Barry, G. (1991) Sentence processing without empty categories. *Language and Cognitive Processes, 6*, 229-259.

Pickering, M. & Barry, G. (1993) Dependency categorial grammar and coordination. *Linguistics, 31*, 855-902.

Pickering, M., Barton, S. & Shillcock, R. (1994) Unbounded dependencies, island constraints, and processing complexity. In: C. Clifton Jr., L. Frazier & K. Rayner (Hgg.) *Perspectives on sentence processing*. Hillsdale, NJ: Lawrence Erlbaum.

Pickering, M. & Shillcock, R. (1992) Processing subject extractions. In: H. Goodluck & M. Rochemont (Hgg.) *Island constraints: Theory, acquisition, and processing*. Dordrecht: Kluwer.

Pittner, K. (1995) Zur Syntax von Parenthesen. *Linguistische Berichte 156*, 85-108.

Pittner, K. (1996) Zur morphologischen Defektivität des Pronomens *wer*. *Deutsch als Fremdsprache, 33*, 73-77.

Pritchett, B. (1991) Subjacency in a principle-based parser. In: R. Berwick, S. Abney & C. Tenny (Hgg.) *Principle-based parsing: Computation and psycholinguistics*. Dordrecht: Kluwer.

Pritchett, B. (1992a) *Grammatical competence and parsing performance*. Chicago and London: The University of Chicago Press

Pritchett, B. (1992b) Parsing with grammars: Islands, heads, and garden paths. In: H. Goodluck & M. Rochemont (Hgg.) *Island constraints: Theory, acquisition, and processing*. Dordrecht: Kluwer.

Rayner, K., Carlson, M. & Frazier, L. (1983) The interaction of syntax and semantics during sentence processing: Eye movements in the analysis of semantically biased sentences. *Journal of Verbal Learning and Verbal Behavior, 22*, 358-374.

Rayner, K. & Sereno, S. (1994) Eye movements in reading: Psycholinguistic studies. In: M.A. Gernsbacher (Hg.) *Handbook of Psycholinguistics*. San Diego: Academic Press.

Read, C., Kraak, A. & Boves, L. (1980) The interpretation of ambiguous who-questions in Dutch. In: W. Zonneveld & F. Weerman (Hgg.) *Linguistics in the Netherlands 1977-1979*. Dordrecht: Foris.

Reis, M. (1995) Wer glaubst Du hat recht? On so-called extractions from verb-second clauses and verb-first parenthetical constructions in German. *Sprache und Pragmatik 36*, 27-83.

Reuland, E. (1990) Head movement and the relation between morphology and syntax. In: G. Booij & J. van Marle (Hgg.) *Yearbook of Morphology 3*. Dordrecht: Foris.

Rizzi, L. (1982) *Issues in Italian syntax*. Dordrecht: Foris.

Rizzi, L. (1986) Null objects in Italian and the theory of *pro*. *Linguistic Inquiry, 17*, 501-558.

Scheepers, C. (1996) *Menschliche Satzverarbeitung: Syntaktische und thematische Aspekte der Wortstellung im Deutschen*. Unveröffentlichte Doktorarbeit, Universität Freiburg.

Scheepers, C., Hemforth, B. & Konieczny, L. (1994) Resolving NP-attachment ambiguities in German verb-final constructions. In: B. Hemforth, L. Konieczny, C. Scheepers & G. Strube (Hgg.) *First analysis, reanalysis, and repair*. IIG-Berichte 8/94, Universität Freiburg.

Scheepers, C., Konieczny, L. & Hemforth, B. (1997) Underspecification in processing German verb-final constructions. Vortrag, 3rd Conference on Architectures and Mechanisms for Language Processing (AMLaP), Edinburgh.

Schlesewsky, M. (1997) The visibility of reanalysis effects in wh-clauses in German: Evidence for an "attention-driven" strategy. Vortrag, 3rd Conference on Architectures and Mechanisms for Language Processing (AMLaP), Edinburgh.

Schlesewsky, M., Fanselow, G., Kliegl, R. & Krems, J. (erscheint) Preferences for grammatical functions in the processing of locally ambiguous wh-questions in German. In: B. Hemforth & L. Konieczny (Hgg.) *Cognitive parsing of German*. Dordrecht: Kluwer.

Schriefers, H., Friederici, A. & Kühn, K. (1995) The processing of locally ambiguous relative clauses in German. *Journal of Memory and Language, 34*, 499-520.

Schütze, C. (1997) *Clause types in child and adult language: INFL, case, and licensing.* Unpublished doctoral dissertation, MIT, Cambridge, MA.

Schwartz, B. & Vikner, S. (1996) The verb always leaves IP in V2 clauses. In: A. Belletti & L. Rizzi (Hgg.) *Parameters and functional heads.* New York: Oxford University Press.

Sedivy, J. (1991) *The use of thematic relations in subject gap filling.* Unpublished masters thesis, University of Ottawa.

Seidenberg, M. (1997) Language acquisition and use: Learning and applying probabilistic constraints. *Science, 275,* 1599-1603.

Shapiro, L., Gordon, B., Hack, N. & Killackey, J. (1993) Verb-argument structure processing in complex sentences in Broca's and Wernicke's aphasia. *Brain and Language, 45,* 423-447.

Shapiro, L. & Levine, B. (1990) Verb processing during sentence comprehension in aphasia. *Brain and Language, 38,* 21-47.

Shapiro, L., Zurif, E. & Grimshaw, J. (1987) Sentence processing and the mental representation of verbs. *Cognition, 27,* 219-246.

Shapiro, L., Zurif, E. & Grimshaw, J. (1989) Verb representation and sentence processing: Contextual impenetrability. *Journal of Psycholinguistic Research, 18,* 223-243.

Simpson, G. (1994) Context and the processing of ambiguous words. In: M.A. Gernsbacher (Hg.) *Handbook of Psycholinguistics.* San Diego: Academic Press.

Spivey-Knowlton, M. & Sedivy, J. (1995) Resolving attachment ambiguities with multiple constraints. *Cognition, 55,* 227-267.

Sportiche, D. (1988) A theory of floating quantifiers and its corollaries for constituent structures. *Linguistic Inquiry, 19,* 425-449.

Stechow, A. von & Sternefeld, W. (1988) *Bausteine syntaktischen Wissens.* Opladen: Westdeutscher Verlag.

Stowe, L. (1986) Parsing Wh-constructions: Evidence for on-line gap location. *Language and Cognitive Processes, 1,* 227-245.

Stowe, L., Tanenhaus, M. & Carlson, G. (1991) Filling gaps on-line: Use of lexical and semantic information in sentence processing. *Language and Speech, 34,* 319-340.

Sturt, P. & Crocker, M. (1996) Monotonic syntactic processing: A cross-linguistic study of attachment and reanalysis. *Language and Cognitive Processes, 11,* 449-494.

Suchsland, P. (1993) The structure of German verb projections. In: G. Fanselow (Hg.) The parameterization of universal grammar. Amsterdam: Benjamins.

Swinney, D. (1979) Lexical access during sentence comprehension: (Re)consideration of context effects. *Journal of Verbal Learning and Verbal Behavior, 18,* 645-660.

Swinney, D. & Osterhout, L. (1990) Inference generation during auditory language comprehension. In: A. Graesser & E. Bower (Hgg.) *Inferences and text comprehension.* San Diego: Academic Press.

Swinney, D. & Zurif, E. (1995) Syntactic processing in aphasia. *Brain and Language, 50,* 225-239.

Swinney, D., Zurif, E., Prather, P. & Love, T. (1996) Neurological distribution of processing resources underlying language comprehension. *Journal of Cognitive Neuroscience, 8,* 174-184.

Tanenhaus, M., Boland, J., Garnsey, S. & Carlson, G. (1989) Lexical structure in parsing long-distance dependencies. *Journal of Psycholinguistic Research, 18,* 37-50.

Tanenhaus, M., Boland, J., Mauner, G. & Carlson, G. (1993) More on combinatory lexical information: Thematic structure in parsing and interpretation. In: G. Altmann & R. Shillcock (Hgg.) *Cognitive models of speech processing.* Hove: Lawrence Erlbaum.

Tanenhaus, M. & Carlson, G. (1989) Lexical structure and language comprehension. In: W. Marslen-Wilson (Hg.) *Lexical representation and process.* Cambridge, MA: MIT Press.

Tanenhaus, M., Carlson, G. & Seidenberg, M. (1985) Do listeners compute linguistic representations? In: D. Dowty, L. Karttunen & A. Zwicky (Hgg.) *Natural language parsing. Psychological, computational and theoretical perspectives.* Cambridge: Cambridge University Press.

Tanenhaus, M, Garnsey, S. & Boland, J. (1990) Combinatory lexical information and language comprehension. In: G. Altmann (Hg.) *Cognitive models of speech processing. Psycholinguistic and computational perspectives.* Cambridge, MA: MIT Press.

Taraban, R. & McClelland, J. (1988) Constituent attachment and thematic role assignment in sentence processing: Influences of content-based expectations. *Journal of Memory and Language, 27,* 597-632.

Tesak, J. (1990) Agrammatismus: Ergebnisse und Probleme der Forschung. *Neurolinguistik, 4,* 1-41.

Travis, L. (1984) *Parameters and effects of word order variation.* Unpublished doctoral dissertation, MIT, Cambridge, MA.

Travis, L. (1991) Parameters of phrase structure and verb-second phenomena. In: R. Freidin (Hg.) *Principles and parameters in comparative grammar.* Cambridge, MA: MIT Press.

Traxler, M. & Pickering, M. (1996) Plausibility and the processing of unbounded dependencies: An eye tracking study. *Journal of Memory and Language, 35,* 454-475.

Trueswell, J. & Tanenhaus, M. (1994) Toward a lexicalist framework of constraint-based syntactic ambiguity resolution. In: C. Clifton Jr., L. Frazier & K. Rayner (Hgg.) *Perspectives on sentence processing.* Hillsdale, NJ: Lawrence Erlbaum.

Trueswell, J., Tanenhaus, M. & Garnsey, S. (1994) Semantic influences on parsing: Use of thematic role information in syntactic ambiguity resolution. *Journal of Memory and Language, 33,* 285-318.

Trueswell, J., Tanenhaus, M. & Kello, C. (1993) Verb-specific constraints in sentence processing: Separating effects of lexical preference from garden-paths. *Journal of Experimental Psychology: Learning, Memory, and Cognition, 19,* 528-553.

Vikner, S. (1995) *Verb movement and expletive subject in the Germanic languages.* New York: Oxford University Press.

deVincenzi, M. (1991) *Syntactic parsing strategies in Italian.* Dordrecht: Kluwer.

de Vincenzi, M. (1996) Syntactic analysis in sentence comprehension: Effects of dependency type and grammatical constraints. *Journal of Psycholinguistic Research, 25,* 117-133.

de Vincenzi, M. (erscheint) Reanalysis aspects of movements. In: J. D. Fodor & F. Ferreira (Hgg.) *Reanalysis in sentence processing.* Dordrecht: Kluwer.

de Vincenzi, M. & Job, R. (1993) Some observations on the universality of the late-closure strategy. *Journal of Psycholinguistic Research, 22,* 189-206.

Vogel, R. & Steinbach, M. (1995) On the (absence of a) base position for dative objects in German. *ZAS Working papers in linguistics,* ZAS, Berlin.

Wanner, E. & Maratsos, M. (1978) An ATN approach to comprehension. In: M. Halle, J. Bresnan & G. Miller (Hgg.) *Linguistic theory and psychological reality.* Cambridge, MA: MIT Press.

Warner, J. & Glass, A. (1987) Context and distance-to-disambiguiation effects in ambiguity resolution: Evidence from grammaticalicity judgements of garden path sentences. *Journal of Memory and Language, 26,* 714-738.

Webelhuth, G. (1990) Diagnostics for structure. In: G. Grewendorf & W. Sternefeld (Hgg.) *Scrambling and Barriers.* Amsterdam: Benjamins.

Webelhuth, G. (1992) *Principles and parameters of syntactic saturation.* New York: Oxford University Press.

Weinberg, A. (1993) Parameters in the theory of sentence processing: Minimal commitment theory goes east. *Journal of Psycholinguistic Research, 22,* 338-364.

Weinberg, A. (1995) Licensing constraints and the theory of language processing. In: R Mazuka & N. Nagai (Hgg.) *Japanese sentence processing.* Hillsdale, NJ: Lawrence Erlbaum.

Zurif, E., Swinney, D., Prather, P., Solomon, J. & Bushell, C. (1993) An on-line analysis of syntactic processing in Broca's and Wernicke's aphasia. *Brain and Language, 45,* 448-464.

Zwart, J.-W. (1993) *Dutch syntax: A minimalist approach.* Doctoral dissertation, University of Groningen.

MIX
Papier aus verantwortungsvollen Quellen
Paper from responsible sources
FSC® C105338

If you have any concerns about our products,
you can contact us on
ProductSafety@springernature.com

In case Publisher is established outside the EU,
the EU authorized representative is:
**Springer Nature Customer Service Center GmbH
Europaplatz 3, 69115 Heidelberg, Germany**

Printed by Libri Plureos GmbH
in Hamburg, Germany